INTEGRALTAFEL

ZWEITER TEIL

BESTIMMTE INTEGRALE

HERAUSGEGEBEN

VON

WOLFGANG GRÖBNER UND NIKOLAUS HOFREITER
O. PROFESSOR AN DER UNIVERSITÄT INNSBRUCK   O. PROFESSOR AN DER UNIVERSITÄT WIEN

Zweite, verbesserte Auflage

Springer-Verlag Wien GmbH

1958

ISBN 978-3-662-37556-3   ISBN 978-3-662-38332-2 (eBook)
DOI 10.1007/978-3-662-38332-2

ALLE RECHTE, INSBESONDERE DAS DER ÜBERSETZUNG
IN FREMDE SPRACHEN, VORBEHALTEN
OHNE AUSDRÜCKLICHE GENEHMIGUNG DES VERLAGES
IST ES AUCH NICHT GESTATTET, DIESES BUCH ODER TEILE DARAUS
AUF PHOTOMECHANISCHEM WEGE (PHOTOKOPIE, MIKROKOPIE)
ZU VERVIELFÄLTIGEN
COPYRIGHT 1950 BY SPRINGER-VERLAG IN VIENNA
© By Springer-Verlag Wien 1958
Ursprünglich erschienen bei Springer-Verlag in Vienna 1958
Softcover reprint of the hardcover 2nd edition 1958

Vorwort.

Der zweite Teil der Integraltafel, welcher die bestimmten Integrale umfaßt, gleicht in seinem Aufbau dem ersten Teil. Er enthält vor allem solche Integrale, die im ersten Teil nicht vorkommen, weil die betreffenden Integralfunktionen nicht näher bekannt oder nicht tabelliert sind, so daß nur bei speziellen Grenzen bekannte Zahlwerte oder bekannte Parameterfunktionen auftreten. Um jedoch praktischen Bedürfnissen entgegenzukommen, wurden auch viele Integrale, die schon im ersten Teil verzeichnet sind, für spezielle, besonders häufig auftretende Grenzen berechnet und in den zweiten Teil mit aufgenommen.

Noch mehr als im ersten war im zweiten Teil die Frage der richtigen Abgrenzung des Stoffes schwer zu lösen; es ist kaum möglich, hier allen Ansprüchen gerecht zu werden, ohne den Umfang der Tafel über Gebühr anschwellen zu lassen. Wir haben uns daher in allen Fällen bemüht, durch Einführung von Parametern möglichst viele gleichartige Integrale zusammenzufassen; das erleichtert zugleich die Übersicht, zieht andererseits aber die Unbequemlichkeit mit sich, daß der gerade gesuchte Integralwert nicht unmittelbar abgelesen werden kann, sondern erst durch Einsetzen der passenden Parameterwerte ermittelt werden muß. In einzelnen wichtigeren Fällen haben wir jedoch zur allgemeinen Formel noch eine Reihe von speziellen für besondere Parameterwerte hinzugefügt.

Die Einteilung und Anordnung der Integralformeln ist analog derjenigen des ersten Teiles nach den Integranden, wie aus dem Inhaltsverzeichnis unmittelbar ersichtlich ist. Bei Hinweisen wird jede Formel durch die Nummer ihres Abschnittes und durch die Nummer, die sie in diesem Abschnitt trägt, gekennzeichnet; so bedeutet z. B. **221.2a** die in Abschnitt **221** (Elliptische Integrale in der Legendreschen kanonischen Form) enthaltene Formel **2a**. Wird aber auf eine Formel desselben Abschnittes verwiesen, so bleibt die Abschnittsnummer weg. Bei Rückverweisungen auf Formeln des ersten Teiles tritt eine I voran; z. B. bedeutet **I16.11b** die Formel **11b** im Abschnitt **16** des ersten Teiles unserer Integraltafel.

Während die Überprüfung der Formeln des ersten Teiles einfach durch Differenzieren erfolgen kann, ist dasselbe im zweiten Teil nicht mehr möglich. Wir geben daher zu jeder Integralformel hier einen Weg an, der zu ihrer Berechnung dient oder dienen kann. Damit soll auch der Zweck erreicht werden, eine Anleitung zur Berechnung gleichartiger Integrale zu geben, die in die Tafel nicht aufgenommen wurden. Meistens führen verschiedene Wege zum selben Ziel; wir haben jeweils einen Weg gewählt, der sich im Rahmen unserer Tafel kurz angeben läßt, wollen aber damit keineswegs behaupten, daß dieser auch immer der kürzeste und eleganteste Weg sei.

Die wichtigsten allgemeinen Methoden und allgemeinen Integralformeln sind in den einleitenden Abschnitten **021** und **031** kurz aufgezählt. Es bedeuten demnach z. B. die der Formel **333.51a** in Klammern angefügten Hinweise **(322.9a, 021.3)**, daß diese Formel aus der Formel **322.9a** durch die Methode **021.3**, d. h. durch partielle Integration gewonnen werden kann.

Besondere Sorgfalt wurde auch im zweiten Teil auf die Zuverlässigkeit und Fehlerfreiheit der Formeln verwandt; sämtliche Formeln wurden unabhängig durchgerechnet und überprüft. Dabei wurde auch darauf geachtet, den Geltungsbereich der Formeln sowie der in ihnen auftretenden Variablen und Parameter genau festzulegen.

Wir danken allen unseren Mitarbeitern in Braunschweig, die in der ersten Zeit wertvolle Kontrollrechnungen durchgeführt haben, besonders aber Frau Dr. *M. Hofreiter*, die all die Jahre hindurch keine Mühe gescheut hat, um die schwierigsten Formeln sorgfältig zu überprüfen. Unser herzlichster Dank gebührt auch Herrn *W. Körperth*, der die vorbildliche Reinschrift hergestellt hat, sowie dem Springer-Verlag für die Herausgabe der Tafel.

Innsbruck und Wien, September 1950.   **W. Gröbner** und **N. Hofreiter**

Vorwort zur zweiten Auflage.

Aus den gleichen Gründen wie bei der zweiten Auflage der unbestimmten Integrale wurde auch hier für die zweite Auflage dieselbe Reinschrift verwendet, die schon der ersten Auflage gedient hat. Dadurch konnten nur ganz wenige Änderungen vorgenommen werden. Wir danken den Herren K. GOTTFRIED, W. M. STONE und E. ULLRICH (†) für ihre Verbesserungsvorschläge.

Innsbruck und Wien, November 1957.   **W. Gröbner** und **N. Hofreiter**

Inhaltsverzeichnis.

		Seite
011.	Symbole und Bezeichnungen	1
021.	Methoden zur Berechnung bestimmter Integrale	4
031.	Allgemeine Integralformeln	6

1. Abschnitt. Rationale Integranden.

111.	Potenzen von $\alpha x + \beta$	10
121.	Potenzprodukte von mehreren linearen Ausdrücken	11
131.	Potenzen eines quadratischen Ausdrucks	13
141.	Potenzprodukte von linearen und quadratischen Ausdrücken	15
151.	Potenzprodukte von x und $ax^n + b$	18
161.	Beliebige Potenzprodukte	20

17. Orthogonale Polynome.

171.	Legendresche Polynome für das Intervall $-1 \leq x \leq 1$	23
172.	Legendresche Polynome für das Intervall $a \leq x \leq b$	24
173.	Jacobische oder hypergeometrische Polynome	26
174.	Tschebischeffsche Polynome	26
175.	Assoziierte Legendresche Funktionen	28
176.	Laguerresche Polynome	29
177.	Hermitesche Polynome	30

2. Abschnitt. Algebraisch irrationale Integranden.

211.	Rationale Funktionen von x und $\sqrt[n]{ax+b}$	31
212.	Rationale Funktionen von x, $\sqrt{ax+b}$, $\sqrt{cx+d}$	32
213.	Rationale Funktionen von x, $\sqrt{ax^2+2bx+c}$	34
214.	Spezialfall: Rationale Funktionen von x und $\sqrt{x^2+a^2}$	35
215.	Spezialfall: Rationale Funktionen von x und $\sqrt{x^2-a^2}$	36
216.	Spezialfall: Rationale Funktionen von x und $\sqrt{a^2-x^2}$	37
221.	Elliptische Integrale in der Legendreschen kanonischen Form	39
222.	Elliptische Integrale in der Weierstraßschen kanonischen Form	43
223.	Rationale Funktionen von x und $\sqrt{a_0 x^4 + 4a_1 x^3 + 6a_2 x^2 + 4a_3 x + a_4}$	47

3. Abschnitt. Elementare transzendente Integranden.

311.	Integrale der Form $\int R(e^{\lambda x}, e^{\mu x}, \ldots) \, dx$	52
312.	Integrale der Form $\int e^{-sx} f(x) \, dx$ (Laplacetransformation)	55
313.	Integrale der Form $\int R(x, e^{\lambda x}) \, dx$	59
314.	Integrale der Form $\int R[x, e^{f(x)}] \, dx$	64
321.	Integrale der Form $\int f(\log x) \, dx$	68
322.	Integrale der Form $\int \log[g(x)] \, dx$	69
323.	Der Eulersche Dilogarithmus und seine Verallgemeinerungen	71
324.	Integrale der Form $\int f(x) \log^n x \, dx$	74
	A. f(x) rational	74
	B. f(x) algebraisch irrational	79
	C. f(x) transzendent	81

325. Integrale der Form $\int f(x) \log [g(x)]\, dx$ 83
326. Integrale der Form $\int F \{x, \log [f(x)]\}\, dx$ 88
327. Exponentialintegral, Integrallogarithmus, Integralsinus, Integralkosinus und verwandte Funktionen . 90
331. Integrale der Form $\int f(\sin x, \cos x)\, dx$ 94
    A. Allgemeine Formeln 94
    B. Integrale der Form $\int \sin^m x \cos^n x\, dx$ 95
    C. Integrand rational gebrochen 99
    D. Allgemeine Integranden 103
332. Integrale der Form $\int f(\sin ax, \cos bx, \ldots)\, dx$ 106
333. Integrale der Form $\int f(x, \sin ax, \cos bx)\, dx$ 116
    A. Integrale der Form $\int x^k \sin^m ax \cos^n bx\, dx$ 116
    B. Allgemeine Integranden 124
334. Integrale der Form $\int F[x, \sin f(x), \cos g(x), \ldots]\, dx$ 131
    A. $f(x)$, $g(x)$ rational 131
    B. Allgemeine Integranden 133
335. Integrale der Form $\int F(e^{ax}, \sin bx, \cos cx)\, dx$ 135
336. Integrale der Form $\int F(x, e^{ax}, \sin bx, \cos cx)\, dx$ 138
337. Integrale der Form $\int F[x, e^{f(x)}, \sin g(x), \cos h(x)]\, dx$ 143
338. Integrale der Form $\int F[x, \log f(x), \sin g(x), \cos h(x)]\, dx$ 146
341. Integrale der Form $\int F(x, \operatorname{Arc\,sin} x, \operatorname{Arc\,cos} x)\, dx$ 152
342. Integrale der Form $\int F(x, \operatorname{Arc\,tg} x, \operatorname{Arc\,ctg} x)\, dx$ 155
351. Integrale der Form $\int R(e^{\lambda x}, \operatorname{Sin} ax, \operatorname{Cof} bx)\, dx$ 160
352. Integrale der Form $\int R(x, \operatorname{Sin} ax, \operatorname{Cof} bx)\, dx$ 163
353. Integrale der Form $\int F[f(x), \operatorname{Sin} ax, \operatorname{Cof} bx]\, dx$ 164
361. Integrale von Area-Funktionen 165
    A. $\operatorname{Ar\,Sin} x$ 165
    B. $\operatorname{Ar\,Cof} x$ 166
    C. $\operatorname{Ar\,Tg} x$ 166
    D. $\operatorname{Ar\,Ctg} x$ 167
371. Grenzwerte: $\lim\limits_{k \to \infty} \int f(k, x)\, dx$ 168

4. Abschnitt. Eulersche Integrale.

411. Gammafunktion 169
421. Potenzprodukte von linearen Ausdrücken mit allgemeinen Exponenten 174
431. Potenzprodukte von zweigliedrigen Ausdrücken mit allgemeinen Exponenten 179
441. Potenzprodukte von mehrgliedrigen Ausdrücken mit allgemeinen Exponenten 183

5. Abschnitt. Integrale von Zylinderfunktionen.

511. Zylinderfunktionen (Besselsche Funktionen) 187
512. Modifizierte Zylinderfunktionen (Besselsche Funktionen mit rein imaginärem Argument) . . . 192
513. Verwandte Funktionen 195
521. Integrale der Form $\int F[x, \mathfrak{Z}_\nu(x)]\, dx$ 196
531. Integrale der Form $\int F[x, e^x, \log x, \mathfrak{Z}_\nu(x)]\, dx$ 198
541. Integrale der Form $\int F[x, \sin x, \cos x, \mathfrak{Z}_\nu(x)]\, dx$ 200
551. Integrale der Form $\int F[x, \mathfrak{Z}_\nu(x), \mathfrak{Z}_\mu(x)]\, dx$ 202

011. Symbole und Bezeichnungen.

1) Das Symbol $(m,d;\nu)$ bedeutet:[*)]

$$(m,d;\nu) = m(m+d)(m+2d)\cdots(m+(\nu-1)d), \quad \nu=1,2,\ldots$$

$$(m,d;0)=1; \quad (m,d;-\nu) = \frac{1}{(m-d)(m-2d)\cdots(m-\nu d)}, \quad \nu=1,2,\ldots$$

Allgemein gilt:

$$(m,d;\nu) = \frac{d^\nu \cdot \Gamma\left(\frac{m}{d}+\nu\right)}{\Gamma\left(\frac{m}{d}\right)}.$$

Bemerkenswert sind folgende Beziehungen:

$$(m,-d;\nu) = (m-(\nu-1)d,d;\nu) = (-1)^\nu(-m,d;\nu), \quad \nu=0,1,2,\ldots$$

$$\Gamma(m)\cdot(m,1;\nu) = \Gamma(m+\nu) \quad \nu=0,\pm 1,\pm 2,\ldots$$

$$(1,1;\nu) = (\nu,-1;\nu) = \nu! \quad \nu=0,1,2,\ldots$$

2) $\oint$ bedeutet den Cauchyschen Hauptwert:

a) Singularität des Integranden für $x=\alpha$ $(a<\alpha<b)$:

$$\oint_a^b f(x)dx = \lim_{\varepsilon\to 0}\left\{\int_a^{\alpha-\varepsilon} f(x)dx + \int_{\alpha+\varepsilon}^b f(x)dx\right\};$$

b) Singuläres Verhalten am Rande des Intervalles:

$$\oint_{-\infty}^\infty f(x)dx = \lim_{a\to\infty}\int_{-a}^a f(x)dx.$$

Bemerkung: Wir lassen C weg, wenn das Integral als (eigentliches oder uneigentliches) Integral im Riemannschen Sinn existiert.

Wir schreiben $(\oint)$, wenn der Zusatz C nur für gewisse Parameterwerte in Frage kommt, für andere jedoch nicht.

3) $\sqrt{}$ bedeutet im Reellen immer die positive Wurzel.

4) $\log x$ bedeutet immer den natürlichen Logarithmus.

5) $F(\varphi,k), E(\varphi,k), \Pi(\varphi,\varrho,k)$ bedeuten die Legendreschen Normalintegrale. Die entsprechenden vollständigen Integrale sind: (I241.1).

$$\mathbf{K}(k) = F\left(\tfrac{\pi}{2},k\right), \quad \mathbf{E}(k) = E\left(\tfrac{\pi}{2},k\right), \quad \mathbf{\Pi}(\varrho,k) = \Pi\left(\tfrac{\pi}{2},\varrho,k\right).$$

[*)] In der älteren Literatur findet sich dafür die Bezeichnung $m^{\nu/d}$ („Faktorielle von Kramp").

6) Weitere Funktionszeichen:

$\mathrm{Ei}(x)$	Exponentialintegral	(327.1, I 312.3);
$\mathrm{li}(x)$	Integrallogarithmus	(327.2, I 321.5);
$\Phi(x)$	Fehlerintegral	(I 313.1);
$\mathcal{L}_2(x)$	Dilogarithmus	(323.1, I 322.7);
$\mathrm{Ci}(x)$	Integralkosinus	(327.3, I 333.5a);
$\mathrm{Si}(x)$	Integralsinus	(327.4, I 333.5b);
$\mathrm{C}(x), \mathrm{S}(x)$	Fresnelsche Integrale	(I 336.1);
$\mathrm{B}(\kappa,\lambda)$	Betafunktion oder Eulersches Integral 1. Gattung	(411.9);
$\Gamma(z)$	Gammafunktion oder Eulersches Integral 2. Gattung	(411.1);
$\Psi(z)$	Psifunktion	(411.6);

$$\mathcal{F}(\alpha,\beta,\gamma;x) = \sum_{\nu=0}^{\infty} \frac{(\alpha;1;\nu)(\beta;1;\nu)}{\nu!(\gamma;1;\nu)} x^\nu, \quad |x|<1, \quad \gamma \neq 0,-1,-2,\ldots$$

Hypergeometrische Reihe;

$$\mathcal{F}(\alpha,\gamma;x) = \sum_{\nu=0}^{\infty} \frac{(\alpha;1;\nu)}{\nu!(\gamma;1;\nu)} x^\nu, \quad |x|<1, \quad \gamma \neq 0,-1,-2,\ldots$$

Reihe von Pochhammer-Kummer;

$\mathcal{R}(z)$	Realteil der komplexen Zahl z;
$\arg z$	Argument (Amplitude) der komplexen Zahl z, (Hauptwert: $-\pi < \arg z \leq \pi$);
$[\alpha]$	diejenige ganze Zahl n, welche $n \leq \alpha < n+1$ erfüllt.

7) Bezeichnungen der Zylinderfunktionen siehe 511–513.

8) $f(x) = g(x) + O(x^\alpha)$ bedeutet $\left|\dfrac{f(x)-g(x)}{x^\alpha}\right| \leq C < \infty$.

9) $\mathcal{E} = 0{,}57721\,5665\ldots$ Eulersche Konstante (411.10);

$$\mathcal{G} = \sum_{\nu=0}^{\infty} \frac{(-1)^\nu}{(2\nu+1)^2} = 0{,}91596\,5594\ldots \quad \text{Catalansche Konstante} \quad (323.9b);$$

B_ν Bernoullische Zahlen: (I 323.8b);

$$B_0=1, \; B_1=-\frac{1}{2}, \; B_2=\frac{1}{6}, \; B_4=-\frac{1}{30}, \; B_6=\frac{1}{42}, \; B_8=-\frac{1}{30}, \; B_{10}=\frac{5}{66},$$

$$B_{12}=-\frac{691}{2730}, \; B_{14}=\frac{7}{6}, \; B_{16}=-\frac{3617}{510}, \ldots$$

$$B_3 = B_5 = B_7 = \cdots = 0.$$

E_γ Eulersche Zahlen: (I 333.11b);

$E_0 = E_1 = 1$, $E_2 = 5$, $E_3 = 61$, $E_4 = 1385$, $E_5 = 50521$, $E_6 = 2\,702\,765$,

$E_7 = 199\,360\,981$, $E_8 = 19\,391\,512\,145$, ...

10) Bei komplexen Integralen wird der Integrationsweg gelegentlich durch hinzugefügte Pfeile präzisiert, z.B. bedeutet (411.17) $\int_{-i\infty}^{i\infty}$, daß der Integrationsweg links um den im Ursprung gelegenen Pol des Integranden herumgeführt werden soll.

11) Literaturverweise:

- (D)   Vorlesungen über bestimmte Integrale von *Dirichlet*;
- (B.d.H) *Bierens de Haan*, Tables d'intégrales definies, Amsterdam 1858 (1867);
- (MO)   *Magnus, Oberhettinger*, Formeln und Sätze für die speziellen Funktionen der mathematischen Physik, Berlin 1943;
- (W)   *Watson*, Theory of Bessel-Functions, Cambridge 1922 (1944);
- (WW)   *Whittaker, Watson*, Modern Analysis, Cambridge 1927.

021. Methoden zur Berechnung bestimmter Integrale.

1) Wenn man das unbestimmte Integral kennt:
$$\int_a^b f(x)dx = F(b) - F(a), \quad \text{mit } F'(x) = f(x).$$

2) Auswertung bestimmter Integrale mit Hilfe ihrer Definition als Grenzwerte von Summen:
$$\int_a^b f(x)dx = \lim_{n \to \infty} \sum_{\nu=1}^n f(\xi_\nu) \Delta x_\nu.$$

Beispiel:
$$\int_0^\pi \log(1 - 2\alpha \cos x + \alpha^2)dx = \lim_{n \to \infty} \frac{\pi}{n} \sum_{\nu=0}^{n-1} \log\left(1 - 2\alpha \cos \frac{\nu\pi}{n} + \alpha^2\right) =$$

$$= \lim_{n \to \infty} \frac{\pi}{n} \log\left\{\prod_{\nu=0}^{n-1}(\alpha - e^{\frac{i\nu\pi}{n}})(\alpha - e^{-\frac{i\nu\pi}{n}})\right\} = \lim_{n \to \infty} \frac{\pi}{n} \log \frac{\alpha^{2n}-1}{\alpha+1}(\alpha-1) =$$

$$= \begin{cases} \pi \log \alpha^2 & \text{für } |\alpha| > 1, \\ 0 & \text{"} \quad |\alpha| < 1, \end{cases} \qquad (322.14).$$

3) Partielle Integration (031.2).
4a) Substitution neuer Variablen (031.3);
4b) Algebraische Umformungen des Integranden, insbesondere Partialbruchzerlegung.
5) Differentiation nach einem Parameter p unter dem Integralzeichen:[*]
$$\mathcal{J} = \int_a^b f(p,x)dx, \quad \frac{d\mathcal{J}}{dp} = f(p,b) \cdot \frac{db}{dp} - f(p,a) \cdot \frac{da}{dp} + \int_a^b \frac{\partial f(p,x)}{\partial p}dx,$$

$$= \int_a^b \frac{\partial f(p,x)}{\partial p}dx, \quad \text{wenn } a \text{ und } b \text{ von } p \text{ nicht abhängen.}$$

6) Integration nach einem Parameter p unter dem Integralzeichen:[*]
$$\mathcal{J} = \int_a^b f(p,x)dx, \quad \int_\alpha^\beta \mathcal{J}dp = \int_a^b dx \int_\alpha^\beta f(p,x)dp.$$

7) Reihenentwicklung des Integranden und gliedweise Integration:[*]

Beispiel:
$$\int_0^1 \log(x+1)\frac{dx}{x} = \sum_{\nu=1}^\infty (-1)^{\nu-1} \int_0^1 \frac{x^{\nu-1}}{\nu}dx = \frac{\pi^2}{12}.$$

---

[*] Hinsichtlich der Bedingungen, unter denen diese Operationen zulässig sind, vergleiche die einschlägigen Lehrbücher.

8) Zerlegung des Integrationsintervalles (in endlich oder unendlich viele Teilintervalle):

Beispiel: $\int_0^\infty \frac{\sin x}{x}dx = \int_0^{\pi/2} \sim + \int_{\pi/2}^\pi \sim + \cdots = \int_0^{\pi/2}\sin x\left(\frac{1}{x}+\frac{1}{\pi-x}-\frac{1}{\pi+x}-\cdots\right)dx = \int_0^{\pi/2}dx = \frac{\pi}{2}.$

9) Auflösung einer Gleichung:

Beispiel: $\mathcal{J}=\int_0^\pi x\sin^m x\, dx = \int_0^\pi (\pi-x)\sin^m x\, dx = \pi\int_0^\pi \sin^m x\, dx - \mathcal{J}$, also $\mathcal{J}=\frac{\pi}{2}\int_0^\pi \sin^m x\, dx.$

10) Auflösung einer Differentialgleichung:

Beispiel: $\mathcal{J}=\int_0^\infty e^{-(x^2+\frac{a^2}{x^2})}dx = a\int_0^\infty e^{-(y^2+\frac{a^2}{y^2})}\cdot\frac{dy}{y^2},\qquad (x=\frac{a}{y})$

$\frac{d\mathcal{J}}{da}=-2\mathcal{J},$ also $\mathcal{J}=\frac{\sqrt{\pi}}{2}e^{-2a}.$

11) Berechnung von einfachen Integralen mit Hilfe von Doppelintegralen:

a) Um $\mathcal{J}=\int_a^b f(x)dx$ zu finden, berechnet man $\mathcal{J}^2=\int_a^b\int_a^b f(x)f(y)dx\,dy,$ (031.16);

b) Es wird ein Faktor des Integranden durch ein bestimmtes Integral ersetzt und darauf die Integrationen vertauscht.

12) Residuensatz von Cauchy:

$$\oint_C f(z)dz = 2\pi i\sum R,$$

wobei $\sum R$ die Summe der Residuen von $f(z)$ im Innern von C bedeutet; insbesondere ist

$$\oint_C f(z)dz = 0,$$

wenn $f(z)$ im Innern von C und auf C selbst regulär ist.

a) $\mathcal{J}=\int_0^{2\pi}F(\sin\varphi,\cos\varphi)d\varphi = \oint_C F\left(\frac{z-z^{-1}}{2i},\frac{z+z^{-1}}{2}\right)\cdot\frac{dz}{iz},$ ($z=e^{i\varphi}$, C... Einheitskreis);

Beispiel: $\int_0^{2\pi}\frac{dx}{1-2p\cos x+p^2} = i\oint_C\frac{dz}{(z-p)(pz-1)} = \frac{2\pi}{1-p^2},$ $|p|<1$, (WW);

b) $\mathcal{J}=\int_{-\infty}^\infty Q(x)dx$, $Q(x)$ rational, Nenner ohne reellen Nullstellen, Grad des Nenners wenigstens um 2 größer als derjenige des Zählers;

dann ist: $\mathcal{J}=2\pi i\sum R,$

021

wo $\sum R$ die Summe der Residuen von $Q(z)$ in den Polen oberhalb der reellen Achse bedeutet.

c) $\mathcal{J} = \int_0^\infty x^{k-1} Q(x) dx$, $Q(x)$ rational, ohne Pole auf der positiven reellen Achse, $x^k Q(x) \to 0$ für $x \to 0$ und $x \to \infty$;

dann ist: $\mathcal{J} = \dfrac{\pi}{\sin k\pi} \sum R$,

wo $\sum R$ die Summe der Residuen von $(-z)^{k-1} Q(z)$ bedeutet. Hat $Q(x)$ einfache Pole auf der positiven Achse, so gilt:

$$\oint_0^\infty x^{k-1} Q(x) dx = \dfrac{\pi}{\sin k\pi} \sum R - \pi \operatorname{ctg} k\pi \sum R',$$

wo $\sum R'$ die Summe der Residuen von $z^{k-1} Q(z)$ auf der positiven reellen Achse bedeutet.

031

031. Allgemeine Integralformeln.

1) $\displaystyle\int_a^b f(x) dx = - \int_b^a f(x) dx.$

2) $\displaystyle\int_a^b f(x) G(x) dx = F(x) G(x) \Big|_a^b - \int_a^b F(x) g(x) dx$, mit $F'(x) = f(x)$, $G'(x) = g(x)$, (021.3).

3) $\displaystyle\int_a^b f(x) dx = \int_\alpha^\beta f(g(y)) g'(y) dy$, mit $x = g(y)$, $y = g_{(-1)}(x)$, $\alpha = g_{(-1)}(a)$, $\beta = g_{(-1)}(b)$; $g_{(-1)}(x)$ eindeutig in $a \leq x \leq b$, bzw. $g'(y)$ immer >0 od. <0 in $a \leq x \leq b$, bzw. $\beta \leq y \leq \alpha$; (021.4a).

4) $\displaystyle\int_{-a}^a f(x) dx = \int_0^a [f(x) + f(-x)] dx = \begin{cases} 0, & \text{wenn } f(-x) = -f(x), \\ 2\int_0^a f(x) dx, & \text{wenn } f(-x) = f(x). \end{cases}$

5) $\displaystyle\int_0^a f(x) dx = \int_0^a f(a-x) dx = \dfrac{1}{2} \int_0^a [f(x) + f(a-x)] dx,$ \hfill $(x \to a-x).$

6) $\displaystyle\int_0^{2a} f(x) dx = \int_0^a [f(x) + f(2a-x)] dx = \begin{cases} 0, & \text{wenn } f(2a-x) = -f(x), \\ 2\int_0^a f(x) dx, & \text{wenn } f(2a-x) = f(x). \end{cases}$

031

7a) $\displaystyle\int_a^b f(x)\,dx = \frac{b-a}{h}\int_0^h f\!\left(a+\frac{b-a}{h}y\right)dy,$ $\qquad\left(x=a+\frac{b-a}{h}y\right);$

7b) $\displaystyle = \frac{b-a}{d-c}\int_c^d f\!\left(\frac{ad-bc+(b-a)y}{d-c}\right)dy,$ $\qquad\left(x=\frac{ad-bc+(b-a)y}{d-c}\right).$

8) $\displaystyle\int_{-\infty}^{\infty} f(a+bx)\,dx = \frac{1}{|b|}\int_{-\infty}^{\infty} f(y)\,dy, \quad |b|>0,$ $\qquad\left(x=\frac{y-a}{b}\right).$

9a) $\displaystyle\int_0^{\infty} f\!\left(\frac{x}{a}+\frac{a}{x}\right)g(x)\frac{dx}{x} = \int_0^{\infty} f\!\left(\frac{y}{a}+\frac{a}{y}\right)g\!\left(\frac{a^2}{y}\right)\frac{dy}{y},\quad a^2>0$ $\qquad\left(x=\frac{a^2}{y}\right),$

9b) $\displaystyle = \frac{1}{2}\int_0^{\infty} f\!\left(\frac{x}{a}+\frac{a}{x}\right)\!\left[g(x)+g\!\left(\frac{a^2}{x}\right)\right]\frac{dx}{x};$

9c) $\displaystyle\int_0^{\infty} f\!\left(\frac{x}{a}+\frac{a}{x}\right)\log x\,\frac{dx}{x} = \log a\int_0^{\infty} f\!\left(\frac{x}{a}+\frac{a}{x}\right)\frac{dx}{x},\quad a>0,$ $\qquad$(9b);

9d) $\displaystyle\int_0^{\infty} f\!\left(x+\frac{1}{x}\right)\operatorname{Arctg} x\,\frac{dx}{x} = \frac{\pi}{4}\int_0^{\infty} f\!\left(x+\frac{1}{x}\right)\frac{dx}{x},$ $\qquad$(9b).

10) $\displaystyle\int_{-\infty}^{\infty} f\!\left(ax-\frac{b}{x}\right)dx = \frac{1}{|a|}\int_{-\infty}^{\infty} f(y)\,dy,\quad ab>0,$ $\qquad\left(y=ax-\frac{b}{x}\right).$

11) $\displaystyle\int_0^{\infty} f(x)x^k\,dx = \frac{1}{k+1}\int_0^{\infty} f\!\left(y^{\frac{1}{k+1}}\right)dy,\quad k>-1$ $\qquad\left(y=x^{k+1}\right).$

12) $\displaystyle\int_0^{\infty} f\!\left(\left[ax-\frac{b}{x}\right]^2\right)x^n\,dx = \frac{1}{(2a)^{n+1}}\int_0^{\infty} f(y^2)\!\left[\left(-y+\sqrt{y^2+4ab}\right)^n\!\left(1-\frac{y}{\sqrt{y^2+4ab}}\right)+\right.$

$\displaystyle\hspace{6cm}\left.+\left(y+\sqrt{y^2+4ab}\right)^n\!\left(1+\frac{y}{\sqrt{y^2+4ab}}\right)\right]dy,$

$\displaystyle\hspace{3cm} a>0,\ b>0,\ \left(ax-\frac{b}{x}=\mp y\ \text{für }\begin{matrix}0\le x\le\sqrt{b/a}\\ \sqrt{b/a}\le x<\infty\end{matrix}\right);$

12a) $\displaystyle\int_0^{\infty} f\!\left(\left[ax-\frac{b}{x}\right]^2\right)dx = \frac{1}{a}\int_0^{\infty} f(y^2)\,dy,\quad a>0,\ b>0,$ $\qquad$(12);

12b) $\displaystyle\int_0^{\infty} f\!\left(\left[ax-\frac{b}{x}\right]^2\right)\frac{dx}{x^2} = \frac{1}{b}\int_0^{\infty} f(y^2)\,dy,\quad a>0,\ b>0,$ $\qquad$(12);

12c) $$\int_0^\infty f\left(\left[ax-\frac{b}{x}\right]^2\right)x^2 dx = \frac{1}{a^3}\int_0^\infty f(y^2)(y^2+ab)dy, \quad a>0, b>0, \qquad (12);$$

12d) $$\int_0^\infty f\left(\left[ax-\frac{b}{x}\right]^2\right)\frac{dx}{x^4} = \frac{1}{b^3}\int_0^\infty f(y^2)(y^2+ab)dy, \quad a>0, b>0, \qquad (12);$$

12e) $$\int_0^\infty f\left(\left[ax-\frac{b}{x}\right]^2\right)x^4 dx = \frac{1}{a^5}\int_0^\infty f(y^2)(y^4+3aby^2+a^2b^2)dy, \quad a>0, b>0, \quad (12).$$

13) $$\int_0^\infty f\left(ax+\frac{b}{x}\right)x^n \frac{dx}{\sqrt{x}} = \frac{1}{(2\sqrt{a})^{2n+1}}\int_0^\infty f(y+2\sqrt{ab})\left[\left(-\sqrt{y}+\sqrt{y+4\sqrt{ab}}\right)^{2n}\left(1-\frac{\sqrt{y}}{\sqrt{y+4\sqrt{ab}}}\right)\right.$$
$$\left.+\left(\sqrt{y}+\sqrt{y+4\sqrt{ab}}\right)^{2n}\left(1+\frac{\sqrt{y}}{\sqrt{y+4\sqrt{ab}}}\right)\right]\frac{dy}{\sqrt{y}},$$
$$a>0, b>0, \qquad (12);$$

13a) $$\int_0^\infty f\left(ax+\frac{b}{x}\right)\frac{dx}{\sqrt{x}} = \frac{1}{\sqrt{a}}\int_0^\infty f(y+2\sqrt{ab})\cdot\frac{dy}{\sqrt{y}}, \qquad a>0, b>0, \qquad (13);$$

13b) $$\int_0^\infty f\left(ax+\frac{b}{x}\right)\sqrt{x}\,dx = \frac{1}{\sqrt{a^3}}\int_0^\infty f(y+2\sqrt{ab})(y+\sqrt{ab})\frac{dy}{\sqrt{y}}, \quad a>0, b>0, \qquad (13);$$

13c) $$\int_0^\infty f\left(ax+\frac{b}{x}\right)\frac{dx}{\sqrt{x^3}} = \frac{1}{\sqrt{b}}\int_0^\infty f(y+2\sqrt{ab})\frac{dy}{\sqrt{y}}, \qquad a>0, b>0, \qquad (13);$$

13d) $$\int_0^\infty f\left(ax+\frac{b}{x}\right)\sqrt{x^3}\,dx = \frac{1}{\sqrt{a^5}}\int_0^\infty f(y+2\sqrt{ab})(y^2+3\sqrt{ab}\,y+ab)\frac{dy}{\sqrt{y}}, \quad a>0, b>0,$$
$$(13);$$

13e) $$\int_0^\infty f\left(ax+\frac{b}{x}\right)dx = \frac{1}{a}\int_{2\sqrt{ab}}^\infty \frac{xf(x)}{\sqrt{x^2-4ab}}dx, \qquad a>0, b>0, \qquad (13);$$

13f) $$\int_0^\infty f\left(ax+\frac{b}{x}\right)\frac{dx}{x} = 2\int_{2\sqrt{ab}}^\infty \frac{f(x)}{\sqrt{x^2-4ab}}dx, \qquad a>0, b>0, \qquad (13).$$

Transformation von Doppelintegralen:

14a) $$\int_0^\infty f(x)dx \int_0^\infty g(y)dy = 2\int_0^\infty du \int_{-u}^u f(u-v)g(u+v)dv, \qquad (x=u-v, y=u+v);$$

14b) $$= \int_0^\infty \varrho\, d\varrho \int_0^{\pi/2} f(\varrho\cos\varphi)g(\varrho\sin\varphi)d\varphi, \qquad (x=\varrho\cos\varphi, y=\varrho\sin\varphi).$$

15) $$\int_0^\infty e^{-x} x^{\alpha-1} dx \int_0^\infty e^{-x} x^{\beta-1} dx = 2^{1-\alpha-\beta} \int_0^\infty e^{-x} x^{\alpha+\beta-1} dx \int_{-1}^1 (1-x)^{\alpha-1}(1+x)^{\beta-1} dx, \quad (14a).$$

16) $$\left[\int_0^\infty e^{-x^2} dx\right]^2 = \frac{\pi}{4}, \quad (14b).$$

Fouriersches Integraltheorem:

17a) $$\frac{1}{2}\left[f(x+0) + f(x-0)\right] = \frac{1}{2\pi} \int_{-\infty}^\infty e^{ixy} dy \int_{-\infty}^\infty e^{-iy\xi} f(\xi) d\xi,$$

wenn $f(x)$ in der Umgebung von x von beschränkter Variation ist und die Bedingungen unter (17b) erfüllt,[*)]

17b) $$\int_0^x f(\xi) d\xi = \frac{1}{2\pi} \int_{-\infty}^\infty \frac{e^{ixy}-1}{iy} dy \int_{-\infty}^\infty e^{-iy\xi} f(\xi) d\xi,$$

wenn $f(x)$ in jedem endlichen Intervall integrabel ist und $\int_{-\infty}^\infty |f(x)| dx$ konvergiert.[*)]

Mittelwertsätze:

18) $$\int_a^b f(x) g(x) dx = \mu \int_a^b g(x) dx, \quad g \leq \mu \leq G,$$

wenn in $a \leq x \leq b$ $g(x)$ immer ≥ 0 oder ≤ 0 und g die untere, G die obere Grenze von $f(x)$ ist. (D);

18a) $$\int_a^b f(x) dx = \mu(b-a), \quad g \leq \mu \leq G, \quad (18).$$

19) $$\int_a^b f(x) g(x) dx = g(a) \int_a^\xi f(x) dx + g(b) \int_\xi^b f(x) dx, \quad a \leq \xi \leq b,$$

wenn $g(x)$ in $a \leq x \leq b$ monoton ist.

[*)] G. *Doetsch*, Theorie und Anwendung der Laplace-Transformation, 1937, S.91-95.

1. Abschnitt: Rationale Integranden. *)

111. Potenzen von $\alpha x+\beta$.

1) $\quad \displaystyle\int_a^b (\alpha x+\beta)^n dx = \frac{1}{\alpha}\int_{\alpha a+\beta}^{\alpha b+\beta} y^n dy = \frac{(\alpha b+\beta)^{n+1}-(\alpha a+\beta)^{n+1}}{\alpha(n+1)}, \quad \alpha\neq 0,\ n>-1,$
$\hfill (y=\alpha x+\beta,\ \text{I 11.1});$

1a) $\quad \displaystyle\int_0^a x^n dx = \frac{a^{n+1}}{n+1},\quad n>-1;$

1b) $\quad \displaystyle\int_{-a}^a x^n dx = \frac{1+(-1)^n}{n+1} a^{n+1},\quad n>-1.$

2) $\quad \displaystyle(\mathcal{C})\!\int_a^b \frac{dx}{\alpha x+\beta} = \frac{1}{\alpha}\log\left|\frac{\alpha b+\beta}{\alpha a+\beta}\right|,\quad \alpha\neq 0, \hfill (\text{I 11.4a, 0 11.2});$

2a) $\quad \displaystyle\int_a^b \frac{dx}{x} = \log\frac{b}{a},\quad ab>0;$

2b) $\quad \displaystyle\oint_{-a}^b \frac{dx}{x} = \log\frac{b}{a},\quad ab>0.$

3) $\quad \displaystyle(\mathcal{C})\!\int_a^b \frac{dx}{(\alpha x+\beta)^n} = \frac{1}{\alpha(n-1)}\left[\frac{1}{(\alpha a+\beta)^{n-1}} - \frac{1}{(\alpha b+\beta)^{n-1}}\right],\quad \alpha\neq 0,$
für $(\alpha a+\beta)(\alpha b+\beta)>0, n>1$
für $(\alpha a+\beta)(\alpha b+\beta)<0, n=3,5,7,\ldots$ als Cauchyscher Hauptwert
$\hfill (\text{I 11.2});$

3a) $\quad \displaystyle\int_0^\infty \frac{dx}{(\alpha x+\beta)^n} = \frac{1}{(n-1)\alpha\beta^{n-1}},\quad \alpha\beta>0,\ n>1.$

4a) $\quad \displaystyle\oint_0^1 \frac{dx}{x-\alpha} = \log\frac{1-\alpha}{\alpha},\quad 0<\alpha<1, \hfill (2);$

4b) $\quad \displaystyle(\mathcal{C})\!\int_{-a}^a \frac{dx}{x-\alpha} = \log\left|\frac{a-\alpha}{a+\alpha}\right|,\quad a\neq\pm\alpha, \hfill (2);$

4c) $\quad \displaystyle\oint_{-\infty}^\infty \frac{dx}{x-\alpha} = 0, \hfill (2).$

*) Die Formeln dieses Abschnitts gelten, wenn nicht anders angegeben, auch für beliebig reelle Exponenten; bei solchen ist jedoch die Vieldeutigkeit der Funktion x^a genau zu beachten. Die Formeln bleiben sicher dann richtig, wenn die Basis der Potenz im gesamten Integrationsintervall positiv ist und x^a überall als (positiver) Hauptwert bestimmt wird.

121. Potenzprodukte von mehreren linearen Ausdrücken.[*]

1) $\displaystyle\int_a^b (x-a)^m (b-x)^n\, dx = \int_a^b (x-a)^n (b-x)^m\, dx = (b-a)^{m+n+1} \cdot \frac{m!\, n!}{(m+n+1)!}$, $m, n = 0, 1, 2, \ldots$ (421.2a);

1a) $\displaystyle\int_0^1 x^m (1-x)^n\, dx = \frac{m!\, n!}{(m+n+1)!}$, $m, n = 0, 1, 2, \ldots$;

1b) $\displaystyle\int_{-1}^1 (1+x)^m (1-x)^n\, dx = 2^{m+n+1} \frac{m!\, n!}{(m+n+1)!}$, $m, n = 0, 1, 2, \ldots$.

2) $\displaystyle\int_a^b \frac{(x-a)^m (b-x)^n}{(\alpha x + \beta)^{m+n+2}}\, dx = \frac{m!\, n!\, (b-a)^{m+n+1}}{(m+n+1)!\, (\alpha a + \beta)^{n+1} (\alpha b + \beta)^{m+1}}$, $(\alpha a + \beta)(\alpha b + \beta) > 0$, $m, n = 0, 1, 2, \ldots$ (421.4);

2a) $\displaystyle\int_a^b \frac{(x-a)^m}{(\alpha x + \beta)^{m+2}}\, dx = \frac{(b-a)^{m+1}}{(m+1)(\alpha a + \beta)(\alpha b + \beta)^{m+1}}$, $(\alpha a + \beta)(\alpha b + \beta) > 0$, $m = 0, 1, 2, \ldots$;

2b) $\displaystyle\int_a^b \frac{(b-x)^n}{(\alpha x + \beta)^{n+2}}\, dx = \frac{(b-a)^{n+1}}{(n+1)(\alpha a + \beta)^{n+1} (\alpha b + \beta)}$, $(\alpha a + \beta)(\alpha b + \beta) > 0$, $n = 0, 1, 2, \ldots$.

3) $\displaystyle\int_0^1 \frac{x^m}{(x+1)^{2m+2}}\, dx = \int_1^\infty \approx\; = \frac{1}{2}\int_0^\infty \approx\; = \frac{m!\, m!}{2(2m+1)!}$, $m = 0, 1, 2, \ldots$ (421.8a).

4a) $\displaystyle\int_0^a \frac{x^m}{x+a}\, dx = (-a)^m \left[\log 2 - 1 + \frac{1}{2} - \frac{1}{3} + - \cdots + \frac{(-1)^m}{m}\right]$, $m = 1, 2, \ldots$ (421.10a);

4b) $\displaystyle\int_0^a \frac{x^m}{(x+a)^2}\, dx = m(-a)^{m-1}\left[\log 2 - 1 + \frac{1}{2} - \frac{1}{3} + - \cdots + \frac{(-1)^{m-1}}{m-1} + \frac{(-1)^m}{2m}\right]$, $m = 1, 2, \ldots$ (421.10b).

5) $\displaystyle\int_0^\infty \frac{x^m}{(\alpha x + \beta)^{m+n+2}}\, dx = \frac{m!\, n!}{(m+n+1)!\, \alpha^{m+1} \beta^{n+1}}$, $\alpha\beta > 0$, $m, n = 0, 1, 2, \ldots$ (421.13a);

5a) $\displaystyle\int_0^\infty \frac{Ax+B}{(\alpha x + \beta)^{m+3}}\, dx = \frac{A\beta + (m+1)B\alpha}{(m+1)(m+2)\alpha^2 \beta^{m+2}}$, $\alpha\beta > 0$, $m = 0, 1, 2, \ldots$

6) $\displaystyle\int_0^\infty \frac{(\alpha x + \beta)^{\lambda-1}}{(\gamma x + \delta)^{\lambda+1}}\, dx = \frac{(\alpha\delta)^\lambda - (\beta\gamma)^\lambda}{\lambda(\alpha\delta - \beta\gamma)(\gamma\delta)^\lambda}$, $\gamma\delta > 0$, $\alpha\delta \neq \beta\gamma$, $\lambda \geq 1$,   (I 14.3c).

---

[*] Für allgemeine Exponenten siehe 421.

121

7) $\int_0^\infty \frac{dx}{(x+a)^m(x+b)^n} = \binom{m+n-2}{n-1}\frac{(-1)^m}{(b-a)^{m+n-1}}\log\frac{a}{b} - \frac{1}{(a-b)^{m+n-1}}\sum_{\nu=0}^{m+n-2}{'}\binom{m+n-2}{\nu}\frac{(-1)^\nu}{n-\nu-1}\left[1-\left(\frac{a}{b}\right)^{n-\nu-1}\right]$,

$a>0, b>0, a\neq b, m+n\geq 2,$ *) (I 12.6d);

7a) $(C)\int_0^\infty \frac{dx}{(ax+b)(cx+d)} = \frac{1}{ad-bc}\log\left|\frac{ad}{bc}\right|$, $abcd\neq 0$, $ad\neq bc$, (I 12.8a);

7b) $(C)\int_0^\infty \frac{dx}{(ax+b)^2(cx+d)} = \frac{1}{bD} - \frac{c}{D^2}\log\left|\frac{ad}{bc}\right|$, $D=ad-bc\neq 0$, $ab>0$, $cd\neq 0$, (I 12.8b);

7c) $\int_0^\infty \frac{dx}{(ax+b)^2(cx+d)^2} = \frac{-1}{bdD} + \frac{2a}{bD^2} - \frac{2ac}{D^3}\log\frac{ad}{bc}$, $D=ad-bc\neq 0$, $ab>0$, $cd>0$, (I 12.8c).

8a) $\int_{-\infty}^\infty \frac{dx}{(a+ix)^n(b-ix)^m} = \frac{(m+n-2)!\,2\pi}{(m-1)!(n-1)!(a+b)^{m+n-1}}$, $m+n>1$, $a>0, b>0$, (421.18a);

8b) $\int_{-\infty}^\infty \frac{dx}{(a+ix)^n(b+ix)^m} = 0$, $m+n>1$, $ab>0$, (421.18b).

9) $(C)\int_0^\infty \frac{x\,dx}{(ax+b)^2(cx+d)} = \frac{d}{D^2}\log\left|\frac{ad}{bc}\right| - \frac{1}{aD}$, $ab>0$, $D=ad-bc\neq 0$, $cd\neq 0$, (I 14.2c).

10) $\int_0^\infty \frac{(Ax+B)dx}{(a_1x+b_1)(a_2x+b_2)(a_3x+b_3)} = \frac{Ba_1-Ab_1}{pq}\log\frac{a_1b_2}{a_2b_1} + \frac{Ba_3-Ab_3}{qr}\log\frac{a_3b_2}{a_2b_3}$,

$p=a_1b_2-a_2b_1$, $q=a_1b_3-a_3b_1$, $r=a_2b_3-a_3b_2$, $\frac{a_1}{b_1}>\frac{a_2}{b_2}>\frac{a_3}{b_3}>0$, (I 11.13).

11) $\int_0^\infty \frac{x^m(x+a)^m}{(2x+a)^{2m+2}}dx = \frac{m!\,m!}{2a(2m+1)!}$, $m=0,1,2,\ldots$, $a>0$, (421.19a).

12) $\int_a^b x^m(x-a)^n(x-b)^p dx = \frac{(-1)^p m!(b-a)^{n+p+1}}{(m+n+p+1)!}\sum_{\nu=0}^m \frac{(n+\nu)!(m+p-\nu)!}{\nu!(m-\nu)!}a^{m-\nu}b^\nu$; (1);

12a) $\int_{-1}^1 x^{2m}(x+1)^n(1-x)^n dx = \frac{n!\,2^{n+1}}{(2m+1;2;n+1)}$, $m,n=0,1,2,\ldots$ (421.1).

---

*) Das Glied für $\nu=n-1$ ist in der Summe wegzulassen.

131. Potenzen eines quadratischen Ausdrucks.

1) $\int_{-a}^{a}(a^2-x^2)^n dx = 2\int_{0}^{a}\sim = \dfrac{n!\,2^{n+1}}{(1;2;n+1)}a^{2n+1}$, $n=0,1,2,\ldots$ \hfill (121.1).

2a) $\int_{0}^{1}\dfrac{dx}{ax^2+2bx+c} = \dfrac{1}{\sqrt{ac-b^2}}\left[\operatorname{Arc\,tg}\dfrac{a+b}{\sqrt{ac-b^2}} - \operatorname{Arc\,tg}\dfrac{b}{\sqrt{ac-b^2}}\right]$, $ac>b^2$, \hfill (I11.7c);

2b) $(\oint)\int_{0}^{1}\sim = \dfrac{1}{2\sqrt{b^2-ac}}\log\left|\dfrac{b+c+\sqrt{b^2-ac}}{b+c-\sqrt{b^2-ac}}\right|$, $ac<b^2, c\neq 0$, \hfill (I11.7b);

2c) $\int_{0}^{1}\sim = \dfrac{a}{(a+b)b}$, $ac=b^2>0$, $\dfrac{b}{a}>0$ oder $\dfrac{b}{a}<-1$, \hfill (I11.7d);

3a) $\int_{0}^{\infty}\sim = \dfrac{1}{\sqrt{ac-b^2}}\operatorname{Arc\,ctg}\dfrac{b}{\sqrt{ac-b^2}}$, $a>0$, $ac>b^2$, \hfill (I11.7c);

3b) $(\oint)\int_{0}^{\infty}\sim = \dfrac{1}{2\sqrt{b^2-ac}}\log\left|\dfrac{b+\sqrt{b^2-ac}}{b-\sqrt{b^2-ac}}\right|$, $ac\neq 0, ac<b^2$, \hfill (I11.7b);

3c) $\int_{0}^{\infty}\sim = \dfrac{1}{b}$, $ab>0$, $ac=b^2$, \hfill (I11.7d);

3d) $\int_{-\infty}^{\infty}\sim = \dfrac{\pi}{\sqrt{ac-b^2}}$, $a>0$, $ac>b^2$, \hfill (I11.7c).

4) $\int_{0}^{\infty}\dfrac{dx}{(ax^2+2bx+c)^n} = \dfrac{(-1)^{n-1}}{(n-1)!}\dfrac{\partial^{n-1}}{\partial c^{n-1}}\left[\dfrac{1}{\sqrt{ac-b^2}}\operatorname{Arc\,ctg}\dfrac{b}{\sqrt{ac-b^2}}\right]$, $a>0$, $ac>b^2$, \hfill (3a, 021.5);

4a) $\int_{0}^{\infty}\dfrac{dx}{(ax^2+2bx+c)^2} = \dfrac{1}{2c(ac-b^2)}\left[-b + \dfrac{ac}{\sqrt{ac-b^2}}\operatorname{Arc\,ctg}\dfrac{b}{\sqrt{ac-b^2}}\right]$, $a>0, ac>b^2$.

5) $\int_{-\infty}^{\infty}\dfrac{dx}{(ax^2+2bx+c)^n} = \dfrac{(1;2;n-1)\pi a^{n-1}}{2^{n-1}(n-1)!(ac-b^2)^{n-1}\sqrt{ac-b^2}}$, $a>0, ac>b^2$, \hfill (3d, 021.5);

5a) $\int_{-\infty}^{\infty}\dfrac{dx}{(ax^2+2bx+c)^2} = \dfrac{\pi a}{2(ac-b^2)^{3/2}}$, $a>0$, $ac>b^2$.

6a) $\int_{0}^{\sqrt{c/a}}\dfrac{dx}{ax^2+c} = \int_{\sqrt{c/a}}^{\infty}\sim = \dfrac{1}{2}\int_{0}^{\infty}\sim = \dfrac{1}{4}\int_{-\infty}^{\infty}\sim = \dfrac{\pi}{4\sqrt{ac}}$, $a>0, c>0$, \hfill (3a);

131

6b) $\displaystyle\int_{-r}^{r}\frac{dx}{ax^2+c} = 2\int_0^r \sim = \frac{2}{\sqrt{ac}}\operatorname{Arc\,tg}\frac{ar}{\sqrt{ac}}, \quad ac>0,$ \hfill (I 15.10).

7) $\displaystyle\int_{-\infty}^{\infty}\frac{dx}{(ax^2+c)^n} = 2\int_0^{\infty}\sim = \frac{(1;2;n-1)\pi}{(n-1)!(2c)^{n-1}\sqrt{ac}}, \quad a>0, c>0,$ \hfill (5).

8a) $\displaystyle\int_0^b \frac{dx}{x^2+a^2} = \frac{1}{a}\operatorname{Arc\,tg}\frac{b}{a} = \frac{1}{|a|}\operatorname{Arc\,sin}\frac{b}{\sqrt{a^2+b^2}}, \quad |a|>0,$ \hfill (I 15.15b);

8b) $\displaystyle\int_0^a \sim = \int_a^{\infty}\sim = \frac{\pi}{4a}, \quad a>0;$

8c) $\displaystyle\int_{-\infty}^{\infty}\sim = 2\int_0^{\infty}\sim = \frac{\pi}{|a|}, \quad |a|>0;$

8d) $\displaystyle\int_1^{\infty}\sim = \frac{1}{a}\operatorname{Arc\,tg}a, \quad a\neq 0.$

9) $\displaystyle\int_0^{\infty}\frac{dx}{(x^2+a^2)^n} = \frac{1}{2}\int_{-\infty}^{\infty}\sim = \frac{(1;2;n-1)\pi}{2^n a^{2n-1}(n-1)!}, \quad a>0,$ \hfill (7).

10a) $\displaystyle(\oint)_0^b \frac{dx}{a^2-x^2} = \frac{1}{2a}\log\left|\frac{a+b}{a-b}\right|, \quad a>0, b>0,$ \hfill (I 15.23b);

10b) $\displaystyle\oint_0^{\infty} \sim = 0, \quad a\neq 0.$

11a) $\displaystyle\int_0^1 \frac{dx}{x^2+2x\cos\lambda+1} = \int_1^{\infty}\sim = \frac{1}{2}\int_0^{\infty}\sim = \frac{\lambda}{2\sin\lambda}, \quad 0<|\lambda|<\pi,$ \hfill (2a);

11b) $\displaystyle\qquad\qquad\qquad\qquad\qquad = \frac{1}{2}\ \text{für}\ \lambda=0;$

11c) $\displaystyle\int_0^1 \frac{dx}{x^2-2x\cos\lambda+1} = \int_1^{\infty}\sim = \frac{1}{2}\int_0^{\infty}\sim = \frac{\pi-\lambda}{2\sin\lambda}, \quad 0<\lambda<\pi,$ \hfill (2a);

12a) $\displaystyle\int_0^{\infty}\frac{dx}{(x^2+2x\cos\lambda+1)^2} = \frac{\lambda-\sin\lambda\cos\lambda}{2\sin^3\lambda}, \quad 0<|\lambda|<\pi,$ \hfill (4a);

12b) $\displaystyle\int_0^{\infty}\frac{dx}{(x^2+2x\cos\lambda+1)^3} = \frac{3\lambda-3\sin\lambda\cos\lambda-2\sin^3\lambda\cos\lambda}{8\sin^5\lambda}, \quad 0<|\lambda|<\pi,$ \hfill (4);

131

12c) $\int_0^\infty \dfrac{dx}{(x^2+2x\cos\lambda+1)^4} = \dfrac{15\lambda - \sin\lambda\cos\lambda\,(15+10\sin^2\lambda+8\sin^4\lambda)}{48\sin^7\lambda}$ $\quad 0<|\lambda|<\pi$ (4).

13a) $\int_0^1 \dfrac{dx}{x^2+x+1} = \int_1^\infty \sim\ = \dfrac{1}{2}\int_0^\infty \sim\ = \dfrac{\pi}{3\sqrt{3}},$ (11a);

13b) $\int_0^1 \dfrac{dx}{x^2-x+1} = \int_1^\infty \sim\ = \dfrac{1}{2}\int_0^\infty \sim\ = \dfrac{2\pi}{3\sqrt{3}},$ (11a).

141

141. Potenzprodukte von linearen und quadratischen Ausdrücken.

1) $\int_0^a x^m (a^2-x^2)^n\, dx = \dfrac{n!\,2^n\,a^{m+2n+1}}{(m+1;\,2;\,n+1)},\qquad m,n = 0,1,2,\ldots$ (I 16.1b).

2a) $\int_0^r \dfrac{Ax+B}{ax^2+2bx+c}\,dx = \dfrac{A}{2a}\log\dfrac{ar^2+2br+c}{c} + \dfrac{aB-bA}{a\sqrt{ac-b^2}}\left[\operatorname{Arc\,tg}\dfrac{r\sqrt{ac-b^2}}{br+c} + \varepsilon\pi\right],$

$\qquad ac>b^2,\quad \varepsilon = \begin{cases} 0 & \text{für } c(br+c)\geq 0, \\ \operatorname{sign}(rc) & \text{"\ } c(br+c)<0, \end{cases}$ (I 11.7a-c);

2b) $(\oint)_0^r \sim\ = \dfrac{A}{2a}\log\dfrac{ar^2+2br+c}{c} + \dfrac{aB-bA}{2a\sqrt{b^2-ac}}\log\left|\dfrac{rb+c+r\sqrt{b^2-ac}}{rb+c-r\sqrt{b^2-ac}}\right|,$

$\qquad b^2>ac,$ (I 11.7a-c).

3a) $\int_0^r \dfrac{Ax+B}{(ax^2+2bx+c)^2}\,dx = \dfrac{r(ar+b)(cA-bB)+rB(ac-b^2)}{2c(ac-b^2)(ar^2+2br+c)} + \dfrac{aB-bA}{2(ac-b^2)^{3/2}}\left[\operatorname{Arc\,tg}\dfrac{r\sqrt{ac-b^2}}{br+c} + \varepsilon\pi\right],$

$\qquad ac>b^2,\ \varepsilon$ wie in (2a), (2a, 021.5);

3b) $\int_0^r \sim\ = \dfrac{r(ar+b)(bB-cA)+rB(b^2-ac)}{2c(b^2-ac)(ar^2+2br+c)} - \dfrac{aB-bA}{4(b^2-ac)^{3/2}}\log\dfrac{rb+c+r\sqrt{b^2-ac}}{rb+c-r\sqrt{b^2-ac}},$

für $ac<0$ und $-b-\sqrt{b^2-ac} < ar < -b+\sqrt{b^2-ac}$,

oder $b^2>ac>0$ und $\begin{cases} ar>-b+\sqrt{b^2-ac} & \text{falls } b>0, \\ ar<-b-\sqrt{b^2-ac} & \text{"\ } b<0, \end{cases}$ (2b, 021.5).

4a) $\int_0^\infty \sim\ = \dfrac{cA-bB}{2c(ac-b^2)} + \dfrac{aB-bA}{2(ac-b^2)^{3/2}}\operatorname{Arc\,ctg}\dfrac{b}{\sqrt{ac-b^2}},\quad a>0,\ ac>b^2,$ (3a);

4b) $\int_0^\infty \sim\ = \dfrac{bB-cA}{2c(b^2-ac)} - \dfrac{aB-bA}{4(b^2-ac)^{3/2}}\log\dfrac{b+\sqrt{b^2-ac}}{b-\sqrt{b^2-ac}},$

$\qquad a>0,\ b>0,\ b^2>ac>0,$ (3b);

141

4c) $\int_0^\infty \dfrac{Ax+B}{(ax^2+2bx+c)^2}dx = \dfrac{A}{6ac} + \dfrac{B}{3bc}$, $\qquad ac=b^2,\ ab>0$.

5a) $\int_0^\infty \dfrac{x\,dx}{(ax^2+2bx+c)^n} = \dfrac{(-1)^n}{(n-1)!}\cdot\dfrac{\partial^{n-2}}{\partial c^{n-2}}\left\{\dfrac{1}{2(ac-b^2)} - \dfrac{b}{2(ac-b^2)^{3/2}}\operatorname{Arcctg}\dfrac{b}{\sqrt{ac-b^2}}\right\}$,

$\qquad\qquad a>0,\ ac>b^2,\ n=2,3,\ldots$ $\qquad$ (4a, 021.5);

5b) $\int_0^\infty \sim\ = \dfrac{(-1)^n}{(n-1)!}\cdot\dfrac{\partial^{n-2}}{\partial c^{n-2}}\left\{\dfrac{-1}{2(b^2-ac)} + \dfrac{b}{4(b^2-ac)^{3/2}}\log\dfrac{b+\sqrt{b^2-ac}}{b-\sqrt{b^2-ac}}\right\}$,

$\qquad\qquad a>0,\ b>0,\ b^2>ac>0,\ n=2,3,\ldots$ $\qquad$ (4b, 021.5);

5c) $\int_0^\infty \sim\ = \dfrac{a^{n-2}}{(2n-2)(2n-1)b^{2n-2}}$, $\qquad ac=b^2,\ ab>0,\ n=2,3,\ldots$ (121.5).

6) $\int_{-\infty}^\infty \sim\ = -\dfrac{(1;2;n-1)\pi b a^{n-2}}{(2;2;n-1)(ac-b^2)^{\frac{2n-1}{2}}}$, $\qquad ac>b^2,\ a>0,\ n=2,3,\ldots$ $\qquad$ (5a).

7a) $\int_0^\infty \dfrac{x\,dx}{(x^2+2x\cos\lambda+1)^2} = \dfrac{\sin\lambda-\lambda\cos\lambda}{2\sin^3\lambda}$, $\qquad 0<|\lambda|<\pi$, $\qquad$ (131.11a, 021.5);

7b) $\int_0^\infty \dfrac{x\,dx}{(x^2+2x\cos\lambda+1)^3} = \dfrac{-3\lambda\cos\lambda+3\sin\lambda-\sin^3\lambda}{8\sin^5\lambda}$, $0<|\lambda|<\pi$, (131.12a, 021.5);

7c) $\int_0^\infty \dfrac{x\,dx}{(x^2+2x\cos\lambda+1)^4} = \dfrac{-15\lambda\cos\lambda+15\sin\lambda-5\sin^3\lambda-2\sin^5\lambda}{48\sin^7\lambda}$, $0<|\lambda|<\pi$

$\qquad\qquad$ (131.12b, 021.5).

8a) $\int_0^\infty \dfrac{x^{2m}dx}{(ax^2+c)^n} = \dfrac{1}{2}\int_{-\infty}^\infty \sim\ = \dfrac{(1;2;m)(1;2;n-m-1)\pi}{(n-1)!\,2^n a^m c^{n-m-1}\sqrt{ac}}$, $a>0,\ c>0,\ n\geq m+1$

$\qquad\qquad$ (I15.4c, 131.7);

8b) $\int_0^\infty \dfrac{x^{2m+1}dx}{(ax^2+c)^n} = \dfrac{m!(n-m-2)!}{2(n-1)!\,a^{m+1}c^{n-m-1}}$, $ac>0,\ n>m+1\geq 1$, (121.5, 021.4a);

8c) $\int_0^\infty \dfrac{x\,dx}{(ax^2+c)^n} = \dfrac{1}{2(n-1)ac^{n-1}}$, $ac>0,\ n=2,3,\ldots$ $\qquad$ (8b).

9) $\int_0^r \dfrac{Ax+B}{x^2+a^2}dx = \dfrac{A}{2}\log\dfrac{r^2+a^2}{a^2} + \dfrac{B}{a}\operatorname{Arctg}\dfrac{r}{a}$, $\quad a>0$, $\qquad$ (2a);

9a) $\int_0^a \sim\ = \dfrac{A}{2}\log 2 + \dfrac{B\pi}{4a}$, $\quad a>0$, $\qquad$ (9).

141

10) $\int_0^\infty \dfrac{Ax+B}{(x^2+a^2)^n}\,dx = \dfrac{A}{2(n-1)a^{2n-2}} + \dfrac{(1;2;n-1)\pi B}{(n-1)!\,2^n a^{2n-1}}$, $a>0$, (8c, 131.9).

11a) $\int_0^\infty \dfrac{x^{2m}\,dx}{(x^2+a^2)^n} = \dfrac{1}{2}\int_{-\infty}^\infty \sim\ = \dfrac{(1;2;m)(1;2;n-m-1)\,\pi}{(n-1)!\,2^n a^{2n-2m-1}}$, $a>0$, $n\geq m+1$, (8a);

11b) $\int_0^\infty \dfrac{x^{2m+1}\,dx}{(x^2+a^2)^n} = \dfrac{m!\,(n-m-2)!}{2(n-1)!\,a^{2n-2m-2}}$, $|a|>0$, $n>m+1$, (8b).

12a) $\int_0^\infty \dfrac{dx}{(x^2+a^2)(x+b)} = \dfrac{1}{a^2+b^2}\left(\dfrac{b\pi}{2a} - \log\dfrac{b}{a}\right)$, $a>0,b>0$, vgl. 161.6, (I 15.18);

12b) $\oint_0^\infty \dfrac{dx}{(x^2+a^2)(x-b)} = \dfrac{-1}{a^2+b^2}\left(\dfrac{b\pi}{2a} + \log\dfrac{b}{a}\right)$, $a>0,b>0$, vgl. 161.7, (I 15.18).

13) $\oint_0^\infty \dfrac{dx}{(x^2+a^2)(x^2-b^2)} = \dfrac{-\pi}{2a(a^2+b^2)}$, $a>0$, $|b|>0$, (12a-b).

14) $\int_0^\infty \dfrac{dx}{(x^2+a^2)(x^2+b^2)} = \dfrac{1}{2}\int_{-\infty}^\infty \sim\ = \dfrac{\pi}{2ab(a+b)}$, $a>0,b>0$, (021.12).

15) $\int_0^\infty \dfrac{dx}{(x^2+a_1^2)(x^2+a_2^2)(x^2+a_3^2)} = \dfrac{1}{2}\int_{-\infty}^\infty \sim\ =$

$$= \dfrac{\pi}{2(a_1^2-a_2^2)(a_1^2-a_3^2)(a_2^2-a_3^2)}\left[\dfrac{a_2^2-a_3^2}{a_1} + \dfrac{a_3^2-a_1^2}{a_2} + \dfrac{a_1^2-a_2^2}{a_3}\right],$$
$a_1>0$, $a_2>0$, $a_3>0$, (021.12).

16) $\int_0^\infty \dfrac{Ax^2+Bx+C}{(ax+b)^m}\,dx = \dfrac{2b^2 A + (m-3)abB + (m-2)(m-3)a^2 C}{(m-1)(m-2)(m-3)a^3 b^{m-3}}$, $ab>0$, $m\geq 4$, (121.5);

16a) $\int_0^\infty \dfrac{Ax^2+Bx+C}{(ax+b)^4}\,dx = \dfrac{2b^2 A + abB + 2a^2 C}{6a^3 b^3}$, $ab>0$, (16).

17) $\int_{-\infty}^\infty \dfrac{x^m\,dx}{(ax^2+2bx+c)^n} = \dfrac{(-1)^m \pi\, a^{n-m-1} b^m}{(n-1)!\,2^{n-1}(ac-b^2)^{n-\frac{1}{2}}} \sum_{\alpha=0}^{[\frac{m}{2}]} \binom{m}{2\alpha}(1;2;\alpha)(1;2;n-\alpha-1)\left(\dfrac{ac-b^2}{b^2}\right)^\alpha$,
$ac>b^2$, $0\leq m\leq 2n-2$, (021.12).

18) $\int_0^\infty \left[\dfrac{1}{1+\lambda^2 x^2} - \dfrac{1}{1+\lambda x}\right]\dfrac{dx}{x} = 0$, $\lambda>0$, $(\lambda x = \tfrac{1}{y})$.

141

19) $\int_{-\infty}^{\infty} \frac{dx}{[(x-r_1)^2+s_1^2][(x-r_2)^2+s_2^2]} = \pi \frac{(s_1+s_2)[(r_1-r_2)^2+(s_1-s_2)^2]}{s_1 s_2 [(r_1-r_2)^4 + 2(s_1^2+s_2^2)(r_1-r_2)^2+(s_1^2-s_2^2)^2]}$, $s_1>0$, $s_2>0$, (021.12b).

20) $\int_{-\infty}^{\infty} \frac{dx}{[(x-r_1)^2+s_1^2][(x-r_2)^2+s_2^2][(x-r_3)^2+s_3^2]} = \pi\left[\frac{A_1}{s_1 B_2 B_3} + \frac{A_2}{s_2 B_3 B_1} + \frac{A_3}{s_3 B_1 B_2}\right]$, $s_1,s_2,s_3>0$,

$A_i = [(r_i-r_j)^2 - s_i^2 + s_j^2][(r_i-r_k)^2 - s_i^2 + s_k^2] - 4s_i^2(r_i-r_j)(r_i-r_k)$,

$B_i = (r_j-r_k)^4 + 2(s_j^2+s_k^2)(r_j-r_k)^2 + (s_j^2-s_k^2)^2 \neq 0$,

$(i,j,k) = (1,2,3), (2,3,1), (3,1,2)$ (021.12b).

151

151. Potenzprodukte von x und ax^n+b.

1) $\int_0^1 x^p(1-x^m)^n dx = \frac{m^n n!}{(p+1; m; n+1)}$, $m=1,2,\ldots$; $p,n=0,1,2,\ldots$ (431.1).

2) $\int_0^a x^p(a^m-x^m)^n dx = \frac{n! m^n a^{mn+p+1}}{(p+1; m; n+1)}$, $a>0$, $m=1,2,\ldots$; $p,n=0,1,2,\ldots$ (431.2);

2a) $\int_0^a (a^m-x^m)^n dx = \frac{n! m^n a^{mn+1}}{(1; m; n+1)}$, $a>0$, $m=1,2,\ldots$; $n=0,1,2,\ldots$ (2).

3a) $\int_0^\infty \frac{x^{p-1}}{(ax^n+b)^m} dx = \binom{m-\frac{p}{n}-1}{m-1}\left(\frac{b}{a}\right)^{\frac{p}{n}} \cdot \frac{\pi}{nb^m \sin\frac{p\pi}{n}}$, $m,n,p=1,2,\ldots$; $m>\frac{p}{n}$, $\frac{p}{n}$ nicht ganz, $ab>0$, (431.16a);

3b) $\int_0^\infty \frac{x^{np-1}}{(ax^n+b)^m} dx = \frac{(p-1)!(m-p-1)!}{n(m-1)! a^p b^{m-p}}$, $m,n,p=1,2,\ldots$; $m>p$, $ab>0$, (431.16).

4) $\int_0^\infty \frac{x^{p-1}}{ax^n+b} dx = \frac{\pi}{nb \sin\frac{p\pi}{n}}\left(\frac{b}{a}\right)^{\frac{p}{n}}$, $n>p=1,2,\ldots$; $ab>0$, (3a).

5a) $\int_0^\infty \frac{dx}{ax^3+b} = \frac{2\pi}{3\sqrt{3}\,b}\sqrt[3]{\frac{b}{a}}$, $ab>0$, (4);

5b) $\int_0^\infty \frac{x\,dx}{ax^3+b} = \frac{2\pi}{3\sqrt{3}\,b}\sqrt[3]{\frac{b^2}{a^2}}$, $ab>0$, (4).

151

6a) $\displaystyle\int_0^\infty \frac{dx}{ax^4+b} = \frac{\pi}{4b}\sqrt[4]{\frac{4b}{a}}$, $ab>0$, (4);

6b) $\displaystyle\int_0^\infty \frac{x\,dx}{ax^4+b} = \frac{\pi}{4b}\sqrt{\frac{b}{a}}$, $ab>0$, (4);

6c) $\displaystyle\int_0^\infty \frac{x^2\,dx}{ax^4+b} = \frac{\pi}{4b}\sqrt[4]{\frac{4b^3}{a^3}}$, $ab>0$, (4).

7a) $\displaystyle\int_0^\infty \frac{dx}{ax^6+b} = \frac{\pi}{3b}\sqrt[6]{\frac{b}{a}}$, $ab>0$, (4);

7b) $\displaystyle\int_0^\infty \frac{x\,dx}{ax^6+b} = \frac{\pi}{3\sqrt{3}\,b}\sqrt[3]{\frac{b}{a}}$, $ab>0$, (4);

7c) $\displaystyle\int_0^\infty \frac{x^2\,dx}{ax^6+b} = \frac{\pi}{6b}\sqrt{\frac{b}{a}}$, $ab>0$, (4);

7d) $\displaystyle\int_0^\infty \frac{x^3\,dx}{ax^6+b} = \frac{\pi}{3\sqrt{3}\,b}\sqrt[3]{\frac{b^2}{a^2}}$, $ab>0$, (4);

7e) $\displaystyle\int_0^\infty \frac{x^4\,dx}{ax^6+b} = \frac{\pi}{3b}\sqrt[6]{\frac{b^5}{a^5}}$, $ab>0$, (4).

8a) $\displaystyle\int_{-\infty}^{\infty} \frac{x^{2p}\,dx}{(ax^{2n}+b)^m} = 2\int_0^\infty \sim \;=\; \frac{\pi}{nb^m \sin\frac{(2p+1)\pi}{2n}} \cdot \binom{m-1-\frac{2p+1}{2n}}{m-1}\left(\frac{b}{a}\right)^{\frac{2p+1}{2n}}$, $ab>0$,

  $p=0,1,2,\ldots\;;\; m,n=1,2,\ldots\;;\; m>\frac{2p+1}{2n}$, (3a);

8b) $\displaystyle\int_{-\infty}^{\infty} \frac{x^{2p+1}\,dx}{(ax^{2n}+b)^m} = 0$, $ab>0$, $p=0,1,2,\ldots\;;\;m,n=1,2,\ldots\;;\;m>\frac{p}{n}$; (3a).

9a) $\displaystyle\int_0^1 \frac{x^{\frac{mn}{2}-1}}{(x^n+1)^m}\,dx = \int_1^\infty \sim \;=\; \frac{1}{2}\int_0^\infty \sim \;=\; \binom{\frac{m}{2}-1}{m-1}\cdot\frac{(-1)^{\frac{m-1}{2}}\pi}{2n}$, $m=1,3,5,\ldots\;;\;n=1,2,\ldots$ (3a);

9b) $\qquad\qquad\qquad\qquad\qquad\qquad = \dfrac{\left(\frac{m}{2}-1\right)!\,\left(\frac{m}{2}-1\right)!}{2n(m-1)!}$, $m=2,4,6,\ldots\;;\;n=1,2,\ldots$ (3b).

10a) $\displaystyle\int_0^1 \frac{x^{m-1}}{(x^2+1)^m}\,dx = \int_1^\infty \sim \;=\; \frac{1}{2}\int_0^\infty \sim \;=\; (-1)^{\frac{m-1}{2}}\binom{\frac{m}{2}-1}{m-1}\frac{\pi}{4}$, $m=1,3,5,\ldots$ (9a);

10b) $\qquad\qquad\qquad\qquad\qquad\qquad = \dfrac{\left(\frac{m}{2}-1\right)!\,\left(\frac{m}{2}-1\right)!}{4(m-1)!}$, $m=2,4,6,\ldots$ (9b).

151

11) $\int_0^1 \frac{x^{3m-1}}{(x^3+1)^{2m}} dx = \int_1^\infty \sim = \frac{1}{2}\int_0^\infty \sim = \frac{(m-1)!(m-1)!}{6(2m-1)!}$, $\quad m=1,2,\ldots$ (9b).

12) $\oint_0^\infty \frac{x^{m-1}}{ax^n-b} dx = \frac{1}{b}\left(\frac{b}{a}\right)^{\frac{m}{n}} \int_0^\infty \frac{x^{m-1}-x^{n-m-1}}{x^n-1} dx = \frac{-\pi}{nb}\left(\frac{b}{a}\right)^{\frac{m}{n}} \operatorname{ctg}\frac{m\pi}{n}$, $ab>0$,
$m,n=1,2,\ldots$; $m \leq n-1$, (161.2).

13) $\oint_0^\infty \frac{dx}{1-x^3} = \oint_0^\infty \frac{x\,dx}{x^3-1} = \frac{\pi}{3\sqrt{3}}$, (12).

14a) $\oint_0^\infty \frac{dx}{1-x^4} = \oint_0^\infty \frac{x^2\,dx}{x^4-1} = \frac{\pi}{4}$, (12);

14b) $\oint_0^\infty \frac{x\,dx}{1-x^4} = 0$, (12).

15a) $\oint_0^\infty \frac{dx}{1-x^6} = \oint_0^\infty \frac{x^4\,dx}{x^6-1} = \frac{\pi}{2\sqrt{3}}$, (12);

15b) $\oint_0^\infty \frac{x\,dx}{1-x^6} = \oint_0^\infty \frac{x^3\,dx}{x^6-1} = \frac{\pi}{6\sqrt{3}}$, (12);

15c) $\oint_0^\infty \frac{x^2\,dx}{1-x^6} = 0$, (12).

161

161. Beliebige Potenzprodukte.

1) $\int_0^1 \frac{x^m-1}{x-1} dx = \sum_{\nu=1}^m \frac{1}{\nu}$, $\quad m=1,2,\ldots$ (021.1);

1a) $\int_0^1 \frac{x^m-x^n}{x-1} dx = \sum_{\nu=n+1}^m \frac{1}{\nu}$, $\quad m,n=1,2,\ldots$; $m \geq n+1$ (1).

2) $\int_0^1 \frac{x^{m-1}-x^{n-m-1}}{1-x^n} dx = \frac{\pi}{n}\operatorname{ctg}\frac{m\pi}{n}$, $\quad m,n=1,2,\ldots$; $m \leq n-1$, (431.4a).

161

3) $\int_0^\infty \dfrac{x^{m-1}-x^{p-1}}{x^n-1}\,dx = \dfrac{\pi}{n}\left[\operatorname{ctg}\dfrac{p\pi}{n} - \operatorname{ctg}\dfrac{m\pi}{n}\right],\quad m,n,p=1,2,\ldots\,;\ n>m,\ n>p,$ (431.21).

4a) $\int_0^1 \dfrac{x^{m-1}dx}{1+x+x^2+\cdots+x^{2m}} = \int_0^1 \dfrac{x^{m-1}-x^m}{1-x^{2m+1}}\,dx = \dfrac{\pi}{2m+1}\operatorname{tg}\dfrac{\pi}{2(2m+1)},\quad m=1,2,\ldots$ (2);

4b) $\int_0^\infty \sim\quad = 2\int_0^1 \sim\ = \dfrac{2\pi}{2m+1}\operatorname{tg}\dfrac{\pi}{2(2m+1)},\quad m=1,2,\ldots$ (4a);

4c) $\int_0^\infty \dfrac{x^{m-1}dx}{1+x+x^2+\cdots+x^{n-1}} = \dfrac{\pi}{n}\left[\operatorname{ctg}\dfrac{m\pi}{n} - \operatorname{ctg}\dfrac{(m+1)\pi}{n}\right] = \dfrac{\pi\sin\frac{\pi}{n}}{n\sin\frac{m\pi}{n}\sin\frac{(m+1)\pi}{n}},$
$n,m=1,2,\ldots\,;\ n>m+1,$ (3).

5a) $\int_0^1 \dfrac{x^{p-1}+x^{mn-p-1}}{(x^n+1)^m}\,dx = \int_1^\infty \sim = \dfrac{1}{2}\int_0^\infty \sim = \int_0^\infty \dfrac{x^{p-1}dx}{(x^n+1)^m} = \binom{m-1-\frac{p}{n}}{m-1}\cdot\dfrac{\pi}{n\sin\frac{p\pi}{n}},$
$m,n,p=1,2,\ldots\,;\ m>\dfrac{p}{n},\ \dfrac{p}{n}$ nicht ganz, (151.3a);

5b) $\qquad = \dfrac{(\frac{p}{n}-1)!\,(m-1-\frac{p}{n})!}{n(m-1)!},\ $ wenn $\dfrac{p}{n}$ ganz ist, (151.3b).

6a) $\int_0^\infty \dfrac{x^m\,dx}{(x^2+a^2)(x+b)^n} = \sum_{\nu=0}^m \binom{m}{\nu}(-b)^{m-\nu}\int_0^\infty \dfrac{dx}{(x^2+a^2)(x+b)^{n-\nu}},\quad m\le n=1,2,\ldots$
$a>0,\ b>0,\quad (x^m=(x+b-b)^m);$

6b) $\int_0^\infty \dfrac{dx}{(x^2+a^2)(x+b)^n} = \dfrac{(-1)^{n-1}}{(n-1)!}\cdot\dfrac{\partial^{n-1}}{\partial b^{n-1}}\left\{\dfrac{1}{a^2+b^2}\left(\dfrac{b\pi}{2a}-\log\dfrac{b}{a}\right)\right\},\quad n=1,2,\ldots\,;\ a>0,\ b>0,$
(141.12a, 021.5);

6c) $\int_0^\infty \dfrac{x\,dx}{(x^2+a^2)(x+b)} = \dfrac{1}{a^2+b^2}\left(\dfrac{a\pi}{2}+b\log\dfrac{b}{a}\right),\quad a>0,\ b>0,$ (141.10–12a).

7a) $\oint_0^\infty \dfrac{x\,dx}{(x^2+a^2)(x-b)} = \dfrac{1}{a^2+b^2}\left(\dfrac{a\pi}{2}-b\log\dfrac{b}{a}\right),\quad a>0,\ b>0,$ (141.10–12b);

7b) $\oint_0^\infty \dfrac{dx}{(x^2+a^2)^n(x-b)} = \dfrac{-1}{2(n-1)a^{2n-2}(a^2+b^2)} - \dfrac{(1,2;n-1)b\pi}{(n-1)!\,2^n a^{2n-1}(a^2+b^2)} + \dfrac{1}{a^2+b^2}\oint_0^\infty \dfrac{dx}{(x^2+a^2)^{n-1}(x-b)},$
$a>0,\ b>0,\ n=2,3,\ldots$ (I15.8a);

7c) $\oint_0^\infty \dfrac{dx}{(x^2+a^2)^2(x-b)} = \dfrac{-1}{2a^2(a^2+b^2)}\left[1+\dfrac{(3a^2+b^2)b\pi}{2a(a^2+b^2)}\right] - \dfrac{1}{(a^2+b^2)^2}\log\dfrac{b}{a},$
$a>0,\ b>0,$ (7b).

161

8a) $\displaystyle\int_0^\infty \frac{Ax^2+2Bx+C}{(ax^2+b)(cx^2+d)}dx = \frac{B}{ad-bc}\log\frac{ad}{bc} + \frac{(A\sqrt{bd}+C\sqrt{ac})\pi}{2\sqrt{abcd}(\sqrt{ad}+\sqrt{bc})}$,

$\qquad a,b,c,d > 0,\quad ad \ne bc,\qquad$ (I 11.8e);

8b) $\displaystyle\int_0^\infty \frac{x^2\,dx}{(x^2+a^2)(x^2+b^2)} = \frac{\pi}{2(a+b)}$, $\qquad a>0, b>0,\qquad$ (8a);

8c) $\displaystyle\int_0^\infty \frac{x^2\,dx}{(x^2+a^2)^2(x^2+b^2)} = \frac{\pi}{4a(a+b)^2}$, $\qquad a>0, b>0,\qquad$ (8b, 021.5).

9) $\displaystyle\int_{-\infty}^\infty \frac{(A_1x^2+B_1)(A_2x^2+B_2)\cdots(A_{n-1}x^2+B_{n-1})}{(a_1x^2+b_1)(a_2x^2+b_2)\cdots(a_nx^2+b_n)}dx = 2\int_0^\infty \tilde{\ } =$

$= \pi\left\{\dfrac{(A_1b_1-B_1a_1)(A_2b_1-B_2a_1)\cdots(A_{n-1}b_1-B_{n-1}a_1)}{\sqrt{a_1b_1}(a_2b_1-b_2a_1)(a_3b_1-b_3a_1)\cdots(a_nb_1-b_na_1)} + \dfrac{(A_1b_2-B_1a_2)(A_2b_2-B_2a_2)\cdots(A_{n-1}b_2-B_{n-1}a_2)}{\sqrt{a_2b_2}(a_1b_2-b_1a_2)(a_3b_2-b_3a_2)\cdots(a_nb_2-b_na_2)} + \right.$

$\left.+\cdots+\dfrac{(A_1b_n-B_1a_n)(A_2b_n-B_2a_n)\cdots(A_{n-1}b_n-B_{n-1}a_n)}{\sqrt{a_nb_n}(a_1b_n-b_1a_n)(a_2b_n-b_2a_n)\cdots(a_{n-1}b_n-b_{n-1}a_n)}\right\}$,

$\qquad a_i>0,\ b_i>0,\ a_ib_k \ne a_kb_i,\ n=2,3,\ldots\qquad$ (021.12).

10) $\displaystyle\int_0^\infty \frac{A_0x^n+A_1x^{n-1}+\cdots+A_n}{(ax+b)^{n+2}}dx = \frac{1}{(n+1)ab}\left\{\frac{A_0}{\binom{n}{0}a^n} + \frac{A_1}{\binom{n}{1}a^{n-1}b} + \cdots + \frac{A_n}{\binom{n}{n}b^n}\right\}$,

$\qquad ab>0,\quad n=0,1,2,\ldots\qquad$ (121.5).

11) $\displaystyle\int_0^\infty \frac{A_0x^{2n}+A_1x^{2n-1}+\cdots+A_{2n}}{(x^2+a^2)^{n+1}}dx = \frac{\pi}{n!\,2^{n+1}a}\sum_{j=0}^n (1;2;n-j)(1;2;j)\frac{A_{2j}}{a^{2j}} +$

$\qquad\qquad + \dfrac{1}{n!\,2a^2}\sum_{j=0}^{n-1} j!\,(n-j-1)!\,\dfrac{A_{2j+1}}{a^{2j}}$, $\quad a>0,\quad$ (141.11).

12) $\displaystyle\int_0^1 \frac{x^{2n-2}+x^{2n-4}+\cdots+x^2+1}{x^{2n}+x^{2n-2}+\cdots+x^2+1}dx = \frac{1}{2}\int_0^\infty \tilde{\ } = \frac{\pi}{2(n+1)}\operatorname{ctg}\frac{\pi}{2n+2}$, $\ n=1,2,\ldots$ (3);

12a) $\displaystyle\int_0^1 \frac{x^2+1}{x^4+x^2+1}dx = \int_1^\infty \tilde{\ } = \frac{1}{2}\int_0^\infty \tilde{\ } = \frac{\pi}{2\sqrt{3}}$, $\qquad$ (12).

13) $\displaystyle\int_0^1 \frac{x^2+1}{x^4-x^2+1}dx = \int_1^\infty \tilde{\ } = \frac{1}{2}\int_0^\infty \tilde{\ } = \frac{\pi}{2}$, $\qquad$ (151.4).

14) $\displaystyle\int_{-\infty}^\infty \frac{dx}{(a^2x^2+b^2)(c^2x^4+d^2)} = 2\int_0^\infty \tilde{\ } = \frac{\pi}{a^4d^2+b^4c^2}\left\{\frac{a^3}{b} - \frac{a^2d-b^2c}{d}\sqrt{\frac{c}{2d}}\right\}$,

$\qquad a,b,c,d > 0,\qquad$ (021.12b).

17. Orthogonale Polynome.

171. Legendresche Polynome für das Intervall $-1 \leq x \leq +1$.

1a) $\quad P_n(x) = \dfrac{1}{2^n n!} \dfrac{d^n}{dx^n}\left[(x^2-1)^n\right], \qquad n = 0, 1, 2, \ldots\;;$

1b) $\quad = \dfrac{1}{2^n} \displaystyle\sum_{\nu=0}^{n} \binom{n}{\nu}^2 (x-1)^\nu (x+1)^{n-\nu};$

1c) $\quad = \dfrac{1}{2^n} \displaystyle\sum_{\nu=0}^{[n/2]} \dfrac{(-1)^\nu (2n-2\nu)!}{\nu!(n-\nu)!(n-2\nu)!}\, x^{n-2\nu};$

1d) $\quad P_n(-x) = (-1)^n P_n(x),\; P_n(1) = 1,\; P_n(-1) = (-1)^n,\; P_n(0) = \begin{cases} 0 & \text{für } n = 2\mu+1, \\ \binom{-\frac{1}{2}}{\mu} & \text{\textquotedbl}\; n = 2\mu, \end{cases}$

1e) $\quad P_0(x) = 1,\; P_1(x) = x,\; P_2(x) = \dfrac{3x^2-1}{2},\; P_3(x) = \dfrac{5x^3-3x}{2},\; P_4(x) = \dfrac{35x^4-30x^2+3}{8},\ldots$

2a) $\quad P_n(x) = \dfrac{1}{\pi}\displaystyle\int_0^\pi \left[x+\sqrt{x^2-1}\cos\varphi\right]^n d\varphi,$ \hfill (Laplace);

2b) $\quad P_n(x) = \dfrac{1}{\pi}\displaystyle\int_0^\pi \dfrac{d\varphi}{\left[x+\sqrt{x^2-1}\cos\varphi\right]^{n+1}},$ \hfill (Jacobi);

2c) $\quad P_n(\cos\vartheta) = \dfrac{2}{\pi}\displaystyle\int_0^\vartheta \dfrac{\cos(n+\frac{1}{2})\varphi}{\sqrt{2(\cos\varphi-\cos\vartheta)}}\,d\varphi = \dfrac{2}{\pi}\int_\vartheta^\pi \dfrac{\sin(n+\frac{1}{2})\varphi}{\sqrt{2(\cos\vartheta-\cos\varphi)}}\,d\varphi,$ (Dirichlet).

3) $\quad \displaystyle\int_{-1}^{1} P_n(x)P_m(x)\,dx = \begin{cases} 0 & \text{für } n \neq m, \\ \dfrac{2}{2n+1} & \text{\textquotedbl}\; n = m, \end{cases}$ \hfill (1a,1d, 021.3).

4) $\quad \displaystyle\int_{-1}^{1} x P_n(x)P_m(x)\,dx = \begin{cases} 0 & \text{für } m \neq n\pm 1, \\ \dfrac{2n+2}{(2n+1)(2n+3)} & \text{\textquotedbl}\; m = n+1, \end{cases}$ \hfill (1a-d, 021.3).

5) $\quad \displaystyle\int_{-1}^{1} P_n'(x)P_m(x)\,dx = \begin{cases} 0 & \text{für } m \geq n, \\ 1-(-1)^{m+n} & \text{\textquotedbl}\; m < n, \end{cases}$ \hfill (1a-d, 021.3).

6) $\quad \displaystyle\int_{-1}^{1} x P_n'(x)P_m(x)\,dx = \begin{cases} 0 & \text{für } m > n, \\ \dfrac{2n}{2n+1} & \text{\textquotedbl}\; m = n, \\ 1+(-1)^{m+n} & \text{\textquotedbl}\; m < n, \end{cases}$ \hfill (1a-d, 021.3).

171

7) $\int_{-1}^{1} x^m P_n(x)\,dx = \begin{cases} 0 & \text{für } m<n \text{ oder } m-n \text{ ungerade,} \\ \frac{2(2\mu+2;1;n-1)}{(2\mu+3;2;n)} & \text{" } m-n = 2\mu, \end{cases}$ (021.3, 121.12a).

8a) $(n+1)P_{n+1}(x) - (2n+1)xP_n(x) + nP_{n-1}(x) = 0, \quad n=1,2,\ldots$ (3,4);

8b) $(x^2-1)P_n''(x) + 2xP_n'(x) - n(n+1)P_n(x) = 0, \quad n=0,1,2,\ldots$ (1c);

8c) $\dfrac{1}{\sqrt{1-2xt+t^2}} = \sum_{n=0}^{\infty} P_n(x)t^n, \quad |t|<1, \quad |x|\le 1,$ (8b).

9a) $\int_{-1}^{1} \dfrac{P_n(x)}{\sqrt{1-2xt+t^2}}\,dx = \dfrac{2t^n}{2n+1}, \quad |t|<1, \quad n=0,1,2,\ldots$ (8c);

9b) $\int_{-1}^{1} \dfrac{P_n(x)}{\sqrt{a+bx}}\,dx = \dfrac{(-1)^n[\sqrt{a+b}-\sqrt{a-b}]^{2n+1}}{(2n+1)2^{n-1}b^{n+1}}, \quad a\ge |b|>0, n=0,1,2,\ldots$ (9a);

9c) $\int_{-1}^{1} \dfrac{P_n(x)}{\sqrt{1+x}}\,dx = \dfrac{(-1)^n 2\sqrt{2}}{2n+1}, \quad n=0,1,2,\ldots$ (9b);

9d) $\int_{-1}^{1} \dfrac{P_n(x)}{\sqrt{1-x}}\,dx = \dfrac{2\sqrt{2}}{2n+1}, \quad n=0,1,2,\ldots$ (9b).

10) $\int_{-1}^{1} e^{ixy} P_n(x)\,dx = i^n \sqrt{\dfrac{2\pi}{y}} J_{n+\frac{1}{2}}(y), \quad n=0,1,2,\ldots$ (1a, 511.11a, 021.3);

10a) $\int_{-1}^{1} \cos\alpha x \cdot P_n(x)\,dx = \begin{cases} 0 & \text{für } n=2\nu+1, \\ (-1)^\nu \sqrt{\dfrac{2\pi}{\alpha}} J_{2\nu+\frac{1}{2}}(\alpha) & \text{" } n=2\nu, \end{cases}$ (10);

10b) $\int_{-1}^{1} \sin\alpha x \cdot P_n(x)\,dx = \begin{cases} 0 & \text{für } n=2\nu, \\ (-1)^\nu \sqrt{\dfrac{2\pi}{\alpha}} J_{2\nu+\frac{3}{2}}(\alpha) & \text{" } n=2\nu+1, \end{cases}$ (10).

172

172. Legendresche Polynome für das Intervall $a \le x \le b$.

1a) $P_n(x) = \dfrac{1}{n!(b-a)^n} \dfrac{d^n}{dx^n}\left[(x-a)^n(x-b)^n\right], \quad n=0,1,2,\ldots$ (171.1a);[*]

---

[*] Mittels der Substitution $x \to \dfrac{2x-a-b}{b-a}$.

172

1b) $\quad P_n(x) = \dfrac{1}{(b-a)^n} \sum_{\nu=0}^{n} \binom{n}{\nu}^2 (x-a)^{n-\nu}(x-b)^\nu, \quad n=0,1,2,\ldots \hfill (171.1b)^{*)};$

1c) $\quad = \dfrac{1}{2^n} \sum_{\nu=0}^{[\frac{n}{2}]} \dfrac{(-1)^\nu (2n-2\nu)!}{\nu!\,(n-\nu)!\,(n-2\nu)!} \left(\dfrac{2x-a-b}{b-a}\right)^{n-2\nu}, \quad n=0,1,2,\ldots \hfill (171.1c)^{*)}.$

1d) $\quad P_n(a) = (-1)^n, \quad P_n(b) = 1, \quad P_n\!\left(\dfrac{a+b}{2}\right) = \begin{cases} 0 & \text{für } n=2\mu+1, \\ \binom{-\frac{1}{2}}{\mu} & \text{\textquotedbl}\ \ n=2\mu; \end{cases}$

1e) $\quad P_0(x)=1,\ P_1(x)=\dfrac{2x-a-b}{b-a},\ P_2(x)=\dfrac{6x^2-6(a+b)x+a^2+4ab+b^2}{(b-a)^2},\ldots \hfill (1).$

2) $\quad \displaystyle\int_a^b P_n(x) P_m(x)\,dx = \begin{cases} 0 & \text{für } n \neq m \\ \dfrac{b-a}{2n+1} & \text{\textquotedbl}\ \ n=m \end{cases} \hfill (171.3).$

3a) $\quad (n+1)(b-a)P_{n+1}(x) - (2n+1)(2x-a-b)P_n(x) + n(b-a)P_{n-1}(x) = 0, \quad n=1,2,\ldots$
$$\hfill (171.8a);$$

3b) $\quad (x-a)(x-b)P_n''(x) + (2x-a-b)P_n'(x) - n(n+1)P_n(x) = 0, \quad n=0,1,2,\ldots$
$$\hfill (171.8b);$$

3c) $\quad \left[1 - \dfrac{2}{b-a}(2x-a-b)t + t^2\right]^{-\frac{1}{2}} = \sum_{n=0}^{\infty} P_n(x)\,t^n, \quad a\leq x\leq b,\ |t|<1, \hfill (171.8c).$

4a) $\quad \displaystyle\int_a^b \dfrac{P_n(x)\,dx}{\sqrt{1-\frac{2}{b-a}(2x-a-b)t+t^2}} = \dfrac{(b-a)t^n}{2n+1}, \quad n=0,1,2,\ldots,\ |t|<1, \hfill (3c);$

4b) $\quad \displaystyle\int_a^b \dfrac{P_n(x)}{\sqrt{b-x}}\,dx = \dfrac{2\sqrt{b-a}}{2n+1}, \quad n=0,1,2,\ldots \hfill (4a, t=1);$

4c) $\quad \displaystyle\int_a^b \dfrac{P_n(x)}{\sqrt{x-a}}\,dx = \dfrac{(-1)^n 2\sqrt{b-a}}{2n+1}, \quad n=0,1,2,\ldots \hfill (4a, t=-1).$

---

*) Mittels der Substitution $\quad x \to \dfrac{2x-a-b}{b-a}$.

173. Jacobische oder hypergeometrische Polynome.[*]

1a) $$P_n(x,\alpha,\beta) = \frac{(-1)^n}{2^n n!} (x+1)^{-\alpha}(1-x)^{-\beta} \frac{d^n}{dx^n}\left[(x+1)^{n+\alpha}(1-x)^{n+\beta}\right],$$

1b) $$= \frac{1}{2^n}\sum_{\nu=0}^{n}(-1)^\nu \binom{n+\alpha}{\nu}\binom{n+\beta}{n-\nu}(x+1)^{n-\nu}(1-x)^\nu,$$

1c) $$= \sum_{\nu=0}^{n}(-1)^{n-\nu}\binom{n+\alpha}{n-\nu}\binom{n+\alpha+\beta+\nu}{\nu}\left(\frac{x+1}{2}\right)^\nu,$$

1d) $$= (-1)^n\binom{n+\alpha}{n}\mathscr{F}\left(-n, n+\alpha+\beta+1, \alpha+1; \frac{x+1}{2}\right),$$

$$\alpha > -1, \quad \beta > -1, \quad n = 0, 1, 2, \ldots \qquad (011.6).$$

2) $$\int_{-1}^{1}(x+1)^\alpha(1-x)^\beta P_n(x;\alpha,\beta) P_m(x;\alpha,\beta)\,dx = \begin{cases} 0 & \text{für } n \neq m, \\ \dfrac{2^{\alpha+\beta+1}\,\Gamma(n+\alpha+1)\,\Gamma(n+\beta+1)}{n!\,(2n+\alpha+\beta+1)\,\Gamma(n+\alpha+\beta+1)} & \text{" } n = m, \end{cases}$$

$$(021.3, 421.2).$$

174. Tschebischeffsche Polynome.

1a) $$T_n(x) = \frac{n!}{(1;2;n)} P_n(x; -\tfrac{1}{2}, -\tfrac{1}{2}) = \frac{(-1)^n \sqrt{1-x^2}}{2^n(1;2;n)} \frac{d^n}{dx^n}\left[(1-x^2)^{n-\tfrac{1}{2}}\right], \quad n = 0, 1, 2, \ldots$$
$$(173.1);$$

1b) $$= \frac{n!}{2^n(1;2;n)}\sum_{\nu=0}^{n}(-1)^\nu \binom{n-\tfrac{1}{2}}{\nu}\binom{n-\tfrac{1}{2}}{n-\nu}(x+1)^{n-\nu}(1-x)^\nu,$$

1c) $$= \frac{(-1)^n}{2^n}\sum_{\nu=0}^{n}\frac{(-n;1;\nu)(n;1;\nu)}{\nu!\,(\tfrac{1}{2};1;\nu)}\left(\frac{x+1}{2}\right)^\nu,$$

1d) $$= \frac{(-1)^n}{2^n}\mathscr{F}\left(-n, n, \tfrac{1}{2}; \frac{x+1}{2}\right), \qquad (011.6),$$

---

[*] Für das Intervall $-1 \leq x \leq 1$, mittels der Substitution $x \to \frac{2x-a-b}{b-a}$ erhält man die entsprechenden Polynome für das Intervall $a \leq x \leq b$.
 Spezialfälle: $\alpha = \beta = 0$, Legendresche Polynome,
 $\alpha = \beta = -\tfrac{1}{2}$, Tschebischeffsche Polynome,
 $\alpha = \beta = m$, assoziierte Legendresche Polynome (Funktionen).

174

1e) $\quad T_n(x) = \dfrac{1}{2^n} \cos[n \operatorname{Arc} \cos x]$

2) $\quad T_n(1) = \dfrac{1}{2^n}, \quad T_n(-1) = \dfrac{(-1)^n}{2^n}, \quad T_n(-x) = (-1)^n T_n(x),$ \hfill (1b).

3a) $\quad T_{n+2}(x) - x T_{n+1}(x) + \dfrac{1}{4} T_n(x) = 0, \quad n = 0,1,2,\ldots\ ;$

3b) $\quad (1-x^2) T_n''(x) - x T_n'(x) + n^2 T_n(x) = 0, \quad n = 0,1,2,\ldots\ ;$

3c) $\quad \dfrac{1-xt}{1-2xt+t^2} = \sum\limits_{n=0}^{\infty} T_n(x)(2t)^n, \quad |x|<1,\ |t|<1.$

4) $\quad \displaystyle\int_{-1}^{1} T_n(x) T_m(x) \cdot \dfrac{dx}{\sqrt{1-x^2}} = \begin{cases} 0 & \text{für } n \neq m, \\ \dfrac{\pi}{2^{2n+1}} & \text{\textquotedbl}\ n = m \neq 0, \\ \pi & \text{\textquotedbl}\ n = m = 0, \end{cases}$ \hfill (021.3, 421.2).

5) $\quad \displaystyle\int_{-1}^{1} \dfrac{(1-xt) T_n(x)}{(1-2xt+t^2)\sqrt{1-x^2}} dx = \begin{cases} \dfrac{\pi t^n}{2^{n+1}} & \text{für } n=1,2,\ldots\ |t|<1, \\ \pi & \text{\textquotedbl}\ n = 0, \end{cases}$ \hfill (3c).

6) $\quad \displaystyle\int_{-1}^{1} \dfrac{x^m}{\sqrt{1-x^2}} T_n(x) dx = \begin{cases} 0 & \text{für } m<n \text{ und } m-n=2\mu+1 \\ \dfrac{\pi}{2^{m+n}} \binom{m}{\mu} & \text{\textquotedbl}\ m-n = 2\mu \end{cases}$ \hfill (021.3).

7) $\quad \displaystyle\int_{-1}^{1} e^{ixy} T_n(x) \dfrac{dx}{\sqrt{1-x^2}} = \dfrac{i^n \pi}{2^n} J_n(y), \quad n=0,1,2,\ldots$ \hfill (1a, 021.3, 511.11a);

7a) $\quad \displaystyle\int_{-1}^{1} \cos \alpha x \cdot T_n(x) \dfrac{dx}{\sqrt{1-x^2}} = \begin{cases} 0 & \text{für } n=2\nu+1, \\ \dfrac{(-1)^\nu \pi}{2^n} J_n(\alpha) & \text{\textquotedbl}\ n = 2\nu, \end{cases}$ \hfill (7);

7b) $\quad \displaystyle\int_{-1}^{1} \sin \alpha x \cdot T_n(x) \dfrac{dx}{\sqrt{1-x^2}} = \begin{cases} 0 & \text{für } n=2\nu, \\ \dfrac{(-1)^\nu \pi}{2^n} J_n(\alpha) & \text{\textquotedbl}\ n = 2\nu+1, \end{cases}$ \hfill (7).

175. Assoziierte Legendresche Funktionen.

1a) $$P_n^m(x) = (1-x^2)^{\frac{m}{2}} \frac{d^m}{dx^m} P_n(x) = \frac{(1-x^2)^{\frac{m}{2}}}{2^n n!} \frac{d^{m+n}}{dx^{m+n}} \left[(x^2-1)^n\right], \quad n = m, m+1, \ldots \quad (171.1);$$

1b) $$= \frac{(m+n)!}{2^m n!} (1-x^2)^{\frac{m}{2}} P_{n-m}(x; m, m), \quad n = m, m+1, m+2, \ldots \quad (173.1);$$

1c) $$= \frac{(1-x^2)^{\frac{m}{2}}}{2^n} \sum_{\nu=0}^{\left[\frac{n-m}{2}\right]} \frac{(-1)^\nu (2n-2\nu)!}{\nu!(n-\nu)!(n-m-2\nu)!} x^{n-m-2\nu}, \quad n = m, m+1, \ldots \quad (171.1c).$$

2a) $$P_n^m(-x) = (-1)^{n-m} P_n^m(x);$$

2b) $$P_m^m(x) = (1;2;m)(1-x^2)^{\frac{m}{2}}, \quad P_{m+1}^m(x) = (1;2;m+1) x (1-x^2)^{\frac{m}{2}},$$

$$P_{m+2}^m(x) = \frac{1}{2}(1;2;m+2)\left(x^2 - \frac{1}{2m+3}\right)(1-x^2)^{\frac{m}{2}},$$

$$P_{m+3}^m(x) = \frac{1}{6}(1;2;m+3)\left(x^3 - \frac{3x}{2m+5}\right)(1-x^2)^{\frac{m}{2}}, \ldots$$

3) $$\int_{-1}^{1} P_n^m(x) P_p^m(x)\, dx = \begin{cases} 0 & \text{für } p \ne n, \\ \dfrac{2(n+m)!}{(2n+1)(n-m)!} & \text{\textquotedbl } p = n, \end{cases} \quad (173.2).$$

4a) $$(n-m+2) P_{n+2}^m(x) - (2n+3) x P_{n+1}^m(x) + (n+m+1) P_n^m(x) = 0, \quad n = m, m+1, \ldots ;$$

4b) $$(1-x^2)\frac{d^2}{dx^2} P_n^m(x) - 2x \frac{d}{dx} P_n^m(x) + \left[n(n+1) - \frac{m^2}{1-x^2}\right] P_n^m(x) = 0, \quad n = m, m+1, \ldots \quad (171.8).$$

4c) $$\frac{(1-x^2)^{\frac{m}{2}}}{(1-2xt+t^2)^{m+\frac{1}{2}}} = \frac{1}{(1;2;m)} \sum_{\nu=0}^{\infty} P_{m+\nu}^m(x) t^\nu, \quad |x|<1, |t|<1, \quad (171.8).$$

5) $$\int_{-1}^{1} \frac{(1-x^2)^{\frac{m}{2}} P_n^m(x)}{(1-2xt+t^2)^{m+\frac{1}{2}}}\, dx = \frac{2(n+m)!\, t^{n-m}}{(2n+1)(n-m)!\,(1;2;m)}, \quad n \ge m, |t|<1, \quad (4c);$$

5a) $$\int_{-1}^{1} \frac{(1-x^2)^m}{(1-2xt+t^2)^{m+\frac{1}{2}}}\, dx = \begin{cases} \dfrac{2^{m+1} m!}{(1;2;m+1)}, & \text{für } |t| \le 1, \\ \dfrac{2^{m+1} m!}{t^{2m+1}(1;2;m+1)}, & \text{\textquotedbl } |t| \ge 1, \end{cases} \quad m = 0,1,2,\ldots \quad (5, n=m).$$

176. Laguerresche Polynome.

1a) $\quad L_n(x;\alpha,\beta) = e^{\alpha x} x^{1-\beta} \dfrac{d^n}{dx^n}(e^{-\alpha x} x^{n+\beta-1}), \quad \alpha>0, \beta>0, n=0,1,2,\dots;\qquad$ *)

1b) $\qquad\qquad = \displaystyle\sum_{\nu=0}^{n} \binom{n}{\nu} (\beta+\nu; 1; n-\nu)(-\alpha x)^{\nu};$

1c) $\quad L_n(0;\alpha,\beta) = (\beta;1;n), \quad n=0,1,2,\dots \qquad\qquad\qquad\qquad (1b);$

1d) $\quad L_0(x;\alpha,\beta)=1, \quad L_1(x;\alpha,\beta)=\beta-\alpha x, \quad L_2(x;\alpha,\beta)=\beta(\beta+1)-2(\beta+1)\alpha x+\alpha^2 x^2,$

$\qquad L_3(x;\alpha,\beta) = \beta(\beta+1)(\beta+2) - 3(\beta+1)(\beta+2)\alpha x + 3(\beta+2)\alpha^2 x^2 - \alpha^3 x^3,\dots \qquad (1a\text{-}b).$

2) $\displaystyle\int_0^\infty e^{-\alpha x} x^{\beta-1} L_n(x;\alpha,\beta) L_m(x;\alpha,\beta)\, dx = \begin{cases} 0 & \text{für } m\neq n, \\ \dfrac{n!\,\Gamma(\beta+n)}{\alpha^\beta} & \text{„ } m=n, \end{cases} \qquad (021.3,\,411.1a).$

3) $\displaystyle\int_0^\infty e^{-\alpha x} x^{\beta} L_n(x;\alpha,\beta) L_m(x;\alpha,\beta)\, dx = \begin{cases} 0 & \text{für } m>n+1, m<n-1, \\ -(n+1)!\,\Gamma(\beta+n+1)\alpha^{-\beta-1} & \text{„ } m=n+1, \\ (2n+\beta)n!\,\Gamma(\beta+n)\alpha^{-\beta-1} & \text{„ } m=n, \end{cases}$
$\qquad\qquad\qquad\qquad\qquad\qquad\qquad\qquad\qquad\qquad\qquad (021.3,\,411.1a).$

4a) $\quad L_{n+2}(x;\alpha,\beta) + (\alpha x-2n-\beta-2) L_{n+1}(x;\alpha,\beta) + (n+1)(n+\beta) L_n(x;\alpha,\beta)=0, \quad n=0,1,2,\dots (2,3);$

4b) $\quad x L_n''(x;\alpha,\beta) + (\beta-\alpha x) L_n'(x;\alpha,\beta) + n\alpha L_n(x;\alpha,\beta) = 0, \quad n=0,1,2,\dots.$

5) $\displaystyle\int_0^\infty e^{-\alpha x} x^{m+\beta-1} L_n(x;\alpha,\beta)\, dx = \begin{cases} (-1)^n \dfrac{m!\,\Gamma(\beta+m)}{(m-n)!\,\alpha^{\beta+m}}, & m\geq n, \\ 0, & m<n, \end{cases} \qquad (021.3).$

6) $\displaystyle\int_0^\infty e^{-\alpha x} x^{\frac{\beta-1}{2}} J_{\beta-1}(2\sqrt{\alpha x y}) L_n(x;\alpha,\beta)\, dx = \alpha^{-\frac{\beta+1}{2}} y^{n+\frac{\beta-1}{2}} e^{-y}, \quad n=0,1,2,\dots \quad (021.7,\,5).$

6a) $\displaystyle\int_0^\infty e^{-x} J_0(2\sqrt{xy}) L_n(x)\, dx = y^n e^{-y}, \quad L_n(x)=L_n(x;1,1), n=0,1,2,\dots \qquad (6).$

---

*) Für $\alpha=\beta=1$ erhält man die gewöhnlichen Laguerreschen Polynome:

$$L_n(x) = e^x \frac{d^n}{dx^n}(e^{-x} x^n) = \sum_{\nu=0}^{n} \binom{n}{\nu} \frac{n!}{\nu!} (-x)^\nu.$$

177. Hermitesche Polynome.

1a) $\quad H_n(x;\alpha) = (-1)^n e^{\alpha x^2} \dfrac{d^n}{dx^n} e^{-\alpha x^2}, \quad \alpha > 0, \quad n = 0, 1, 2, \ldots ;$ *)

1b) $\quad\quad\quad = \alpha^n \sum\limits_{\nu=0}^{\left[\frac{n}{2}\right]} (-1)^\nu \dfrac{(n;-1;2\nu)}{\alpha^\nu \nu!} (2x)^{n-2\nu};$

1c) $\quad H_n(-x;\alpha) = (-1)^n H_n(x;\alpha),$ \hfill (1b);

1d) $\quad H_0(x;\alpha) = 1, \quad H_1(x;\alpha) = 2\alpha x, \quad H_2(x;\alpha) = (2\alpha x)^2 - 2\alpha, \quad H_3(x;\alpha) = (2\alpha x)^3 - 12\alpha^2 x, \ldots$

2) $\quad \displaystyle\int_{-\infty}^{\infty} e^{-\alpha x^2} H_n(x;\alpha) H_m(x;\alpha)\, dx = \begin{cases} 0 & \text{für } m \neq n, \\ \sqrt{\dfrac{\pi}{\alpha}}\, n!\, (2\alpha)^n & \text{„ } m = n, \end{cases}$ \hfill (021.3).

3) $\quad \displaystyle\int_{-\infty}^{\infty} e^{-\alpha x^2} x\, H_n(x;\alpha) H_m(x;\alpha)\, dx = \begin{cases} 0 & \text{für } m \neq n \pm 1, \\ \sqrt{\dfrac{\pi}{\alpha}}\, (n+1)!\, (2\alpha)^n & \text{„ } m = n+1, \end{cases}$ \hfill (021.3).

4a) $\quad H_n'(x;\alpha) = 2n\alpha\, H_{n-1}(x;\alpha), \quad n = 1, 2, \ldots$ \hfill (1);

4b) $\quad H_{n+2}(x;\alpha) - 2\alpha x\, H_{n+1}(x;\alpha) + 2(n+1)\alpha\, H_n(x;\alpha) = 0, \quad n = 0, 1, 2, \ldots$ \hfill (3);

4c) $\quad H_n''(x;\alpha) - 2\alpha x\, H_n'(x;\alpha) + 2n\alpha\, H_n(x;\alpha) = 0, \quad n = 0, 1, 2, \ldots$ \hfill (4a-b);

4d) $\quad e^{-t^2 + 2\sqrt{\alpha}\, x t} = \sum\limits_{n=0}^{\infty} \dfrac{1}{n!} H_n(x;\alpha) \left(\dfrac{t}{\sqrt{\alpha}}\right)^n.$

5) $\quad \displaystyle\int_{-\infty}^{\infty} e^{-(t - \sqrt{\alpha}\, x)^2} H_n(x;\alpha)\, dx = \sqrt{\pi}\, 2^n \alpha^{\frac{n-1}{2}} t^n, \quad n = 0, 1, 2, \ldots$ \hfill (4d).

6) $\quad \displaystyle\int_{-\infty}^{\infty} e^{-\alpha x^2} x^m H_n(x;\alpha)\, dx = \begin{cases} 0 & \text{für } m < n \text{ und } m - n = 2\mu - 1, \\ \dfrac{m!}{\mu!\,(4\alpha)^\mu} \sqrt{\dfrac{\pi}{\alpha}} & \text{„ } m - n = 2\mu, \end{cases}$ \hfill (021.3).

---

*) Die gebräuchlichsten Werte für α sind: $\alpha = 1$ und $\alpha = \dfrac{1}{2}$.

2. Abschnitt: Algebraisch irrationale Integranden.

211. Rationale Funktionen von x und $\sqrt[n]{ax+b}$.

1a) $\displaystyle\int_0^1 \frac{dx}{\sqrt[n]{x}} = \frac{n}{n-1}, \qquad n=2,3,\ldots$ \hfill (021.4a, I11.1);

1b) $\displaystyle\int_0^1 \frac{dx}{a+b\sqrt{x}} = \frac{2}{b} - \frac{2a}{b^2}\log\frac{a+b}{a}, \quad b\neq 0,\; a(a+b)>0,$ \hfill (021.4a, I12.4c);

1c) $\displaystyle\int_0^1 \frac{\sqrt[n]{x^m}}{c\sqrt[n]{x}+d}\,dx = n\sum_{\nu=0}^{m+n-2}\frac{(-d)^\nu}{(m+n-\nu-1)c^{\nu+1}} + \frac{n(-d)^{m+n-1}}{c^{m+n}}\log\frac{c+d}{d},$

$\qquad c\neq 0,\; (c+d)d>0,\; n=2,3,\ldots;\; m+n=1,2,\ldots$ [*)] \hfill (021.4a, I12.5e).

2) $\displaystyle\int_0^a x^{m-\tfrac{1}{2}}(a-x)^n\,dx = \int_0^a x^n(a-x)^{m-\tfrac{1}{2}}\,dx = \frac{n!\,2^{n+1}a^{m+n+\tfrac{1}{2}}}{(2m+1;2;n+1)},\; a>0,\; m,n=0,1,2,\ldots$ \hfill (421.2).

3) $\displaystyle\int_0^1 \frac{x^{m-\tfrac{1}{2}}}{(x+1)^{2m+1}}\,dx = \int_1^\infty \sim \; = \frac{1}{2}\int_0^\infty \sim \; = \frac{\pi(1,2;m)}{2^{3m+1}\,m!},\quad m=0,1,2,\ldots$ \hfill (421.8a).

4a) $\displaystyle\int_0^\infty \left(\frac{x}{ax^2+b}\right)^m \frac{dx}{\sqrt{x}} = \frac{\pi(1;2;m-1)}{(m-1)!\,2^{2m-\tfrac{3}{2}}(ab)^{\tfrac{2m-1}{4}}\sqrt{a}},\quad a>0,\,b>0,\,m=1,2,\ldots$ \hfill (031.13a, 5);

4b) $\displaystyle\int_0^\infty \left(\frac{x}{ax^2+b}\right)^m \frac{dx}{x\sqrt{x}} = \frac{\pi(1;2;m-1)}{(m-1)!\,2^{2m-\tfrac{3}{2}}(ab)^{\tfrac{2m-1}{4}}\sqrt{b}},\quad a>0,\,b>0,\,m=1,2,\ldots$ \hfill (031.13c, 5);

4c) $\displaystyle\int_0^\infty \left(\frac{x}{ax^2+b}\right)^m \sqrt{x}\,dx = \frac{\pi(2m-1)(1;2;m-2)}{(m-1)!\,2^{2m-\tfrac{3}{2}}(ab)^{\tfrac{2m-3}{4}}\sqrt{a^3}},\quad a>0,\,b>0,\,m=2,3,\ldots$ \hfill (031.13b, 5).

5) $\displaystyle\int_0^\infty \frac{x^{n-\tfrac{1}{2}}}{(ax+b)^m}\,dx = \frac{\pi(1;2;n)(1;2;m-n-1)}{(m-1)!\,2^{m-1}a^{n+\tfrac{1}{2}}b^{m-n-\tfrac{1}{2}}},\quad ab>0,\; m\geq n+1\geq 1,$ \hfill (421.13a).

6a) $\displaystyle\int_0^\infty \frac{dx}{(ax^2+2bx+c)\sqrt{x}} = \frac{\pi}{\sqrt{2c(\sqrt{ac}+b)}},\quad a>0,\,b>0,\,ac>b^2,$ \hfill (021.12);

6b) $\displaystyle\int_0^\infty \frac{\sqrt{x}\,dx}{ax^2+2bx+c} = \frac{\pi}{\sqrt{2a(\sqrt{ac}+b)}},\quad a>0,\,b>0,\,ac>b^2,$ \hfill (021.12).

[*)] Bei $m+n=1$ ist die Summe $\sum$ wegzulassen.

211

7) $\int_0^\infty \dfrac{dx}{(ax+b)\sqrt{x}} = \dfrac{\pi}{\sqrt{ab}}$, $\quad a>0, b>0$, $\hfill (021.4a, 131.3a)$.

8a) $\int_{-1}^{1} \dfrac{(1-x^2)^m dx}{(ax+b)^{m+\frac{1}{2}}} = \dfrac{m!\, 2^{m+1}}{(1;2;m+1)} \left(\dfrac{\sqrt{a+b} - \sqrt{b-a}}{a} \right)^{2m+1}$, $\quad b > |a| > 0$, $m = 0,1,2,\ldots$ $\hfill (175.5a)$;

8b) $\int_{-1}^{1} \dfrac{(1-x^2)^m x\, dx}{(ax+b)^{m+\frac{1}{2}}} = \dfrac{-m!\, 2^m (\sqrt{a+b} - \sqrt{b-a})^{2m+3}}{(2m+3)(1;2;m)\, a^{2m+2}}$, $\quad b > |a| > 0$, $m = 0,1,2,\ldots$ $\hfill (175.5)$.

9) $\int_0^\infty \dfrac{x^p dx}{(ax+b)^{m+q/n}} = \dfrac{p!\, n^{p+1}}{(nm-n+q; -n; p+1)\, a^{p+1}\, b^{m-p-1+q/n}}$, $a>0, b>0, p < m-1+q/n$, $\hfill (421.13a)$;

9a) $\int_0^\infty \dfrac{x^p dx}{(ax+b)^{m+\frac{1}{2}}} = \dfrac{p!\, 2^{p+1}}{(2m-1; -2; p+1)\, a^{p+1}\, b^{m-p-\frac{1}{2}}}$, $\quad a>0, b>0, p < m-\tfrac{1}{2}$ $\hfill (9)$;

9b) $\int_0^\infty \dfrac{dx}{(ax+b)^{m+1/n}} = \dfrac{n}{(mn-n+1)\, a\, b^{m-1+1/n}}$, $\quad a>0, b>0, m=1,2,\ldots$ $\hfill (9)$;

9c) $\int_0^\infty \dfrac{dx}{(ax+b)^m \sqrt{ax+b}} = \dfrac{2}{(2m-1)\, a\, b^{m-\frac{1}{2}}}$, $\quad a>0, b>0, m=1,2,\ldots$ $\hfill (9b)$.

10a) $\int_0^\infty \dfrac{dx}{(x-\alpha)\sqrt{ax+b}} = \dfrac{2}{\sqrt{-(a\alpha+b)}} \operatorname{Arc\,tg} \sqrt{\dfrac{-(a\alpha+b)}{b}}$, $a>0, b>0, a\alpha+b<0$, $\hfill (I\,212.9b)$;

10b) $(C) \int_0^\infty \sim\ = \dfrac{1}{\sqrt{a\alpha+b}} \log \left| \dfrac{\sqrt{b}+\sqrt{a\alpha+b}}{\sqrt{b}-\sqrt{a\alpha+b}} \right|$, $a>0, b>0, a\alpha+b>0$, $\hfill (I\,212.9a)$;

10c) $\int_0^\infty \sim\ = \dfrac{2}{\sqrt{b}}$, $\quad a>0, b>0, a\alpha+b = 0$, $\hfill (I\,212.9c)$.

11) $\int_0^\infty \dfrac{dx}{(x+\varrho e^{i\Theta})\sqrt{x}} = \dfrac{\pi}{\sqrt{\varrho}} \left(\cos\dfrac{\Theta}{2} - i \sin\dfrac{\Theta}{2} \right)$, $\quad \varrho > 0, -\pi < \Theta < \pi$, $\hfill (421.15)$.

212

212. Rationale Funktionen von $x, \sqrt{ax+b}, \sqrt{cx+d}$.

1a) $\int_a^b R(x, \sqrt{x-a}, \sqrt{b-x})\, dx = \int_0^1 R\!\left(a + \dfrac{4(b-a)t^2}{(1+t^2)^2},\ \dfrac{2\sqrt{b-a}\, t}{1+t^2},\ \dfrac{\sqrt{b-a}\,(1-t^2)}{1+t^2}\right) \dfrac{8(b-a)\, t(1-t^2)}{(1+t^2)^3}\, dt$ $\hfill (I\,221.1)$;

212

1b) $\displaystyle\int_a^b R(x,\sqrt{x-a},\sqrt{b-x})\,dx = (b-a)\int_0^{\frac{\pi}{2}} R(a+(b-a)\sin^2\varphi,\sqrt{b-a}\sin\varphi,\sqrt{b-a}\cos\varphi)\sin 2\varphi\,d\varphi,$
$\hfill (1a,\ t=tg\tfrac{\varphi}{2});$

1c) $\displaystyle\phantom{\int_a^b R(x,\sqrt{x-a},\sqrt{b-x})\,dx} = (b-a)\int_0^\infty R\!\left(\frac{a+by}{1+y},\sqrt{\frac{(b-a)y}{1+y}},\sqrt{\frac{b-a}{1+y}}\right)\frac{dy}{(1+y)^2},\quad (021.4a)^{*)};$

1d) $\displaystyle\int_a^b R(x,\sqrt{(x-a)(b-x)})\,dx = (b-a)\int_0^\infty R\!\left(\frac{a+by}{1+y},\frac{(b-a)\sqrt{y}}{1+y}\right)\frac{dy}{(1+y)^2},\quad (021.4a)^{*)};$

2) $\displaystyle\int_a^b x^m[(x-a)(b-x)]^{\frac{n}{2}}dx = \frac{(-1)^m m!}{(m+n+1)!}\left\{\Gamma\!\left(\tfrac{n}{2}+1\right)\right\}^2 (b-a)^{n+1}\sum_{\mu=0}^{m}\binom{-\tfrac{n}{2}-1}{\mu}\binom{-\tfrac{n}{2}-1}{m-\mu}a^\mu b^{m-\mu},$
$\hfill m=0,1,2,\ldots;\ n=-1,0,1,2,\ldots \quad (1d).$

3) $\displaystyle\int_a^b[(x-a)(b-x)]^{\frac{n}{2}}dx = \frac{(b-a)^{n+1}}{(n+1)!}\left\{\Gamma\!\left(\tfrac{n}{2}+1\right)\right\}^2,\quad n=-1,0,1,2,\ldots \hfill (2);$

3a) $\displaystyle\int_a^b \frac{dx}{\sqrt{(x-a)(b-x)}} = \pi,\hfill (3);$

3b) $\displaystyle\int_a^b \sqrt{(x-a)(b-x)}\,dx = \frac{\pi}{8}(b-a)^2,\hfill (3).$

4) $\displaystyle\int_a^b \frac{(x-a)^m(b-x)^n}{\sqrt{(x-a)(b-x)}}dx = \frac{\pi(1;2;m)(1;2;n)}{(m+n)!}\left(\frac{b-a}{2}\right)^{m+n},\ m,n=0,1,2,\ldots (421.2);$

4a) $\displaystyle\int_a^b \sqrt{\frac{x-a}{b-x}}\,dx = \int_a^b \sqrt{\frac{b-x}{x-a}}\,dx = \frac{\pi}{2}(b-a),\hfill (4).$

5a) $\displaystyle\int_a^b \frac{dx}{(cx+d)\sqrt{(x-a)(b-x)}} = \frac{\pi}{\sqrt{(ac+d)(bc+d)}},\ ac+d>0,\ bc+d>0,\ (1d,211.7);$

5b) $\displaystyle\int_a^b \frac{\sqrt{(x-a)(b-x)}}{cx+d}dx = \frac{\pi}{2c^2}\left[\sqrt{ac+d}-\sqrt{bc+d}\right]^2,\ c\neq 0,\ ac+d>0,\ bc+d>0,$
$\hfill (I\,231.6);$

5c) $\displaystyle\int_a^b \frac{\sqrt{(x-a)(b-x)}}{(cx+d)^2}dx = \frac{\pi}{2c^2}\frac{\left[\sqrt{ac+d}-\sqrt{bc+d}\right]^2}{\sqrt{(ac+d)(bc+d)}},\ c\neq 0,\ ac+d>0,\ bc+d>0,$
$\hfill (I\,231.5a\ \text{oder}\ 021.5);$

5d) $\displaystyle\int_a^b \frac{\sqrt{(x-a)(b-x)}}{(cx+d)^3}dx = \frac{\pi(b-a)^2}{8(ac+d)^{3/2}(bc+d)^{3/2}},\ ac+d>0,\ bc+d>0\hfill (421.4).$

$^{*)}\ x=\dfrac{a+by}{1+y},\ y=\dfrac{x-a}{b-x},\ x-a=\dfrac{(b-a)y}{1+y},\ b-x=\dfrac{b-a}{1+y}.$

212

6) $\int_0^1 \frac{\sqrt{x(1-x)}}{(1-tx)^n} dx = \frac{\pi}{8} \mathscr{F}(\frac{3}{2}, n, 3; t)$, $\quad |t| < 1$, $\hfill (421.12).$

7) $\int_0^\infty \frac{x^{m-\frac{1}{2}} dx}{(ax+b)^{m+n+3/2}} = \frac{n!\, 2^{n+1}}{(2m+1; 2; n+1) a^{m+\frac{1}{2}} b^{n+1}}$, $\quad a>0, b>0, m,n = 0,1,2,\ldots$ $\hfill (421.13a).$

213

213. Rationale Funktionen von $x, \sqrt{ax^2+2bx+c}$.

1) $\int_0^\infty \frac{dx}{(ax^2+2bx+c)^{3/2}} = \frac{1}{\sqrt{c}(\sqrt{ac}+b)}$, $\quad a \geq 0, c>0, b>-\sqrt{ac},$ $\hfill (I\,231.20b).$

2) $\int_0^\infty \frac{x\,dx}{(ax^2+2bx+c)^{3/2}} = \frac{1}{\sqrt{a}(\sqrt{ac}+b)}$, $\quad a>0, c\geq 0, b>-\sqrt{ac},$ $\hfill (I\,231.20a).$

3) $\int_0^\infty \frac{Ax^3+Bx^2+Cx+D}{(ax^2+2bx+c)^{5/2}} dx = \frac{1}{3(\sqrt{ac}+b)^2}\left\{(2\sqrt{ac}+b)\left(\frac{A}{a^{3/2}}+\frac{D}{c^{3/2}}\right)+\frac{B}{\sqrt{a}}+\frac{C}{\sqrt{c}}\right\}$,
$\quad a>0, c>0, b>-\sqrt{ac},$ $\hfill (1,2,021.5).$

4) $\int_0^\infty \frac{dx}{(ax^2+2bx+c)^{n+3/2}} = \frac{(-2)^n}{(3;2;n)} \cdot \frac{\partial^n}{\partial c^n}\left[\frac{1}{\sqrt{c}(\sqrt{ac}+b)}\right]$, $\quad a\geq 0, c>0, b>-\sqrt{ac},$
$\quad n=0,1,2,\ldots$ $\hfill (1,021.5).$

5a) $\int_0^\infty \frac{x^n dx}{(ax^2+2bx+c)^{n+3/2}} = \frac{n!}{(3;2;n)\sqrt{c}(\sqrt{ac}+b)^{n+1}}$, $\quad a\geq 0, c>0, b>-\sqrt{ac},$
$\quad n=0,1,2,\ldots$ $\hfill (1,021.5\text{ oder }031.13c, 212.7);$

5b) $\int_0^\infty \frac{x^{n+1} dx}{(ax^2+2bx+c)^{n+3/2}} = \frac{n!}{(3;2;n)\sqrt{a}(\sqrt{ac}+b)^{n+1}}$, $\quad a>0, c\geq 0, b>-\sqrt{ac},$
$\quad n=0,1,2,\ldots$ $\hfill (2,021.5\text{ oder }031.13a, 212.7).$

6a) $\int_0^\infty \frac{dx}{(\alpha x+\beta)\sqrt{ax^2+2bx+c}} = \frac{1}{\gamma}\log\frac{\alpha[\gamma\sqrt{c}+\alpha c-\beta b]}{\beta[\gamma\sqrt{a}+\alpha b-\beta a]}$, $\quad \alpha,\beta,a>0, c\geq 0, b>-\sqrt{ac},$
$\quad \gamma = \sqrt{a\beta^2 - 2b\alpha\beta + c\alpha^2} > 0,$ $\hfill (I\,231.10a);$

6b) $\quad = \frac{1}{\gamma}\operatorname{Arc\,cos}\left[1-\frac{\gamma^2}{\alpha\beta(\sqrt{ac}+b)}\right]$, $\quad \alpha,\beta,a>0, c\geq 0, b>\sqrt{ac},$
$\quad \gamma = \sqrt{-a\beta^2+2b\alpha\beta-c\alpha^2}>0,$ $\hfill (I\,231.10b);$

6c) $\quad = \frac{2}{\beta\sqrt{a}+\alpha\sqrt{c}}$, $\quad \alpha,\beta,a>0, c\geq 0, a\beta^2-2b\alpha\beta+c\alpha^2=0,$
$\quad \alpha b - \beta a \neq 0,$ $\hfill (I\,231.10c).$

214. Spezialfall: Rationale Funktionen von x und $\sqrt{x^2+a^2}$.

1a) $\displaystyle\int_0^a \frac{x^n dx}{\sqrt{x^2+a^2}} = a^{2n+1}\int_a^\infty \frac{dy}{y^{n+1}\sqrt{y^2+a^2}} =$ $\qquad \left(y=\frac{a^2}{x}\right),$

$$= a^n\left\{\sqrt{2}\sum_{\nu=0}^{r-1}(-1)^\nu \frac{(n-1;-2;\nu)}{(n;-2;\nu+1)} + (-1)^r\left[(1-s)\frac{(n-1;-2;r)}{(n;-2;r)}\log(1+\sqrt{2})+\right.\right.$$

$$\left.\left.+ s\,\frac{(n-1;-2;r-1)}{(n;-2;r)}\right]\right\}, \quad r=\left[\frac{n+1}{2}\right], \quad n=2r-s=1,2,3,\ldots$$
$\hfill$(I 234.2b-c);

1b) $\displaystyle\int_0^a \frac{dx}{\sqrt{x^2+a^2}} = a\int_a^\infty \frac{dy}{y\sqrt{y^2+a^2}} = \log(1+\sqrt{2}),$ $\hfill$(I 234.5a);

1c) $\displaystyle\int_0^a \frac{x\,dx}{\sqrt{x^2+a^2}} = a^3\int_a^\infty \frac{dy}{y^2\sqrt{y^2+a^2}} = a(\sqrt{2}-1),$ $\hfill$(1a);

1d) $\displaystyle\int_0^a \frac{x^2 dx}{\sqrt{x^2+a^2}} = a^5\int_a^\infty \frac{dy}{y^3\sqrt{y^2+a^2}} = \frac{a^2}{2}\left(\sqrt{2}-\log(1+\sqrt{2})\right),$ $\hfill$(1a).

2a) $\displaystyle\int_0^\infty \frac{x^{2m}dx}{(x^2+a^2)^{n+\frac{1}{2}}} = \frac{1}{2}\int_{-\infty}^\infty \sim\ = \frac{(n-m-1)!\,2^{n-m-1}}{(2m+1;2;n-m)\,a^{2n-2m}}, \quad n>m\geq 0,$ $\hfill$(431.16);

2b) $\displaystyle\int_0^\infty \frac{x^{2m+1}dx}{(x^2+a^2)^{n+\frac{1}{2}}} = \frac{m!\,2^m}{(2n-1;-2;m+1)\,a^{2n-2m-1}}, \quad n>m\geq 0,$ $\hfill$(431.16);

3) $\displaystyle\int_0^\infty \frac{dx}{(x+\alpha)\sqrt{x^2+a^2}} = \frac{1}{\sqrt{a^2+\alpha^2}}\log\frac{a[\sqrt{a^2+\alpha^2}+a]}{\alpha[\sqrt{a^2+\alpha^2}-\alpha]}, \quad a,\alpha>0,$ $\hfill$(213.6a);

3a) $\displaystyle\int_a^\infty \frac{dx}{x\sqrt{x^2+a^2}} = \frac{1}{a}\log(1+\sqrt{2}), \quad a>0,$ $\hfill$(I 234.5d).

4a) $\displaystyle\int_0^\infty \frac{dx}{(x^2+\alpha^2)\sqrt{x^2+a^2}} = \frac{1}{\alpha\sqrt{a^2-\alpha^2}}\operatorname{Arc\,tg}\frac{\sqrt{a^2-\alpha^2}}{\alpha}, \quad a>\alpha>0;$

4b) $\qquad\qquad = \dfrac{1}{\alpha\sqrt{\alpha^2-a^2}}\log\dfrac{\alpha+\sqrt{\alpha^2-a^2}}{a}, \quad \alpha>a>0,$ $\hfill$(I 234.19);

4c) $\qquad\qquad = \dfrac{1}{a^2}, \qquad\qquad\qquad \alpha=a>0,$ $\hfill$(2a).

214

5) $\int_0^\infty \dfrac{x^m\,dx}{[x+\sqrt{x^2+a^2}]^n} = \dfrac{n\cdot m!}{(n-m-1;\,2;\,m+2)\,a^{n-m-1}}$, $\quad a>0,\ 0\le m\le n-2$,

$$\left(x=\dfrac{ay}{2\sqrt{y+1}},\ x+\sqrt{x^2+a^2}=a\sqrt{y+1},\quad 421.13b\right);$$

5a) $\int_0^\infty \dfrac{dx}{[x+\sqrt{x^2+a^2}]^n} = \dfrac{n}{a^{n-1}(n^2-1)}$, $\quad n=2,3,\ldots$ \hfill (5).

6) $\int_0^\infty x^m[\sqrt{x^2+a^2}-x]^n\,dx = \dfrac{n\cdot m!\,a^{m+n+1}}{(n-m-1;\,2;\,m+2)}$, $\quad 0\le m\le n-2,\ a>0$, (wie 5);

6a) $\int_0^\infty [\sqrt{x^2+a^2}-x]^n\,dx = \dfrac{n\,a^{n+1}}{n^2-1}$, $\quad n=2,3,\ldots$ \hfill (6).

7) $\int_\lambda^\infty [\sqrt{x^2+1}-x]^n\,dx = \dfrac{[\sqrt{\lambda^2+1}-\lambda]^{n-1}}{2(n-1)} + \dfrac{[\sqrt{\lambda^2+1}-\lambda]^{n+1}}{2(n+1)}$, $\quad n\ge 2,\ (\sqrt{x^2+1}-x=y)$.

215

215. Spezialfall: Rationale Funktionen von x und $\sqrt{x^2-a^2}$.

1a) $\int_\alpha^\beta R(x,\sqrt{x^2-a^2})\,dx = 4a\int_{t_\alpha}^{t_\beta} R\!\left(\dfrac{a(1+t^2)}{1-t^2},\,\dfrac{2at}{1-t^2}\right)\dfrac{t\,dt}{(1-t^2)^2}$, $\quad 0<a\le\alpha<\beta$,

$$t_\alpha=\dfrac{\sqrt{\alpha^2-a^2}}{\alpha+a},\quad t_\beta=\dfrac{\sqrt{\beta^2-a^2}}{\beta+a},\qquad (I\,231.1d);$$

1b) $\qquad = a\int_{\varphi_\alpha}^{\varphi_\beta} R\!\left(\dfrac{a}{\cos\varphi},\,a\,\mathrm{tg}\,\varphi\right)\cdot\dfrac{\sin\varphi}{\cos^2\varphi}\,d\varphi$, $\quad 0<a\le\alpha<\beta$,

$$\cos\varphi_\alpha=\dfrac{a}{\alpha},\ \cos\varphi_\beta=\dfrac{a}{\beta},\quad 0\le\varphi_\alpha<\varphi_\beta\le\dfrac{\pi}{2};$$

1c) $\int_a^\infty \sim\ = a\int_0^{\pi/2} R\!\left(\dfrac{a}{\cos\varphi},\,a\,\mathrm{tg}\,\varphi\right)\cdot\dfrac{\sin\varphi}{\cos^2\varphi}\,d\varphi$, \hfill (1b).

2a) $\int_\alpha^\beta \dfrac{dx}{\sqrt{x^2-a^2}} = \log\dfrac{\beta+\sqrt{\beta^2-a^2}}{\alpha+\sqrt{\alpha^2-a^2}}$, $\quad 0<a\le\alpha<\beta$, \hfill (I 235.5a);

2b) $\int_\alpha^\beta \dfrac{dx}{x\sqrt{x^2-a^2}} = \dfrac{1}{a}\!\left[\mathrm{Arc}\cos\dfrac{a}{\beta}-\mathrm{Arc}\cos\dfrac{a}{\alpha}\right]$, $\quad 0<a\le\alpha<\beta$, (I 235.5d).

215

2c) $\displaystyle\int_a^\infty \frac{dx}{x\sqrt{x^2-a^2}} = \frac{\pi}{2a}$, $\quad a>0$, $\hfill$ (2b).

3a) $\displaystyle\int_a^\infty \frac{dx}{x^{2n}\sqrt{x^2-a^2}} = \frac{(n-1)!\,2^{n-1}}{(1;2;n)\,a^{2n}}$, $\quad n=1,2,\ldots$ $\hfill$ (1c);

3b) $\displaystyle\int_a^\infty \frac{dx}{x^{2n+1}\sqrt{x^2-a^2}} = \binom{2n}{n}\frac{\pi}{(2a)^{2n+1}}$, $\quad n=0,1,2,\ldots$ $\hfill$ (1c).

4a) $\displaystyle\int_a^\infty \frac{dx}{(cx+d)\sqrt{x^2-a^2}} = \frac{2}{\sqrt{a^2c^2-d^2}}\,\operatorname{Arc\,tg}\sqrt{\frac{ac-d}{ac+d}}$, $\quad a>0, c>0, ac>|d|$, $\hfill$ (1a);

4b) $\hspace{3.5cm} = \frac{1}{\sqrt{d^2-a^2c^2}}\,\log\frac{\sqrt{d+ac}+\sqrt{d-ac}}{\sqrt{d+ac}-\sqrt{d-ac}}$, $a>0, c>0, ac<d$, $\hfill$ (1a);

4c) $\hspace{3.5cm} = \dfrac{1}{d}$, $\quad a>0, c>0, ac=d$, $\hfill$ (1a).

5) $\displaystyle\int_b^\infty \left[x-\sqrt{x^2-a^2}\right]^n dx = \frac{a^2}{2(n-1)}\left[b-\sqrt{b^2-a^2}\right]^{n-1} - \frac{1}{2(n+1)}\left[b-\sqrt{b^2-a^2}\right]^{n+1}$,

$\hspace{4cm} 0<a\leq b,\ n\geq 2,\quad (x-\sqrt{x^2-a^2}=y).$

6) $\displaystyle\int_a^\infty (x-a)^m\left[x-\sqrt{x^2-a^2}\right]^n dx = \frac{n(n-m-2)!\,(2m+1)!\,a^{m+n+1}}{2^m\,(n+m+1)!}$, $a>0, n\geq m+2$,

$\hspace{9cm} (x-\sqrt{x^2-a^2}=ay).$

216

216. Spezialfall: Rationale Funktionen von x und $\sqrt{a^2-x^2}$.

1a) $\displaystyle\int_\alpha^\beta R(x,\sqrt{a^2-x^2})\,dx = 2a\int_{t_\alpha}^{t_\beta} R\!\left(\frac{2at}{1+t^2},\frac{a(1-t^2)}{1+t^2}\right)\frac{1-t^2}{(1+t^2)^2}\,dt,\ -a\leq\alpha<\beta\leq a,$

$\hspace{3cm} t_\alpha = \dfrac{a-\sqrt{a^2-\alpha^2}}{\alpha},\ t_\beta = \dfrac{a-\sqrt{a^2-\beta^2}}{\beta},\quad$ (I 231.1c);

1b) $\hspace{2cm} = a\displaystyle\int_{\varphi_\alpha}^{\varphi_\beta} R(a\sin\varphi, a\cos\varphi)\cos\varphi\,d\varphi,\quad -a\leq\alpha<\beta\leq a,$

$\hspace{3cm} \sin\varphi_\alpha = \dfrac{\alpha}{a},\ \sin\varphi_\beta = \dfrac{\beta}{a},\ -\dfrac{\pi}{2}\leq\varphi_\alpha<\varphi_\beta\leq\dfrac{\pi}{2}$

$\hspace{9cm} (x=a\sin\varphi);$

216

1c) $\displaystyle\int_0^a R(x,\sqrt{a^2-x^2})\,dx = a\int_0^{\pi/2} R(a\sin\varphi, a\cos\varphi)\cos\varphi\,d\varphi,$ \hfill (1b).

2) $\displaystyle\int_\alpha^\beta \frac{dx}{\sqrt{a^2-x^2}} = \operatorname{Arcsin}\frac{\beta}{a} - \operatorname{Arcsin}\frac{\alpha}{a}, \quad -a\le\alpha<\beta\le a,$ \hfill (I 236.5a);

2a) $\displaystyle\int_0^a \sim\ =\int_{-a}^0 \sim\ = \frac{\pi}{2}, \quad a>0,$ \hfill (2);

2b) $\displaystyle\int_0^{a/2} \sim\ =\int_{-a/2}^0 \sim\ = \frac{\pi}{6}, \quad a>0,$ \hfill (2).

3a) $\displaystyle\int_0^a x^{2m}(a^2-x^2)^{n-\frac{1}{2}}dx = \frac{(1;2,m)(1;2;n)\pi a^{2m+2n}}{(m+n)!\,2^{m+n+1}},\ m,n=0,1,2,\ldots,\ a>0,$ \hfill (431.2);

3b) $\displaystyle\int_0^a x^{2m+1}(a^2-x^2)^{n-\frac{1}{2}}dx = \frac{m!\,2^m a^{2m+2n+1}}{(2n+1;2;m+1)},\quad m,n=0,1,2,\ldots, a>0,$ \hfill (431.2).

4a) $\displaystyle\int_0^a \frac{x^{2m}}{\sqrt{a^2-x^2}}dx = \frac{(1;2,m)\pi a^{2m}}{m!\,2^{m+1}}, \quad m=0,1,2,\ldots, a>0,$ \hfill (3a);

4b) $\displaystyle\int_0^a \frac{x^{2m+1}}{\sqrt{a^2-x^2}}dx = \frac{m!\,2^m a^{2m+1}}{(1;2;m+1)}, \quad m=0,1,2,\ldots, a>0,$ \hfill (3b).

5a) $\displaystyle\int_0^a x^{2m}\sqrt{a^2-x^2}\,dx = \frac{(1;2,m)\pi a^{2m+2}}{(m+1)!\,2^{m+2}}, \quad m=0,1,2,\ldots, a>0,$ \hfill (3a);

5b) $\displaystyle\int_0^a x^{2m+1}\sqrt{a^2-x^2}\,dx = \frac{m!\,2^m a^{2m+3}}{(3;2;m+1)}, \quad m=0,1,2,\ldots, a>0,$ \hfill (3b).

6a) $\displaystyle\int_0^a (a^2-x^2)^{n-\frac{1}{2}}dx = \frac{(1;2;n)\pi a^{2n}}{n!\,2^{n+1}}, \quad n=0,1,2,\ldots, a>0,$ \hfill (3a);

6b) $\displaystyle\int_0^a x(a^2-x^2)^{n-\frac{1}{2}}dx = \frac{a^{2n+1}}{2n+1}, \quad n=0,1,2,\ldots, a>0,$ \hfill (3b).

7a) $\displaystyle\int_0^a \frac{dx}{(\alpha x+\beta)\sqrt{a^2-x^2}} = \frac{2}{\sqrt{\beta^2-a^2\alpha^2}}\operatorname{Arctg}\sqrt{\frac{\beta-a\alpha}{\beta+a\alpha}},\ \beta>a\alpha\ge 0,\ a>0,$ \hfill (1a, I 15.10);

7b) $\displaystyle\phantom{\int_0^a \frac{dx}{(\alpha x+\beta)\sqrt{a^2-x^2}}} = \frac{1}{\sqrt{a^2\alpha^2-\beta^2}}\log\frac{\sqrt{a\alpha+\beta}+\sqrt{a\alpha-\beta}}{\sqrt{a\alpha+\beta}-\sqrt{a\alpha-\beta}},\ a\alpha>\beta>0,\ a>0,$ \hfill (1a, I 15.10);

216

7c) $\displaystyle\int_0^a \frac{dx}{(\alpha x+\beta)\sqrt{a^2-x^2}} = \frac{1}{a\alpha}$, $\beta=a\alpha>0$, $a>0$,   (1a, I 15.10).

8a) $\displaystyle\int_0^a \frac{dx}{(x^2+c^2)\sqrt{a^2-x^2}} = \frac{\pi}{2c\sqrt{a^2+c^2}}$, $a,c>0$,   (I 236.20);

8b) $\displaystyle\int_0^a \frac{x\,dx}{(x^2+c^2)\sqrt{a^2-x^2}} = \frac{1}{\sqrt{a^2+c^2}}\log\frac{a+\sqrt{a^2+c^2}}{c}$, $a,c>0$,   ($x^2=a^2-y^2$).

9a) $\displaystyle\int_0^a \frac{dx}{(c^2-x^2)\sqrt{a^2-x^2}} = \frac{\pi}{2c\sqrt{c^2-a^2}}$, $c>a>0$,   (I 236.19b);

9b) $\displaystyle\int_0^a \frac{x\,dx}{(c^2-x^2)\sqrt{a^2-x^2}} = \frac{1}{\sqrt{c^2-a^2}}\operatorname{Arctg}\frac{a}{\sqrt{c^2-a^2}} = \frac{1}{\sqrt{c^2-a^2}}\operatorname{Arcsin}\frac{a}{c}$, $c>a>0$,
   ($x^2=a^2-y^2$, I 15.15b).

221

221. Elliptische Integrale in der Legendreschen kanonischen Form.

1a) $\displaystyle\int_0^1 \frac{dx}{\sqrt{(1-x^2)(1-k^2x^2)}} = \int_{-1}^0 \sim = \int_{1/k}^\infty \sim = \int_{-\infty}^{-1/k} \sim = F\left(\frac{\pi}{2},k\right) = \mathbf{K}(k)$, $0<k<1$,

(vollständiges Legendresches Normalintegral 1. Gattung, I 241.1);

1b) $\displaystyle\int_1^{1/k} \frac{dx}{\sqrt{(x^2-1)(1-k^2x^2)}} = \int_{-1/k}^{-1} \sim = \mathbf{K}(k')$, $k'=\sqrt{1-k^2}$, $\left(x=\frac{1}{\sqrt{1-k'^2 y^2}},\ 1a\right)$.

2a) $\mathbf{K}(k) = \displaystyle\int_0^{\pi/2} \frac{d\varphi}{\sqrt{1-k^2\sin^2\varphi}} = \frac{\pi}{2}\mathcal{F}\left(\frac{1}{2},\frac{1}{2},1;k^2\right) = \frac{\pi}{2}\sum_{\nu=0}^\infty \frac{\left(\frac{1}{2};1;\nu\right)^2}{\nu!\,\nu!} k^{2\nu}$, $0<k<1$,
   (I 241.2a);

2b) $\mathbf{K}(k) = \dfrac{2}{\pi}\log\dfrac{4}{k'}\cdot\mathbf{K}(k') - \displaystyle\sum_{\nu=1}^\infty c_\nu k'^{2\nu}$, $c_\nu = 2\left(\dfrac{1}{1.2}+\dfrac{1}{3.4}+\cdots\dfrac{1}{(2\nu-1)2\nu}\right)\dfrac{\left(\frac{1}{2};1;\nu\right)^2}{\nu!\,\nu!}$,
   $k'=\sqrt{1-k^2}$, $0<k<1$, (für k nahe 1)[*];

2c) $\mathbf{K}(k) = \dfrac{\pi}{2}\displaystyle\prod_{\nu=1}^\infty (1+k_\nu)$, $k_0=k$, $k_{\nu+1}=\dfrac{1-\sqrt{1-k_\nu^2}}{1+\sqrt{1-k_\nu^2}}$, $0<k<1$,   (3).

---

[*] Mit Hilfe der Differentialgleichung:
$$k(1-k^2)\frac{d^2\mathbf{K}}{dk^2} + (1-3k^2)\frac{d\mathbf{K}}{dk} - k\mathbf{K} = 0.$$

3) $K(k) = (1+k_1)K(k_1) = \frac{1}{1+k}K(k_{-1})$, $k_1 = \frac{1-k'}{1+k'}$, $k' = \sqrt{1-k^2}$, $k_{-1} = \frac{2\sqrt{k}}{1+k}$,

(I 241.24c-25c).

4a) $\int_0^1 \sqrt{\frac{1-k^2x^2}{1-x^2}}\,dx = \int_{-1}^{0} \sim\; = E(\frac{\pi}{2}, k) = E(k)$, $\quad 0 < k < 1$,

(vollständiges Legendresches Normalintegral 2.Gattung, I 241.1);

4b) $\int_1^{1/k} \sqrt{\frac{1-k^2x^2}{x^2-1}}\,dx = \int_{-1/k}^{-1} \sim\; = K(k') - E(k')$, $k' = \sqrt{1-k^2}$, $0 < k < 1$, (wie 1b).

5a) $E(k) = \int_0^{\pi/2} \sqrt{1-k^2\sin^2\varphi}\,d\varphi = \frac{\pi}{2}\mathcal{F}(-\frac{1}{2}, \frac{1}{2}, 1; k^2) = \frac{\pi}{2}\sum_{\nu=0}^{\infty} \frac{(-\frac{1}{2};1,\nu)(\frac{1}{2};1,\nu)}{\nu!\,\nu!} k^{2\nu}$,

$0 < k < 1$, (I 241.2b);

5b) $E(k) = \log\frac{4}{k'} \sum_{\nu=1}^{\infty} \frac{(\frac{1}{2};1,\nu-1)(\frac{1}{2};1,\nu)}{(\nu-1)!\,\nu!} k'^{2\nu} + 1 - \frac{1}{4}k'^2 -$

$- \sum_{\nu=2}^{\infty} \left(\frac{2}{1\cdot 2} + \frac{2}{3\cdot 4} + \cdots + \frac{2}{(2\nu-3)(2\nu-2)} + \frac{1}{(2\nu-1)2\nu}\right) \frac{(\frac{1}{2};1,\nu-1)(\frac{1}{2};1,\nu)}{(\nu-1)!\,\nu!} k'^{2\nu}$,

$k' = \sqrt{1-k^2}$, *)

6) $E(k) = \frac{2}{1+k_1}E(k_1) - (1-k_1)K(k_1) = \frac{1+k}{2}E(k_{-1}) + \frac{1-k}{2}K(k_{-1})$,

$k_1 = \frac{1-k'}{1+k'}$, $k' = \sqrt{1-k^2}$, $k_{-1} = \frac{2\sqrt{k}}{1+k}$, $0 < k < 1$,

(I 241.24d-25d).

7) $K(k)E(k') + E(k)K(k') - K(k)K(k') = \frac{\pi}{2}$, $k' = \sqrt{1-k^2}$, (Legendre).

8) $\int_0^1 \frac{dx}{(1+\varrho x^2)\sqrt{(1-x^2)(1-k^2x^2)}} = \int_{-1}^{0} \sim\; = \Pi(\frac{\pi}{2}, \varrho, k) = \Pi(\varrho, k)$, $0 < k < 1, \varrho > -1$,

(vollständiges Legendresches Normalintegral 3.Gattung, I 241.1);

8a) $\Pi(-k^2, k) = \frac{1}{1-k^2}E(k)$, (I 241.2i);

---

*) Aus 2b mit Hilfe der Formel: $E(k) = k(1-k^2)\frac{dK}{dk} + (1-k^2)K$ oder

der Differentialgleichung: $k(1-k^2)\frac{d^2E}{dk^2} + (1-k^2)\frac{dE}{dk} + kE = 0$.

221

8b) $\int_1^{1/k} \dfrac{dx}{(1+\varrho x^2)\sqrt{(x^2-1)(1-k^2 x^2)}} = \int_{-1/k}^{-1} \sim\; = K(k') - \dfrac{\varrho}{1+\varrho}\Pi\left(\dfrac{-k'^2}{1+\varrho}, k'\right),\quad k' = \sqrt{1-k^2},$

$\qquad 0 < k < 1,\ (1+\varrho)(k^2+\varrho) > 0,\qquad$ (wie 1b);

8c) $\int_{1/k}^{\infty} \dfrac{dx}{(1+\varrho x^2)\sqrt{(x^2-1)(k^2 x^2-1)}} = \int_{-\infty}^{-1/k} \sim\; = \Pi(\varrho,k) - \dfrac{\pi}{2}\sqrt{\dfrac{\varrho}{(1+\varrho)(k^2+\varrho)}},$

$\qquad 0 < k < 1,\ \varrho(k^2+\varrho) > 0,\ \varrho > -1,\qquad (x = \tfrac{1}{ky},\ 9a).$

9a) $\Pi(\varrho,k) + \Pi\!\left(\dfrac{k^2}{\varrho}, k\right) - K(k) = \dfrac{\pi}{2}\sqrt{\dfrac{\varrho}{(1+\varrho)(k^2+\varrho)}},\quad 0<k<1,\qquad$ (I 241.26e);

9b) $(1+\varrho)(k^2+\varrho)\Pi(\varrho,k) - \varrho(1-k^2)\Pi\!\left(-\dfrac{k^2+\varrho}{1+\varrho}, k\right) - k^2(1+\varrho)K(k) = 0,\quad 0<k<1.$ [*]

10a) $\Pi(\varrho,k) = \dfrac{\pi}{2}\sum_{\mu=0}^{\infty}\dfrac{(1;2;\mu)}{(2;2;\mu)}\left(\dfrac{k^2}{-\varrho}\right)^{\mu}\left[\dfrac{1}{\sqrt{1+\varrho}} - \sum_{\nu=0}^{\mu-1}\dfrac{(1;2;\nu)}{(2;2;\nu)}(-\varrho)^{\nu}\right],$

$\qquad\qquad 0 < k < 1,\ \varrho > -1;$ [**]

10b) $\qquad = \dfrac{\pi}{2}\sum_{\mu=0}^{\infty}\sum_{\nu=0}^{\mu}\dfrac{(1;2;\mu)(1;2;\nu)}{(2;2;\mu)(2;2;\nu)}k^{2\nu}(-\varrho)^{\mu-\nu},\quad 0<k<1,\ |\varrho|<1,\quad$ (I 241.2e);

10c) $\qquad = \dfrac{1}{1+\varrho}\log\dfrac{4}{k'} + \dfrac{\sqrt{\varrho}}{1+\varrho}\operatorname{Arc\,tg}\sqrt{\varrho} + O(k'^2),\ k' = \sqrt{1-k^2},\ 0<k<1,\ \varrho>0,$

$\qquad\qquad\qquad\qquad\qquad\qquad\qquad\qquad\qquad\qquad\qquad\qquad$ (8);

10d) $\qquad = \dfrac{\pi}{2k'\sqrt{1+\varrho}} + K(k) - \dfrac{E(k)}{k'^2} + \dfrac{\pi k^2}{4k'^3}\sqrt{1+\varrho} + O(1+\varrho),\qquad$ (8).

---

[*] Kann durch Differentiation nach k und ϱ bestätigt werden; es gilt:

$\dfrac{\partial\Pi}{\partial k} = \dfrac{k}{k^2+\varrho}\left[-\Pi(\varrho,k) + \dfrac{E(k)}{1-k^2}\right],$

$\dfrac{\partial\Pi}{\partial\varrho} = \dfrac{1}{2\varrho(1+\varrho)(k^2+\varrho)}\left[(k^2-\varrho^2)\Pi(\varrho,k) + \varrho E(k) - (\varrho+k^2)K(k)\right].$

[**] Durch Entwicklung des Integranden nach Potenzen von k^2.
$\Pi(\varrho,k)$ genügt folgenden Differentialgleichungen:

(I) $(k^2+\varrho)\dfrac{\partial^2 \Pi}{\partial k\,\partial\varrho} + \dfrac{\partial\Pi}{\partial k} + k\dfrac{\partial\Pi}{\partial\varrho} = 0;$

(II) $k^2(1-k^2)(\varrho+k^2)\dfrac{\partial^3\Pi}{\partial k^3} - k(\varrho-4k^2+3\varrho k^2+8k^4)\dfrac{\partial^2\Pi}{\partial k^2} + (\varrho+2k^2-13k^4)\dfrac{\partial\Pi}{\partial k} - 3k^3\Pi = 0,$

(III) $2\varrho(1+\varrho)(k^2+\varrho)\dfrac{\partial^3\Pi}{\partial\varrho^3} + (8\varrho+3k^2+13\varrho^2+8\varrho k^2)\dfrac{\partial^2\Pi}{\partial\varrho^2} + 4(1+4\varrho+k^2)\dfrac{\partial\Pi}{\partial\varrho} + 2\Pi = 0.$

221

11a) $\quad K(k')\Pi(\varrho,k) + \dfrac{\varrho}{1+\varrho}K(k)\Pi\left(\dfrac{-k'^2}{1+\varrho},k'\right) - K(k)K(k') =$

$$= \dfrac{\pi}{2}\sqrt{\dfrac{\varrho}{(1+\varrho)(k^2+\varrho)}}\,F(\varphi,k'), \quad \varphi=\operatorname{Arcsin}\sqrt{\dfrac{\varrho}{k^2+\varrho}},\ k'=\sqrt{1-k^2},\ 0<k<1,\ \varrho>0;{}^{*)}$$

11b) $\qquad = \dfrac{-\pi}{2}\sqrt{\dfrac{-\varrho}{(1+\varrho)(k^2+\varrho)}}\,F(\varphi,k), \quad \varphi=\operatorname{Arcsin}\dfrac{\sqrt{-\varrho}}{k},\ -1<-k^2<\varrho<0;{}^{*)}$

11c) $\quad K(k')\Pi(\varrho,k) + \dfrac{k^2}{k^2+\varrho}K(k)\left[\Pi\left(-1-\dfrac{k^2}{\varrho},k'\right) - K(k')\right] = \dfrac{\pi}{2}\sqrt{\dfrac{\varrho}{(1+\varrho)(k^2+\varrho)}}\,F(\varphi,k'),$

$$\varphi=\operatorname{Arcsin}\dfrac{1}{k'}\sqrt{\dfrac{k^2+\varrho}{\varrho}},\ k'=\sqrt{1-k^2},\ -1<\varrho<-k^2<0.{}^{*)}$$

12a) $\quad [K(k')-E(k')]\Pi(\varrho,k) + \dfrac{\varrho}{1+\varrho}E(k)\Pi\left(\dfrac{-k'^2}{1+\varrho},k'\right) - E(k)K(k') =$

$$= \dfrac{\pi}{2}\sqrt{\dfrac{\varrho}{(1+\varrho)(k^2+\varrho)}}\{F(\varphi,k')-E(\varphi,k')\} - \dfrac{\pi k^2}{2(k^2+\varrho)},\quad \varphi=\operatorname{Arcsin}\sqrt{\dfrac{\varrho}{k^2+\varrho}},\ k'=\sqrt{1-k^2},\ \varrho>0;{}^{**)}$$

12b) $\qquad = -\dfrac{\pi}{2}\sqrt{\dfrac{-\varrho}{(1+\varrho)(k^2+\varrho)}}\,E(\varphi,k) - \dfrac{\pi}{2},\qquad \varphi=\operatorname{Arcsin}\dfrac{\sqrt{-\varrho}}{k},\ -1<-k^2<\varrho<0;{}^{**)}$

12c) $\quad E(k')\Pi(\varrho,k) + \dfrac{k^2}{k^2+\varrho}[K(k)-E(k)]\left[\Pi\left(-1-\dfrac{k^2}{\varrho},k'\right) - K(k')\right] = \dfrac{\pi}{2}\sqrt{\dfrac{\varrho}{(1+\varrho)(k^2+\varrho)}}\,E(\varphi,k'),$

$$\varphi=\operatorname{Arcsin}\dfrac{1}{k'}\sqrt{\dfrac{k^2+\varrho}{\varrho}},\ k'=\sqrt{1-k^2},\ -1<\varrho<-k^2<0.{}^{**)}$$

13a) $\quad \Pi(\varrho,k) = \dfrac{k^2}{k^2+\varrho}K(k) + \sqrt{\dfrac{\varrho}{(1+\varrho)(k^2+\varrho)}}\{[E(k)-K(k)]F(\varphi,k') + K(k)E(\varphi,k')\},$

$$\varphi=\operatorname{Arcsin}\sqrt{\dfrac{\varrho}{k^2+\varrho}},\ \varrho>0,\ k'=\sqrt{1-k^2},\ 0<k<1,$$
$$(11a,12a){}^{*)}_{**)}$$

13b) $\quad \Pi(\varrho,k) = K(k) - \sqrt{\dfrac{-\varrho}{(1+\varrho)(k^2+\varrho)}}\{E(k)F(\varphi,k) - K(k)E(\varphi,k)\},$

$$\varphi=\operatorname{Arcsin}\dfrac{\sqrt{-\varrho}}{k},\ -1<-k^2<\varrho<0,\quad (11b,12b){}^{*)}_{**)}$$

---

*) Periodenrelation der Legendreschen Normalintegrale 1.u.3.Gattung.
**) Periodenrelation der Legendreschen Normalintegrale 2.u.3.Gattung.
***) Berechnung des vollständigen Integrals 3.Gattung durch die Integrale 1.und 2.Gattung (I 241.26f-h).

221

13c) $\Pi(\varrho,k) = \sqrt{\dfrac{\varrho}{(1+\varrho)(k^2+\varrho)}}\{[E(k)-K(k)]F(\varphi,k')+K(k)E(\varphi,k')\},$

$\varphi = \operatorname{Arcsin}\dfrac{1}{k'}\sqrt{\dfrac{k^2+\varrho}{\varrho}},\ k'=\sqrt{1-k^2},\ -1<\varrho<-k^2<0,\quad (11c,12c).^{*)}$

14) $\displaystyle\int_0^1 \dfrac{f(x^2)\,dx}{\sqrt{(1-x^2)(1-k^2x^2)}} = \int_0^1 \dfrac{f\left(\dfrac{1-y^2}{1-k^2y^2}\right)}{\sqrt{(1-y^2)(1-k^2y^2)}}\,dy,$

$\left(021.4a,\ x^2 = \dfrac{1-y^2}{1-k^2y^2},\ dx = \dfrac{-k'^2 y\,dy}{(1-k^2y^2)^{3/2}(1-y^2)^{1/2}}\right);$

14a) $\displaystyle\int_0^1 \dfrac{\log(1-k^2x^2)}{\sqrt{(1-x^2)(1-k^2x^2)}}\,dx = K(k)\log k',\ k'=\sqrt{1-k^2},\ 0<k<1,\qquad (14).$

15a) $\displaystyle\int_0^{1/\sqrt{1+k'}} \dfrac{dx}{\sqrt{(1-x^2)(1-k^2x^2)}} = \tfrac{1}{2}K(k),\ k'=\sqrt{1-k^2},\ 0<k<1,\qquad (\mathrm{I}\,241.24);$

15b) $\displaystyle\int_0^{1/\sqrt{1+k'}} \sqrt{\dfrac{1-k^2x^2}{1-x^2}}\,dx = \tfrac{1}{2}E(k)+\dfrac{1-k'}{2},\ k'=\sqrt{1-k^2},\ 0<k<1,\qquad (\mathrm{I}\,241.24).$

16) $F(\varphi_1,k)+F(\varphi_2,k)=K(k),$ wenn $\operatorname{tg}\varphi_1\cdot\operatorname{tg}\varphi_2=\dfrac{1}{k'},$

$k'=\sqrt{1-k^2},\ 0<k<1,\ 0\leq\dfrac{\varphi_1}{\varphi_2}\leq\dfrac{\pi}{2},\quad(\mathrm{I}\,241.1,\,021.4a).$

222

222. Elliptische Integrale in der Weierstraßschen kanonischen Form.

1) Im folgenden bedeutet $p(x)$ ein Polynom 3.Grades, und zwar je nach der Realität der Nullstellen:

1a) $p(x) = 4(x-e_1)(x-e_2)(x-e_3),\ e_1>e_2>e_3;\ ^{**)}$

1b) $p(x) = 4(x-e)(x^2+2rx+s^2),\ 0\leq r^2<s^2.\ ^{**)}$

2a) $\displaystyle\int_{e_3}^{e_2}\dfrac{dx}{\sqrt{p(x)}} = \int_{e_1}^{\infty}\sim\ = \dfrac{1}{\sqrt{e_1-e_3}}K\!\left(\sqrt{\dfrac{e_2-e_3}{e_1-e_3}}\right),\qquad (1a,\,\mathrm{I}\,243.8a);$

---

*) Berechnung des vollständigen Integrals 3.Gattung durch die Integrale 1. und 2.Gattung ($\mathrm{I}\,241.26f$–h).

**) Die Weierstraßsche Normierung $e_1+e_2+e_3=0$, bzw. $2r-e=0$, ist für die Gültigkeit der Formeln dieses Abschnittes nicht notwendig.

222

2b) $\displaystyle\int_{-\infty}^{e_3}\frac{dx}{\sqrt{-p(x)}} = \int_{e_2}^{e_1}\sim = \frac{1}{\sqrt{e_1-e_3}}\mathbf{K}\left(\sqrt{\frac{e_1-e_2}{e_1-e_3}}\right),$ (1a, I 243.8a);

2c) $\displaystyle\int_{e}^{\infty}\frac{dx}{\sqrt{p(x)}} = \frac{1}{\sqrt[4]{e^2+2er+s^2}}\mathbf{K}\left(\sqrt{\frac{1}{2}-\frac{e+r}{2\sqrt{e^2+2er+s^2}}}\right),$ (1b, I 243.8b);

2d) $\displaystyle\int_{-\infty}^{e}\frac{dx}{\sqrt{-p(x)}} = \frac{1}{\sqrt[4]{e^2+2er+s^2}}\mathbf{K}\left(\sqrt{\frac{1}{2}+\frac{e+r}{2\sqrt{e^2+2er+s^2}}}\right),$ (1b, I 243.8b).

3a) $\displaystyle\int_{e_3}^{e_2}\frac{x\,dx}{\sqrt{p(x)}} = \int_{e_1}^{\infty}\left[\frac{x}{\sqrt{p(x)}} - \frac{1}{2\sqrt{x-e_1}}\right]dx = \frac{e_1}{\sqrt{e_1-e_3}}\mathbf{K}(k) - \sqrt{e_1-e_3}\,\mathbf{E}(k),\ k=\sqrt{\frac{e_2-e_3}{e_1-e_3}},$

(1a, 2a, I 241.12s);

3b) $\displaystyle\int_{e_2}^{e_1}\frac{x\,dx}{\sqrt{-p(x)}} = \int_{-\infty}^{e_3}\left[\frac{x}{\sqrt{-p(x)}} + \frac{1}{2\sqrt{e_3-x}}\right]dx = \frac{e_3}{\sqrt{e_1-e_3}}\mathbf{K}(k) + \sqrt{e_1-e_3}\,\mathbf{E}(k),\ k=\sqrt{\frac{e_1-e_2}{e_1-e_3}},$

(1a, I 243.8a);

3c) $\displaystyle\int_{e}^{\infty}\left[\frac{x}{\sqrt{p(x)}} - \frac{1}{2\sqrt{x-e}}\right]dx = \frac{e+\sigma^2}{\sigma}\mathbf{K}(k) - 2\sigma\,\mathbf{E}(k),\ \sigma=\sqrt[4]{e^2+2er+s^2},\ k^2=\frac{1}{2}-\frac{e+r}{2\sigma^2},$

(1b, I 243.8b);

3d) $\displaystyle\int_{-\infty}^{e}\left[\frac{x}{\sqrt{-p(x)}} + \frac{1}{2\sqrt{e-x}}\right]dx = \frac{e-\sigma^2}{\sigma}\mathbf{K}(k) + 2\sigma\,\mathbf{E}(k),\ \sigma=\sqrt[4]{e^2+2er+s^2},\ k^2=\frac{1}{2}+\frac{e+r}{2\sigma^2},$

(1b, I 243.8b).

4a) $\displaystyle\int_{e_3}^{e_2}\frac{dx}{(x-\varrho)\sqrt{p(x)}} = \int_{e_1}^{\infty}\sim + \frac{\pi}{2(e_2-\varrho)}\sqrt{\frac{e_2-\varrho}{(e_1-\varrho)(e_3-\varrho)}} = \frac{1}{(e_3-\varrho)\sqrt{e_1-e_3}}\,\Pi\!\left(\frac{e_2-e_3}{e_3-\varrho},k\right),$

$k^2=\frac{e_2-e_3}{e_1-e_3},\ p(\varrho)<0,$ (1a, 221.9a,b, I 243.8a);

4b) $\displaystyle\int_{e_2}^{e_1}\frac{dx}{(x-\varrho)\sqrt{-p(x)}} = \int_{-\infty}^{e_3}\sim - \frac{\pi}{2(\varrho-e_2)}\sqrt{\frac{\varrho-e_2}{(\varrho-e_1)(\varrho-e_3)}} = \frac{-1}{(\varrho-e_1)\sqrt{e_1-e_3}}\,\Pi\!\left(\frac{e_1-e_2}{\varrho-e_1},k\right),$

$k^2=\frac{e_1-e_2}{e_1-e_3},\ p(\varrho)>0,$ (1a, 221.9a,b, I 243.8a);

4c) $\displaystyle\int_{e_3}^{e_2}\frac{dx}{(x-e_1)\sqrt{p(x)}} = \int_{e_1}^{\infty}\left[\frac{1}{(x-e_1)\sqrt{p(x)}} - \frac{(x-e_1)^{-3/2}}{2\sqrt{(e_1-e_2)(e_1-e_3)}}\right]dx = \frac{-\mathbf{E}(k)}{(e_1-e_2)\sqrt{e_1-e_3}},$

$k^2=\frac{e_2-e_3}{e_1-e_3},$ (1a, I 243.8a);

4d) $\int_{e_3}^{e_2}\left[\dfrac{1}{(x-e_2)\sqrt{p(x)}}+\dfrac{(e_2-x)^{-3/2}}{2\sqrt{(e_1-e_2)(e_2-e_3)}}\right]dx + \dfrac{1}{(e_2-e_3)\sqrt{e_1-e_2}} =$

$\qquad = \int_{e_1}^{\infty}\dfrac{dx}{(x-e_2)\sqrt{p(x)}} = \dfrac{1}{e_2-e_3}\left[\dfrac{\sqrt{e_1-e_3}}{e_1-e_2}\mathbf{E}(k) - \dfrac{\mathbf{K}(k)}{\sqrt{e_1-e_3}}\right],\quad k^2=\dfrac{e_2-e_3}{e_1-e_3},$

$\hfill (1a, \text{I}\,243.8a);$

4e) $\int_{e_3}^{e_2}\left[\dfrac{1}{(x-e_3)\sqrt{p(x)}}-\dfrac{(x-e_3)^{-3/2}}{2\sqrt{(e_1-e_3)(e_2-e_3)}}\right]dx - \dfrac{1}{(e_2-e_3)\sqrt{e_1-e_3}} =$

$\qquad = \int_{e_1}^{\infty}\dfrac{dx}{(x-e_3)\sqrt{p(x)}} = \dfrac{\mathbf{K}(k)-\mathbf{E}(k)}{(e_2-e_3)\sqrt{e_1-e_3}},\quad k^2=\dfrac{e_2-e_3}{e_1-e_3},\quad (1a,\text{I}\,243.8a);$

4f) $\int_{-\infty}^{e_3}\dfrac{dx}{(x-e_1)\sqrt{-p(x)}} = \int_{e_2}^{e_1}\left[\dfrac{1}{(x-e_1)\sqrt{-p(x)}}+\dfrac{(e_1-x)^{-3/2}}{2\sqrt{(e_1-e_2)(e_1-e_3)}}\right]dx + \dfrac{1}{(e_1-e_2)\sqrt{e_1-e_3}} =$

$\qquad = \dfrac{\mathbf{E}(k)-\mathbf{K}(k)}{(e_1-e_2)\sqrt{e_1-e_3}},\quad k^2=\dfrac{e_1-e_2}{e_1-e_3},\hfill (1a,\text{I}\,243.8a);$

4g) $\int_{-\infty}^{e_3}\dfrac{dx}{(x-e_2)\sqrt{-p(x)}} = \int_{e_2}^{e_1}\left[\dfrac{1}{(x-e_2)\sqrt{-p(x)}}-\dfrac{(x-e_2)^{-3/2}}{2\sqrt{(e_1-e_2)(e_2-e_3)}}\right]dx - \dfrac{1}{(e_1-e_2)\sqrt{e_2-e_3}} =$

$\qquad = \dfrac{\sqrt{e_1-e_3}\left[(1-k^2)\mathbf{K}(k)-\mathbf{E}(k)\right]}{(e_1-e_2)(e_2-e_3)},\quad k^2=\dfrac{e_1-e_2}{e_1-e_3},\quad (1a,\text{I}\,243.8a);$

4h) $\int_{e_2}^{e_1}\dfrac{dx}{(x-e_3)\sqrt{-p(x)}} = \int_{-\infty}^{e_3}\left[\dfrac{1}{(x-e_3)\sqrt{-p(x)}}+\dfrac{(e_3-x)^{-3/2}}{2\sqrt{(e_1-e_3)(e_2-e_3)}}\right]dx = \dfrac{\mathbf{E}(k)}{(e_2-e_3)\sqrt{e_1-e_3}},$

$\hfill k^2=\dfrac{e_1-e_2}{e_1-e_3},\quad (1a,\text{I}\,243.8a);$

4i) $\int_{e}^{\infty}\dfrac{dx}{(x-\varrho)\sqrt{p(x)}} = \dfrac{1}{\sigma(e-\varrho-\sigma^2)}\left[\mathbf{K}(k)-\dfrac{e-\varrho+\sigma^2}{2(e-\varrho)}\mathbf{\Pi}(\varrho_1,k)\right]^{*)},$

$\qquad \varrho<e,\; \sigma^4=e^2+2er+s^2,\; k^2=\dfrac{1}{2}-\dfrac{e+r}{2\sigma^2},\; \varrho_1=\dfrac{(e-\varrho-\sigma^2)^2}{4\sigma^2(e-\varrho)},$

$\hfill (1b,\text{I}\,243.8b);$

4j) $\int_{-\infty}^{e}\dfrac{dx}{(x-\varrho)\sqrt{-p(x)}} = \dfrac{-1}{\sigma(\varrho-e-\sigma^2)}\left[\mathbf{K}(k)-\dfrac{\varrho-e+\sigma^2}{2(\varrho-e)}\mathbf{\Pi}(\varrho_1,k)\right]^{**)},$

$\qquad \varrho>e,\; \sigma^4=e^2+2er+s^2,\; k^2=\dfrac{1}{2}+\dfrac{e+r}{2\sigma^2},\; \varrho_1=\dfrac{(\varrho-e-\sigma^2)^2}{4\sigma^2(\varrho-e)},$

$\hfill (1b,\text{I}\,243.8b);$

---

*) $=\dfrac{1}{2\sigma^3}\mathbf{K}(k)$ für $\varrho=e-\sigma^2$. **) $=-\dfrac{1}{2\sigma^3}\mathbf{K}(k)$ für $\varrho=e+\sigma^2$.

222

4k) $\displaystyle\int_e^\infty \left[\frac{1}{(x-e)\sqrt{p(x)}} - \frac{(x-e)^{-3/2}}{2\sigma^2}\right] dx = \frac{1}{\sigma^3}\left[\mathbf{K}(k) - 2\mathbf{E}(k)\right],$ \hfill (4i);

4l) $\displaystyle\int_{-\infty}^e \left[\frac{1}{(x-e)\sqrt{-p(x)}} + \frac{(e-x)^{-3/2}}{2\sigma^2}\right] dx = -\frac{1}{\sigma^3}\left[\mathbf{K}(k) - 2\mathbf{E}(k)\right],$ \hfill (4j).

5a) $\displaystyle\int_{e_3}^\alpha \frac{dx}{\sqrt{p(x)}} = \int_\alpha^{e_2} \sim = \frac{1}{2}\int_{e_3}^{e_2} \sim = \frac{1}{2\sqrt{e_1-e_3}} \mathbf{K}\left(\sqrt{\frac{e_2-e_3}{e_1-e_3}}\right), \quad \alpha = e_1 - \sqrt{(e_1-e_2)(e_1-e_3)},$
\hfill (1a, 2a, 221.15a);

5b) $\displaystyle\int_{e_1}^\alpha \frac{dx}{\sqrt{p(x)}} = \int_\alpha^\infty \sim = \frac{1}{2}\int_{e_1}^\infty \sim = \frac{1}{2\sqrt{e_1-e_3}} \mathbf{K}\left(\sqrt{\frac{e_2-e_3}{e_1-e_3}}\right), \quad \alpha = e_1 + \sqrt{(e_1-e_2)(e_1-e_3)},$
\hfill (1a, 2a, 221.15a);

5c) $\displaystyle\int_\alpha^{e_3} \frac{dx}{\sqrt{-p(x)}} = \int_{-\infty}^\alpha \sim = \frac{1}{2}\int_{-\infty}^{e_3} \sim = \frac{1}{2\sqrt{e_1-e_3}} \mathbf{K}\left(\sqrt{\frac{e_1-e_2}{e_1-e_3}}\right), \quad \alpha = e_3 - \sqrt{(e_1-e_3)(e_2-e_3)},$
\hfill (1a, 2b, 221.15a);

5d) $\displaystyle\int_{e_2}^\alpha \frac{dx}{\sqrt{-p(x)}} = \int_\alpha^{e_1} \sim = \frac{1}{2}\int_{e_2}^{e_1} \sim = \frac{1}{2\sqrt{e_1-e_3}} \mathbf{K}\left(\sqrt{\frac{e_1-e_2}{e_1-e_3}}\right), \quad \alpha = e_3 + \sqrt{(e_1-e_3)(e_2-e_3)},$
\hfill (1a, 2b, 221.15a);

5e) $\displaystyle\int_{e+\sigma^2}^\infty \frac{dx}{\sqrt{p(x)}} = \frac{1}{2}\int_e^\infty \sim = \frac{1}{2\sigma} \mathbf{K}(k), \quad \sigma^4 = e^2 + 2er + s^2, \quad k^2 = \frac{1}{2} - \frac{e+r}{2\sigma^2},$ \hfill (1b, 2c);

5f) $\displaystyle\int_{e-\sigma^2}^e \frac{dx}{\sqrt{-p(x)}} = \frac{1}{2}\int_{-\infty}^e \sim = \frac{1}{2\sigma} \mathbf{K}(k), \quad \sigma^4 = e^2 + 2er + s^2, \quad k^2 = \frac{1}{2} + \frac{e+r}{2\sigma^2},$ \hfill (1b, 2d).

6a) $\displaystyle\int_{e_3}^\alpha \frac{x\,dx}{\sqrt{p(x)}} = \int_\alpha^{e_2} \sim - \sqrt{e_1-e_3} + \sqrt{e_1-e_2} = \frac{e_1}{2\sqrt{e_1-e_3}} \mathbf{K}(k) - \frac{\sqrt{e_1-e_3}}{2}\mathbf{E}(k) - \frac{\sqrt{e_1-e_3} - \sqrt{e_1-e_2}}{2},$

$k^2 = \frac{e_2-e_3}{e_1-e_3}, \quad \alpha = e_1 - \sqrt{(e_1-e_2)(e_1-e_3)},$ \hfill (1a, 3a, 221.15, I 243.8a6);

6b) $\displaystyle\int_{e_2}^\alpha \frac{x\,dx}{\sqrt{-p(x)}} = \int_\alpha^{e_1} \sim - \sqrt{e_1-e_3} + \sqrt{e_2-e_3} = \frac{e_3}{2\sqrt{e_1-e_3}} \mathbf{K}(k) + \frac{\sqrt{e_1-e_3}}{2}\mathbf{E}(k) - \frac{\sqrt{e_1-e_3} - \sqrt{e_2-e_3}}{2},$

$k^2 = \frac{e_1-e_2}{e_1-e_3}, \quad \alpha = e_3 + \sqrt{(e_1-e_3)(e_2-e_3)},$ \hfill (1a, 3b, 221.15, I 243.8a7).

7) $\displaystyle\int_0^1 \frac{dx}{\sqrt{1-x^3}} = \frac{1}{\sqrt{3}}\int_1^\infty \frac{dx}{\sqrt{x^3-1}} = 2\cdot 3^{-3/4} \mathbf{K}\left(\sin\frac{\pi}{12}\right) = \frac{\left(\Gamma(\frac{1}{3})\right)^3}{\sqrt{3}\,\sqrt[3]{16}\,\pi},$
\hfill (2c, 021.12, 431.1a).

223

223. Rationale Funktionen von x und $\sqrt{a_0 x^4 + 4a_1 x^3 + 6a_2 x^2 + 4a_3 x + a_4}$.

1) Im folgenden bedeutet $p(x)$ ein Polynom 4.Grades, und zwar je nach der Realität der Nullstellen:

1a) $\quad p(x) = a_0(x-\alpha_1)(x-\alpha_2)(x-\alpha_3)(x-\alpha_4), \quad \alpha_1 > \alpha_2 > \alpha_3 > \alpha_4, \quad$ (I 244.8a);

1b) $\quad p(x) = a_0(x-\alpha_1)(x-\alpha_2)[(x-r)^2 + s^2], \quad \alpha_1 > \alpha_2,\ s > 0, \quad$ (I 244.8b);

1c) $\quad p(x) = a_0[(x-r_1)^2 + s_1^2][(x-r_2)^2 + s_2^2], \quad s_1 \geq s_2 > 0, \quad$ (I 244.8c).

2a) $\displaystyle \int_{\alpha_2}^{\alpha_1} \frac{dx}{\sqrt{p(x)}} = \int_{\alpha_4}^{\alpha_3} \sim \ = \frac{2}{\sqrt{-a_0(\alpha_1-\alpha_3)(\alpha_2-\alpha_4)}} \mathbf{K}\!\left(\sqrt{\frac{(\alpha_1-\alpha_2)(\alpha_3-\alpha_4)}{(\alpha_1-\alpha_3)(\alpha_2-\alpha_4)}}\right), \quad a_0 < 0,$ (1a);

2b) $\displaystyle \int_{\alpha_3}^{\alpha_2} \frac{dx}{\sqrt{p(x)}} = \int_{-\infty}^{\alpha_4} \sim + \int_{\alpha_1}^{\infty} \sim \ = \frac{2}{\sqrt{a_0(\alpha_1-\alpha_3)(\alpha_2-\alpha_4)}} \mathbf{K}\!\left(\sqrt{\frac{(\alpha_1-\alpha_4)(\alpha_2-\alpha_3)}{(\alpha_1-\alpha_3)(\alpha_2-\alpha_4)}}\right), \quad a_0 > 0,$ (1a);

2c) $\displaystyle \int_{\alpha_2}^{\alpha_1} \frac{dx}{\sqrt{p(x)}} = 2\sqrt{\frac{2kk'}{-a_0 s(\alpha_1-\alpha_2)}}\, \mathbf{K}(k), \qquad a_0 < 0,{}^{*)}$ (1b);

2d) $\displaystyle \int_{-\infty}^{\alpha_2} \frac{dx}{\sqrt{p(x)}} + \int_{\alpha_1}^{\infty} \sim \ = 2\sqrt{\frac{2kk'}{a_0 s(\alpha_1-\alpha_2)}}\, \mathbf{K}(k'), \quad a_0 > 0,{}^{*)}$ (1b);

2e) $\displaystyle \int_{-\infty}^{\infty} \frac{dx}{\sqrt{p(x)}} = \frac{2}{\sqrt{a_0 s_1 s_2 k_1}}\, \mathbf{K}(k),$

$\quad k^2 = \dfrac{k_1^2 - 1}{k_1^2},\ k_1 = A + \sqrt{A^2 - 1},\ A = \dfrac{(r_1 - r_2)^2 + s_1^2 + s_2^2}{2 s_1 s_2},\ a_0 > 0,$ (1c).

3a) $\displaystyle \int_{\alpha_2}^{\alpha_1} \frac{x\, dx}{\sqrt{p(x)}} = \frac{2}{\sqrt{-a_0(\alpha_1-\alpha_3)(\alpha_2-\alpha_4)}}\left[\alpha_3 \mathbf{K}(k) + (\alpha_2-\alpha_3)\mathbf{\Pi}\!\left(-\frac{\alpha_1-\alpha_2}{\alpha_1-\alpha_3}, k\right)\right], \ a_0 < 0,{}^{**)}$ (1a);

3b) $\displaystyle \int_{\alpha_4}^{\alpha_3} \frac{x\, dx}{\sqrt{p(x)}} = \frac{2}{\sqrt{-a_0(\alpha_1-\alpha_3)(\alpha_2-\alpha_4)}}\left[\alpha_1 \mathbf{K}(k) - (\alpha_1-\alpha_4)\mathbf{\Pi}\!\left(\frac{\alpha_3-\alpha_4}{\alpha_1-\alpha_3}, k\right)\right], \ a_0 < 0,{}^{**)}$ (1a);

3c) $\displaystyle \int_{\alpha_3}^{\alpha_2} \frac{x\, dx}{\sqrt{p(x)}} = \frac{2}{\sqrt{a_0(\alpha_1-\alpha_3)(\alpha_2-\alpha_4)}}\left[\alpha_4 \mathbf{K}(k') + (\alpha_3-\alpha_4)\mathbf{\Pi}\!\left(-\frac{\alpha_2-\alpha_3}{\alpha_2-\alpha_4}, k'\right)\right], \ a_0 > 0,{}^{**)}$ (1a);

${}^{*)}\ k^2 = \dfrac{1}{2} - \dfrac{s^2 + (\alpha_1 - r)(\alpha_2 - r)}{2\sqrt{[s^2 + (\alpha_1 - r)^2][s^2 + (\alpha_2 - r)^2]}},\quad k'^2 = 1 - k^2.$

${}^{**)}\ k^2 = 1 - k'^2 = \dfrac{(\alpha_1-\alpha_2)(\alpha_3-\alpha_4)}{(\alpha_1-\alpha_3)(\alpha_2-\alpha_4)},\quad k'^2 = \dfrac{(\alpha_1-\alpha_4)(\alpha_2-\alpha_3)}{(\alpha_1-\alpha_3)(\alpha_2-\alpha_4)}.$

223

3d) $\int_{\alpha_2}^{\alpha_1} \frac{x\,dx}{\sqrt{p(x)}} = \sqrt{\frac{2kk'}{-a_0 s(\alpha_1-\alpha_2)}} \left[\left(\alpha_1+\alpha_2-(\alpha_1-\alpha_2)\frac{d}{c}\right)\mathbf{K}(k) + (\alpha_1-\alpha_2)\frac{d}{c}\mathbf{\Pi}(\varrho,k)\right]$,

$\qquad\qquad\qquad a_0<0,\ \alpha_1+\alpha_2\neq 2r$, *) $\qquad$ (1b);

3e) $\qquad = \frac{2rk}{\sqrt{-a_0}(\alpha_1-r)}\mathbf{K}(k)$, $\quad a_0<0,\ k^2=\frac{(\alpha_1-r)^2}{(\alpha_1-r)^2+s^2}$, für $\alpha_1+\alpha_2=2r$, (1b).

4a) $\oint_{-\infty}^{\infty} \frac{x\,dx}{\sqrt{p(x)}} = \frac{2}{\sqrt{a_0 s_1 s_2 k_1}}\left\{r_1\mathbf{K}(k) + \frac{s_1(k_1 s_1 - s_2)}{k_1(r_1-r_2)}\mathbf{\Pi}(-\varrho,k)\right\}$, $\quad r_1\neq r_2$,

$\qquad k_1=A+\sqrt{A^2-1}$, $A=\frac{(r_1-r_2)^2+s_1^2+s_2^2}{2s_1 s_2}$, $k^2=\frac{k_1^2-1}{k_1^2}$, $\varrho=\frac{k^2 s_2(k_1 s_1 - s_2)}{(r_1-r_2)^2}$, (1c);

4b) $\qquad = \frac{2r_1}{s_1\sqrt{a_0}}\mathbf{K}(k)$ $\quad$ für $r_1=r_2$, $\qquad\qquad\qquad$ (4a,1c).

5a) $\int_0^p \frac{dx}{\sqrt{(p^2-x^2)(q^2-x^2)}} = \frac{1}{2}\int_{-p}^p \sim\ = \frac{1}{q}\mathbf{K}\left(\frac{p}{q}\right)$, $\quad 0<p<q$, $\qquad (x=p\sin\varphi)$;

5b) $\int_0^p \frac{x\,dx}{\sqrt{(p^2-x^2)(q^2-x^2)}} = \frac{1}{2}\log\frac{q+p}{q-p}$, $\quad 0<p<q$, $\qquad (x=p\sin\varphi,\ \mathrm{I}\,241.12b)$;

5c) $\int_0^p \frac{x^2\,dx}{\sqrt{(p^2-x^2)(q^2-x^2)}} = q\mathbf{K}\left(\frac{p}{q}\right) - q\mathbf{E}\left(\frac{p}{q}\right)$, $\quad 0<p<q$,

$\qquad\qquad\qquad\qquad\qquad\qquad\qquad (x=p\sin\varphi,\ \mathrm{I}\,241.12k)$;

5d) $\int_0^p \sqrt{\frac{q^2-x^2}{p^2-x^2}}\,dx = q\mathbf{E}\left(\frac{p}{q}\right)$, $\quad 0<p<q$, $\qquad\qquad$ (5a,5c);

5e) $\int_0^p \sqrt{\frac{p^2-x^2}{q^2-x^2}}\,dx = \frac{p^2-q^2}{q}\mathbf{K}\left(\frac{p}{q}\right) + q\mathbf{E}\left(\frac{p}{q}\right)$, $\quad 0<p<q$, $\qquad$ (5a,5c);

5f) $\int_0^p \frac{x^3\,dx}{\sqrt{(p^2-x^2)(q^2-x^2)}} = -\frac{pq}{2} + \frac{p^2+q^2}{4}\log\frac{q+p}{q-p}$, $\quad 0<p<q$,

$\qquad\qquad\qquad\qquad\qquad\qquad (x=p\sin\varphi,\ \mathrm{I}\,241.12t)$;

5g) $\int_0^p \frac{x^4\,dx}{\sqrt{(p^2-x^2)(q^2-x^2)}} = \frac{q}{3}(p^2+2q^2)\mathbf{K}\left(\frac{p}{q}\right) - \frac{2q}{3}(p^2+q^2)\mathbf{E}\left(\frac{p}{q}\right)$, $\quad 0<p<q$,

$\qquad\qquad\qquad\qquad\qquad\qquad (x=p\sin\varphi,\ \mathrm{I}\,241.16a)$.

6a) $\int_p^q \frac{dx}{\sqrt{(x^2-p^2)(q^2-x^2)}} = \frac{2}{q+p}\mathbf{K}\left(\frac{q-p}{q+p}\right)$, $\quad 0<p<q$, $\qquad$ (2a);

---

*) $k^2=1-k'^2=\frac{1}{2}-\frac{s^2+(\alpha_1-r)(\alpha_2-r)}{2\sqrt{[s^2+(\alpha_1-r)^2][s^2+(\alpha_2-r)^2]}}$, $\frac{d}{c}=\frac{(\alpha_1-r)kk'+sk'^2}{(\alpha_1-r)kk'-sk^2}$, $\varrho=\frac{c^2}{d^2-c^2}=\frac{1}{(d/c)^2-1}$.

223

6b) $\displaystyle\int_p^q \frac{x\,dx}{\sqrt{(x^2-p^2)(q^2-x^2)}} = \frac{\pi}{2}, \quad 0<p<q,$ \hfill (I 231.8b);

6c) $\displaystyle\int_p^q \frac{x^2\,dx}{\sqrt{(x^2-p^2)(q^2-x^2)}} = \frac{-2pq}{q+p}\mathbf{K}\!\left(\frac{q-p}{q+p}\right) + (q+p)\mathbf{E}\!\left(\frac{q-p}{q+p}\right),\ 0<p<q,$ (I 244.8a);

$\qquad\qquad\qquad\qquad = q\,\mathbf{E}\!\left(\frac{\sqrt{q^2-p^2}}{q}\right),\quad 0<p<q,$ \hfill (221.3, 221.6);

6d) $\displaystyle\int_p^q \sqrt{\frac{x^2-p^2}{q^2-x^2}}\,dx = -2p\,\mathbf{K}\!\left(\frac{q-p}{q+p}\right) + (q+p)\,\mathbf{E}\!\left(\frac{q-p}{q+p}\right),\ 0<p<q,$ \hfill (6a, 6c);

6e) $\displaystyle\int_p^q \sqrt{\frac{q^2-x^2}{x^2-p^2}}\,dx = 2q\,\mathbf{K}\!\left(\frac{q-p}{q+p}\right) - (q+p)\,\mathbf{E}\!\left(\frac{q-p}{q+p}\right),\ 0<p<q,$ \hfill (6a, 6c);

6f) $\displaystyle\int_p^q \frac{x^3\,dx}{\sqrt{(x^2-p^2)(q^2-x^2)}} = \frac{p^2+q^2}{4}\pi,\quad 0<p<q,$ \hfill (I 231.7b);

6g) $\displaystyle\int_p^q \frac{x^4\,dx}{\sqrt{(x^2-p^2)(q^2-x^2)}} = \frac{-2pq}{3(q+p)}(2q^2+qp+2p^2)\mathbf{K}\!\left(\frac{q-p}{q+p}\right) + \frac{2}{3}(q+p)(q^2+p^2)\mathbf{E}\!\left(\frac{q-p}{q+p}\right),$

$\qquad\qquad\qquad\qquad = -\dfrac{p^2 q}{3}\mathbf{K}\!\left(\dfrac{\sqrt{q^2-p^2}}{q}\right) + \dfrac{2}{3}q(q^2+p^2)\mathbf{E}\!\left(\dfrac{\sqrt{q^2-p^2}}{q}\right),\ 0<p<q,$

\hfill (I 244.4a, 221.3, 221.6).

7a) $\displaystyle\int_0^p \frac{dx}{(x-\varrho)\sqrt{(p^2-x^2)(q^2-x^2)}} = -\frac{1}{\varrho q}\,\mathbf{\Pi}\!\left(-\frac{p^2}{\varrho^2},\frac{p}{q}\right) + D,$

$\qquad D = \dfrac{-1}{\sqrt{(\varrho^2-p^2)(\varrho^2-q^2)}}\, \log\dfrac{|\varrho|\sqrt{q^2-p^2}}{q\sqrt{\varrho^2-p^2}-p\sqrt{\varrho^2-q^2}}\ $ für $|\varrho|>q>p>0,$

$\qquad D = \dfrac{-1}{2\sqrt{(\varrho^2-p^2)(q^2-\varrho^2)}}\left[\dfrac{\pi}{2} - \text{Arc sin}\dfrac{\varrho^2(q^2+p^2)-2q^2p^2}{\varrho^2(q^2-p^2)}\right]\ $ für $q>|\varrho|>p>0,$

\hfill $(x=p\sin\varphi,\ \text{I }241.5\text{b});$

7b) $\displaystyle\int_0^p \sim\ = \frac{1}{\varrho q}\mathbf{\Pi}\!\left(-\frac{\varrho^2}{q^2},\frac{p}{q}\right) - \frac{1}{\varrho q}\mathbf{K}\!\left(\frac{p}{q}\right) +$

$\qquad\qquad\qquad + \dfrac{1}{\sqrt{(p^2-\varrho^2)(q^2-\varrho^2)}}\,\log\dfrac{|\varrho|\sqrt{q^2-p^2}}{p\sqrt{q^2-\varrho^2}-q\sqrt{p^2-\varrho^2}},$

$\qquad\qquad\qquad 0<-\varrho<p<q,$ \hfill $(x=p\sin\varphi);$

7c) $\displaystyle\int_0^p \sim\ = \frac{-q}{\varrho(q^2-p^2)}\left[\mathbf{E}\!\left(\frac{p}{q}\right) + \frac{p}{\varrho}\right]\ $ für $\varrho=\pm q,$

\hfill $(x=p\sin\varphi,\ \text{I }241.7\text{b});$

223

7d) $\int_0^p \dfrac{dx}{(x-\varrho)\sqrt{(p^2-x^2)(q^2-x^2)}} = \dfrac{-q}{p(q^2-p^2)}\left[E\left(\dfrac{p}{q}\right)-1\right] + \dfrac{1}{pq}K\left(\dfrac{p}{q}\right)$ für $\varrho = -p$,

$(x = p\sin\varphi,\ \text{I }241.6b)$.

8) $\int_p^q \dfrac{dx}{(x-\varrho)\sqrt{(x^2-p^2)(q^2-x^2)}} = \dfrac{2}{(q+p)(p+\varrho)}\left[-K(k) + \dfrac{2p}{p-\varrho}\Pi\left(k\dfrac{p+\varrho}{p-\varrho},k\right)\right]$,

$k = \dfrac{q-p}{q+p},\ 0 < p < q,\ \varrho < p$ oder $\varrho > q$, (I 244.8a7);

8a) $\int_p^q \dfrac{dx}{x\sqrt{(x^2-p^2)(q^2-x^2)}} = \dfrac{\pi}{2pq}$, $0 < p < q$, (8, 221.9a oder I 231.10b).

9a) $\int_0^p \dfrac{dx}{\sqrt{(p^2-x^2)(q^2+x^2)}} = \dfrac{1}{\sqrt{p^2+q^2}}K\left(\dfrac{p}{\sqrt{p^2+q^2}}\right)$, $p > 0,\ q > 0$, (2c);

9b) $\int_0^p \dfrac{x\,dx}{\sqrt{(p^2-x^2)(q^2+x^2)}} = \dfrac{\pi}{4} + \dfrac{1}{2}\operatorname{Arc\,sin}\dfrac{p^2-q^2}{p^2+q^2}$, $p > 0,\ q > 0$, (I 231.8b);

9c) $\int_0^p \dfrac{x^2\,dx}{\sqrt{(p^2-x^2)(q^2+x^2)}} = \dfrac{-q^2}{\sqrt{p^2+q^2}}K\left(\dfrac{p}{\sqrt{p^2+q^2}}\right) + \sqrt{p^2+q^2}\,E\left(\dfrac{p}{\sqrt{p^2+q^2}}\right)$,

$p > 0,\ q > 0$, (I 244.8b);

9d) $\int_0^p \dfrac{x^3\,dx}{\sqrt{(p^2-x^2)(q^2+x^2)}} = \dfrac{pq}{2} + \dfrac{p^2-q^2}{4}\left(\dfrac{\pi}{2} + \operatorname{Arc\,sin}\dfrac{p^2-q^2}{p^2+q^2}\right)$,

$p > 0,\ q > 0$, (I 231.7b);

9e) $\int_0^p \dfrac{x^4\,dx}{\sqrt{(p^2-x^2)(q^2+x^2)}} = \dfrac{q^2(2q^2-p^2)}{3\sqrt{p^2+q^2}}K\left(\dfrac{p}{\sqrt{p^2+q^2}}\right) + \dfrac{2}{3}(p^2-q^2)\sqrt{p^2+q^2}\,E\left(\dfrac{p}{\sqrt{p^2+q^2}}\right)$,

$p > 0,\ q > 0$, (I 244.8b);

9f) $\int_0^p \sqrt{\dfrac{q^2+x^2}{p^2-x^2}}\,dx = \sqrt{p^2+q^2}\,E\left(\dfrac{p}{\sqrt{p^2+q^2}}\right)$, $p > 0,\ q > 0$, (9a, 9c);

9g) $\int_0^p \sqrt{\dfrac{p^2-x^2}{q^2+x^2}}\,dx = \sqrt{p^2+q^2}\left[K\left(\dfrac{p}{\sqrt{p^2+q^2}}\right) - E\left(\dfrac{p}{\sqrt{p^2+q^2}}\right)\right]$,

$p > 0,\ q > 0$, (9a, 9c).

223

10a) $$\int_0^p \frac{dx}{(x-\varrho)\sqrt{(p^2-x^2)(q^2+x^2)}} = \frac{-\varrho}{(\varrho^2-p^2)\sqrt{p^2+q^2}}\Pi\left(\frac{p^2}{\varrho^2-p^2},\frac{p}{\sqrt{p^2+q^2}}\right) -$$

$$- \frac{1}{\sqrt{(\varrho^2-p^2)(\varrho^2+q^2)}}\operatorname{Arctg}\frac{p\sqrt{\varrho^2+q^2}}{q\sqrt{\varrho^2-p^2}},$$

$$|\varrho| > p > 0,\ q > 0, \qquad (x = -p\cos\varphi,\ I\,241.8c);$$

10b) $$= \frac{\varrho}{(p^2-\varrho^2)\sqrt{p^2+q^2}}\left[K\left(\frac{p}{\sqrt{p^2+q^2}}\right) - \Pi\left(\frac{\varrho^2-p^2}{p^2+q^2},\frac{p}{\sqrt{p^2+q^2}}\right)\right] +$$

$$+ \frac{1}{\sqrt{(p^2-\varrho^2)(q^2+\varrho^2)}}\log\frac{q\sqrt{p^2-\varrho^2}+p\sqrt{q^2+\varrho^2}}{|\varrho|\sqrt{p^2+q^2}},$$

$$p > -\varrho > 0,\ q > 0; \qquad (x = p\cos\varphi);$$

10c) $$= \frac{1}{p\sqrt{p^2+q^2}}\left[K\left(\frac{p}{\sqrt{p^2+q^2}}\right) - E\left(\frac{p}{\sqrt{p^2+q^2}}\right) + \frac{q}{\sqrt{p^2+q^2}}\right],$$

$$-\varrho = p > 0,\ q > 0. \qquad (x = -p\cos\varphi).$$

11) $$\int_0^\infty \frac{dx}{\sqrt{(x^2+p^2)(x^2+q^2)}} = \frac{1}{q}K\left(\frac{\sqrt{q^2-p^2}}{q}\right),\quad q > p > 0, \qquad (2e).$$

12) $$\int_0^\infty \frac{dx}{(x+\varrho)\sqrt{(x^2+p^2)(x^2+q^2)}} = \frac{\varrho}{q(\varrho^2+q^2)}\Pi\left(\frac{p^2-q^2}{\varrho^2+q^2},\frac{\sqrt{q^2-p^2}}{q}\right) -$$

$$- \frac{1}{\sqrt{(\varrho^2+p^2)(\varrho^2+q^2)}}\log\frac{\varrho\left[\sqrt{\varrho^2+q^2}+\sqrt{\varrho^2+p^2}\right]}{p\sqrt{\varrho^2+q^2}+q\sqrt{\varrho^2+p^2}},$$

$$\varrho > 0,\ q > p > 0, \qquad (x = q\operatorname{ctg}\varphi,\ I\,241.10b).$$

3. Abschnitt: Elementare transzendente Integranden.

311. Integrale von der Form $\int R(e^{\lambda x}, e^{\mu x}, \ldots) dx$.

1a) $\int_a^b R(e^{\lambda x}) dx = \frac{1}{\lambda} \int_{e^{\lambda a}}^{e^{\lambda b}} R(y) \frac{dy}{y}, \quad \lambda \neq 0,$ \hfill $(021.4a, e^{\lambda x} = y);$

1b) $\int_\alpha^\beta R(e^{i\lambda x}) dx = \frac{1}{\lambda} \int_{\lambda\alpha}^{\lambda\beta} R(\cos\varphi + i\sin\varphi) d\varphi, \quad \lambda \neq 0,$ \hfill $(\lambda x = \varphi);$

1c) $\int_0^{2\pi} R(e^{ix}) dx = 2\pi \sum R, \quad \left(\sum R = \text{Summe der Residuen von } \frac{R(z)}{z}\right.$
$\left.\text{innerhalb des Einheitskreises}\right),$ \hfill $(021.12).$

2) $\int_a^b e^{\lambda x} dx = \frac{e^{\lambda b} - e^{\lambda a}}{\lambda}, \quad \lambda \neq 0,$ \hfill $(1a);$

2a) $\int_0^\infty e^{-\lambda x} dx = \frac{1}{\lambda}, \quad \mathcal{R}(\lambda) > 0,$ \hfill $(2);$

2b) $\int_a^b t^x dx = \frac{t^b - t^a}{\log t}, \quad t > 0, \neq 1,$ \hfill $(I\ 311.3b).$

3a) $\int_0^{2\pi} e^{i\lambda x} dx = \frac{1}{i\lambda}(e^{2\pi\lambda i} - 1), \quad \lambda \neq 0,$ \hfill $(1c);$

3b) $\qquad = 0 \quad \text{für } \lambda = \pm 1, \pm 2, \ldots$ \hfill $(3a);$

3c) $\int_0^\pi \sim\ = \frac{1-(-1)^\lambda}{\lambda} i, \quad \lambda = \pm 1, \pm 2, \ldots$ \hfill $(1b);$

3d) $\int_{-\alpha}^\alpha \sim\ = \frac{2}{\lambda} \sin \lambda\alpha, \quad \lambda \neq 0,$ \hfill $(1b).$

4) $\int_a^b \frac{\alpha + \beta e^{\lambda x}}{\gamma + \delta e^{\lambda x}} dx = \frac{\alpha}{\gamma}(b-a) - \frac{\alpha\delta - \beta\gamma}{\lambda\gamma\delta} \log \frac{\gamma + \delta e^{\lambda b}}{\gamma + \delta e^{\lambda a}},$
$\lambda\gamma\delta \neq 0, \ (\gamma + \delta e^{\lambda b})(\gamma + \delta e^{\lambda a}) > 0,\ (1a);$

4a) $\displaystyle\int_a^b \frac{e^{\lambda x}}{\gamma+\delta e^{\lambda x}}dx = \frac{1}{\lambda\delta}\log\frac{\gamma+\delta e^{\lambda b}}{\gamma+\delta e^{\lambda a}}$, $\quad \lambda\delta\neq 0$, $(\gamma+\delta e^{\lambda b})(\gamma+\delta e^{\lambda a})>0$, (4);

4b) $\displaystyle\int_0^\infty \frac{e^{-\lambda x}}{\gamma+\delta e^{-\lambda x}}dx = \int_0^\infty \frac{dx}{\gamma e^{\lambda x}+\delta} = \frac{1}{\lambda\delta}\log\frac{\gamma+\delta}{\gamma}$, $\quad \lambda>0$, $\delta\neq 0$, $\gamma(\gamma+\delta)>0$, (4);

4c) $\displaystyle\int_a^\infty \frac{e^{-\lambda x}}{\gamma+\delta e^{-\lambda x}}dx = \int_a^\infty \frac{dx}{\gamma e^{\lambda x}+\delta} = -\frac{a}{\delta}+\frac{1}{\lambda\delta}\log(e^{\lambda a}+\frac{\delta}{\gamma})$, $\quad \lambda>0$, $\gamma(\gamma e^{\lambda a}+\delta)>0$, (4).

5a) $\displaystyle\int_0^\infty \frac{dx}{\sqrt{ae^{\lambda x}+b}} = \frac{1}{\lambda\sqrt{b}}\log\frac{\sqrt{a+b}+\sqrt{b}}{\sqrt{a+b}-\sqrt{b}}$, $\quad \lambda,a,b>0$,

5b) $\qquad\qquad = \frac{2}{\lambda\sqrt{-b}}\operatorname{Arctg}\frac{\sqrt{-b}}{\sqrt{a+b}}$, $\quad \lambda>0$, $0<-b<a$, (1a, I 15.10);

5c) $\displaystyle\int_0^\infty \frac{dx}{\sqrt{e^{\lambda x}+1}} = \frac{2}{\lambda}\log(\sqrt{2}+1)$, $\quad \lambda>0$, (5a).

6a) $\displaystyle\int_{-\infty}^\infty \frac{e^{\lambda x}}{ae^{2\lambda x}+b}dx = \int_{-\infty}^\infty \frac{dx}{ae^{\lambda x}+be^{-\lambda x}} = \frac{\pi}{2\lambda\sqrt{ab}}$, $\quad \lambda,a,b>0$, (1a, 13.3a);

6b) $\displaystyle\int_0^\infty \sim\ = \frac{1}{\lambda\sqrt{ab}}\operatorname{Arctg}\sqrt{\frac{b}{a}}$, $\quad \lambda,a,b>0$;

6c) $\qquad\qquad = \frac{1}{2\lambda\sqrt{-ab}}\log\frac{\sqrt{a}+\sqrt{-b}}{\sqrt{a}-\sqrt{-b}}$, $\quad \lambda>0$, $a>-b>0$, (1a, I 15.10);

6d) $\displaystyle\int_0^\infty \frac{dx}{e^{\lambda x}+e^{-\lambda x}} = \frac{1}{2}\int_{-\infty}^\infty \sim\ = \frac{\pi}{4\lambda}$, $\quad \lambda>0$, (6b).

7) $\displaystyle\int_0^\infty \frac{e^{(m+\frac{1}{2})\lambda x}}{(e^{\lambda x}+1)^{2m+1}}dx = \frac{(1;2;m)\pi}{\lambda\, m!\, 2^{3m+1}}$, $\quad \lambda>0$, $m=0,1,2,\ldots$ (1a, 211.3).

8) $\displaystyle\int_{-\infty}^\infty \frac{e^{\lambda x}}{(ae^{2\lambda x}+2b+ce^{-2\lambda x})^{\kappa+\frac{1}{2}}}dx = \frac{\sqrt{\pi}\,\Gamma(\kappa)}{2\lambda\sqrt{a}\,(2\sqrt{ac}+2b)^\kappa\,\Gamma(\kappa+\frac{1}{2})}$, $\kappa,\lambda,a,c>0$, $b>-\sqrt{ac}$, (441.6a).

9) $\displaystyle\int_{-\infty}^\infty \frac{e^{\kappa x}}{(ae^{\lambda x}+be^{\mu x})^\nu}dx = \frac{\Gamma(\frac{\kappa-\nu\lambda}{\mu-\lambda})\Gamma(\frac{\nu\mu-\kappa}{\mu-\lambda})}{(\mu-\lambda)a^{\frac{\nu\mu-\kappa}{\mu-\lambda}}b^{\frac{\kappa-\nu\lambda}{\mu-\lambda}}\Gamma(\nu)}$, $ab>0$, $\nu>0$, $\mu>\frac{\kappa}{\nu}>\lambda$, (421.13a).

10) $\displaystyle\int_{-\infty}^\infty \frac{e^{\kappa x}}{(e^{\lambda x}+e^{-\lambda x})^\nu}dx = \frac{\Gamma(\frac{\nu}{2}+\frac{\kappa}{2\lambda})\Gamma(\frac{\nu}{2}-\frac{\kappa}{2\lambda})}{2\lambda\,\Gamma(\nu)}$, $\nu>0$, $|\frac{\kappa}{\nu}|<\lambda$, (9);

311

10a) $\int_{-\infty}^{\infty} \frac{dx}{(e^{\lambda x}+e^{-\lambda x})^{\nu}} = 2\int_{0}^{\infty} \sim = \frac{[\Gamma(\frac{\nu}{2})]^2}{2\lambda\,\Gamma(\nu)}$, $\quad \nu>0,\ \lambda>0$, $\hfill (10);$

10b) $\int_{-\infty}^{\infty} \frac{dx}{(e^{\lambda x}+e^{-\lambda x})^{2n}} = 2\int_{0}^{\infty} \sim = \frac{(n-1)!}{2^n\lambda(1,2;n)}$, $\quad n=1,2,\ldots,\ \lambda>0$, $\hfill (10);$

10c) $\int_{-\infty}^{\infty} \frac{dx}{(e^{\lambda x}+e^{-\lambda x})^{2n+1}} = 2\int_{0}^{\infty} \sim = \frac{(1,2;n)\pi}{\lambda n!\,2^{3n+1}}$, $\quad n=0,1,2,\ldots,\ \lambda>0$, $\hfill (10).$

11) $\int_{-\infty}^{\infty} \frac{e^{kx}+e^{-kx}}{(e^{\lambda x}+e^{-\lambda x})^{\nu}}\,dx = 2\int_{0}^{\infty} \sim = \frac{\Gamma(\frac{\nu}{2}+\frac{k}{2\lambda})\Gamma(\frac{\nu}{2}-\frac{k}{2\lambda})}{\lambda\,\Gamma(\nu)}$, $\quad \lambda>0,\ 0\le k<\nu\lambda$,
$\hfill (10);$

11a) $\int_{-\infty}^{\infty} \frac{e^{kx}+e^{-kx}}{e^{\lambda x}+e^{-\lambda x}}\,dx = 2\int_{0}^{\infty} \sim = \frac{\pi}{\lambda\cos\frac{k\pi}{2\lambda}}$, $\quad 0\le k<\lambda$, $\hfill (11,\ 411.4b).$

12a) $\int_{-\infty}^{\infty} \frac{\alpha^x}{(a\beta^x + b\gamma^x)^{\nu}}\,dx = \frac{\Gamma(\mu)\Gamma(\lambda)}{\log\frac{\gamma}{\beta}\cdot a^{\lambda}b^{\mu}\Gamma(\nu)}$, $\quad a,b>0,\ \nu>0,\ \gamma>\alpha^{\frac{1}{\nu}}>\beta>0$,

$\qquad\qquad \mu = \frac{\log\frac{\alpha}{\beta^{\nu}}}{\log\frac{\gamma}{\beta}}, \quad \lambda = \frac{\log\frac{\gamma^{\nu}}{\alpha}}{\log\frac{\gamma}{\beta}}$, $\hfill (9);$

12b) $\int_{-\infty}^{\infty} \frac{dx}{(\alpha^x+\alpha^{-x})^{\nu}} = 2\int_{0}^{\infty} \sim = \frac{[\Gamma(\frac{\nu}{2})]^2}{2\log\alpha\cdot\Gamma(\nu)}$, $\quad \nu>0,\ \alpha>1$, $\hfill (10a);$

12c) $\int_{-\infty}^{\infty} \frac{\alpha^{mx}}{a\alpha^{nx}+b}\,dx = \frac{\pi}{n|\log\alpha|a^{\frac{m}{n}}b^{1-\frac{m}{n}}\sin\frac{m\pi}{n}}$, $\quad \alpha>0,\ne 1,\ 0<m<n,\ a,b>0$,
$\hfill (12a);$

12d) $\int_{-\infty}^{\infty} \frac{\alpha^x+\alpha^{-x}}{(\beta^x+\beta^{-x})^{\nu}}\,dx = 2\int_{0}^{\infty} \sim = \frac{\Gamma(\frac{\nu}{2}+\frac{\log\alpha}{2\log\beta})\Gamma(\frac{\nu}{2}-\frac{\log\alpha}{2\log\beta})}{\log\beta\cdot\Gamma(\nu)}$, $\quad \nu>0,\ 1<\alpha<\beta^{\nu}$
$\hfill (11).$

13) $\int_{0}^{\infty} \frac{e^{-x}-e^{-zx}}{1-e^{-x}}\,dx = \mathcal{E} + \Psi(z)$, $\quad \mathcal{R}(z)>0$, $\hfill (411.6c,\ u=e^{-x}).$

14) $\int_{0}^{\infty} \frac{e^{kx}-e^{-kx}}{e^{\lambda x}+e^{-\lambda x}}\,dx = \frac{\pi}{2\lambda\cos\frac{k\pi}{2\lambda}} + \frac{1}{2\lambda}\Psi(\frac{k+\lambda}{4\lambda}) - \frac{1}{2\lambda}\Psi(\frac{k+3\lambda}{4\lambda})$, $\quad 0\le k<\lambda$,
$\hfill (431.13a).$

15) $\int_{0}^{\infty} \frac{e^{kx}}{e^{\lambda x}+e^{-\lambda x}}\,dx = \frac{\pi}{2\lambda\cos\frac{k\pi}{2\lambda}} + \frac{1}{4\lambda}\Psi(\frac{k+\lambda}{4\lambda}) - \frac{1}{4\lambda}\Psi(\frac{k+3\lambda}{4\lambda})$, $\quad 0\le|k|<\lambda$,
$\hfill (14,11a);$

15a) $\qquad\qquad = \frac{-1}{4\lambda}\Psi(\frac{\lambda-k}{4\lambda}) + \frac{1}{4\lambda}\Psi(\frac{3\lambda-k}{4\lambda})$, $\quad \lambda>k$ $\hfill (15,411.8d).$

311

16) $\int_0^\infty \dfrac{e^{\kappa x}-e^{\lambda x}}{e^{\mu x}-e^{\nu x}}\,dx = \dfrac{1}{\mu-\nu}\left\{\psi\!\left(\dfrac{\mu-\lambda}{\mu-\nu}\right)-\psi\!\left(\dfrac{\mu-\kappa}{\mu-\nu}\right)\right\},\quad \mu>\nu,\mu>\kappa,\mu>\lambda,\qquad (13);$

16a) $\int_0^\infty \dfrac{\alpha^x-\beta^x}{\gamma^x-\delta^x}\,dx = \dfrac{1}{\log\frac{\gamma}{\delta}}\left\{\psi\!\left(\dfrac{\log\frac{\gamma}{\beta}}{\log\frac{\gamma}{\delta}}\right)-\psi\!\left(\dfrac{\log\frac{\gamma}{\alpha}}{\log\frac{\gamma}{\delta}}\right)\right\},\quad \gamma>\alpha,\beta,\delta>0,\qquad (16);$

16b) $\int_0^\infty \dfrac{e^{\kappa x}-e^{\lambda x}}{e^{(\kappa+\lambda-\nu)x}-e^{\nu x}}\,dx = \dfrac{\pi}{\kappa+\lambda-2\nu}\operatorname{ctg}\dfrac{(\lambda-\nu)\pi}{\kappa+\lambda-2\nu},\quad \kappa>\nu,\lambda>\nu,\qquad (411.8d);$

16c) $\int_0^\infty \dfrac{e^{-\kappa x}-e^{-\lambda x}}{1-e^{-(\kappa+\lambda)x}}\,dx = \dfrac{\pi}{\kappa+\lambda}\operatorname{ctg}\dfrac{\kappa\pi}{\kappa+\lambda},\quad \kappa>0,\lambda>0,\qquad (16).$

17a) $\int_0^\infty \dfrac{e^{\kappa x}-e^{-\kappa x}}{e^{\lambda x}-e^{-\lambda x}}\,dx = \dfrac{\pi}{2\lambda}\operatorname{tg}\dfrac{\pi\kappa}{2\lambda},\quad \lambda>\kappa\geq 0,\qquad (16,411.8d);$

17b) $\int_0^\infty \dfrac{e^{i\kappa x}-e^{-i\kappa x}}{e^{\lambda x}-e^{-\lambda x}}\,dx = \dfrac{i\pi}{2\lambda}\operatorname{tg}\dfrac{\pi\kappa}{2\lambda},\quad \lambda>0,\qquad (17a).$

312

312. Integrale der Form $\int e^{-sx}f(x)\,dx$ (Laplace-Transformation).[*]

1) $\int_0^\infty e^{-x}x^{\lambda-1}\,dx = \Gamma(\lambda),\quad \mathcal{R}(\lambda)>0,$ Eulersches Integral 2. Gattung, $\qquad (411.1a).$

2) $\int_0^\infty e^{-sx}x^\lambda e^{\alpha x}\,dx = \dfrac{\Gamma(\lambda+1)}{(s-\alpha)^{\lambda+1}},\quad s>\alpha,\ \mathcal{R}(\lambda)>-1,\qquad (1);$

2a) $\int_0^\infty e^{-sx}x^n\,dx = \dfrac{n!}{s^{n+1}},\quad n=0,1,2,\ldots,\ s>0,\qquad (2);$

2b) $\int_0^\infty e^{-sx}\dfrac{dx}{\sqrt{x}} = \sqrt{\dfrac{\pi}{s}},\quad s>0,\qquad (2);$

2c) $\int_0^\infty e^{-sx}\sqrt{x}\,dx = \dfrac{1}{2s}\sqrt{\dfrac{\pi}{s}},\quad s>0,\qquad (2).$

---

[*] Siehe auch die Abschnitte 324C, 335, 336, 531. Vgl. *Doetsch*, Theorie und Anwendung der Laplace-Transformation, Berlin 1937.

312

3) $\int_a^\infty e^{-sx}(x-a)^\lambda e^{\alpha x+\beta}dx = \dfrac{e^{-(s-\alpha)a+\beta}\Gamma(\lambda+1)}{(s-\alpha)^{\lambda+1}}$, $s>\alpha$, $\mathcal{R}(\lambda)>-1$ \hfill (1);

3a) $\int_a^\infty e^{-sx}dx = \dfrac{e^{-sa}}{s}$, $s>0$, \hfill (3).

4) $\int_0^\infty e^{-sx}\dfrac{1-e^{-x}}{x}dx = \log\left(1+\dfrac{1}{s}\right)$, $s>0$, \hfill (313.3b).

5a) $\int_0^\infty e^{-sx}\dfrac{x^\alpha-1}{\alpha}dx = \dfrac{1}{\alpha}\left[\dfrac{\Gamma(\alpha+1)}{s^{\alpha+1}}-\dfrac{1}{s}\right]$, $\alpha>0$, $s>0$, \hfill (2);

5b) $\int_0^\infty e^{-sx}\log x\,dx = \dfrac{-\log s - \mathscr{C}}{s}$, $s>0$, \hfill (5a, $\alpha\to 0$);

5c) $\int_0^\infty e^{-sx}x^k \log x\,dx = \dfrac{\Gamma(k+1)}{s^{k+1}}\left[\Psi(k+1)-\log s\right]$, $k>-1$, $s>0$, \hfill (2, 021.5);

5d) $\int_0^\infty e^{-sx}\log(x^2+a^2)dx = \dfrac{2}{s}\left[-\cos as\,\mathrm{Ci}(as) - \sin as\,\mathrm{Si}(as) + \log a + \dfrac{\pi}{2}\sin as\right]$,
$a,s>0$, \hfill (9b, 021.6, 327.15-18);

5e) $\int_0^\infty e^{-sx}\left(\dfrac{1}{1-e^{-x}}-\dfrac{1}{x}-\dfrac{1}{2}\right)\dfrac{dx}{x} = \log\dfrac{e^s\Gamma(s)}{s^{s-\frac{1}{2}}\sqrt{2\pi}}$, $\mathcal{R}(s)>0$, \hfill (411.11d).

6a) $\int_0^\infty e^{-sx}\sin\lambda x\,dx = \dfrac{\lambda}{s^2-\lambda^2}$, $s>\lambda\geq 0$, \hfill (2);

6b) $\int_0^\infty e^{-sx}\cosh\lambda x\,dx = \dfrac{s}{s^2-\lambda^2}$, $s>\lambda\geq 0$, \hfill (2);

6c) $\int_0^\infty e^{-sx}\sin\lambda x\,dx = \dfrac{\lambda}{s^2+\lambda^2}$, $s>0$, \hfill (2);

6d) $\int_0^\infty e^{-sx}\cos\lambda x\,dx = \dfrac{s}{s^2+\lambda^2}$, $s>0$, \hfill (2).

7) $\int_0^2 e^{-sx}[x(2-x)]^{\nu-\frac{1}{2}}dx = (1;2;\nu)\pi\,s^{-\nu}e^{-s}I_\nu(s)$, $\nu=0,1,2,\ldots$
\hfill (313.21b, 512.4a);

312

7a) $\int_0^2 \dfrac{e^{-sx}}{\sqrt{x(2-x)}}\,dx = \pi e^{-s} I_0(s)$, (7);

7b) $\int_a^b \dfrac{e^{-sx}}{\sqrt{(x-a)(b-x)}}\,dx = \pi e^{-s\cdot\frac{a+b}{2}} I_0\left(s\cdot\dfrac{b-a}{2}\right)$, $\left(7a, x \to \dfrac{b-a}{2}x+a\right)$.

8) $\int_0^\infty e^{-sx}[x(2+x)]^{\nu-\frac{1}{2}}\,dx = (1;2;\nu)\,s^{-\nu} e^s \mathcal{K}_\nu(s)$, $s>0$, $\nu=0,1,2,\ldots$ (313.23, 512.10a);

8a) $\int_0^\infty \dfrac{e^{-sx}}{\sqrt{x(x+a)}}\,dx = e^{\frac{as}{2}} \mathcal{K}_0\left(\dfrac{as}{2}\right)$, $a>0$, $s>0$, (8).

9) $\int_0^\infty \dfrac{e^{-sx}}{x+a}\,dx = -e^{as}\,\text{Ei}(-as)$, $a>0$, $s>0$, (I 312.4c);

9a) $\int_c^\infty \dfrac{e^{-sx}}{x+a}\,dx = -e^{as}\,\text{Ei}(-s(a+c))$, $a+c>0$, $s>0$, (9, 327.1);

9b) $\int_0^\infty \dfrac{e^{-sx}}{x^2+a^2}\,dx = \dfrac{1}{a}\left[\sin as\,\text{Ci}(as) - \cos as\left(\text{Si}(as) - \dfrac{\pi}{2}\right)\right]$, $a>0$, $s>0$, (021.4b, 327.1e);

9c) $\int_0^\infty e^{-sx}\dfrac{x}{x^2+a^2}\,dx = \sin as\left(\dfrac{\pi}{2} - \text{Si}(as)\right) - \cos as\,\text{Ci}(as)$, $a>0$, $s>0$, (021.3, 5d).

10a) $\int_0^\infty e^{-sx} e^{-\alpha x^2}\,dx = \dfrac{1}{2}\sqrt{\dfrac{\pi}{\alpha}}\,e^{\frac{s^2}{4\alpha}}\left[1 - \Phi\left(\dfrac{s}{2\sqrt{\alpha}}\right)\right]$, $\alpha>0$, (314.5a);

10b) $\int_0^\infty e^{-sx} e^{-\alpha x^2} x\,dx = \dfrac{1}{2\alpha} - \dfrac{s}{4\alpha}\sqrt{\dfrac{\pi}{\alpha}}\,e^{\frac{s^2}{4\alpha}}\left[1 - \Phi\left(\dfrac{s}{2\sqrt{\alpha}}\right)\right]$, $\alpha>0$, (314.5a).

11a) $\int_0^\infty e^{-sx} e^{\alpha\sqrt{x}}\,dx = \dfrac{1}{s} + \dfrac{\alpha}{2s}\sqrt{\dfrac{\pi}{s}}\,e^{\frac{\alpha^2}{4s}}\left[1 + \Phi\left(\dfrac{\alpha}{2\sqrt{s}}\right)\right]$, $s>0$, (10b);

11b) $\int_0^\infty e^{-sx} e^{\alpha\sqrt{x}}\dfrac{dx}{\sqrt{x}} = \sqrt{\dfrac{\pi}{s}}\,e^{\frac{\alpha^2}{4s}}\left[1 + \Phi\left(\dfrac{\alpha}{2\sqrt{s}}\right)\right]$, $s>0$, (10a).

12a) $\int_0^\infty e^{-sx}\sin\lambda\sqrt{x}\,dx = \dfrac{\lambda}{2s}\sqrt{\dfrac{\pi}{s}}\,e^{-\frac{\lambda^2}{4s}}$, $s>0$, (11a);

12b) $\int_0^\infty e^{-sx}\dfrac{\cos\lambda\sqrt{x}}{\sqrt{x}}\,dx = \sqrt{\dfrac{\pi}{s}}\,e^{-\frac{\lambda^2}{4s}}$, $s>0$, (11b).

312

13a) $\int_0^\infty e^{-sx}\sin\lambda\sqrt{x}\,dx = \dfrac{\lambda}{2s}\sqrt{\dfrac{\pi}{s}}\,e^{\frac{\lambda^2}{4s}}$, $s>0$, (11a);

13b) $\int_0^\infty e^{-sx}\dfrac{\cos\lambda\sqrt{x}}{\sqrt{x}}\,dx = \sqrt{\dfrac{\pi}{s}}\,e^{\frac{\lambda^2}{4s}}$, $s>0$, (11b).

14a) $\int_0^\infty e^{-sx}e^{-\frac{\alpha^2}{4x}}\dfrac{dx}{\sqrt{x}} = \sqrt{\dfrac{\pi}{s}}\,e^{-\alpha\sqrt{s}}$, $s>0$, $\alpha\geq 0$, (031.13a,1);

14b) $\int_0^\infty e^{-sx}e^{-\frac{\alpha^2}{4x}}\dfrac{dx}{\sqrt{x^3}} = \dfrac{2\sqrt{\pi}}{\alpha}\,e^{-\alpha\sqrt{s}}$, $s\geq 0$, $\alpha>0$, (031.13c,1).

15) $\int_0^\infty e^{-sx}x^k L_n(x;\alpha,\beta)\,dx = \dfrac{\Gamma(k+1)(\beta;1,n)}{s^{k+1}}\,\mathcal{F}\!\left(-n,k+1,\beta;\dfrac{\alpha}{s}\right)$,
$\alpha,\beta,s>0$, $k>-1$, $n=0,1,2,\ldots$ (176.1b);

15a) $\int_0^\infty e^{-sx}x^{\beta-1} L_n(x;\alpha,\beta)\,dx = \Gamma(\beta+n)\dfrac{(s-\alpha)^n}{s^{\beta+n}}$, $\alpha,\beta,s>0$, $n=0,1,2,\ldots$ (15);

15b) $\int_0^\infty e^{-sx} L_n(x)\,dx = \dfrac{n!}{s}\left(1-\dfrac{1}{s}\right)^n$, $s>0$, $n=0,1,2,\ldots$ (15a, $\alpha=\beta=1$);

15c) $\int_0^\infty e^{-sx}x^\beta L_n(x;\alpha,\beta)\,dx = \Gamma(\beta+n)\dfrac{(\beta s-\beta\alpha-n\alpha)(s-\alpha)^{n-1}}{s^{\beta+n+1}}$,
$\alpha,\beta,s>0$, $n=0,1,2,\ldots$ (15);

15d) $\int_0^\infty e^{-sx}x L_n(x)\,dx = \dfrac{n!\,(s-n-1)(s-1)^{n-1}}{s^{n+2}}$, $s>0$, $n=0,1,2,\ldots$ (15c, $\alpha=\beta=1$).

16) $\int_0^\infty e^{-sx}x^k H_n(\sqrt{x};\alpha)\,dx = \dfrac{(2\alpha)^n\,\Gamma\!\left(\frac{n}{2}+k+1\right)}{s^{\frac{n}{2}+k+1}}\,\mathcal{F}\!\left(-\dfrac{n}{2},-\dfrac{n-1}{2},-\dfrac{n+2k}{2};\dfrac{s}{\alpha}\right)$,
$\alpha,s>0$, $k>-1$, $n=0,1,2,\ldots$, $\dfrac{n+2k}{2}$ nicht ganz, (177.1b);

16a) $\int_0^\infty e^{-sx} H_{2n+1}(\sqrt{x};\alpha)\,dx = \dfrac{(2n+1)!\sqrt{\pi}\,\alpha^{2n+1}\left(1-\frac{s}{\alpha}\right)^n}{n!\,s^{n+\frac{3}{2}}}$, $s>0$, $n=0,1,2,\ldots$ (16);

16b) $\int_0^\infty e^{-sx} H_{2n}(\sqrt{x};\alpha)\dfrac{dx}{\sqrt{x}} = \dfrac{(2n)!\sqrt{\pi}\,\alpha^{2n}\left(1-\frac{s}{\alpha}\right)^n}{n!\,s^{n+\frac{1}{2}}}$, $s>0$, $n=0,1,2,\ldots$ (16).

17) $\int_0^\infty e^{-sx}x^k J_\nu(\alpha x)\,dx = \dfrac{\alpha^\nu\,\Gamma(k+\nu+1)}{2^\nu s^{k+\nu+1}\,\Gamma(\nu+1)}\,\mathcal{F}\!\left(\dfrac{k+\nu+1}{2},\dfrac{k+\nu+2}{2},\nu+1;-\dfrac{\alpha^2}{s^2}\right)$,
$k+\nu>-1$, $s>|\alpha|$, (511.2, 021.7, 011.6);

312

17a) $\int_0^\infty e^{-sx} J_\nu(\alpha x)\,dx = \dfrac{[\sqrt{\alpha^2+s^2}-s]^\nu}{\alpha^\nu \sqrt{\alpha^2+s^2}}$, $\quad \nu > -1,\ s > 0$, $\qquad (17)^{*)}$;

17b) $\int_0^\infty e^{-sx} J_\nu(\alpha x)\dfrac{dx}{x} = \dfrac{[\sqrt{\alpha^2+s^2}-s]^\nu}{\nu \alpha^\nu}$, $\quad \nu > 0,\ s > 0$, $\qquad (17)^{**)}$;

17c) $\int_0^\infty e^{-sx} x^\nu J_\nu(\alpha x)\,dx = \dfrac{\Gamma(\nu+\frac{1}{2})(2\alpha)^\nu}{\sqrt{\pi}\,(\alpha^2+s^2)^{\nu+\frac{1}{2}}}$, $\quad \nu > -\frac{1}{2},\ s > 0$, $\qquad (17)$;

17d) $\int_0^\infty e^{-sx} x^{\nu+1} J_\nu(\alpha x)\,dx = \dfrac{2\Gamma(\nu+\frac{3}{2})(2\alpha)^\nu s}{\sqrt{\pi}\,(\alpha^2+s^2)^{\nu+\frac{3}{2}}}$, $\quad \nu > -1,\ s > 0$, $\qquad (17)$.

18a) $\int_0^\infty e^{-sx} J_0(\alpha x)\,dx = \dfrac{1}{\sqrt{\alpha^2+s^2}}$, $\quad s > 0$, $\qquad (17a)$;

18b) $\int_0^\infty e^{-sx} x J_0(\alpha x)\,dx = \dfrac{s}{(\alpha^2+s^2)^{3/2}}$, $\quad s > 0$, $\qquad (17d)$;

18c) $\int_0^\infty e^{-sx} [J_0(\alpha x)-1]\dfrac{dx}{x} = \log\left[\dfrac{2s}{\alpha^2}\left(\sqrt{\alpha^2+s^2}-s\right)\right]$, $\quad s > 0$, $\qquad (021.7)$.

19) $\int_0^\infty e^{-sx} x^{\frac{\nu}{2}} J_\nu(\alpha\sqrt{x})\,dx = \dfrac{\alpha^\nu}{2^\nu s^{\nu+1}} e^{-\frac{\alpha^2}{4s}}$, $\quad s > 0,\ \nu > -1$, $\qquad (511.2, 021.7)$.

313

313. Integrale der Form $\int R(x, e^{\lambda x})\,dx$.

1) $\int_0^1 e^{\lambda x} x^n\,dx = e^\lambda \sum_{\nu=0}^n (-1)^\nu \dfrac{(n;-1;\nu)}{\lambda^{\nu+1}} + (-1)^{n+1}\dfrac{n!}{\lambda^{n+1}}$, $\quad \lambda \neq 0,\ n = 0,1,2,\ldots$
$\qquad (\mathrm{I}\,312.1b)$.

2) $\int_0^1 \dfrac{x e^x}{(x+1)^2}\,dx = \dfrac{e-2}{2}$, $\qquad (\mathrm{I}\,312.7b)$.

---

*) $\mathscr{F}\left(\dfrac{\nu+1}{2},\dfrac{\nu+2}{2},\nu+1;x\right) = \dfrac{2^\nu[1-\sqrt{1-x}]^\nu}{x^\nu \sqrt{1-x}}$, $\quad |x| < 1$.

**) $\mathscr{F}\left(\dfrac{\nu}{2},\dfrac{\nu+1}{2},\nu+1;x\right) = \dfrac{2^\nu[1-\sqrt{1-x}]^\nu}{x^\nu}$, $\quad |x| < 1$.

313

3a) $\int_0^\infty \dfrac{e^{-\alpha x}-e^{-\beta x}}{x^\gamma}dx = \Gamma(1-\gamma)\left[\alpha^{\gamma-1}-\beta^{\gamma-1}\right]$, $\quad \alpha,\beta>0,\ \gamma<1$, $\hfill$ (312.2);

3b) $\int_0^\infty \dfrac{e^{-\alpha x}-e^{-\beta x}}{x}dx = \log\dfrac{\beta}{\alpha}$, $\quad \alpha,\beta>0$, $\hfill$ (3a, $\gamma\to 1$ oder 021.6);

3c) $\int_0^\infty \left(\dfrac{e^{-\alpha x}-e^{-\beta x}}{x}\right)^2 dx = 2\alpha\log\dfrac{2\alpha}{\alpha+\beta}+2\beta\log\dfrac{2\beta}{\alpha+\beta}$, $\quad \alpha,\beta>0$, $\hfill$ (3b, 021.3).

4) $\int_0^\infty \dfrac{x^\kappa}{ae^{\alpha x}+be^{\beta x}}dx = \Gamma(\kappa+1)\sum_{\nu=0}^\infty \dfrac{(-b)^\nu}{a^{\nu+1}(\alpha+\nu\alpha-\nu\beta)^{\kappa+1}}$,

$\alpha>0, \alpha>\beta \begin{cases} a>|b| \text{ und } a=b,\ \kappa>-1 \\ a=-b,\ \kappa>0, \end{cases}$ $\hfill$ (021.7, 312.2).

5a) $\int_0^\infty \dfrac{x^\kappa}{e^{\alpha x}-e^{-\alpha x}}dx = \dfrac{\Gamma(\kappa+1)}{\alpha^{\kappa+1}}\sum_{\nu=0}^\infty \dfrac{1}{(2\nu+1)^{\kappa+1}}$, $\quad \alpha>0,\ \kappa>0$, $\hfill$ (4);

5b) $\int_0^\infty \dfrac{x^\kappa}{e^{\alpha x}+e^{-\alpha x}}dx = \dfrac{\Gamma(\kappa+1)}{\alpha^{\kappa+1}}\sum_{\nu=0}^\infty \dfrac{(-1)^\nu}{(2\nu+1)^{\kappa+1}}$, $\quad \alpha>0,\ \kappa>-1$, $\hfill$ (4).

6a) $\int_0^\infty \dfrac{x^{2n-1}}{e^{\alpha x}-e^{-\alpha x}}dx = \dfrac{2^{2n}-1}{4n}|B_{2n}|\left(\dfrac{\pi}{\alpha}\right)^{2n}$, $\quad \alpha>0,\ n=1,2,\ldots$ $\hfill$ (5a, 011.9);[*]

6b) $\int_0^\infty \dfrac{x}{e^{\alpha x}+e^{-\alpha x}}dx = \dfrac{\pi^2}{8\alpha^2}$, $\quad \alpha>0$, $\hfill$ (6a).

7a) $\int_0^\infty \dfrac{x^{2n}}{e^{\alpha x}+e^{-\alpha x}}dx = \dfrac{E_n}{2}\left(\dfrac{\pi}{2\alpha}\right)^{2n+1}$, $\quad \alpha>0,\ n=0,1,2,\ldots$ $\hfill$ (5b);[*]

7b) $\int_0^\infty \dfrac{2x^{2n}}{e^{\frac{\pi}{2}x}+e^{-\frac{\pi}{2}x}}dx = E_n$, $\quad n=0,1,2,\ldots$ $\hfill$ (7a);[*]

7c) $\int_0^\infty \dfrac{x}{e^x+e^{-x}}dx = \mathscr{G}$, $\hfill$ (5b, 011.9).

8a) $\int_0^\infty \dfrac{x^\kappa}{e^{\alpha x}-1}dx = \dfrac{\Gamma(\kappa+1)}{\alpha^{\kappa+1}}\sum_{\nu=1}^\infty \dfrac{1}{\nu^{\kappa+1}} = \alpha^{-\kappa-1}\Gamma(\kappa+1)\zeta(\kappa+1)$, $\kappa>0, \alpha>0$ $\hfill$ (4);

---

[*] $\sum_{\nu=1}^\infty \dfrac{1}{\nu^{2n}} = \dfrac{(2\pi)^{2n}|B_{2n}|}{2(2n)!}$; $\quad \sum_{\nu=1}^\infty \dfrac{(-1)^{\nu-1}}{\nu^{2n}} = \dfrac{2^{2n-1}-1}{(2n)!}|B_{2n}|\pi^{2n}$;

$\sum_{\nu=0}^\infty \dfrac{1}{(2\nu+1)^{2n}} = \dfrac{2^{2n}-1}{2(2n)!}|B_{2n}|\pi^{2n}$; $\quad \sum_{\nu=0}^\infty \dfrac{(-1)^\nu}{(2\nu+1)^{2n+1}} = \dfrac{E_n\pi^{2n+1}}{2^{2n+2}(2n)!}$; $\hfill$ (011.9).

313

8b) $\int_0^\infty \frac{x^k}{e^{\alpha x}+1}dx = \frac{\Gamma(k+1)}{\alpha^{k+1}}\sum_{\nu=1}^\infty \frac{(-1)^{\nu-1}}{\nu^{k+1}} = \alpha^{-k-1}(1-2^{-k})\Gamma(k+1)\xi(k+1)$, $k>-1, \alpha>0$, (4).

9a) $\int_0^\infty \frac{x^{2n-1}}{e^{\alpha x}-1}dx = \frac{|B_{2n}|}{4n}\left(\frac{2\pi}{\alpha}\right)^{2n}$, $\alpha>0, n=1,2,\ldots$ (8a)*)

9b) $\int_0^\infty \frac{x^{2n-1}}{e^{2\pi x}-1}dx = \frac{|B_{2n}|}{4n}$, $n=1,2,\ldots$ (9a);

9c) $\int_0^\infty \frac{x}{e^x-1}dx = \frac{\pi^2}{6}$, (9a).

10a) $\int_0^\infty \frac{x^{2n-1}}{e^{\alpha x}+1}dx = \frac{2^{2n-1}-1}{2n}|B_{2n}|\left(\frac{\pi}{\alpha}\right)^{2n}$, $\alpha>0, n=1,2,\ldots$ (8b)*);

10b) $\int_0^\infty \frac{x}{e^x+1}dx = \frac{\pi^2}{12}$, (10a).

11) $\int_0^\infty \frac{e^{\lambda x}x^k}{[ae^{\alpha x}+be^{\beta x}]^2}dx = \Gamma(k+1)\sum_{\nu=0}^\infty \frac{(\nu+1)(-b)^\nu}{a^{\nu+2}(\nu\alpha-\nu\beta+2\alpha-\lambda)^{k+1}}$,

$\alpha>\beta, \alpha>\frac{\lambda}{2}$, $\begin{cases} a>|b|, k>-1, \\ a=b, k>0, \\ a=-b, k>1, \end{cases}$ (021.7, 312.2);

11a) $\int_0^\infty \frac{x^{2n}e^x}{(e^x-1)^2}dx = 2^{2n-1}\pi^{2n}|B_{2n}|$, $n=1,2,\ldots$ (11)*);

11b) $\int_0^\infty \frac{x^{2n}e^x}{(e^x+1)^2}dx = (-1)^{n-1}(2^{2n-1}-1)\pi^{2n}B_{2n}$, $n=0,1,2,\ldots$ (11)*);

11c) $\int_0^\infty \frac{e^x+e^{-x}}{(e^x-e^{-x})^2}x^{2n}dx = \frac{1}{2}(2^{2n}-1)\pi^{2n}|B_{2n}|$, $n=1,2,\ldots$ (11)*).

12a) $\int_0^\infty \left[e^{-\lambda x}-\frac{1}{(1+\lambda x)^\alpha}\right]\frac{dx}{x} = \Psi(\alpha)$, $\lambda>0, \alpha>0$, (411.6d);

12b) $\int_0^\infty \left[e^{-\lambda x}-\frac{1}{1+\lambda x}\right]\frac{dx}{x} = -\mathscr{E}$, $\lambda>0$, (411.10d);

12c) $\int_0^\infty \left[\frac{1}{1+\lambda x}-e^{-\mu x}\right]\frac{dx}{x} = \mathscr{E}+\log\frac{\mu}{\lambda}$, $\mu>0, \lambda>0$, (12b,3b);

---
*) Siehe Anmerkung auf Seite 60.

313

12d) $\int_0^\infty \left[\frac{1}{1+\lambda^2 x^2} - e^{-\mu x}\right]\frac{dx}{x} = \mathscr{E} + \log\frac{\mu}{\lambda},\quad \mu>0,\ \lambda>0,$ \hfill (12c, 141.18).

13) $\int_0^\infty e^{-(\lambda+i\mu)x} x^{k-1} dx = \frac{\Gamma(k)}{(\lambda+i\mu)^k},\quad \mathscr{R}(k)>0,\ \lambda>0,$ \hfill (411.1a, 021.12).

14) $\int_0^\infty e^{i\mu x} x^{k-1} dx = \frac{\Gamma(k)}{(-i\mu)^k},\quad 0<\mathscr{R}(k)<1,\ \mu\neq 0,$ \hfill (13, $\lambda\to 0$, D);

14a) $\int_0^\infty e^{i\mu x}\frac{dx}{\sqrt{x}} = \sqrt{\frac{\pi}{\mu}}\, e^{\frac{\pi i}{4}},\quad \mu>0,$ \hfill (14);

14b) $\int_0^\infty \frac{e^{i\mu x} - e^{i\nu x}}{x} dx = \log\frac{\nu}{\mu},\quad \mu\nu>0,$ \hfill (14, $k\to 0$, 411.6a oder 021.6).

15a) $\int_{-i\infty}^{i\infty} \frac{e^{-\lambda z}}{z^\alpha} dz = \begin{cases} 0, & \lambda>0,\ \alpha>0, \\ \dfrac{2\pi i}{|\lambda|^{1-\alpha}\Gamma(\alpha)}, & \lambda<0,\ \alpha>0, \end{cases}$ \hfill (021.12)*);

15b) $\int_{-i\infty}^{i\infty} \frac{e^{-\lambda z}}{(z+k)^\alpha} dz = 0,\quad \lambda>0,\ \alpha>0,\ k>0,$ \hfill (021.12);

15c) $\int_{-i\infty}^{i\infty} \frac{e^{-\lambda z}}{(z-k)^\alpha} dz = 2\pi i\, e^{-\pi i\alpha - \lambda k}\frac{\lambda^{\alpha-1}}{\Gamma(\alpha)},\quad \alpha>0,\ \lambda>0,\ k>0,$ \hfill (021.12).**)

16) $\int_{-i\infty}^{i\infty} \frac{e^{\lambda z}}{z} dz = \begin{cases} 0 & \text{für } \lambda<0, \\ \pi i & \text{''}\ \lambda=0, \\ 2\pi i & \text{''}\ \lambda>0, \end{cases}$ \hfill (15a).

17) $\int_{-\infty}^{\infty} \frac{e^{i\lambda x}}{(k+ix)^\alpha} dx = \int_{-\infty}^{\infty} \frac{e^{-i\lambda x}}{(k-ix)^\alpha} dx = \begin{cases} \dfrac{2\pi}{\Gamma(\alpha)} e^{-\lambda k}\lambda^{\alpha-1} & \text{für } \lambda>0, \\ 0 & \text{''}\ \lambda<0, \end{cases}\quad k>0, \alpha>0,$ \hfill (15b,c,D).

---

*) Schleifen-Integral der Gammafunktion:

$$\Gamma(z) = \frac{1}{2i\sin\pi z}\int_{\mathscr{L}} e^t t^{z-1} dt,\quad z\neq 0,\pm 1,\pm 2,\ldots$$

**) z-Ebene von $z=k$ nach $+\infty$ aufgeschnitten, Hauptwert von $(z-k)^\alpha$ auf dem oberen Schnittrand.

313

18) $\int_{-i\infty}^{i\infty} \frac{e^{-\lambda z}}{z-k} z^\alpha (z+a_1)^{\alpha_1}\ldots(z+a_n)^{\alpha_n} dz = \begin{cases} 0 & \text{für } k<0, \\ -2\pi i\, e^{-\lambda k} k^\alpha (k+a_1)^{\alpha_1}\ldots(k+a_n)^{\alpha_n} & \text{"} k>0, \end{cases}$
$\lambda>0,\ \alpha+\alpha_1+\cdots+\alpha_n<1,\ a_1>0,\ldots a_n>0,\ (021.12).$

19a) $\int_{-\infty}^{\infty} \frac{e^{-i\lambda x}}{k+ix}(ix)^\alpha (a_1+ix)^{\alpha_1}\ldots(a_n+ix)^{\alpha_n} dx = 0;$

19b) $\int_{-\infty}^{\infty} \frac{e^{-i\lambda x}}{k-ix}(ix)^\alpha (a_1+ix)^{\alpha_1}\ldots(a_n+ix)^{\alpha_n} dx = 2\pi e^{-\lambda k} k^\alpha (k+a_1)^{\alpha_1}\ldots(k+a_n)^{\alpha_n},$
$\lambda>0, k>0,\ \alpha+\alpha_1+\cdots+\alpha_n<1,\ a_1>0,\ldots,a_n>0,\quad (18).$

20) $\int_{-\infty}^{\infty} \frac{e^{-i\lambda x}}{k^2+x^2}(ix)^\alpha (a_1+ix)^{\alpha_1}\ldots(a_n+ix)^{\alpha_n} dx = \pi e^{-\lambda k} k^{\alpha-1}(k+a_1)^{\alpha_1}\ldots(k+a_n)^{\alpha_n},$
$\lambda>0,\ k>0,\ \alpha+\alpha_1+\cdots+\alpha_n<1,\ a_1>0,\ldots,a_n>0,$
$(021.4b, 19a-b);$

20a) $\int_{-\infty}^{\infty} \frac{e^{i\lambda x}}{k^2+x^2} dx = \frac{\pi}{k} e^{-|\lambda|k},\quad k>0,\ \lambda\ \text{reell},\qquad (20,D);$

20b) $\int_{-\infty}^{\infty} \frac{e^{-i\lambda x}}{(k^2+x^2)x^\alpha} dx = \pi k^{-\alpha-1} e^{-\lambda k + \frac{i\pi\alpha}{2}},\quad k>0,\ \lambda>0,\ |\alpha|<1,\qquad (20);$

20c) $\int_{-\infty}^{\infty} \frac{e^{-i\lambda x}}{(k^2+x^2)(a+ix)^\alpha} dx = \frac{\pi e^{-\lambda k}}{k(k+a)^\alpha},\quad \lambda,k,a>0,\ \alpha>-1,\qquad (20).$

21a) $\int_{-1}^{1} e^{izx}(1-x^2)^{\nu-\frac{1}{2}} dx = 2^\nu \sqrt{\pi}\, \Gamma(\nu+\tfrac{1}{2}) z^{-\nu} J_\nu(z),\quad \mathcal{R}(\nu)>-\tfrac{1}{2},$
$(021.7, 431.2, 511.11a);$

21b) $\int_{-1}^{1} e^{zx}(1-x^2)^{\nu-\frac{1}{2}} dx = 2^\nu \sqrt{\pi}\, \Gamma(\nu+\tfrac{1}{2}) z^{-\nu} I_\nu(z),\quad \mathcal{R}(\nu)>-\tfrac{1}{2},$
$(021.7, 431.2, 512.4a).$

22) $\int_{1}^{\infty} \frac{e^{\varepsilon i z x}}{(x^2-1)^{\nu+\frac{1}{2}}} dx = \varepsilon i\sqrt{\pi}\, \Gamma(\tfrac{1}{2}-\nu) 2^{-\nu-1} z^\nu \mathcal{H}_\nu^{(\frac{3-\varepsilon}{2})}(z),\ \varepsilon=\pm1,\ z>0,\ -\tfrac{1}{2}<\mathcal{R}(\nu)<\tfrac{1}{2},$
$(021.10, 511.19b, W).$

23) $\int_{1}^{\infty} e^{-zx}(x^2-1)^{\nu-\frac{1}{2}} dx = \frac{2^\nu \Gamma(\nu+\tfrac{1}{2})}{\sqrt{\pi}\, z^\nu} \mathcal{K}_\nu(z),\quad \mathcal{R}(z)>0,\ \mathcal{R}(\nu)>-\tfrac{1}{2},\ (512.10a);$

23a) $\int_{1}^{\infty} \frac{e^{-zx}}{\sqrt{x^2-1}} dx = \mathcal{K}_0(z),\quad \mathcal{R}(z)>0,\qquad (512.10d).$

24) $\int_{-\infty}^{\infty} \frac{e^{\pm izx}}{(x^2+a^2)^{\nu+\frac{1}{2}}} dx = \frac{\sqrt{\pi}\, z^\nu \mathcal{K}_\nu(az)}{2^{\nu-1} a^\nu \Gamma(\nu+\tfrac{1}{2})},\ a>0,\ z>0,\ |\nu|<\tfrac{1}{2},\ (511.19c-d, 512.3b).$

313

24a) $\displaystyle\int_{-\infty}^{\infty} \frac{e^{\pm izx}}{\sqrt{x^2+a^2}}\,dx = 2\mathcal{K}_0(az), \quad a>0, z>0,$ \hfill (24).

25a) $\displaystyle\int_{-\infty}^{\infty} \frac{dx}{ae^x + \frac{1}{ae^x} + 2\cos\gamma} = \frac{\gamma}{\sin\gamma}, \quad 0\le\gamma<\pi,$ \hfill $(e^x=y, 131.3a);$

25b) $\displaystyle\int_{-\infty}^{\infty} \frac{x\,dx}{ae^x + \frac{1}{ae^x} + 2\cos\gamma} = \frac{-\gamma\log a}{\sin\gamma}, \quad 0\le\gamma<\pi, a>0,$ \hfill $(e^x=y, 031.9a, 131.3a).$

26) $\displaystyle\int_{-\infty}^{\infty} \frac{x^{2n}\,dx}{e^x + e^{-x} + 2\cos\gamma} = \frac{2(2n)!}{\sin\gamma}\sum_{\nu=1}^{\infty}\frac{(-1)^{\nu+1}\sin\nu\gamma}{\nu^{2n+1}}, \quad 0\le\gamma<\pi,$ \hfill $(021.4b, 313.4);$

26a) $\displaystyle\int_{-\infty}^{\infty} \frac{x^2\,dx}{e^x + e^{-x} + 2\cos\gamma} = \frac{\gamma(\pi^2-\gamma^2)}{3\sin\gamma}, \quad 0\le\gamma<\pi,$ \hfill $(26, B.d.H.);$

26b) $\displaystyle\int_{-\infty}^{\infty} \frac{x^4\,dx}{e^x + e^{-x} + 2\cos\gamma} = \frac{\gamma(\pi^2-\gamma^2)(7\pi^2-3\gamma^2)}{15\sin\gamma}, \quad 0\le\gamma<\pi,$ \hfill $(26);$

26c) $\displaystyle\int_{-\infty}^{\infty} \frac{x^6\,dx}{e^x + e^{-x} + 2\cos\gamma} = \frac{\gamma(\pi^2-\gamma^2)(31\pi^4-18\pi^2\gamma^2+3\gamma^4)}{21\sin\gamma}, \quad 0\le\gamma<\pi,$ \hfill $(26).$

27) $\displaystyle\int_{0}^{\infty} \frac{x\,dx}{(x^2+n^2)(e^{2\pi x}-1)} = \frac{1}{2}\mathcal{E} + \frac{1}{4n} + \frac{1}{2}\log n - \frac{1}{2}\sum_{\nu=1}^{n}\frac{1}{\nu}, \quad n=1,2,\ldots$ \hfill $(021.7, 312.9c).$

314

314. Integrale von der Form $\int R(x, e^{f(x)})\,dx$.

1) $\displaystyle\int_{0}^{t} e^{-x^2}\,dx = \frac{\sqrt{\pi}}{2}\Phi(t), \qquad \Phi(-t) = -\Phi(t),$ \hfill (Fehlerintegral, I 313.1);

1a) $\displaystyle\int_{0}^{\infty} e^{-x^2}\,dx = \frac{1}{2}\int_{-\infty}^{\infty} \sim = \frac{\sqrt{\pi}}{2},$ \hfill (031.16);

1b) $\displaystyle\int_{-\infty}^{\infty} e^{-\lambda x^2}\,dx = 2\int_{0}^{\infty} \sim = \sqrt{\frac{\pi}{\lambda}}, \quad \lambda>0,$ \hfill (1a, 021.4a).

2) $\displaystyle\int_{0}^{\infty} e^{-\lambda x^2}x^\kappa\,dx = \frac{1}{2}\lambda^{-\frac{\kappa+1}{2}}\Gamma\left(\frac{\kappa+1}{2}\right), \quad \kappa>-1, \lambda>0,$ \hfill (021.4a, 312.2);

314

2a) $\int_0^\infty e^{-\lambda x^2} x^{2n} dx = \frac{1}{2}\int_{-\infty}^\infty \sim \;= \frac{(1;2;n)}{2^{n+1}\lambda^n}\sqrt{\frac{\pi}{\lambda}}, \quad \lambda>0, n=0,1,2,\ldots \quad (2);$

2b) $\int_0^\infty e^{-\lambda x^2} x^{2n+1} dx = \frac{n!}{2\lambda^{n+1}}, \quad \lambda>0, n=0,1,2,\ldots \quad (2).$

3) $\int_{-\infty}^\infty e^{-\lambda^2 x^2}(x+a)^n dx = \frac{\sqrt{\pi}\,a^n}{\lambda}\sum_{\nu=0}^{[\frac{n}{2}]}\frac{(n;-1;2\nu)}{\nu!(2a\lambda)^{2\nu}}, \quad \lambda>0, n=0,1,2,\ldots \quad (2a-b).$

4) $\int_0^\infty \frac{e^{-\lambda x^2}}{\sqrt{x^2+a^2}} dx = \frac{1}{2} e^{\frac{a^2\lambda}{2}} \mathcal{K}_0\!\left(\frac{a^2\lambda}{2}\right), \quad \lambda>0, a^2>0, \quad (021.4a, 312.8a).$

5a) $\int_0^\infty e^{-(ax^2+2bx+c)} f(x) dx = \frac{1}{\sqrt{a}} e^{\frac{b^2-ac}{a}} \int_{b/\sqrt{a}}^\infty e^{-y^2} f\!\left(\frac{y}{\sqrt{a}}-\frac{b}{a}\right) dy, \; a>0, \quad (031.3);$

5b) $\int_{-\infty}^\infty e^{-(ax^2+2bx+c)} f(x) dx = \frac{1}{\sqrt{a}} e^{\frac{b^2-ac}{a}} \int_{-\infty}^\infty e^{-y^2} f\!\left(\frac{y}{\sqrt{a}}-\frac{b}{a}\right) dy, \; a>0, \quad (031.3).$

6) $\int_{-\infty}^\infty e^{-(ax^2+2bx+c)} x^n dx = \left(\frac{-b}{a}\right)^n \sqrt{\frac{\pi}{a}}\, e^{\frac{b^2-ac}{a}} \sum_{\nu=0}^{[\frac{n}{2}]} \frac{(n;-1;2\nu)}{\nu!}\left(\frac{a}{4b^2}\right)^\nu,$
$$a>0, n=0,1,2,\ldots \quad (5b,3);$$

6a) $\int_{-\infty}^\infty e^{-(ax^2+2bx+c)} dx = \sqrt{\frac{\pi}{a}}\, e^{\frac{b^2-ac}{a}}, \quad a>0, \quad (6);$

6b) $\int_0^\infty \sim \;= \frac{1}{2}\sqrt{\frac{\pi}{a}}\, e^{\frac{b^2-ac}{a}}\left[1-\Phi\!\left(\frac{b}{\sqrt{a}}\right)\right], \quad a>0, \quad (1);$

6c) $\int_{-\infty}^\infty e^{-(ax^2+2bx+c)} x\, dx = \frac{-b}{a}\sqrt{\frac{\pi}{a}}\, e^{\frac{b^2-ac}{a}}, \quad a>0, \quad (6);$

6d) $\int_{-\infty}^\infty e^{-(ax^2+2bx+c)} x^2 dx = \frac{a+2b^2}{2a^2}\sqrt{\frac{\pi}{a}}\, e^{\frac{b^2-ac}{a}}, \quad a>0, \quad (6).$

7a) $\int_{-\infty}^\infty e^{-\lambda x^2} \cos\mu x\, dx = 2\int_0^\infty \sim \;= \sqrt{\frac{\pi}{\lambda}}\, e^{-\frac{\mu^2}{4\lambda}}, \quad \lambda>0, \quad (312.12b);$

7b) $\int_{-\infty}^\infty e^{-\lambda x^2} \sin\mu x \cdot x\, dx = 2\int_0^\infty \sim \;= \frac{\mu}{2\lambda}\sqrt{\frac{\pi}{\lambda}}\, e^{-\frac{\mu^2}{4\lambda}}, \quad \lambda>0, \quad (312.12a);$

314

7c) $\int_{-\infty}^{\infty} e^{-\lambda x^2} \sin\mu x \frac{dx}{x} = 2\int_0^{\infty} \sim\ = \pi \Phi\left(\frac{\mu}{2\sqrt{\lambda}}\right), \quad \lambda > 0,$ \hfill (7a, 021.6).

8a) $\int_0^a \frac{e^{-\lambda x^2}}{x^2+a^2} dx = \frac{\pi}{4a} e^{\lambda a^2}\left[1-\Phi^2(\sqrt{\lambda}\,a)\right] \quad a,\lambda > 0,$ \hfill (1, 021.6);[*]

8b) $\int_0^{\infty} \frac{e^{-\lambda x^2}}{x^2+1} dx = \frac{\pi}{2} e^{\lambda}\left[1-\Phi(\sqrt{\lambda})\right], \quad \lambda > 0,$ \hfill (021.6).

9a) $\int_0^{\infty} e^{-ax-\frac{b}{x}} \frac{dx}{\sqrt{x}} = \sqrt{\frac{\pi}{a}}\, e^{-2\sqrt{ab}}, \quad a > 0, b \geq 0,$ \hfill (031.13a);

9b) $\int_0^{\infty} e^{-ax-\frac{b}{x}} \sqrt{x}\, dx = \frac{1+2\sqrt{ab}}{2a}\sqrt{\frac{\pi}{a}}\, e^{-2\sqrt{ab}}, \quad a>0, b\geq 0,$ \hfill (031.13b);

9c) $\int_0^{\infty} e^{-ax-\frac{b}{x}} \frac{dx}{\sqrt{x^3}} = \sqrt{\frac{\pi}{b}}\, e^{-2\sqrt{ab}}, \quad a\geq 0, b>0,$ \hfill (031.13c);

9d) $\int_0^{\infty} e^{-ax-\frac{b}{x}} \sqrt{x^3}\, dx = \frac{3+6\sqrt{ab}+4ab}{4a^2}\sqrt{\frac{\pi}{a}}\, e^{-2\sqrt{ab}}, \quad a>0, b\geq 0,$ \hfill (031.13d);

9e) $\int_0^{\infty} e^{-ax-\frac{b}{x}} \frac{dx}{x} = 2\mathcal{K}_0(2\sqrt{ab}), \quad a>0, b>0,$ \hfill (031.13f, 312.8a).

10a) $\int_0^{\infty} e^{-a^2x^2-\frac{b^2}{x^2}} dx = \frac{1}{2}\int_{-\infty}^{\infty} \sim\ = \frac{\sqrt{\pi}}{2a}\, e^{-2ab}, \quad a>0, b\geq 0,$ \hfill (031.12a);

10b) $\int_0^{\infty} e^{-a^2x^2-\frac{b^2}{x^2}} \frac{dx}{x^2} = \frac{1}{2}\int_{-\infty}^{\infty} \sim\ = \frac{\sqrt{\pi}}{2b}\, e^{-2ab}, \quad a\geq 0, b>0,$ \hfill (031.12b);

10c) $\int_0^{\infty} e^{-a^2x^2-\frac{b^2}{x^2}} x^2\, dx = \frac{1}{2}\int_{-\infty}^{\infty} \sim\ = \frac{1+2ab}{4a^3}\sqrt{\pi}\, e^{-2ab}, \quad a>0, b\geq 0,$ \hfill (031.12c).

11) $\int_0^{\infty} \frac{1-e^{-a^2x^2}}{x^2} dx = a\sqrt{\pi}, \quad a\geq 0,$ \hfill (1b, 021.6).

12) $\int_0^{\infty} \frac{1-e^{-\lambda x^2}}{x^{2-k}} dx = \frac{1}{1-k}\, \lambda^{\frac{1-k}{2}}\, \Gamma\left(\frac{1+k}{2}\right), \quad |k|<1, \lambda>0,$ \hfill (2, 021.6).

---

[*] Aus $\int_0^a e^{-\lambda(x^2+a^2)} dx = \frac{\pi}{4a}\cdot\frac{\partial}{\partial\lambda}\Phi^2(\sqrt{\lambda}\,a)$ nach 021.6.

314

13) $\displaystyle\int_0^\infty e^{-\lambda x^m} f(x)\,dx = \frac{1}{m\lambda^{1/m}} \int_0^\infty e^{-y} f\left(\sqrt[m]{\frac{y}{\lambda}}\right) \frac{dy}{y^{1-1/m}}$, $\quad m>0,\ \lambda>0,\quad (y=\lambda x^m)$.

14) $\displaystyle\int_0^\infty e^{-\lambda x^m} x^k\,dx = \frac{1}{m}\lambda^{-\frac{k+1}{m}} \Gamma\left(\frac{k+1}{m}\right)$, $\quad k>-1,\ m>0,\ \lambda>0,\quad$ (13);

14a) $\displaystyle\int_0^\infty e^{-\lambda x^m}\,dx = \frac{\Gamma(\frac{1}{m})}{m\lambda^{1/m}}$, $\quad m>0,\ \lambda>0,\quad$ (14).

15) $\displaystyle\int_0^\infty e^{-i\lambda x^2} x^k\,dx = \frac{1}{2} e^{-\frac{(k+1)\pi i}{4}} \lambda^{-\frac{k+1}{2}} \Gamma\left(\frac{k+1}{2}\right)$, $\quad k>-1,\ \lambda>0,\quad$ (2, 021.12);

15a) $\displaystyle\int_{-\infty}^\infty e^{-i\lambda x^2}\,dx = 2\int_0^\infty \sim\ = \sqrt{\frac{\pi}{\lambda}}\, e^{-\frac{\pi i}{4}}$, $\quad \lambda>0,\quad$ (15).

16) $\displaystyle\int_{-\infty}^\infty e^{-(ax^2+2bx+c)i} f(x)\,dx = \frac{1}{\sqrt{a}} e^{\frac{b^2-ac}{a}i} \int_{-\infty}^\infty e^{-iy^2} f\left(\frac{y}{\sqrt{a}} - \frac{b}{a}\right) dy$, $\quad a>0,\quad$ (031.3);

16a) $\displaystyle\int_{-\infty}^\infty e^{(\alpha x^2+\beta x)i}\,dx = \sqrt{\frac{\pi}{\alpha}}\, e^{\frac{\pi i}{4} - \frac{\beta^2}{4\alpha}i}$, $\quad \alpha>0,\quad$ (16).

17) $\displaystyle\int_{-\infty}^\infty e^{x-\lambda e^{kx}} x\,dx = \frac{1}{k^2}\lambda^{-\frac{1}{k}} \Gamma\left(\frac{1}{k}\right)\left[\Psi\left(\frac{1}{k}\right) - \log\lambda\right]$, $\quad k>0,\ \lambda>0,\quad$ (312.5c);

17a) $\displaystyle\int_{-\infty}^\infty e^{-e^x} x e^x\,dx = -\mathscr{C}$, $\quad\quad$ (411.7b).

18a) $\displaystyle\int_\alpha^{\alpha+2\pi} e^{i(nx-z\sin x)}\,dx = 2\pi J_n(z)$, $\quad n=0,\pm 1,\pm 2,\ldots\quad$ (511.12a-d);

18b) $\displaystyle\int_0^\pi e^{i(nx-z\sin x)}\,dx = \pi\left[J_n(z) - i\Omega_n(z)\right]$, $\quad n=0,\pm 1,\pm 2,\ldots\quad$ (513.4).

19) $\displaystyle\int_{\alpha-i\infty}^{\alpha+i\infty} e^{x-\frac{z^2}{x}} \frac{dx}{x^{\nu+1}} = \frac{2\pi i}{z^\nu} J_\nu(2z)$, $\quad z\neq 0,\ \alpha>0,\ \mathscr{R}(\nu)>-1,\quad$ (511.14b, 021.12).

20a) $\displaystyle\int_0^\infty e^{i(ax-\frac{b}{x})} \frac{dx}{\sqrt{x}} = (1+i)\sqrt{\frac{\pi}{2a}}\, e^{-2\sqrt{ab}}$, $\quad a>0,\ b\geq 0,\quad$ (021.12, 9a);

20b) $\displaystyle\int_0^\infty e^{i(ax-\frac{b}{x})} \frac{dx}{x} = 2\mathscr{K}_0(2\sqrt{ab})$, $\quad a>0,\ b>0,\quad$ (021.12, 9e).

321. Integrale von der Form $\int f(\log x)\,dx$.

1) $\displaystyle\int_a^b f(\log x)\,dx = \int_{\log a}^{\log b} f(y)e^y\,dy = \int_{-\log b}^{-\log a} f(-y)e^{-y}\,dy$, $\quad 0\le a < b$, $\quad$ (021.4a, vgl. 312, 313);

1a) $\displaystyle\int_0^1 f(\log x)\,dx = \int_0^\infty f(-y)e^{-y}\,dy$, $\hfill (1);$

1b) $\displaystyle\int_1^\infty f(\log x)\,dx = \int_0^\infty f(y)e^y\,dy$, $\hfill (1).$

2a) $\displaystyle\int_0^1 (\log x)^k\,dx = e^{\pi i k}\,\Gamma(k+1)$, $\quad k > -1$, $\hfill (1, 312.1);$

2b) $\displaystyle\int_0^1 \left(\log \tfrac{1}{x}\right)^n dx = n!$, $\quad n = 0,1,2,\ldots$ $\hfill (2a);$

2c) $\displaystyle\int_0^1 \sqrt{\log \tfrac{1}{x}}\,dx = \tfrac{\sqrt{\pi}}{2}$, $\hfill (2a, 411.4c);$

2d) $\displaystyle\int_0^1 \frac{dx}{\sqrt{\log \tfrac{1}{x}}} = \sqrt{\pi}$, $\hfill (2a, 411.4c).$

3) $\displaystyle\int_0^{1/e} \frac{dx}{\sqrt{(\log x)^2 - 1}} = \mathcal{K}_0(1)$, $\hfill (1, 313.23a).$

4) $\displaystyle\int_0^z \frac{dx}{\log x} = li(z)$, $\hfill (\mathrm{I}\,321.5,\,327.2).$

5) $\displaystyle\int_0^1 \frac{dx}{a - b\log x} = -\tfrac{1}{b}\,e^{a/b}\,li\!\left(e^{-a/b}\right)$, $\quad a > 0, b > 0$, $\hfill (x = e^{a/b}y,\,4).$

6) $\displaystyle\int_0^1 \frac{dx}{(a - b\log x)^n} = \tfrac{1}{a^n}\sum_{\nu=1}^{n-1}\frac{(-1)^{\nu-1}}{(n-1;-1;\nu)}\left(\tfrac{a}{b}\right)^\nu + \tfrac{(-1)^n}{(n-1)!\,b^n}\,e^{a/b}\,li\!\left(e^{-a/b}\right)$,
$\qquad a > 0, b > 0, n = 2, 3, \ldots$ $\hfill (\mathrm{I}\,321.7).$

322

322. Integrale von der Form $\int \log[g(x)]dx$.

1) $\int_a^b \log[g(x)]dx = \int_{g(a)}^{g(b)} \log y \cdot g'_{(-1)}(y)\,dy$, (I 10.6, die inverse Funktion $g_{(-1)}$ sei im Intervall $g(a) \leq y \leq g(b)$ eindeutig und stetig differenzierbar).

2a) $\int_0^1 \log(ax+b)\,dx = \frac{a+b}{a}\log(a+b) - \frac{b}{a}\log b - 1$, $a \neq 0, b>0, a+b>0$, (I 323.11b);

2b) $\int_0^a \log\left(\frac{a+x}{a-x}\right)dx = 2a\log 2$, $a>0$, (I 323.13b).

3a) $\int_a^b \log x^m\,dx = m(b\log b - a\log a + a - b)$, $a>0, b>0$, (I 321.3c);

3b) $\int_0^1 \log x^m\,dx = -m$, (3a).

4) $\int_\alpha^{\alpha+1} \log\Gamma(x)\,dx = \alpha\log\alpha - \alpha + \log\sqrt{2\pi}$, $\alpha \geq 0$, (411.15).

5a) $\int_0^{\pi/2} \log(\sin x)\,dx = \frac{1}{2}\int_0^\pi \sim\; = -\frac{\pi}{2}\log 2$, $\left(\log(\sin x) + \log(\cos x) = \log\frac{\sin 2x}{2}\right)$;

5b) $\int_0^{\pi/2} \log(\cos x)\,dx = \frac{1}{2}\int_{-\pi/2}^{\pi/2} \sim\; = -\frac{\pi}{2}\log 2$, (5a, 331.1a).

6a) $\int_0^{\pi/4} \log(\sin x)\,dx = -\frac{\pi}{4}\log 2 - \frac{1}{2}G$, (8b);

6b) $\int_0^{\pi/4} \log(\cos x)\,dx = -\frac{\pi}{4}\log 2 + \frac{1}{2}G$, $\left(\log(\sin x) - \log(\cos x) = \log(\operatorname{tg} x), 7a\right)$.

7) $\int_0^\varphi \log(\operatorname{tg} x)\,dx = \varphi\log(\operatorname{tg}\varphi) - \Lambda_2(\operatorname{tg}\varphi)$, $0 \leq \varphi \leq \frac{\pi}{4}$, (1, 021.7, 323.6);

7a) $\int_0^{\pi/4} \sim\; = -\int_{\pi/4}^{\pi/2} \sim\; = -G$, (7, 323.9b).

8a) $\int_0^\varphi \log(\cos x)\,dx = \frac{i}{2}\mathcal{L}_2(e^{i(2\varphi-\pi)}) - \varphi\log 2 - \frac{i}{2}\left(\varphi^2 - \frac{\pi^2}{12}\right)$, $-\frac{\pi}{2} \leq \varphi \leq \frac{\pi}{2}$,

(I 323.9a, 323.3);

322

8b) $\int_0^\varphi \log(\sin x)dx = -\frac{i}{2}\mathcal{L}_2(e^{-2i\varphi}) - \varphi\log 2 + \frac{i}{2}\left(\frac{\pi}{2}-\varphi\right)^2 - \frac{i\pi^2}{24}$, $\quad 0 \le \varphi \le \pi$

$\quad$ (I 323.8a, 323.3).

9) $\int_0^\varphi \log(a\cos x + b\sin x)dx = \varphi\log\frac{\sqrt{a^2+b^2}}{2} - \frac{i}{2}\mathcal{L}_2(-e^{2i(\alpha-\varphi)}) + \frac{i}{2}\mathcal{L}_2(-e^{2i\alpha}) + \frac{i}{2}\varphi(\varphi-2\alpha)$,

$\quad a=\sqrt{a^2+b^2}\cos\alpha$, $b=\sqrt{a^2+b^2}\sin\alpha$, $|\alpha|\le\frac{\pi}{2}$, $|\varphi-\alpha|\le\frac{\pi}{2}$, (8a);

9a) $\int_0^{\pi/4} \log(\cos x + \sin x)dx = \frac{1}{2}\int_0^{\pi/2} \sim = -\frac{\pi}{8}\log 2 + \frac{1}{2}\mathcal{G}$, $\quad (9, \alpha=\varphi=\frac{\pi}{4}, 323.10a\text{-}b)$;

9b) $\int_0^{\pi/4} \log(\cos x - \sin x)dx = -\frac{\pi}{8}\log 2 - \frac{1}{2}\mathcal{G}$, $\quad (9, \alpha=-\varphi=\frac{\pi}{4}, 323.10a\text{-}b)$;

9c) $\int_0^{\pi/4} \log(1+\operatorname{tg} x)dx = \frac{\pi}{8}\log 2$, $\quad (9a, 6b)$;

9d) $\int_0^{\pi/2} \log(1+\operatorname{tg} x)dx = \frac{\pi}{4}\log 2 + \mathcal{G}$, $\quad (9a, 5b)$;

9e) $\int_0^{\pi/4} \log(1-\operatorname{tg} x)dx = \frac{\pi}{8}\log 2 - \mathcal{G}$, $\quad (9b, 6b)$.

10) $\int_0^\varphi \log(\sin\alpha + \sin x)dx = -i\mathcal{L}_2(e^{-i(\alpha+\varphi)}) - i\mathcal{L}_2(e^{i(\alpha-\varphi-\pi)}) + i\mathcal{L}_2(e^{-i\alpha}) +$

$\quad + i\mathcal{L}_2(e^{i(\alpha-\pi)}) - \varphi\log 2 + \frac{i}{2}\varphi(\varphi-\pi)$, $\quad (8a\text{-}b)$.

11) $\int_0^\varphi \log(\cos\alpha + \cos x)dx = i\mathcal{L}_2(e^{i(\alpha+\varphi-\pi)}) - i\mathcal{L}_2(e^{i(\alpha-\varphi-\pi)}) - \varphi\log 2 - i\alpha\varphi$,

$\quad (8a)$.

12a) $\int_0^{\pi/2} \log(1+a\sin^2 x)dx = \frac{1}{2}\int_0^\pi \sim = \pi\log\frac{1+\sqrt{1+a}}{2}$, $a\ge -1$, $(\sin x=y, 325.21b)$;

12b) $\int_0^{\pi/2} \log(1+a\cos^2 x)dx = \frac{1}{2}\int_0^\pi \sim = \pi\log\frac{1+\sqrt{1+a}}{2}$, $a\ge -1$, $(\cos x=y, 325.21b)$.

13) $\int_0^{\pi/2} \log(a^2\cos^2 x + b^2\sin^2 x)dx = \frac{1}{2}\int_0^\pi \sim = \pi\log\frac{a+b}{2}$, $a>0, b>0$, $(12a\text{-}b)$.

14) $\int_0^\pi \log(1-2a\cos x + a^2)dx = \begin{cases} \pi\log a^2 & \text{für } |a|>1, \\ 0 & \text{„ } |a|<1, \end{cases}$ $\quad (021.2)$;

322

14a) $\int_0^\pi \log(a^2 - 2ab\cos x + b^2)\,dx = \begin{cases} \pi \log b^2 & \text{für } b^2 \geq a^2, \\ \pi \log a^2 & \text{\textquotedbl} \;\; b^2 \leq a^2, \end{cases}$ \hfill (14).

15) $\int_0^\pi \log(a + b\cos x)\,dx = \pi \log \dfrac{a + \sqrt{a^2 - b^2}}{2}, \quad a \geq |b| \geq 0,$ \hfill (14a).

16a) $\int_0^{\pi/2} \log(1 \pm \sin x)\,dx = \dfrac{1}{2}\int_0^\pi \sim \; = -\dfrac{\pi}{2}\log 2 \pm 2\mathcal{G},$ \hfill (10, 323.10a-b);

16b) $\int_0^{\pi/2} \log(1 \pm \cos x)\,dx = -\dfrac{\pi}{2}\log 2 \pm 2\mathcal{G},$ \hfill (11, 323.10a-b);

16c) $\int_0^\pi \log(1 \pm \cos x)\,dx = -\pi \log 2,$ \hfill (15).

17) $\int_0^{\pi/2} \log(a^2 + b^2 tg^2 x)\,dx = \dfrac{1}{2}\int_0^\pi \sim \; = \pi \log(a+b), \quad a>0, b>0,$ \hfill (13, 5b).

18) $\int_0^{\pi/2} \log\left(\dfrac{1 + \sin\alpha \cos^2 x}{1 - \sin\alpha \cos^2 x}\right) dx = \pi \log \dfrac{1 + \sin\frac{\alpha}{2}}{\cos\frac{\alpha}{2}}, \quad |\alpha| < \dfrac{\pi}{2},$ \hfill (12b).

19) $\int_0^1 \log\left(\log \dfrac{1}{x}\right) dx = -\mathcal{E},$ \hfill (321.1a, 312.5b).

20) $\int_0^\infty \log \dfrac{a^2 + x^2}{b^2 + x^2}\,dx = (a - b)\pi, \quad a, b \geq 0,$ \hfill (338.22, $\mu \to 0$).

323

323. Der Eulersche Dilogarithmus und seine Verallgemeinerungen.[*]

1a) $\mathcal{L}_n(z) = \sum\limits_{\nu=1}^\infty \dfrac{z^\nu}{\nu^n}, \quad |z| < 1, \; n = 0, 1, 2, \ldots$ \hfill („Enlogarithmus");

1b) $\phantom{\mathcal{L}_n(z)} = \int_0^z \mathcal{L}_{n-1}(x) \dfrac{dx}{x}, \quad n = 1, 2, \ldots;$

---

[*] Vgl. *Niels Nielsen*, Der Eulersche Dilogarithmus und seine Verallgemeinerungen, Nova Acta 90, Nr. 3, Halle 1909.

323

1c) $\quad \mathcal{L}_n(z) = \dfrac{(-1)^{n-1}}{(n-1)!} \displaystyle\int_0^1 \dfrac{\log^{n-1} x}{\frac{1}{z} - x}\, dx, \quad n=1,2,\ldots$ *).

2) $\quad \mathcal{L}_0(z) = \dfrac{z}{1-z}, \quad \mathcal{L}_1(z) = \log \dfrac{1}{1-z}$.

3a) $\quad \mathcal{L}_2(z) = \displaystyle\sum_{\nu=1}^{\infty} \dfrac{z^\nu}{\nu^2} = -\int_0^z \dfrac{\log(1-x)}{x}\, dx = \int_0^1 \dfrac{\log x}{x - \frac{1}{z}}\, dx,$ („Dilogarithmus", 1a–c für n=2);

3b) $\quad \mathcal{L}_2\!\left(\dfrac{x}{1-y} \cdot \dfrac{y}{1-x}\right) = \mathcal{L}_2\!\left(\dfrac{x}{1-y}\right) + \mathcal{L}_2\!\left(\dfrac{y}{1-x}\right) - \mathcal{L}_2(x) - \mathcal{L}_2(y) - \log(1-x)\log(1-y),$ (Abel);

3c) $\quad \mathcal{L}_2(xy) = \mathcal{L}_2(x) + \mathcal{L}_2(y) + \mathcal{L}_2\!\left(\dfrac{xy-x}{1-x}\right) + \mathcal{L}_2\!\left(\dfrac{xy-y}{1-y}\right) + \dfrac{1}{2}\log^2\!\left(\dfrac{1-x}{1-y}\right),$ (Hill);

3d) $\quad \mathcal{L}_2(z) + \mathcal{L}_2(-z) = \dfrac{1}{2}\mathcal{L}_2(z^2), \quad |z|<1,$ (1a);

3e) $\quad \mathcal{L}_2(-z) = \mathcal{L}_2\!\left(\dfrac{1}{1+z}\right) + \dfrac{1}{2}\log^2\!\left(1+\dfrac{1}{z}\right) - \dfrac{1}{2}\log^2 z - \dfrac{\pi^2}{6}, \quad z>0,$ (Euler);

3f) $\quad \mathcal{L}_2(z) = \mathcal{L}_2\!\left(\dfrac{1}{1-z}\right) + \dfrac{1}{2}\log^2(1-z) - \log(-z)\log(1-z) - \dfrac{\pi^2}{6}, \quad -1<z\le 0;$

3g) $\quad \mathcal{L}_2(z) + \mathcal{L}_2(1-z) = \dfrac{\pi^2}{6} - \log z \log(1-z), \quad 0\le z \le 1;$

3h) $\quad \mathcal{L}_2(z) + \mathcal{L}_2\!\left(\dfrac{1}{z}\right) = \pm \pi i \log z - \dfrac{1}{2}\log^2 z + \dfrac{\pi^2}{3}, \quad z>0.$

4) $\quad \mathcal{L}_n(z) + (-1)^n \mathcal{L}_n\!\left(\dfrac{1}{z}\right) = \displaystyle\sum_{\nu=0}^{n-1} \dfrac{\log^\nu y}{\nu!}\left[(-1)^\nu \mathcal{L}_{n-\nu}(yz) + (-1)^n \mathcal{L}_{n-\nu}\!\left(\dfrac{1}{yz}\right)\right] + (-1)^{n+1}\dfrac{\log^n y}{n!},$
$\qquad n=1,2,\ldots;$

4a) $\quad \mathcal{L}_n(z) + (-1)^n \mathcal{L}_n\!\left(\dfrac{1}{z}\right) = 2\displaystyle\sum_{\nu=1}^{[n/2]} \dfrac{\log^{n-2\nu} z}{(n-2\nu)!}\mathcal{L}_{2\nu}(1) \pm \dfrac{\pi i}{(n-1)!}\log^{n-1} z - \dfrac{1}{n!}\log^n z,$
$\qquad n=1,2,\ldots \quad (4,\ y=\tfrac{1}{z});$

4b) $\quad = 2\displaystyle\sum_{\nu=1}^{[n/2]} \dfrac{\log^{n-2\nu}(-z)}{(n-2\nu)!}\mathcal{L}_{2\nu}(-1) - \dfrac{1}{n!}\log^n(-z), \quad n=1,2,\ldots,$
$\qquad (4,\ y=-\tfrac{1}{z}, \text{Jonquière}).$

---

*) Hauptwert von $\mathcal{L}_n(z)$; z-Ebene von +1 bis +∞ aufgeschnitten: es gilt: $\mathcal{L}_n^+(z) - \mathcal{L}_n^-(z) = 2\pi i \dfrac{\log^{n-1} z}{(n-1)!},\ 1<z<\infty.$

323

5) $\quad \mathcal{L}_n(z) + \mathcal{L}_n(\varepsilon z) + \mathcal{L}_n(\varepsilon^2 z) + \cdots + \mathcal{L}_n(\varepsilon^{m-1} z) = \dfrac{1}{m^{n-1}} \mathcal{L}_n(z^m), \quad \varepsilon = e^{\frac{2\pi i}{m}}, n, m = 1, 2, \ldots$ $\hfill$ (1a);

5a) $\quad \mathcal{L}_n(z) + \mathcal{L}_n(-z) = 2^{1-n} \mathcal{L}_n(z^2), \quad n = 0, 1, 2, \ldots$ $\hfill$ (5);

5b) $\quad \mathcal{L}_n(iz) + \mathcal{L}_n(-iz) = 4^{1-n} \mathcal{L}_n(z^4) - 2^{1-n} \mathcal{L}_n(z^2), \quad n = 0, 1, 2, \ldots$ $\hfill$ (5, m=4).

6) $\quad \Lambda_n(z) = \dfrac{1}{2i}\left[\mathcal{L}_n(iz) - \mathcal{L}_n(-iz)\right] = \sum\limits_{j=0}^{\infty} \dfrac{(-1)^j z^{2j+1}}{(2j+1)^n}, \quad n = 0, 1, 2, \ldots, |z| < 1.$

7a) $\quad \dfrac{1}{2i}\left[\mathcal{L}_n(\varrho e^{\varphi i}) - \mathcal{L}_n(\varrho e^{-\varphi i})\right] = \sum\limits_{\nu=1}^{\infty} \dfrac{\varrho^\nu \sin \nu\varphi}{\nu^n}, \quad 0 \leq \varrho < 1, -\pi < \varphi \leq \pi,$ $\hfill$ (1a);

7b) $\quad \dfrac{1}{2}\left[\mathcal{L}_n(\varrho e^{\varphi i}) + \mathcal{L}_n(\varrho e^{-\varphi i})\right] = \sum\limits_{\nu=1}^{\infty} \dfrac{\varrho^\nu \cos \nu\varphi}{\nu^n}, \quad 0 \leq \varrho < 1, -\pi < \varphi \leq \pi,$ $\hfill$ (1a).

8a) $\quad \mathcal{L}_n(1) = \sum\limits_{\nu=1}^{\infty} \dfrac{1}{\nu^n}, \quad \mathcal{L}_n(-1) = \sum\limits_{\nu=1}^{\infty} \dfrac{(-1)^\nu}{\nu^n};$

8b) $\quad \mathcal{L}_n(-1) = -\left(1 - \dfrac{1}{2^{n-1}}\right)\mathcal{L}_n(1);$

8c) $\quad \mathcal{L}_{2n}(1) = (-1)^{n-1} \dfrac{B_{2n}(2\pi)^{2n}}{2(2n)!}, \quad \mathcal{L}_{2n}(-1) = (-1)^n \dfrac{2^{2n-1}-1}{(2n)!} B_{2n} \pi^{2n}, \quad n = 1, 2, \ldots$ $\hfill$ (011.9).

9a) $\quad \Lambda_n(1) = -\Lambda_n(-1) = \sum\limits_{j=0}^{\infty} \dfrac{(-1)^j}{(2j+1)^n},$ $\hfill$ (6);

9b) $\quad \Lambda_2(1) = \mathcal{G} = 0{.}915\,965\,594\ldots$ $\hfill$ (Catalansche Konstante, 011.9);

9c) $\quad \Lambda_{2n+1}(1) = \dfrac{E_n \pi^{2n+1}}{2^{2n+2}(2n)!}, \quad n = 0, 1, 2, \ldots$ $\hfill$ (011.9).

10a) $\quad \mathcal{L}_2(1) = \dfrac{\pi^2}{6}, \quad \mathcal{L}_2(-1) = -\dfrac{\pi^2}{12},$ $\hfill$ (8c);

10b) $\quad \mathcal{L}_2(\pm i) = -\dfrac{\pi^2}{48} \pm i\mathcal{G},$ $\hfill$ (5b, 6, 9b).

324. Integrale der Form $\int f(x)\log^n x\,dx$.

A. $f(x)$ rational.[*]

1) $\int_0^1 x^m\left(\log\frac{1}{x}\right)^n dx = \frac{\Gamma(n+1)}{(m+1)^{n+1}}$, $\quad m>-1,\ n>-1$, $\hfill (x=e^{-y},\ 312.2)$;

1a) $\int_0^1 x^m \log x\,dx = \frac{-1}{(m+1)^2}$, $\quad m>-1$, $\hfill (1)$;

1b) $\int_1^a \log^n x \cdot \frac{dx}{x} = \frac{1}{n+1}\log^{n+1} a$, $\quad a>0,\ n=0,1,2,\ldots$ $\hfill (\mathrm{I}\ 322.3c)$;

1c) $\int_0^1 x^m\sqrt{\log\frac{1}{x}}\,dx = \frac{1}{2(m+1)}\sqrt{\frac{\pi}{m+1}}$, $\quad m>-1$, $\hfill (1)$;

1d) $\int_0^1 \frac{x^m}{\sqrt{\log\frac{1}{x}}}\,dx = \sqrt{\frac{\pi}{m+1}}$, $\quad m>-1$, $\hfill (1)$.

2) $\int_1^\infty \frac{\log^n x}{x^m}\,dx = \frac{\Gamma(n+1)}{(m-1)^{n+1}}$, $\quad m>1,\ n>-1$, $\hfill (x=e^y,\ 312.2)$.

3) $\int_0^1 x^{p-1}(1-x)^{q-1}\log x\,dx = \frac{\Gamma(p)\Gamma(q)}{\Gamma(p+q)}\left[\Psi(p)-\Psi(p+q)\right]$, $p>0,\ q>0$, $\hfill (421.1,\ 021.5)$;

3a) $\int_0^1 x^m(1-x)^n\log x\,dx = -\frac{m!\,n!}{(m+n+1)!}\sum_{\nu=1}^{n+1}\frac{1}{m+\nu}$, $\quad m,n=0,1,2,\ldots$ $\hfill (411.7a)$;

3b) $\int_0^1 x^{p-1}(1-x^\alpha)^{q-1}\log x\,dx = \frac{\Gamma\left(\frac{p}{\alpha}\right)\Gamma(q)}{\alpha^2\Gamma\left(\frac{p}{\alpha}+q\right)}\left[\Psi\left(\frac{p}{\alpha}\right)-\Psi\left(\frac{p}{\alpha}+q\right)\right]$, $\alpha,p,q>0$, $\hfill (3)$.

4) $\int_0^1 \frac{x^{p-1}}{1-x}\log x\,dx = -\Psi'(p) = -\sum_{n=0}^\infty \frac{1}{(n+p)^2}$, $\quad p>0$, $\hfill (3,\ q\to 0)$;

4a) $\int_0^1 \frac{x^n}{x-1}\log x\,dx = \Psi'(n+1) = \frac{\pi^2}{6} - \sum_{\nu=1}^n \frac{1}{\nu^2}$, $\quad n=1,2,\ldots$ $\hfill (4)$;

---

[*] Die Formeln dieses Abschnittes gelten, wenn nicht ausdrücklich anders bemerkt, auch für reelle Exponenten.

324

4b) $\quad \displaystyle\int_0^1 \frac{\log x}{x-1}\,dx = \frac{\pi^2}{6},$ \hfill (4)[*]

5) $\quad \displaystyle\int_0^1 \frac{x^{p-1}}{1-x^\alpha}\log x\,dx = -\frac{1}{\alpha^2}\Psi'\!\left(\frac{p}{\alpha}\right), \quad \alpha, p > 0,$ \hfill (4);

5a) $\quad \displaystyle\int_0^1 \frac{\log x}{x^2-1}\,dx = \frac{\pi^2}{8},$ \hfill (5)[*];

5b) $\quad \displaystyle\int_0^1 \frac{x\log x}{x^2-1}\,dx = \frac{\pi^2}{24},$ \hfill (5).

6) $\quad \displaystyle\int_0^1 \frac{x^{p-1}}{x+1}\log x\,dx = \frac{1}{4}\Psi'\!\left(\frac{p+1}{2}\right) - \frac{1}{4}\Psi'\!\left(\frac{p}{2}\right), \quad p>0,$ \hfill (421.10a, 021.5);

6a) $\quad \displaystyle\int_0^1 \frac{\log x}{x+1}\,dx = -\frac{\pi^2}{12},$ \hfill (6)[*];

6b) $\quad \displaystyle\int_0^1 \frac{x\log x}{x+1}\,dx = \frac{\pi^2}{12} - 1,$ \hfill (6)[*].

7) $\quad \displaystyle\int_0^1 \frac{x^{p-1}}{x^\alpha+1}\log x\,dx = \frac{1}{4\alpha^2}\left[\Psi'\!\left(\frac{p+\alpha}{2\alpha}\right) - \Psi'\!\left(\frac{p}{2\alpha}\right)\right], \quad p,\alpha > 0,$ \hfill (6);

7a) $\quad \displaystyle\int_0^1 \frac{\log x}{x^2+1}\,dx = -\int_1^\infty \cdots = -\mathscr{G},$ \hfill (7, 323.9b);

7b) $\quad \displaystyle\int_0^a \frac{\log x}{x^2+a^2}\,dx = \frac{\pi \log a}{4a} - \frac{\mathscr{G}}{a}, \quad a>0,$ \hfill (7a);

7c) $\quad \displaystyle\int_0^1 \frac{x\log x}{x^2+1}\,dx = -\frac{\pi^2}{48},$ \hfill (7)[*].

8a) $\quad \displaystyle\int_0^1 x^{p-1}(1-x^\alpha)^{q-1}\log^2 x\,dx = \frac{\Gamma\!\left(\frac{p}{\alpha}\right)\Gamma(q)}{\alpha^3\,\Gamma\!\left(\frac{p}{\alpha}+q\right)}\left[\Psi'\!\left(\frac{p}{\alpha}\right) - \Psi'\!\left(\frac{p}{\alpha}+q\right) + \left\{\Psi\!\left(\frac{p}{\alpha}\right) - \Psi\!\left(\frac{p}{\alpha}+q\right)\right\}^2\right],$
$\alpha, p, q > 0,$ \hfill (3b, 021.5);

8b) $\quad \displaystyle\int_0^1 x^m(1-x^\alpha)^n \log^p x\,dx = (-1)^p\, p!\sum_{\nu=0}^{n}\binom{n}{\nu}\frac{(-1)^\nu}{(m+\alpha\nu+1)^{p+1}}, \quad m>-1,\ \alpha>0,\ n,p=0,1,2,\ldots$ \hfill (1).

---

[*] $\Psi'(z) = \displaystyle\sum_{\nu=0}^{\infty} \frac{1}{(\nu+z)^2},\ z \neq 0, -1, -2, \ldots\,;\ \Psi'(1) = \frac{\pi^2}{6};\ \Psi'\!\left(\frac{1}{2}\right) = \frac{\pi^2}{2};\ \Psi'\!\left(\frac{3}{2}\right) = \Psi'\!\left(\frac{1}{2}\right) - 4 = \frac{\pi^2}{2} - 4.$

324

9) $\int_0^1 \frac{x^{p-1}}{1-x^\alpha} \log^n x \, dx = \frac{-1}{\alpha^{n+1}} \Psi^{(n)}\left(\frac{p}{\alpha}\right)$, $\quad \alpha, p > 0, \, n = 1, 2, \ldots$ $\hfill (5, 021.5);^{*)}$

9a) $\int_0^1 \frac{(\log x)^{2n-1}}{1-x} dx = \frac{(-1)^n}{n} B_{2n} 2^{2n-2} \pi^{2n}$, $\quad n = 1, 2, \ldots$ $\hfill (9, 011.9);$

9b) $\int_0^1 \frac{(\log x)^{s-1}}{1-x} dx = e^{i\pi(s-1)} \Gamma(s) \xi(s)$, $\quad \xi(s) = \sum_{n=1}^\infty \frac{1}{n^s}$, $\, s > 1$, $\hfill (021.7, 1).$

10) $\int_0^1 \frac{x^{p-1}}{x^\alpha + 1} \log^n x \, dx = \frac{1}{(2\alpha)^{n+1}} \left[\Psi^{(n)}\left(\frac{p+\alpha}{2\alpha}\right) - \Psi^{(n)}\left(\frac{p}{2\alpha}\right) \right]$, $\alpha, p > 0, n = 1, 2, \ldots$ $\hfill (7, 021.5);$

10a) $\int_0^1 \frac{\log^{2n} x}{x^2 + 1} dx = \frac{1}{2} \int_0^\infty \sim = \frac{\pi^{2n+1}}{2^{2n+2}} E_n$, $\quad n = 0, 1, 2, \ldots$ $\hfill (10, 011.9).$

11) $\int_0^1 \frac{x^{p-1} \log^n x}{(x^\alpha + 1)^m} dx = (-1)^n \Gamma(n+1) \sum_{\nu=0}^\infty \binom{-m}{\nu} \frac{1}{(p+\alpha\nu)^{n+1}}$,
$\hfill p > 0, \, n > -1, \, \alpha > 0, \, m < n+2, \quad (021.7, 1);$

11a) $\int_0^1 \frac{\log x}{(x+1)^2} dx = -\log 2$, $\hfill (11);$

11b) $\int_0^\infty \frac{x^{\frac{\alpha m}{2} - 1} \log^{2n} x}{(x^\alpha + 1)^m} dx = 2 \int_0^1 \sim = 2(2n)! \left(\frac{2}{\alpha}\right)^{2n+1} \sum_{\nu=0}^\infty \binom{-m}{\nu} \frac{1}{(m+2\nu)^{2n+1}}$,
$\hfill \alpha > 0, \, 0 < m < 2n+2, \, n = 0, 1, 2, \ldots \quad (11).$

12) $\int_0^\infty \frac{x^{k-1}}{cx+d} \log x \, dx = \frac{\pi}{c^k d^{1-k} \sin \pi k} \left[\log \frac{d}{c} - \pi \ctg \pi k \right]$, $c, d > 0, \, 0 < k < 1$,
$\hfill (421.13e, 021.5);$

12a) $\int_0^\infty \frac{x^{k-1}}{x+1} \log x \, dx = -\frac{\pi^2 \cos \pi k}{\sin^2 \pi k}$, $\quad 0 < k < 1$, $\hfill (12).$

13a) $\int_0^\infty \frac{x^{k-1} \log x}{x^2 + 2x\varrho \cos \vartheta + \varrho^2} dx = \frac{\pi \sin \vartheta(1-k)}{\varrho^{2-k} \sin \vartheta \sin \pi k} \left[\log \varrho - \vartheta \ctg \vartheta(1-k) - \pi \ctg \pi k \right]$,
$\hfill \varrho > 0, \, 0 < \vartheta < \pi, \, 0 < k < 2 \, (k \neq 1), \quad (441.5a, 021.5);$

13b) $\int_0^\infty \frac{x^{k-1}}{(x+\varrho)^2} \log x \, dx = \frac{(1-k)\pi}{\varrho^{2-k} \sin \pi k} \left[\log \varrho - \pi \ctg \pi k - \frac{1}{1-k} \right]$,
$\hfill \varrho > 0, \, 0 < k < 2 \, (k \neq 1), \quad (13a, \vartheta \to 0);$

$^{*)} \Psi^{(n)}(z) = (-1)^{n-1} n! \sum_{\nu=0}^\infty \frac{1}{(\nu+z)^{n+1}}$, $\quad z \neq 0, -1, -2, \ldots$

324

13c) $\displaystyle\int_0^\infty \frac{\log x}{x^2+2x\varrho\cos\vartheta+\varrho^2}dx = \frac{\vartheta \log \varrho}{\varrho \sin\vartheta}$, $\quad \varrho>0,\ 0<\vartheta<\pi$, $\hfill$ (13a, k→1);

13d) $\displaystyle\int_0^\infty \frac{\log x}{(x+\varrho)^2}dx = \frac{1}{\varrho}\log\varrho$, $\quad \varrho>0$, $\hfill$ (13c, ϑ→0).

14) $\displaystyle\int_0^\infty \frac{\log x}{p^2+q^2x^2}dx = \frac{\pi}{2pq}\log\frac{p}{q}$, $\quad p,q>0$, $\hfill$ (13c, $\vartheta=\frac{\pi}{2}$).

15) $\displaystyle\int_0^1 \frac{(x^k - x^{-k})\log x}{x^2+2x\cos\vartheta+1}dx = \frac{1}{2}\int_0^\infty \sim = \frac{\pi \sin\vartheta k}{\sin\vartheta \sin\pi k}\left[\vartheta\operatorname{ctg}\vartheta k - \pi\operatorname{ctg}\pi k\right]$,

$\hfill 0<\vartheta<\pi,\ 0<k<1,\quad$ (441.10, 021.5).

16) $\displaystyle\int_0^1 \frac{(x^k + x^{-k})\log^2 x}{x^2+2x\cos\vartheta+1}dx = \frac{1}{2}\int_0^\infty \sim = \frac{\pi\sin\vartheta k}{\sin\vartheta \sin\pi k}\left[\pi^2-\vartheta^2 + 2\pi\operatorname{ctg}\pi k(\pi\operatorname{ctg}\pi k - \vartheta\operatorname{ctg}\vartheta k)\right]$

$\hfill 0<\vartheta<\pi,\ 0<k<1,\quad$ (15, 021.5);

16a) $\displaystyle\int_0^1 \frac{\log^2 x}{x^2+2x\cos\vartheta+1}dx = \frac{1}{2}\int_0^\infty \sim = \frac{\vartheta(\pi^2-\vartheta^2)}{6\sin\vartheta}$, $\quad 0<\vartheta<\pi$, $\hfill$ (16, k→0);

16b) $\displaystyle\int_0^1 \frac{\log^2 x}{x^2+x+1}dx = \frac{1}{2}\int_0^\infty \sim = \frac{8\pi^3}{81\sqrt{3}}$, $\hfill$ (16a, $\vartheta=\frac{\pi}{3}$);

16c) $\displaystyle\int_0^1 \frac{\log^2 x}{x^2-x+1}dx = \frac{1}{2}\int_0^\infty \sim = \frac{10\pi^3}{81\sqrt{3}}$, $\hfill$ (16a, $\vartheta=\frac{2\pi}{3}$).

17) $\displaystyle\int_0^\infty \frac{x^{k-1}\log^2 x}{x^2+2x\cos\vartheta+1}dx = \frac{\pi\sin\vartheta(1-k)}{\sin\vartheta\sin\pi k}\left[\pi^2-\vartheta^2 + 2\pi\operatorname{ctg}\pi k(\pi\operatorname{ctg}\pi k + \vartheta\operatorname{ctg}\vartheta(1-k))\right]$,

$\hfill 0<\vartheta<\pi,\ 0<k<2\ (k\neq 1),\ $ (13a, 021.5).

18) $\displaystyle \left(\oint\right)_a^b \frac{dx}{x\log x} = \log\left|\frac{\log b}{\log a}\right|$, $\quad b>a>0$, $\hfill$ (I 322.5e).

19) $\displaystyle\int_0^1 \frac{x^{\alpha-1}-x^{\beta-1}}{\log x}dx = \log\frac{\alpha}{\beta}$, $\quad \alpha,\beta>0$, $\hfill$ (021.6 aus $\int_0^1 x^{p-1}dx=\frac{1}{p}$);

19a) $\displaystyle\int_0^1 \frac{x^\alpha - 1}{\log x}dx = \log(\alpha+1)$, $\quad \alpha>-1$, $\hfill$ (19);

19b) $\displaystyle\int_0^1 \frac{(x^\alpha-1)(x^\beta-1)}{\log x}dx = \log\frac{\alpha+\beta+1}{(\alpha+1)(\beta+1)}$, $\quad \alpha>-1, \beta>-1, \alpha+\beta>-1$, $\hfill$ (19);

324

19c) $\int_0^1 \frac{(x^\alpha-1)(x^\beta-1)(x^\gamma-1)}{\log x} dx = \log \frac{(\alpha+\beta+\gamma+1)(\alpha+1)(\beta+1)(\gamma+1)}{(\alpha+\beta+1)(\beta+\gamma+1)(\gamma+\alpha+1)}$,

$\alpha, \beta, \gamma, \alpha+\beta, \beta+\gamma, \gamma+\alpha, \alpha+\beta+\gamma > -1$, (19);

19d) $\int_0^1 \frac{(x^\alpha-1)^n}{\log x} dx = \sum_{\nu=0}^{n} \binom{n}{\nu}(-1)^{n-\nu} \log(\alpha\nu+1)$, $\alpha > -\frac{1}{n}$, $n=1,2,\ldots$ (19).

20) $\int_0^\xi \frac{x^\alpha - x^\beta}{\log x} dx = \text{li}(\xi^{\alpha+1}) - \text{li}(\xi^{\beta+1})$, $\alpha,\beta > -1$, $0 \leq \xi < 1$, (I 322.4c).

21) $\int_0^1 \frac{x^{\alpha-1} - x^{\beta-1}}{(x^\gamma+1)\log x} dx = \log \frac{\Gamma\left(\frac{\alpha+\gamma}{2\gamma}\right)\Gamma\left(\frac{\beta}{2\gamma}\right)}{\Gamma\left(\frac{\alpha}{2\gamma}\right)\Gamma\left(\frac{\beta+\gamma}{2\gamma}\right)}$, $\alpha,\beta,\gamma > 0$, (431.8, 021.6);

21a) $\int_0^1 \frac{1-x}{(1+x)\log x} dx = \log \frac{2}{\pi}$, (21);

21b) $\int_0^1 \frac{x^{\alpha-1} - x^{-\alpha}}{(1+x)\log x} dx = \frac{1}{2}\int_0^\infty \sim = \log\left(\text{tg}\frac{\pi\alpha}{2}\right)$, $0 < \alpha < 1$, (21, 411.4).

22) $\int_0^\infty \frac{x^{\alpha-1} - x^{\beta-1}}{(x^\gamma+1)\log x} dx = \log\left(\text{tg}\frac{\pi\alpha}{2\gamma}\right) - \log\left(\text{tg}\frac{\pi\beta}{2\gamma}\right)$, $0 < \alpha < \gamma$, $0 < \beta < \gamma$, (421.13d, 021.6).

23) $\int_0^1 \frac{(x^\alpha - x^\beta)(1-x^\gamma)}{(1-x)\log x} dx = \log \frac{\Gamma(\beta+1)\Gamma(\alpha+\gamma+1)}{\Gamma(\alpha+1)\Gamma(\beta+\gamma+1)}$, $\alpha,\beta,\alpha+\gamma,\beta+\gamma > -1$, (411.6b, 021.6);

23a) $\int_0^1 \frac{x^\alpha(1-x^\beta)(1-x^\gamma)}{(1-x^\kappa)\log x} dx = \log \frac{\Gamma\left(\frac{\alpha+\beta+1}{\kappa}\right)\Gamma\left(\frac{\alpha+\gamma+1}{\kappa}\right)}{\Gamma\left(\frac{\alpha+1}{\kappa}\right)\Gamma\left(\frac{\alpha+\beta+\gamma+1}{\kappa}\right)}$,

$\alpha, \alpha+\beta, \alpha+\gamma, \alpha+\beta+\gamma > -1$, $\kappa > 0$, (021.4a, 23);

23b) $\int_0^1 \frac{x^\alpha(1-x^\beta)(1-x^\gamma)(1-x^\delta)}{(1-x^\kappa)\log x} dx = \log \frac{\Gamma\left(\frac{\alpha+\beta+1}{\kappa}\right)\Gamma\left(\frac{\alpha+\gamma+1}{\kappa}\right)\Gamma\left(\frac{\alpha+\delta+1}{\kappa}\right)\Gamma\left(\frac{\alpha+\beta+\gamma+\delta+1}{\kappa}\right)}{\Gamma\left(\frac{\alpha+1}{\kappa}\right)\Gamma\left(\frac{\alpha+\beta+\gamma+1}{\kappa}\right)\Gamma\left(\frac{\alpha+\beta+\delta+1}{\kappa}\right)\Gamma\left(\frac{\alpha+\gamma+\delta+1}{\kappa}\right)}$,

$\alpha, \alpha+\beta, \ldots > -1$, $\kappa > 0$, (23a);

23c) $\int_0^\infty \frac{x^\alpha(1-x^\beta)(1-x^\gamma)}{(1-x^\kappa)\log x} dx = 2\int_0^1 \sim = 2\log \frac{\sin\frac{\alpha+1}{\kappa}\pi}{\sin\frac{\alpha+\beta+1}{\kappa}\pi}$, für $\kappa = 2\alpha+\beta+\gamma+2$,

$\alpha, \alpha+\beta, \alpha+\beta+\gamma > -1$, (23a, 411.4a).

24) $\int_0^1 \frac{(1-x^\alpha)(1-x^\beta) - (1-x)^2}{x(1-x)\log x} dx = \log(B(\alpha,\beta))$, $\alpha,\beta > 0$, (23).

324

25a) $\int_0^1 \frac{(x^\alpha - x^{-\alpha})^2}{(1-x^2)\log x} dx = \frac{1}{2}\int_0^\infty \approx = \log(\cos\alpha\pi) \qquad |\alpha| < \frac{1}{2}$, \hfill (23c);

25b) $\int_0^1 \frac{(x^\alpha - x^{-\alpha})^2}{(1-x^2)\log x} x\, dx = \log\frac{\sin\pi\alpha}{\pi\alpha}, \qquad |\alpha| < 1$, \hfill (23a).

26) $\int_0^1 \frac{(x^\alpha - x^\beta)(1-x^\gamma)}{\log^2 x} dx = (\alpha+1)\log(\alpha+1) - (\beta+1)\log(\beta+1) - (\alpha+\gamma+1)\log(\alpha+\gamma+1) + (\beta+\gamma+1)\log(\beta+\gamma+1)$,
$\alpha, \beta, \alpha+\gamma, \beta+\gamma > -1$, \hfill (19a, 021.6);

26a) $\int_0^1 \left(\frac{x^\alpha - x^\beta}{\log x}\right)^2 dx = (2\alpha+1)\log(2\alpha+1) - 2(\alpha+\beta+1)\log(\alpha+\beta+1) + (2\beta+1)\log(2\beta+1)$,
$\alpha, \beta > -\frac{1}{2}$, \hfill (26).

B. $f(x)$ algebraisch irrational.

51) $\int_0^1 x^p (1-x^\alpha)^{\frac{m}{n}} \log x \, dx = \frac{\Gamma(\frac{p+1}{\alpha})\Gamma(\frac{m+n}{n})}{\alpha^2 \Gamma(\frac{p+1}{\alpha} + \frac{m+n}{n})}\left[\Psi\left(\frac{p+1}{\alpha}\right) - \Psi\left(\frac{p+1}{\alpha} + \frac{m+n}{n}\right)\right]$,
$\alpha > 0, p > -1, m > -n, n = 1, 2, \ldots$ \hfill (3b).

52a) $\int_0^1 \frac{x^{2n} \log x}{\sqrt{1-x^2}} dx = \frac{(1;2;n)\pi}{2^{n+1} n!}\left[\sum_{\nu=1}^{2n} \frac{(-1)^{\nu-1}}{\nu} - \log 2\right], \quad n = 1, 2, \ldots$ \hfill (51);

52b) $\int_0^1 \frac{x^{2n+1} \log x}{\sqrt{1-x^2}} dx = \frac{2^n n!}{(1;2;n+1)}\left[\log 2 + \sum_{\nu=1}^{2n+1} \frac{(-1)^\nu}{\nu}\right], \quad n = 0, 1, 2, \ldots$ \hfill (51);

52c) $\int_0^1 \frac{\log x}{\sqrt{1-x^2}} dx = -\frac{\pi}{2}\log 2$, \hfill (51).

53a) $\int_0^1 x^{2n}\sqrt{1-x^2}\log x \, dx = \frac{(1;2;n)\pi}{2^{n+2}(n+1)!}\left[\sum_{\nu=1}^{2n}\frac{(-1)^{\nu-1}}{\nu} - \frac{1}{2n+2} - \log 2\right], n = 1, 2, \ldots$ \hfill (51);

53b) $\int_0^1 x^{2n+1}\sqrt{1-x^2}\log x\, dx = \frac{2^n n!}{(1;2;n+2)}\left[\log 2 + \sum_{\nu=1}^{2n+1}\frac{(-1)^\nu}{\nu} - \frac{1}{2n+3}\right], n = 0, 1, 2, \ldots$ \hfill (51);

53c) $\int_0^1 \sqrt{1-x^2}\log x\, dx = -\frac{\pi}{4}\left(\frac{1}{2} + \log 2\right)$, \hfill (51).

54) $\int_0^1 \frac{\log x}{\sqrt[n]{x^{n-1}(1-x^2)}} dx = \frac{-\pi\left[\Gamma(\frac{1}{2n})\right]^2}{8\,\Gamma(\frac{1}{n})\sin\frac{\pi}{2n}}, \quad n = 1, 2, \ldots$ \hfill (51, 411.8d);

54a) $$\int_0^1 \frac{\log x}{\sqrt{x(1-x^2)}}\,dx = -\frac{\sqrt{2\pi}}{8}\left[\Gamma\!\left(\tfrac{1}{4}\right)\right]^2, \tag{54}$$

54b) $$\int_0^1 \frac{\log x}{\sqrt[3]{x(1-x^2)^2}}\,dx = -\frac{1}{8}\left[\Gamma\!\left(\tfrac{1}{3}\right)\right]^3, \tag{51}$$

54c) $$\int_0^1 \frac{\log x}{\sqrt{x}\,\sqrt[n]{1-x^n}}\,dx = \frac{-\pi\left[\Gamma\!\left(\tfrac{1}{2n}\right)\right]^2}{2n^2\,\Gamma\!\left(\tfrac{1}{n}\right)\sin\tfrac{\pi}{2n}}, \quad n=2,3,\ldots \tag{51, 411.8d}$$

55) $$\int_0^1 (1-x^2)^{n-\tfrac{1}{2}}\log x\,dx = -\frac{(1,2;n)\pi}{2^{n+2}\,n!}\left[2\log 2 + \sum_{\nu=1}^{n}\frac{1}{\nu}\right],\ n=0,1,2,\ldots \tag{51}$$

56a) $$\int_0^1 \frac{x^{4n+1}\log x}{\sqrt{1-x^4}}\,dx = \frac{(1,2;n)\pi}{2^{n+3}\,n!}\left[\sum_{\nu=1}^{2n}\frac{(-1)^{\nu-1}}{\nu}-\log 2\right],\ n=1,2,\ldots \tag{51}$$

56b) $$\int_0^1 \frac{x\log x}{\sqrt{1-x^4}}\,dx = -\frac{\pi}{8}\log 2, \tag{51}$$

56c) $$\int_0^1 \frac{x^{4n+3}\log x}{\sqrt{1-x^4}}\,dx = \frac{2^{n-2}\,n!}{(1,2;n+1)}\left[\log 2 + \sum_{\nu=1}^{2n+1}\frac{(-1)^\nu}{\nu}\right],\ n=0,1,2,\ldots \tag{51}$$

57) $$\int_p^q \frac{\log x}{\sqrt{(x^2-p^2)(q^2-x^2)}}\,dx = \frac{1}{2q}\log(pq)\,\mathbf{K}(k),\ k^2=\frac{q^2-p^2}{q^2},\ 0<p<q,$$
$$\left(x=\frac{p}{\sqrt{1-k^2 y^2}},\ 221.14a\right).$$

58) $$\int_0^1 \frac{\log x}{\sqrt{(1-x^2)(1-k^2 x^2)}}\,dx = -\frac{1}{2}\log k\cdot\mathbf{K}(k) - \frac{\pi}{4}\mathbf{K}(k'),\ 0<k<1,\ k'=\sqrt{1-k^2},$$
$$(021.7, 221.2a\text{-}b, \text{B.d.H}).$$

59) $$\int_0^1 x^p (1-x^\alpha)^{m/n}\log^2 x\,dx = \frac{\Gamma\!\left(\tfrac{p+1}{\alpha}\right)\Gamma\!\left(\tfrac{m+n}{n}\right)}{\alpha^3\,\Gamma\!\left(\tfrac{p+1}{\alpha}+\tfrac{m+n}{n}\right)}\left\{\Psi'\!\left(\tfrac{p+1}{\alpha}\right)-\Psi'\!\left(\tfrac{p+1}{\alpha}+\tfrac{m+n}{n}\right)+\right.$$
$$\left.+\left[\Psi\!\left(\tfrac{p+1}{\alpha}\right)-\Psi\!\left(\tfrac{p+1}{\alpha}+\tfrac{m+n}{n}\right)\right]^2\right\},$$
$$\alpha>0,\ p>-1,\ m>-n,\ n=1,2,\ldots \tag{8a}$$

60a) $$\int_0^1 \frac{x^{2n}\log^2 x}{\sqrt{1-x^2}}\,dx = \frac{(1,2;n)\pi}{2^{n+1}\,n!}\left\{\frac{\pi^2}{12}+\sum_{\nu=1}^{2n}\frac{(-1)^\nu}{\nu^2}+\left[\sum_{\nu=1}^{2n}\frac{(-1)^\nu}{\nu}+\log 2\right]^2\right\},\ n=1,2,\ldots \tag{59}$$

60b) $$\int_0^1 \frac{x^{2n+1}\log^2 x}{\sqrt{1-x^2}}\,dx = \frac{2^n\,n!}{(1,2;n+1)}\left\{-\frac{\pi^2}{12}-\sum_{\nu=1}^{2n+1}\frac{(-1)^\nu}{\nu^2}+\left[\sum_{\nu=1}^{2n+1}\frac{(-1)^\nu}{\nu}+\log 2\right]^2\right\},\ n=0,1,2,\ldots \tag{59}$$

324

60c) $\displaystyle\int_0^1 \frac{\log^2 x}{\sqrt{1-x^2}}\,dx = \frac{\pi}{2}\left(\frac{\pi^2}{12}+\log^2 2\right),$ (60a).

61) $\displaystyle\int_0^1 \frac{(\log x)^{2n-1}}{(1-x)\sqrt{x}}\,dx = \frac{(-1)^n}{4n}(2^{2n}-1)(2\pi)^{2n} B_{2n},\quad n=1,2,\dots$ (021.7,1).

C. $f(x)$ transzendent (vgl. auch 338).

81) $\displaystyle\int_0^1 x^{n+1} e^{\lambda x}\log x\,dx = -\frac{n+1}{\lambda}\int_0^1 x^n e^{\lambda x}\log x\,dx - e^{\lambda}\sum_{\nu=0}^{n}\frac{(-1)^\nu (n;-1;\nu)}{\lambda^{\nu+2}} + \frac{(-1)^n n!}{\lambda^{n+2}},$

$\qquad\qquad\qquad\qquad \lambda\neq 0,\ n=0,1,2,\dots$ (021.3, I 312.1b);

81a) $\displaystyle\int_0^1 e^{\lambda x}\log x\,dx = -\frac{1}{\lambda}\int_0^1 \frac{e^{\lambda x}-1}{x}\,dx,\quad \lambda\neq 0,$ (021.3).

82) $\displaystyle\int_0^1 x^n(\lambda x+n+1) e^{\lambda x}\log x\,dx = -e^{\lambda}\sum_{\nu=0}^{n}(-1)^\nu \frac{(n;-1;\nu)}{\lambda^{\nu+1}} + (-1)^n\frac{n!}{\lambda^{n+1}},$

$\qquad\qquad\qquad\qquad \lambda\neq 0,\ n=0,1,2,\dots$ (81);

82a) $\displaystyle\int_0^1 (1-x)e^{-x}\log x\,dx = \frac{1-e}{e},$ (82);

82b) $\displaystyle\int_0^1 x(\lambda x+2)e^{\lambda x}\log x\,dx = \frac{1}{\lambda^2}\left[(1-\lambda)e^{\lambda}-1\right],$ (82).

83) $\displaystyle\int_0^\infty x^{p-1} e^{-\lambda x}\log x\,dx = \frac{\Gamma(p)}{\lambda^p}\left(\Psi(p)-\log\lambda\right),\quad p,\lambda>0,$ (312.5c);

83a) $\displaystyle\int_0^\infty x^{p-1} e^{-x}\log x\,dx = \Gamma(p)\Psi(p) = \Gamma'(p),\quad p>0,$ (83, 411.6a);

83b) $\displaystyle\int_0^\infty e^{-x}\log x\,dx = -\mathscr{E},$ (83, 411.7b);

83c) $\displaystyle\int_0^\infty e^{-\lambda x^2}\log x\,dx = -\frac{1}{4}\sqrt{\frac{\pi}{\lambda}}\left(\mathscr{E}+\log 4\lambda\right),\quad \lambda>0,$ ($x^2=y$, 83).

84) $\displaystyle\int_0^\infty (x-p)x^{p-1} e^{-x}\log x\,dx = \Gamma(p),\quad p>0,$ (83a);

324

85) $\int_0^\infty \frac{x+p-1}{x^p} e^{-x} \log x \, dx = \frac{\pi}{\Gamma(p)\sin p\pi}$, $\quad p<1$, $\hfill (83a).$

86a) $\int_0^\infty \frac{x^k \log x}{e^x+1} dx = \Gamma(k+1) \sum_{\nu=1}^\infty \frac{(-1)^{\nu-1}}{\nu^{k+1}} \left[\Psi(k+1)-\log\nu\right]$, $k>-1$, $\hfill (313.8b, 021.5);$

86b) $\int_0^\infty \frac{x^k \log x}{(e^x+1)^2} dx = \Gamma(k+1) \sum_{\nu=2}^\infty \frac{(-1)^\nu (\nu-1)}{\nu^{k+1}} \left[\Psi(k+1)-\log\nu\right]$, $k>0$, $\hfill (313.11, 021.5);$

86c) $\int_0^\infty \frac{x^k \log x}{(e^x+1)^n} dx = (-1)^n \frac{\Gamma(k+1)}{(n-1)!} \sum_{\nu=n}^\infty \frac{(-1)^\nu (\nu-1; -1; n-1)}{\nu^{k+1}} \left[\Psi(k+1)-\log\nu\right]$, $k>n-2$, $\hfill (021.5).$

87a) $\int_0^\infty \frac{(x-q)e^x-q}{(e^x+1)^2} x^{q-1} \log x \, dx = \Gamma(q) \sum_{\nu=1}^\infty \frac{(-1)^{\nu-1}}{\nu^q}$, $\quad q>0$, $\hfill (86);$

87b) $\int_0^\infty \frac{(x-2n)e^x-2n}{(e^x+1)^2} x^{2n-1} \log x \, dx = \frac{2^{2n-1}-1}{2n} \pi^{2n} |B_{2n}|$, $n=1,2,\ldots$ $\hfill (87a).$

88) $\int_0^\infty f(x^p+x^{-p}) \log x \frac{dx}{x} = 0$, $\hfill \left(x=\frac{1}{y}\right).$

89) $\int_0^\infty f(x^p+x^{-p}) \frac{\log x}{1+x^2} dx = 0$, $\hfill \left(x=\frac{1}{y}\right).$

90) $\int_0^\infty f\left(\frac{x^p}{a}+\frac{a}{x^p}\right) \frac{\log x}{x} dx = \frac{\log a}{p} \int_0^\infty f\left(\frac{x^p}{a}+\frac{a}{x^p}\right) \frac{dx}{x}$, $\quad a,p>0$, $\hfill (031.9a).$

91) $\int_0^\infty e^{-\lambda(\frac{x}{a}+\frac{a}{x})} \frac{\log x}{x} dx = 2\log a \cdot \mathcal{K}_0(2\lambda)$, $\quad a,\lambda>0$, $\hfill (031.9a, 314.9e).$

92a) $\int_0^\infty e^{-ax-\frac{b}{x}} \frac{2ax^2-x-2b}{x\sqrt{x}} \log x \, dx = 2\sqrt{\frac{\pi}{a}} e^{-2\sqrt{ab}}$, $\quad a>0, b\geq 0$, $\hfill (314.9a, 021.3);$

92b) $\int_0^\infty e^{-ax-\frac{b}{x}} \frac{2ax^2-3x-2b}{\sqrt{x}} \log x \, dx = \frac{1+2\sqrt{ab}}{a}\sqrt{\frac{\pi}{a}} e^{-2\sqrt{ab}}$, $\quad a>0, b\geq 0$,
$\hfill (314.9b, 021.3);$

92c) $\int_0^\infty e^{-ax-\frac{b}{x}} \frac{ax^2-b}{x^2} \log x \, dx = 2\mathcal{K}_0(2\sqrt{ab})$, $\quad a>0, b>0$, $\hfill (314.9e, 021.3).$

93) $\int_0^\infty e^{-\lambda x^m} x^k \log x \, dx = \frac{1}{m^2} \lambda^{-\frac{k+1}{m}} \Gamma\left(\frac{k+1}{m}\right)\left[\Psi\left(\frac{k+1}{m}\right)-\log\lambda\right]$, $k>-1, m>0, \lambda>0$,
$\hfill (83, 314.14, 021.3).$

325. Integrale der Form $\int f(x) \log[g(x)] dx$.[*]

1) $\int_0^1 x^{k-1} \log(1+x) dx = \frac{1}{k} \log 2 - \frac{1}{2k}\left[\Psi\left(\frac{k+2}{2}\right) - \Psi\left(\frac{k+1}{2}\right)\right]$, $k > -1$ ($k \neq 0$), (421.10a, 021.3).

2) $\int_0^1 x^{k-1} \log(1+x^\alpha) dx = \frac{1}{k} \log 2 - \frac{1}{2k}\left[\Psi\left(\frac{k+2\alpha}{2\alpha}\right) - \Psi\left(\frac{k+\alpha}{2\alpha}\right)\right]$, $\alpha > 0$, $k > -\alpha$ ($k \neq 0$), (1, 021.4a);

2a) $\int_0^1 \log(1+x^\alpha) \frac{dx}{x} = \frac{\pi^2}{12\alpha}$, $\alpha > 0$, (2, $k \to 0$);

2b) $\int_0^1 x^{2n-1} \log(1+x) dx = \frac{1}{2n} \sum_{\nu=1}^{2n} \frac{(-1)^{\nu-1}}{\nu}$, $n = 1, 2, \ldots$ (1; I 323.11a);

2c) $\int_0^1 x^{2n} \log(1+x) dx = \frac{1}{2n+1}\left[\log 4 + \sum_{\nu=1}^{2n+1} \frac{(-1)^\nu}{\nu}\right]$, $n = 0, 1, 2, \ldots$ (1; I 323.11a);

2d) $\int_0^1 x^{2n-1} \log(1+x^2) dx = \frac{1-(-1)^n}{2n} \log 2 + \frac{(-1)^n}{2n} \sum_{\nu=1}^{n} \frac{(-1)^{\nu-1}}{\nu}$, $n = 1, 2, \ldots$ (2);

2e) $\int_0^1 x^{2n} \log(1+x^2) dx = \frac{\log 2}{2n+1} + \frac{(-1)^n}{2n+1}\left[\frac{\pi}{2} - 2\sum_{\nu=0}^{n} \frac{(-1)^\nu}{2\nu+1}\right]$, $n = 0, 1, 2, \ldots$ (2);

2f) $\int_0^1 x^{n-1/2} \log(1+x) dx = \frac{2\log 2}{2n+1} + \frac{(-1)^n \cdot 4}{2n+1}\left[\pi - \sum_{\nu=0}^{n} \frac{(-1)^\nu}{2\nu+1}\right]$, $n = 0, 1, 2, \ldots$ (2e);

2g) $\int_0^1 \frac{\log(1+x^2)}{x^2} dx = \frac{\pi}{2} - \log 2$, (2).

3) $\int_0^\infty \frac{\log(1+x)}{x^{2-k}} dx = \frac{\pi}{(1-k)\sin \pi k}$, $0 < k < 1$, (421.13d, 021.3).

4a) $\int_0^\infty x^{-\lambda} \log(1+x^\alpha) dx = \frac{\pi}{(\lambda-1)\sin \frac{\pi(\lambda-1)}{\alpha}}$, $1 < \lambda < \alpha+1$, ($x^\alpha = y$, 3);

4b) $\int_0^\infty x^{-\alpha} \log(1+x^\alpha) dx = \frac{\pi}{(\alpha-1)\sin \frac{\pi}{\alpha}}$, $\alpha > 1$, (4a);

4c) $\int_0^\infty \frac{\log(1+x^2)}{x^2} dx = \pi$, (4b).

---

[*] Siehe auch 338.

325

5) $\int_0^1 x^{k-1} \log(1-x)\,dx = -\frac{1}{k}\left[\mathscr{C} + \Psi(k+1)\right]$, $k > -1\,(k \neq 0)$, $\qquad$ (431.3a, 021.3).

6a) $\int_0^1 x^{k-1} \log(1-x^\alpha)\,dx = -\frac{1}{k}\left[\mathscr{C} + \Psi\left(\frac{k+\alpha}{\alpha}\right)\right]$, $k > -\alpha\,(k \neq 0)$, $\alpha > 0$, $\qquad$ (5, 021.4a);

6b) $\int_0^1 \log(1-x^\alpha)\frac{dx}{x} = -\frac{\pi^2}{6\alpha}$, $\alpha > 0$, $\qquad$ (6a, $k \to 0$);

6c) $\int_0^1 x^n \log(1-x)\,dx = -\frac{1}{n+1}\sum_{\nu=1}^{n+1}\frac{1}{\nu}$, $n = 0,1,2,\ldots$ $\qquad$ (5);

6d) $\int_0^1 \frac{\log(1-x^2)}{x^2}\,dx = -\log 4$, $\qquad$ (6a).

7) $\int_0^{1/2} \log(1-x)\frac{dx}{x} = \frac{1}{2}\log^2 2 - \frac{\pi^2}{12}$, $\qquad$ (021.3, 6b).

8) $\int_0^\infty x^{k-1} \log|x-1|\,dx = \frac{\pi}{k}\operatorname{ctg}\pi k$, $-1 < k < 0$, $\qquad$ (021.8, 5, 324.1a).

8a) $\int_0^\infty x^{-\lambda-1} \log|x^\alpha - 1|\,dx = \frac{\pi}{\lambda}\operatorname{ctg}\frac{\pi\lambda}{\alpha}$, $0 < \lambda < \alpha$, $\qquad$ (8);

8b) $\int_0^\infty x^{-\alpha} \log|x^\alpha - 1|\,dx = \frac{\pi}{1-\alpha}\operatorname{ctg}\frac{\pi}{\alpha}$, $\alpha > 1$, $\qquad$ (8a);

8c) $\int_0^\infty \frac{\log|x^2-1|}{x^2}\,dx = 0$, $\qquad$ (8b).

9) $\int_0^a \log\frac{a+x}{a-x}\cdot\frac{dx}{x} = \frac{\pi^2}{4}$, $a \neq 0$, $\qquad$ (2a, 6b, I 323.14b).

10) $\int_1^\infty \frac{\log(x-1)}{x^2+x+1}\,dx = \frac{\pi}{6\sqrt{3}}\log 3$, $\qquad$ ($x-1=y$, 324.13c).

11a) $\int_0^1 x^{k-1}\log(1+x+x^2+\cdots+x^{n-1})\,dx = \frac{1}{k}\left[\Psi(k+1) - \Psi\left(\frac{k+n}{n}\right)\right]$, $k > -1\,(k \neq 0)$, $n = 2,3,\ldots$ $\qquad$ (6a);

11b) $\int_0^1 \log(1+x+x^2+\cdots+x^{n-1})\frac{dx}{x} = \frac{\pi^2}{6}\left(1-\frac{1}{n}\right)$, $n = 2,3,\ldots$ $\qquad$ (6b);

325

11c) $\int_0^\infty \log(1+x+x^2+\cdots+x^{n-1})\frac{dx}{x^{\lambda+1}} = \frac{\pi}{\lambda}\left(\operatorname{ctg}\frac{\pi\lambda}{n} - \operatorname{ctg}\pi\lambda\right)$, $0<\lambda<1, n=2,3,\ldots$ (8a).

12) $\int_0^\alpha \frac{\log(1+\alpha x)}{1+x^2}dx = \frac{1}{2}\operatorname{Arctg}\alpha \cdot \log(1+\alpha^2)$, (021.5, I 322.10, I 342.7c).

13a) $\int_0^1 \frac{\log(1+x)}{1+x^2}dx = \frac{\pi}{8}\log 2$, (12, $\alpha=1$);

13b) $\int_0^\infty \sim\ = 2\int_0^1 \sim\ +\mathscr{G} = 2\int_1^\infty \sim\ -\mathscr{G} = \frac{\pi}{4}\log 2 + \mathscr{G}$, (324.7a).

14) $\int_0^1 \log\frac{1+x}{x} \cdot \frac{dx}{1+x^2} = \frac{\pi}{8}\log 2 + \mathscr{G}$, (13a, 324.7a).

15) $\int_0^1 \frac{\log(1+x^2)}{1+x^2}dx = \int_1^\infty \sim\ -2\mathscr{G} = \frac{1}{2}\int_0^\infty \sim\ -\mathscr{G} = \frac{\pi}{2}\log 2 - \mathscr{G}$, (324.7a, $x=\operatorname{tg}y$, 322.6b).

16) $\int_0^1 \frac{\log|1-x|}{1+x^2}dx = \int_1^\infty \sim\ -\mathscr{G} = \frac{1}{2}\int_0^\infty \sim\ -\frac{1}{2}\mathscr{G} = \frac{\pi}{8}\log 2 - \mathscr{G}$, (324.7a, $x=\operatorname{tg}y$, 322.9e).

17) $\int_0^1 \frac{\log|1-x^2|}{1+x^2}dx = \int_1^\infty \sim\ -2\mathscr{G} = \frac{1}{2}\int_0^\infty \sim\ -\mathscr{G} = \frac{\pi}{4}\log 2 - \mathscr{G}$, (324.7a, 13a, 16).

18) $\int_0^\infty \frac{\log(a^2x^2+b^2)}{c^2x^2+d^2}dx = \frac{\pi}{cd}\log\left(\frac{ad+bc}{c}\right)$, $a,b,c,d>0$, (021.5, 131.6a);

18a) $\int_0^\infty \frac{\log(a^2x^2+b^2)}{(c^2x^2+d^2)^2}dx = \frac{\pi}{2cd^3}\left[\log\left(\frac{ad+bc}{c}\right) - \frac{ad}{ad+bc}\right]$, $a,b,c,d>0$, (18, 021.5);

18b) $\int_0^\infty \frac{x^2\log(a^2x^2+b^2)}{(c^2x^2+d^2)^2}dx = \frac{\pi}{2c^3d}\left[\log\left(\frac{ad+bc}{c}\right) + \frac{ad}{ad+bc}\right]$, $a,b,c,d>0$, (18, 021.5).

19) $\int_0^1 x^{\kappa-1}(1-x)^{\lambda-1}\log(1-x)dx = B(\kappa,\lambda)\left[\Psi(\lambda) - \Psi(\kappa+\lambda)\right]$, $\kappa>-1(\kappa\neq 0), \lambda>0$, (421.1, 021.5);

19a) $\int_0^1 \frac{(1-x)^{\lambda-1}}{x}\log(1-x)dx = -\Psi'(\lambda)$, $\lambda>0$, (19, $\kappa\to 0$).

20) $\int_0^1 \frac{\log(1\pm x)}{\sqrt{1-x^2}}dx = -\frac{\pi}{2}\log 2 \pm 2\mathscr{G}$, ($x=\sin y$, 322.16a).

325

21a) $\int_0^1 \frac{\log(1+\alpha x)}{x\sqrt{1-x^2}}dx = \frac{1}{2}\text{Arcsin}\,\alpha\cdot(\pi-\text{Arcsin}\,\alpha) = \frac{\pi^2}{8} - \frac{1}{2}(\text{Arccos}\,\alpha)^2, \quad |\alpha|\leq 1,$
$$\text{(021.5, I236.3d, I341.7b);}$$

21b) $\int_0^1 \frac{\log(1+\alpha x^2)}{\sqrt{1-x^2}}dx = \pi\log\frac{1+\sqrt{1+\alpha}}{2}, \quad \alpha\geq -1,$
$$\text{(021.5, I236.19b-20, I212.9a);}$$

21c) $\int_0^1 \log\left(\frac{1+\alpha x}{1-\alpha x}\right)\cdot\frac{dx}{x\sqrt{1-x^2}} = \pi\,\text{Arcsin}\,\alpha, \quad |\alpha|\leq 1, \qquad (21a);$

21d) $\int_0^1 \log\left(\frac{1+x^2\sin\alpha}{1-x^2\sin\alpha}\right)\cdot\frac{dx}{\sqrt{1-x^2}} = \pi\log\frac{1+\sin\frac{\alpha}{2}}{\cos\frac{\alpha}{2}}, \quad |\alpha|<\pi, \qquad (21b);$

21e) $\int_{-a}^{a} \frac{\log(1+bx)}{\sqrt{a^2-x^2}}dx = \pi\log\frac{1+\sqrt{1-a^2b^2}}{2}, \quad 0\leq |b|\leq \frac{1}{a}, \qquad (21b).$

22a) $\int_0^1 \frac{x\log(1+\alpha x)}{\sqrt{1-x^2}}dx = -1+\frac{\pi}{2}\cdot\frac{1-\sqrt{1-\alpha^2}}{\alpha} + \frac{\sqrt{1-\alpha^2}}{\alpha}\text{Arcsin}\,\alpha, \quad |\alpha|\leq 1,$

22b) $\qquad\qquad = -1+\frac{\pi}{2\alpha}+\frac{\sqrt{\alpha^2-1}}{\alpha}\log(\alpha+\sqrt{\alpha^2-1}), \quad \alpha\geq 1$
$$\text{(I323.1, I231.1c);}$$

22c) $\int_0^1 \frac{x\log(1\pm x)}{\sqrt{1-x^2}}dx = -1\pm\frac{\pi}{2}, \qquad (22a).$

23a) $\int_0^1 \frac{\log(1-x^2)}{\sqrt{(1-x^2)(1-k^2x^2)}}dx = \log\frac{k'}{k}\cdot\mathbf{K}(k) - \frac{\pi}{2}\mathbf{K}(k'), \quad k'=\sqrt{1-k^2},\ 0<k<1,$
$$\text{(221.14, 324.58);}$$

23b) $\int_0^1 \log\left(\frac{1-kx^2}{1+kx^2}\right)\cdot\frac{dx}{\sqrt{(1-x^2)(1-k^2x^2)}} = \frac{1}{2}\log\left(\frac{1-k}{1+k}\right)\cdot\mathbf{K}(k),\ 0\leq k<1, \quad (221.14);$

23c) $\int_0^1 \frac{\log(1+kx^2)}{\sqrt{(1-x^2)(1-k^2x^2)}}dx = \frac{1}{2}\log\left(\frac{2(1+k)}{\sqrt{k}}\right)\cdot\mathbf{K}(k) - \frac{\pi}{8}\mathbf{K}(k'),\ k'=\sqrt{1-k^2},\ 0<k<1,$
$$\text{(021.10, B.d.H);}$$

23d) $\int_0^1 \frac{\log(1-kx^2)}{\sqrt{(1-x^2)(1-k^2x^2)}}dx = \frac{1}{2}\log\left(\frac{2(1-k)}{\sqrt{k}}\right)\cdot\mathbf{K}(k) - \frac{\pi}{8}\mathbf{K}(k'),\ k'=\sqrt{1-k^2},\ 0<k<1,$
$$\text{(23b,c).}$$

24) $\int_0^1 x^{\kappa-1}\left(\log\frac{1}{x}\right)^{\lambda-1}\log_2\left(\frac{1}{x}\right)dx = \frac{\Gamma(\lambda)}{\kappa^\lambda}\left[\Psi(\lambda)-\log\kappa\right],\ \kappa>0,\ \lambda>0,$
$$\text{(324.1, 021.5);}^{*)}$$

24a) $\int_0^1 x^{\kappa-1}\log_2\left(\frac{1}{x}\right)dx = -\frac{1}{\kappa}(\mathscr{E}+\log\kappa),\ \kappa>0, \qquad (24,\lambda=1);^{*)}$

$^{*)}\log_2 x = \log(\log x).$

325

24b) $\int_0^1 \log_2\left(\frac{1}{x}\right)dx = -\mathscr{E}$, (24a, к=1);[*]

24c) $\int_0^a x^{k-1}\log_2\left(\frac{1}{x}\right)dx = \frac{a^k}{k}\log_2\left(\frac{1}{a}\right) - \frac{1}{k}\ell i(a^k)$, к>0, 0<a<1, (I 323.4a);[*]

25) $\int_0^1 \left(\log\frac{1}{x}\right)^{k-1}\log_2\left(\frac{1}{x}\right)\frac{dx}{x+1} = \Gamma(k)\sum_{\nu=1}^\infty \frac{(-1)^{\nu-1}}{\nu^k}\left[\Psi(k) - \log\nu\right]$, к>0,

$\quad\quad\quad\quad\quad\quad\quad\quad\quad\quad\quad\quad\quad\quad\quad\quad\quad\quad\quad\quad\quad\quad\quad\quad$ $(x=\log\frac{1}{y}, 324, 86a)$;[*]

25a) $\int_0^1 \log_2\left(\frac{1}{x}\right)\frac{dx}{x+1} = -\mathscr{E}\log 2 + \sum_{\nu=2}^\infty (-1)^\nu \frac{\log\nu}{\nu}$,[**] (25, к=1);[*]

26) $\int_0^1 \log_2\left(\frac{1}{x}\right)\frac{dx}{x+e^{i\lambda}} = \sum_{\nu=1}^\infty \frac{(-1)^\nu}{\nu}e^{-i\nu\lambda}(\mathscr{E}+\log\nu)$, (021.7, 24a).[*]

27) $\int_0^1 \frac{\log_2\left(\frac{1}{x}\right)}{x^2+2x\cos\lambda+1}dx = \frac{1}{2\sin\lambda}\left[\lambda\log 2\pi + \pi\log\frac{\Gamma\left(\frac{1}{2}+\frac{\lambda}{2\pi}\right)}{\Gamma\left(\frac{1}{2}-\frac{\lambda}{2\pi}\right)}\right]$, $0<\lambda<\pi$,

$\quad\quad\quad\quad\quad\quad\quad\quad\quad\quad\quad\quad\quad\quad\quad\quad\quad\quad\quad\quad\quad\quad\quad\quad\quad\quad\quad\quad$ (26);[*][***]

27a) $\int_0^1 \frac{\log_2\left(\frac{1}{x}\right)}{1+x^2}dx = \int_1^\infty \frac{\log_2 x}{1+x^2}dx = \frac{\pi}{2}\log\left(\frac{\sqrt{2\pi}\,\Gamma\left(\frac{3}{4}\right)}{\Gamma\left(\frac{1}{4}\right)}\right)$, (27, $\lambda=\frac{\pi}{2}$);[*]

27b) $\int_0^1 \frac{\log_2\left(\frac{1}{x}\right)}{(1+x)^2}dx = \int_1^\infty \frac{\log_2 x}{(1+x)^2}dx = -\frac{1}{2}\mathscr{E} + \frac{1}{2}\log\frac{\pi}{2}$, (27, $\lambda\to 0$);[*]

27c) $\int_0^1 \frac{\log_2\left(\frac{1}{x}\right)}{1+x+x^2}dx = \int_1^\infty \frac{\log_2 x}{1+x+x^2}dx = \frac{\pi}{\sqrt{3}}\log\left(\frac{\Gamma\left(\frac{2}{3}\right)}{\Gamma\left(\frac{1}{3}\right)}\sqrt[3]{2\pi}\right)$, (27, $\lambda=\frac{\pi}{3}$);[*]

27d) $\int_0^1 \frac{\log_2\left(\frac{1}{x}\right)}{1-x+x^2}dx = \int_1^\infty \frac{\log_2 x}{1-x+x^2}dx = \frac{2\pi}{\sqrt{3}}\left(\frac{5}{6}\log 2\pi - \log\Gamma\left(\frac{1}{6}\right)\right)$, (27, $\lambda=\frac{2\pi}{3}$).[*]

28) $\int_0^\infty x^{k-1}\log(a^2+\log^2 x)dx = \frac{2}{k}\left[-\cos ak\cdot Ci(ak) - \sin ak\cdot Si(ak) + \log a + \frac{\pi}{2}\sin ak\right]$,

$\quad\quad\quad\quad\quad\quad\quad\quad\quad\quad\quad\quad\quad$ $a>0$, к>0, (326.2, 021.6, 327.15-18);

29) $\int_0^\infty \log(1-e^{-2a\pi x})\frac{dx}{1+x^2} = \pi\left[\frac{1}{2}\log 2a\pi + a(\log a - 1) - \log\Gamma(a+1)\right]$, $a>0$,

$\quad\quad\quad\quad\quad\quad\quad\quad\quad\quad\quad\quad\quad\quad\quad\quad\quad\quad\quad\quad\quad\quad\quad\quad\quad\quad$ (021.3, 411.11e).

---

[*] $\log_2 x = \log(\log x)$.

[**] $\sum_{\nu=2}^\infty (-1)^\nu \frac{\log\nu}{\nu} = 0.159868905\ldots$

[***] $\sum_{\nu=1}^\infty (-1)^\nu \frac{\log\nu}{\nu}\sin\nu x = \frac{\pi}{2}\log\frac{\Gamma\left(\frac{1}{2}+\frac{x}{2\pi}\right)}{\Gamma\left(\frac{1}{2}-\frac{x}{2\pi}\right)} + \frac{x}{2}(\mathscr{E}+\log 2\pi)$, $0\leq x<2\pi$,

$\quad\quad\quad\quad\quad\quad\quad\quad\quad\quad\quad\quad\quad\quad\quad\quad\quad\quad\quad\quad\quad\quad\quad\quad\quad\quad\quad\quad$ (411.11c).

325

30) $\int_0^1 \log(1-2x\cos\lambda+x^2)\dfrac{dx}{x} = -\dfrac{\pi^2}{3}+\pi\lambda-\dfrac{\lambda^2}{2}$, (I 323.12b, 323.7b).

31) $\int_0^{n\pi} x\log|\sin x|\,dx = -\dfrac{n^2\pi^2}{2}\log 2$, $n=0,1,2,\ldots$ (333.37a, 322.5a).

32) $\int_0^\infty \log|\cos x|\cdot\operatorname{tg} x\cdot\dfrac{dx}{x} = -\dfrac{\pi}{2}\log 2$, (333.39a, 322.5b).

33) $\int_{-a}^a x\log(e^{px}+e^{-px})\,dx = \oint_{-\infty}^{\infty} \sim = 0$, $a\geq 0$, (021.8, 021.4a).

34) $\int_0^\infty \log|\sin x|\dfrac{dx}{x^2+p^2} = \dfrac{\pi}{2p}\log\dfrac{1-e^{-2p}}{2}$, $p>0$, (35a, $r\to -1$).

35a) $\int_0^\infty \dfrac{\log(1+2r\cos x+r^2)}{x^2+p^2}dx = \dfrac{\pi}{p}\log(1+re^{-p})$, $|r|<1$, $p>0$, (021.7, 333.67a)*⁾;

35b) $\int_0^\infty \dfrac{\log(1+2r\cos\lambda x+r^2)}{(x^2+p^2)^2}dx = \dfrac{\pi}{2p^3}\log(1+re^{-\lambda p}) + \dfrac{\pi r\lambda e^{-\lambda p}}{2p^2(1+re^{-\lambda p})}$,

$|r|<1, p,\lambda>0$, (35a, 021.5).

326

326. Integrale der Form $\int F(x,\log[f(x)])\,dx$.

1) $\int_0^1 \dfrac{x^{\kappa-1}dx}{a+\log x} = \int_0^1 \dfrac{dy}{a\kappa+\log y} = e^{-a\kappa}\operatorname{li}(e^{a\kappa}) = e^{-a\kappa}\operatorname{Ei}(a\kappa)$, $a<0, \kappa>0$, (327.1-2, I 321.6);

1a) $\int_0^1 \dfrac{x^{\kappa-1}dx}{ia+\log x} = e^{-ia\kappa}\operatorname{Ei}(ia\kappa) = (\cos a\kappa - i\sin a\kappa)\left(\operatorname{Ci}(a\kappa)+i\operatorname{Si}(a\kappa)-\dfrac{i\pi}{2}\right)$,

$a>0, \kappa>0$, (327.1e);

2) $\int_0^1 \dfrac{x^{\kappa-1}dx}{a^2+\log^2 x} = \dfrac{1}{a}\left[\sin a\kappa\,\operatorname{Ci}(a\kappa)-\cos a\kappa\,\operatorname{Si}(a\kappa)+\dfrac{\pi}{2}\cos a\kappa\right]$, $a>0,\kappa>0$, (1a).

3) $\int_0^1 \log^{2n}x\,\log(1+x^m)\dfrac{dx}{x} = (-1)^n\dfrac{(2^{2n+1}-1)\pi^{2n+2}}{m^{2n+1}(2n+1)(2n+2)}B_{2n+2}$, $m>0, n=0,1,2,\ldots$ (021.7, 324.1);

---

*⁾ $\log(1+2r\cos x+r^2) = 2\sum_{n=1}^\infty (-1)^{n-1}\dfrac{r^n\cos nx}{n}$, $|r|<1$.

326

3a) $\int_0^1 \log^2 x \, \log(1+x^2) \frac{dx}{x} = \frac{7\pi^4}{2880}$, (3).

4) $\int_0^1 \log^{2n} x \, \log(1-x^m) \frac{dx}{x} = (-1)^{n+1} \frac{(2\pi)^{2n+2} B_{2n+2}}{2m^{2n+1}(2n+1)(2n+2)}$, $m>0$, $n=0,1,2,\ldots$ (021.7, 324.1);

4a) $\int_0^1 \log^2 x \, \log(1-x^2) \frac{dx}{x} = -\frac{\pi^4}{360}$, (4).

5) $\int_0^1 x^m \log x \, \log(1+x) \, dx = \frac{(-1)^{m-1}-1}{(m+1)^2} \log 2 + \frac{(-1)^{m+1}}{m+1}\left[\frac{\pi^2}{12} - \sum_{\mu=1}^{m+1} \frac{(-1)^{\mu-1}}{\mu}\left(\frac{1}{m+1}+\frac{1}{\mu}\right)\right]$,
$m = 0,1,2,\ldots$ (021.7, 324.1);

5a) $\int_0^1 \log x \, \log(1+x) \, dx = 2 - 2\log 2 - \frac{\pi^2}{12}$, (5);

5b) $\int_0^1 x \log x \, \log(1+x) \, dx = \frac{\pi^2}{24} - \frac{1}{2}$, (5).

6) $\int_0^1 x^m \log x \, \log(1-x) \, dx = \frac{1}{m+1}\sum_{\mu=1}^{m+1} \frac{1}{\mu}\left(\frac{1}{m+1}+\frac{1}{\mu}\right) - \frac{\pi^2}{6(m+1)}$, $m=0,1,2,\ldots$ (021.7, 324.1);

6a) $\int_0^1 \log x \, \log(1-x) \, dx = 2 - \frac{\pi^2}{6}$, (6);

6b) $\int_0^1 x \log x \, \log(1-x) \, dx = 1 - \frac{\pi^2}{12}$, (6).

7) $\int_0^1 \left[\frac{1}{\log x} + \frac{x^{k-1}}{1-x}\right] dx = -\Psi(k)$, $k>0$, (411.6b);

7a) $\int_0^1 \left[\frac{1}{\log x} + \frac{1}{1-x}\right] dx = \mathscr{E}$, (411.10b).

8) $\int_0^1 \left[\frac{1}{\log^2 x} + \frac{(k-2)x^k - (k-1)x^{k-1}}{(1-x)^2}\right] dx = -\Psi(k) + k - \frac{3}{2}$, $k>0$, (7, 021.3);

8a) $\int_0^1 \left[\frac{1}{\log^2 x} - \frac{x}{(1-x)^2}\right] dx = \mathscr{E} - \frac{1}{2}$, (8).

9) $\int_0^1 \left[\frac{1}{\log x} + \frac{1+x}{2(1-x)}\right] \frac{x^{k-1}}{\log x} dx = -\log \Gamma(k) + (k-\frac{1}{2})\log k - k + \frac{1}{2}\log 2\pi$,
$k>0$, (411.11d);

326

9a) $\int_0^1 \left[\frac{1}{\log x} + \frac{1+x}{2(1-x)}\right] \frac{dx}{\log x} = \frac{1}{2}\log 2\pi - 1$, $\qquad$ (9, κ=1).

10) $\int_0^1 \left[\frac{1-x^\kappa}{1-x} - \kappa\right] \frac{dx}{\log x} = \log\Gamma(\kappa+1)$, $\kappa > -1$, $\qquad$ (411.11b).

11) $\int_0^1 \left[\frac{1}{(1-\log x)^\kappa} - x\right] \frac{dx}{x \log x} = \Psi(\kappa)$, $\kappa > 0$, $\qquad$ (411.6d);

11a) $\int_0^1 \left[\frac{1}{1-\log x} - x\right] \frac{dx}{x \log x} = -\mathscr{C}$, $\qquad$ (11, κ=1).

12) $\int_0^1 \left[\frac{x^{\kappa-1}}{\log x} + \frac{x^{\lambda-1}}{1-x}\right] dx = \log \kappa - \Psi(\lambda)$, $\kappa > 0, \lambda > 0$, $\qquad$ (7, 324.19a).

13) $\int_0^1 \left[\frac{1 + \kappa \log x}{1-x} + \frac{x \log x}{(1-x)^2}\right] x^\kappa dx = \Psi'(\kappa+1) - 1$, $\kappa > -1$, $\qquad$ (324.4, 021.3);

13a) $\int_0^1 \left[\frac{1}{1-x} + \frac{x \log x}{(1-x)^2}\right] dx = \frac{\pi^2}{6} - 1$, $\qquad$ (13, κ=0).

327

327. Exponentialintegral, Integrallogarithmus, Integralsinus, Integralkosinus und verwandte Funktionen.

1) $\mathrm{Ei}(z) = \int_{-\infty}^{z} \frac{e^t}{t} dt = -\int_{-z}^{\infty} \frac{e^{-t}}{t} dt$, $\qquad$ Exponentialintegral,

(analytische Funktion von z, eindeutig in der längs der positiven reellen Achse aufgeschnittenen komplexen z-Ebene:) $\qquad$ (I 312.3a);

1a) $\mathrm{Ei}(x) = \frac{e^x}{x}\left(1 + \frac{1!}{x} + \frac{2!}{x^2} + \cdots + \frac{n!}{x^n}\right) + (n+1)! \int_{-\infty}^{x} \frac{e^t}{t^{n+2}} dt$, $-\infty < x < 0$,

(asymptotische Reihe, 021.3);

1b) $= \mathrm{Ei}(-n) + \log\left(-\frac{x}{n}\right) + \sum_{\nu=1}^{\infty} \frac{x^\nu - (-n)^\nu}{\nu \cdot \nu!}$, $-\infty < -n < x < 0$, (021.7);

327

1c) $\quad \text{Ei}(x \pm i0) = \text{Ei}(-x) \mp \pi i + 2 \sum_{\nu=0}^{\infty} \frac{x^{2\nu+1}}{(2\nu+1)(2\nu+1)!}, \quad 0 < x < \infty,$ (021.12);

1d) $\quad \text{Ei}(\pm ix) = \int_{\pm i\infty}^{\pm ix} \frac{e^t}{t} dt = \int_{\infty}^{x} \frac{e^{\pm it}}{t} dt, \quad 0 < x < \infty,$ (021.12);

1e) $\quad \text{Ei}(\pm ix) = \text{Ci}(x) \pm i\left(\text{Si}(x) - \frac{\pi}{2}\right), \quad 0 < x < \infty,$ (1d,3,4);

1f) $\quad \text{Ei}^*(x) = \frac{1}{2}\text{Ei}(x+i0) + \frac{1}{2}\text{Ei}(x-i0) = \text{Ei}(-x) + 2\sum_{\nu=0}^{\infty} \frac{x^{2\nu+1}}{(2\nu+1)(2\nu+1)!},$

$\qquad\qquad\qquad\qquad\qquad\qquad\qquad\qquad 0 < x < \infty,$ (1c).

2) $\quad \text{li}(z) = \int_0^z \frac{dt}{\log t}, \quad$ Integrallogarithmus,

(analytische Funktion von z, eindeutig in der längs der reellen Achse von $+1$ nach $+\infty$ und von 0 nach $-\infty$ aufgeschnittenen komplexen z-Ebene:

$\qquad\qquad\qquad\qquad\qquad\qquad\qquad\qquad\qquad\qquad$ (I 321.5);

2a) $\quad \text{li}(e^w) = \text{Ei}(w), \quad \text{li}(z) = \text{Ei}(\log z),$ (021.4a);

3) $\quad \text{Ci}(x) = -\int_x^{\infty} \frac{\cos t}{t} dt = \mathcal{E} + \log x - \int_0^x \frac{1-\cos t}{t} dt, \quad 0 < x < \infty,$

$\qquad\qquad\qquad\qquad\qquad\qquad$ Integralkosinus, (I 333.5a);

3a) $\quad = \mathcal{E} + \log x + \sum_{\nu=1}^{\infty} \frac{(-1)^\nu x^{2\nu}}{2\nu (2\nu)!},$ (021.7).

4) $\quad \text{Si}(x) = \int_0^x \frac{\sin t}{t} dt = \frac{\pi}{2} - \int_x^{\infty} \frac{\sin t}{t} dt,$ Integralsinus, (I 333.5b);

4a) $\quad = \sum_{\nu=0}^{\infty} \frac{(-1)^\nu x^{2\nu+1}}{(2\nu+1)(2\nu+1)!},$ (021.7).

5) $\quad \text{Li}(x) = \mathcal{E} + \log x + \int_0^x \frac{\cosh t - 1}{t} dt, \quad 0 < x < \infty,$

$\qquad\qquad\qquad\qquad\qquad$ hyperbolischer Integralkosinus;

5a) $\quad = \mathcal{E} + \log x + \sum_{\nu=1}^{\infty} \frac{x^{2\nu}}{2\nu (2\nu)!},$ (021.7).

327

6) $\operatorname{Shi}(x) = \int_0^x \frac{\operatorname{sinh} t}{t} dt = \frac{1}{2}\int_{-x}^x \sim$, hyperbolischer Integralsinus;

6a) $\qquad = \sum_{\nu=0}^{\infty} \frac{x^{2\nu+1}}{(2\nu+1)(2\nu+1)!}$, (021.7).

7) $\operatorname{Ei}(x) = \operatorname{Li}(-x) + \operatorname{Shi}(x)$, $-\infty < x < 0$, (5, 6, 411.10c).

8) $\operatorname{Shi}(-x) = -\operatorname{Shi}(x)$, $\operatorname{Shi}(ix) = i\operatorname{Si}(x)$, (6a, 4a).

9) $\int_x^{\infty} \frac{e^{ist}}{t+a} dt = -e^{-isa}\operatorname{Ei}(is(x+a)) =$

$\qquad = [-\cos sa + i\sin sa]\left[\operatorname{Ci}(sa+sx) + i\left(\operatorname{Si}(sa+sx) - \frac{\pi}{2}\right)\right]$,

$\qquad\qquad\qquad\qquad s > 0$, $a+x > 0$, (1e);

9a) $\int_0^{\infty} \frac{e^{ist}}{t+ia} dt = -e^{as}\operatorname{Ei}(-as)$, $a > 0$, $s > 0$, (9).

10) $\int_0^a \operatorname{Ei}(-sx) dx = a\operatorname{Ei}(-as) + \frac{e^{-as}-1}{s}$, $a > 0$, $s > 0$, (021.3).

11) $\int_0^{\infty} e^{-px}\operatorname{Ei}(-sx) dx = \frac{1}{p}\log\frac{s}{p+s}$, $p > 0$, $s > 0$, (021.3, 313.3b).

12a) $\int_0^{\infty} e^{-px}\operatorname{Ci}(sx) dx = -\frac{1}{2p}\log\left(1+\frac{p^2}{s^2}\right)$, $p > 0$, $s > 0$, (3a, 312.2a, 312.5b);

12b) $\int_0^{\infty} e^{-px}\operatorname{Si}(sx) dx = \frac{1}{p}\operatorname{Arctg}\frac{s}{p}$, $p > 0$, $s > 0$, (4a, 312.2a);

12c) $\int_0^{\infty} e^{-px}\operatorname{Chi}(sx) dx = \frac{1}{2p}\log\frac{s^2}{p^2-s^2}$, $0 < s < p$, (5a, 312.2a, 312.5b);

12d) $\int_0^{\infty} e^{-px}\operatorname{Shi}(sx) dx = \frac{1}{2p}\log\frac{p+s}{p-s}$, $0 < s < p$, (6a, 312.2a).

13) $\int_0^{\infty}(a\cos px + b\sin px)\operatorname{Ci}(sx) dx = -\frac{\varepsilon a\pi}{2p} + \frac{b}{2p}\log\frac{s^2}{|p^2-s^2|}$,

$\qquad\qquad\qquad \varepsilon = \begin{cases} 1 & \text{für } 0 < s < p, \\ 0 & \text{für } 0 < p < s, \end{cases}$ (021.3, 333.20-23);

327

13a) $\int_0^\infty \cos x\, Ci(x)\, dx = -\dfrac{\pi}{4}$, (021.3, 333.23).

14) $\int_0^\infty Ci(sx)\, Ci(tx)\, dx = \dfrac{\pi}{2t}$, $\quad 0 < s \le t$, (021.3, 13, 13a).

15) $\int_0^x \sin at\, Ci(bt)\, dt = \dfrac{1}{2a}\left[-2\cos ax\, Ci(bx) + Ci(ax+bx) + Ci(ax-bx) + \log\dfrac{b^2}{a^2-b^2}\right]$,

$\qquad 0 < b < a$, $x > 0$, (021.3);

15a) $\int_0^x \sin at\, Ci(at)\, dt = \dfrac{1}{2a}\left[-2\cos ax\, Ci(ax) + Ci(2ax) + \log\dfrac{ax}{2} + \mathscr{E}\right]$,

$\qquad a > 0$, $x > 0$, (021.3).

16) $\int_0^x \cos at\, Ci(bt)\, dt = \dfrac{1}{2a}\left[2\sin ax\, Ci(bx) - Si(ax+bx) - Si(ax-bx)\right]$,

$\qquad b > 0$, $a \ne 0$, (021.3);

16a) $\int_0^x Ci(bt)\, dt = x\, Ci(bx) - \dfrac{1}{b}\sin bx$, $\quad b > 0$, $x \ge 0$, (021.3).

17) $\int_0^x \sin at\, Si(bt)\, dt = \dfrac{1}{2a}\left[-2\cos ax\, Si(bx) + Si(ax+bx) - Si(ax-bx)\right]$,

$\qquad a \ne 0$, (021.3).

18) $\int_0^x \cos at\, Si(bt)\, dt = \dfrac{1}{2a}\left[2\sin ax\, Si(bx) + Ci(ax+bx) - Ci(ax-bx) + \log\dfrac{a-b}{a+b}\right]$,

$\qquad a \ne 0$, $a \pm b > 0$, $x > 0$, (021.3);

18a) $\int_0^x Si(bt)\, dt = x\, Si(bx) + \dfrac{\cos bx - 1}{b}$, $\quad b \ne 0$, (021.3);

18b) $\int_0^x \cos at\, Si(at)\, dt = \dfrac{1}{2a}\left[2\sin ax\, Si(ax) + Ci(2ax) - \log(2ax) - \mathscr{E}\right]$,

$\qquad a > 0$, $x > 0$, (021.3).

331. Integrale der Form $\int f(\sin x, \cos x)\,dx$.

A. Allgemeine Formeln.

1a) $\displaystyle\int_0^{\pi/2} f(\sin x, \cos x)\,dx = \int_0^{\pi/2} f(\cos y, \sin y)\,dy,$ $\qquad (x = \tfrac{\pi}{2} - y);$

1b) $\displaystyle\phantom{\int_0^{\pi/2} f(\sin x, \cos x)\,dx} = \int_0^1 f(y, \sqrt{1-y^2})\,\frac{dy}{\sqrt{1-y^2}},$ $\qquad (\sin x = y);$

1c) $\displaystyle\phantom{\int_0^{\pi/2} f(\sin x, \cos x)\,dx} = \int_0^1 f(\sqrt{y}, \sqrt{1-y})\,\frac{dy}{2\sqrt{y(1-y)}},$ $\qquad (\sin x = \sqrt{y}).$

2) $\displaystyle\int_0^{\pi} f(\sin x, \cos x)\,dx = \int_0^{\pi/2}\bigl[f(\sin x, \cos x) + f(\sin x, -\cos x)\bigr]dx,$
$\qquad\qquad\qquad\qquad\qquad\qquad\qquad\qquad\qquad (021.8,\ 021.4a).$

2a) $\displaystyle\int_0^{\pi} f(\sin x)\,dx = 2\int_0^{\pi/2} \sim\ ,$ $\qquad\qquad\qquad\qquad\qquad (2);$

2b) $\displaystyle\int_0^{\pi} f(\sin x)\cos x\,dx = 0,$ $\qquad\qquad\qquad\qquad\qquad (2).$

3) $\displaystyle\int_{-\pi/2}^{\pi/2} f(\sin x, \cos x)\,dx = \int_0^{\pi/2}\bigl[f(\sin x, \cos x) + f(-\sin x, \cos x)\bigr]dx,$
$\qquad\qquad\qquad\qquad\qquad\qquad\qquad\qquad\qquad (021.8,\ 021.4a).$

3a) $\displaystyle\int_{-\pi/2}^{\pi/2} f(\cos x)\,dx = 2\int_0^{\pi/2} \sim\ ,$ $\qquad\qquad\qquad\qquad (3);$

3b) $\displaystyle\int_{-\pi/2}^{\pi/2} f(\cos x)\sin x\,dx = 0,$ $\qquad\qquad\qquad\qquad\qquad (3).$

4a) $\displaystyle\int_0^{2\pi} f(\sin x, \cos x)\,dx = \int_{-\pi}^{\pi} \sim\ = \int_0^{\pi}\bigl[f(\sin x, \cos x) + f(-\sin x, \cos x)\bigr]dx,$
$\qquad\qquad\qquad\qquad\qquad\qquad\qquad\qquad\qquad (021.8,\ 021.4a);$

4b) $\displaystyle\phantom{\int_0^{2\pi} f(\sin x, \cos x)\,dx} = \int_0^{\pi/2}\bigl[f(\sin x, \cos x) + f(\sin x, -\cos x) + f(-\sin x, \cos x) + f(-\sin x, -\cos x)\bigr]dx,$
$\qquad\qquad\qquad\qquad\qquad\qquad\qquad\qquad\qquad (021.8,\ 021.4a).$

5a) $\displaystyle\int_\alpha^\beta f(\sin x, \cos x)\,dx = \int_{\alpha+2n\pi}^{\beta+2n\pi} \sim\ ,\qquad n = 0, \pm 1, \pm 2, \ldots$ $\qquad (021.4a);$

331

5b) $\displaystyle\int_\alpha^\beta f(\sin x,\cos x)\,dx = \int_{\alpha+(2n+1)\pi}^{\beta+(2n+1)\pi} f(-\sin y,-\cos y)\,dy$, $\quad n=0,\pm 1,\pm 2,\ldots$
$\hfill (x = y-(2n+1)\pi);$

5c) $\displaystyle\qquad\qquad = \int_{\alpha+\frac{2n+1}{2}\pi}^{\beta+\frac{2n+1}{2}\pi} f\!\left((-1)^{n+1}\cos y,\,(-1)^n \sin y\right)dy$, $\quad n=0,\pm 1,\pm 2,\ldots$
$\hfill \left(x = y-\tfrac{2n+1}{2}\pi\right).$

6) $\displaystyle\int_{(2n+\frac{1}{2})\pi}^{(2n+1)\pi} f(\sin x,\cos x)\,dx = \int_0^{\pi/2} f(\sin x,-\cos x)\,dx$, $\quad n=0,\pm 1,\pm 2,\ldots\hfill$ (5a, 2a).

7) $\displaystyle\int_{(2n+1)\pi}^{(2n+\frac{3}{2})\pi} f(\sin x,\cos x)\,dx = \int_0^{\pi/2} f(-\sin x,-\cos x)\,dx$, $\quad n=0,\pm 1,\pm 2,\ldots\hfill$ (5b).

8) $\displaystyle\int_{(2n+\frac{3}{2})\pi}^{(2n+2)\pi} f(\sin x,\cos x)\,dx = \int_0^{\pi/2} f(-\sin x,\cos x)\,dx$, $\quad n=0,\pm 1,\pm 2,\ldots\hfill$ (5b, 2a).

B. Integrale der Form $\int \sin^m x \cos^n x \, dx$.

21) $\displaystyle\int_0^{\pi/2} \sin^m x \cos^n x\,dx = \frac{\Gamma\!\left(\frac{m+1}{2}\right)\Gamma\!\left(\frac{n+1}{2}\right)}{2\,\Gamma\!\left(\frac{m+n+2}{2}\right)}$, $\quad m>-1$, $n>-1$, $\hfill$ (1c, 411.9);

21a) $\displaystyle\int_0^{\pi/2}\sin^{2m}x\cos^{2n}x\,dx = \tfrac{1}{2}\int_0^\pi \sim\; = \tfrac{1}{4}\int_0^{2\pi}\sim\; = \tfrac{1}{4}\int_{-\pi}^\pi \sim\; = \frac{(1,2;m)(1,2;n)\pi}{2^{m+n+1}(m+n)!}$,
$\hfill m,n=0,1,2,\ldots \quad (21);$

21b) $\displaystyle\int_0^{\pi/2}\sin^{2m+1}x\cos^{2n+1}x\,dx = -\int_{\pi/2}^\pi \sim\; = \frac{m!\,n!}{2(m+n+1)!}$, $\quad m,n=0,1,2,\ldots\hfill$ (21);

21c) $\displaystyle\int_0^{\pi/2}\sin^{2m}x\cos^{2n+1}x\,dx = -\int_{\pi/2}^\pi \sim\; = \frac{2^n\,n!}{(2m+1;\,2;\,n+1)}$, $\quad m,n=0,1,2,\ldots\hfill$ (21);

21d) $\displaystyle\int_0^{\pi/2}\sin^{2m+1}x\cos^{2n}x\,dx = \tfrac{1}{2}\int_0^\pi \sim\; = -\int_{-\pi/2}^0 \sim\; = \frac{2^m\,m!}{(2n+1;\,2;\,m+1)}$, $\quad m,n=0,1,2,\ldots$
$\hfill (21).$

331

22a) $\displaystyle\int_{k\pi}^{(k+\frac{1}{2})\pi} \sin^m x \cos^n x \, dx = (-1)^{k(m+n)} \frac{\Gamma\!\left(\frac{m+1}{2}\right)\Gamma\!\left(\frac{n+1}{2}\right)}{2\,\Gamma\!\left(\frac{m+n+2}{2}\right)}, \quad m,n>-1, \; k=0,\pm 1,\pm 2,\ldots$

(5a-b, 21);

22b) $\displaystyle\int_{(k+\frac{1}{2})\pi}^{(k+1)\pi} \sin^m x \cos^n x \, dx = (-1)^{km+(k+1)n} \frac{\Gamma\!\left(\frac{m+1}{2}\right)\Gamma\!\left(\frac{n+1}{2}\right)}{2\,\Gamma\!\left(\frac{m+n+2}{2}\right)},$

$m,n>-1, \; k=0,\pm 1,\pm 2,\ldots$ (6,8,21).

23) $\displaystyle\int_{k\pi}^{(k+1)\pi} \sin^m x \cos^n x \, dx = (-1)^{k(m+n)}\left[1+(-1)^n\right] \frac{\Gamma\!\left(\frac{m+1}{2}\right)\Gamma\!\left(\frac{n+1}{2}\right)}{2\,\Gamma\!\left(\frac{m+n+2}{2}\right)},$

$m,n>-1, \; k=0,\pm 1,\pm 2,\ldots$ (5,2,21);

23a) $\displaystyle\int_{k\pi}^{(k+1)\pi} \sin^m x \cos^{2n+1} x \, dx = 0, \quad m>-1, \; n=0,1,2,\ldots, \; k=0,\pm 1,\pm 2,\ldots$ (23).

24) $\displaystyle\int_{\alpha}^{\alpha+\pi} \sin^m x \cos^n x \, dx = \int_0^\pi \sim \; = \frac{1+(-1)^n}{2}\cdot\frac{\Gamma\!\left(\frac{m+1}{2}\right)\Gamma\!\left(\frac{n+1}{2}\right)}{\Gamma\!\left(\frac{m+n+2}{2}\right)},$

$m,n\geq 0, \; m+n=0,2,4,\ldots$ (5b, 23).

25) $\displaystyle\int_{\alpha}^{\alpha+2\pi} \sin^m x \cos^n x \, dx = \int_0^{2\pi} \sim \; = \frac{\left[1+(-1)^m\right]\left[1+(-1)^n\right]}{2}\cdot\frac{\Gamma\!\left(\frac{m+1}{2}\right)\Gamma\!\left(\frac{n+1}{2}\right)}{\Gamma\!\left(\frac{m+n+2}{2}\right)},$

$m,n>-1,$ (5a).

26a) $\displaystyle\int_{k\pi}^{(k+\frac{1}{2})\pi} \sin^m x \cos x \, dx = \frac{(-1)^{k(m+1)}}{m+1}, \quad m=0,1,2,\ldots, \; k=0,\pm 1,\pm 2,\ldots$ (22a);

26b) $\displaystyle\int_{(k+\frac{1}{2})\pi}^{(k+1)\pi} \sin^m x \cos x \, dx = \frac{(-1)^{k(m+1)+1}}{m+1}, \quad m=0,1,2,\ldots, \; k=0,\pm 1,\pm 2,\ldots$ (22b);

26c) $\displaystyle\int_{k\pi}^{(k+\frac{1}{2})\pi} \sin x \cos^n x \, dx = \frac{(-1)^{k(n+1)}}{n+1}, \quad n=0,1,2,\ldots, \; k=0,\pm 1,\pm 2,\ldots$ (22a);

26d) $\displaystyle\int_{(k+\frac{1}{2})\pi}^{(k+1)\pi} \sin x \cos^n x \, dx = \frac{(-1)^{k(n+1)+n}}{n+1}, \quad n=0,1,2,\ldots, \; k=0,\pm 1,\pm 2,\ldots$ (22b).

27) $\int_0^{\pi/2} \sin^{2m}x\,dx = \int_{k\pi/2}^{(k+1)\pi/2} \sim = \frac{1}{2}\int_0^{\pi} \sim = \frac{1}{2}\int_{-\pi/2}^{\pi/2} \sim = \frac{1}{4}\int_0^{2\pi} \sim = \frac{1}{4}\int_{-\pi}^{\pi} \sim = \frac{(1;2;m)\pi}{2^{m+1}m!}$,

$\qquad m=0,1,2,\ldots,\ k=0,\pm 1,\pm 2,\ldots,\quad$ (21a);

28) $\int_0^{\pi/2} \sin^{2m+1}x\,dx = (-1)^k\int_{k\pi}^{(k+\frac{1}{2})\pi} \sim = (-1)^k\int_{(k+\frac{1}{2})\pi}^{(k+1)\pi} \sim = \frac{1}{2}\int_0^{\pi} \sim = \frac{2^m m!}{(3;2;m)}$,

$\qquad m=0,1,2,\ldots,\ k=0,\pm 1,\pm 2,\ldots,\quad$ (21d);

28a) $\int_0^{\pi/2} \sin x\,dx = 1$, $\qquad\qquad$ (28);

28b) $\int_0^{\pi/2} \sin^2 x\,dx = \frac{\pi}{4}$, $\qquad\qquad$ (27);

28c) $\int_0^{\pi/2} \frac{dx}{\sqrt{\sin x}} = \frac{[\Gamma(\frac{1}{4})]^2}{2\sqrt{2\pi}}$, $\qquad\qquad$ (21, 411.5);

28d) $\int_0^{\pi/2} \sin^\nu x\,dx = \frac{1}{2}\int_0^{\pi} \sim = \frac{\sqrt{\pi}\,\Gamma(\frac{\nu+1}{2})}{2\Gamma(\frac{\nu}{2}+1)}$, $\quad \nu > -1$, $\qquad$ (21);

28e) $\int_0^{2\pi} \sin^{2m+1}x\,dx = \int_{-\alpha}^{\alpha} \sim = 0$, $\quad m = 0,1,2,\ldots$ $\qquad$ (021.8, 021.4a).

29) $\int_0^{\pi/2} \cos^{2n}x\,dx = \int_{k\pi/2}^{(k+1)\pi/2} \sim = \frac{1}{2}\int_0^{\pi} \sim = \frac{1}{2}\int_{-\pi/2}^{\pi/2} \sim = \frac{1}{4}\int_0^{2\pi} \sim = \frac{1}{4}\int_{-\pi}^{\pi} \sim = \frac{(1;2;n)\pi}{2^{n+1}n!}$,

$\qquad n=0,1,2,\ldots,\ k=0,\pm 1,\pm 2,\ldots,\quad$ (21a);

30) $\int_0^{\pi/2} \cos^{2n+1}x\,dx = (-1)^k\int_{k\pi}^{(k+\frac{1}{2})\pi} \sim = (-1)^k\int_{(k-\frac{1}{2})\pi}^{k\pi} \sim = \frac{1}{2}\int_{-\pi/2}^{\pi/2} \sim = \frac{2^n n!}{(3;2;n)}$,

$\qquad n=0,1,2,\ldots,\ k=0,\pm 1,\pm 2,\ldots,\quad$ (21c);

30a) $\int_0^{\pi/2} \cos x\,dx = 1$, $\qquad\qquad$ (30);

30b) $\int_0^{\pi/2} \cos^2 x\,dx = \frac{\pi}{4}$, $\qquad\qquad$ (29);

30c) $\int_0^{\pi/2} \frac{dx}{\sqrt{\cos x}} = \frac{[\Gamma(\frac{1}{4})]^2}{2\sqrt{2\pi}}$, $\qquad\qquad$ (21; 411.5);

331

30d) $\int_0^{\pi/2} \cos^\nu x\, dx = \frac{1}{2}\int_{-\pi/2}^{\pi/2} \sim\ = \frac{\sqrt{\pi}\,\Gamma\!\left(\frac{\nu+1}{2}\right)}{2\,\Gamma\!\left(\frac{\nu}{2}+1\right)}, \qquad \nu > -1,$ \hfill (21);

30e) $\int_0^\pi \cos^{2n+1} x\, dx = \int_{k\pi}^{(k+1)\pi} \sim\ = 0, \quad n=0,1,2,\ldots\ k=0,\pm1,\pm2,\ldots$ \hfill (21).

31) $\int_0^{\pi/2} \operatorname{tg}^\lambda x\, dx = \int_0^{\pi/2} \operatorname{ctg}^\lambda x\, dx = \frac{\pi}{2\cos\frac{\lambda\pi}{2}},\quad -1<\lambda<1,$ \hfill ($\operatorname{tg} x = y$, 431.15 oder 332.15).

32a) $\int_0^{\pi/4} \operatorname{tg}^{2m} x\, dx = (-1)^m\!\left[\frac{\pi}{4} + \sum_{\nu=0}^{m-1}\frac{(-1)^{\nu-1}}{2\nu+1}\right],\quad m=0,1,2,\ldots$ \hfill (I 331.12b);

32b) $\int_0^{\pi/4} \operatorname{tg}^{2m+1} x\, dx = (-1)^m\!\left[\frac{1}{2}\log 2 + \sum_{\nu=1}^{m}\frac{(-1)^\nu}{2\nu}\right],\quad m=0,1,2,\ldots$ \hfill (I 331.12b);

32c) $\int_0^{\pi/4} \operatorname{tg}^n x\, dx = \sum_{\nu=0}^{\infty}\frac{(-1)^\nu}{n+2\nu+1},\quad n=0,1,2,\ldots$ \hfill (32a–b);

32d) $\int_0^{\pi/4} \operatorname{tg} x\, dx = \frac{1}{2}\log 2$ \hfill (32b).

33a) $\int_0^{\pi/4} \frac{dx}{\cos x} = \log(1+\sqrt{2}),$ \hfill (I 331.9c);

33b) $\int_0^{\pi/4} \frac{dx}{\cos^2 x} = 1,$ \hfill (I 331.9d);

33c) $\int_0^{\pi/4} \frac{dx}{\cos^n x} = \sum_{\nu=1}^{r}\frac{(n-2;-2;\nu-1)}{(n-1;-2;\nu)}\,2^{n/2-\nu} + s\cdot\frac{(1;2;r)}{(2;2;r)}\log(1+\sqrt{2}),$

$\qquad\qquad n = 2r+s,\ s=0,1;\ r=1,2,\ldots$ \hfill (I 331.9b).

34a) $\int_0^{\pi/4} \frac{\sin x}{\cos^n x}\, dx = \frac{2^{\frac{n-1}{2}}-1}{n-1},\quad n\ne 1,$ \hfill (I 331.11k);

34b) $\int_0^{\pi/4} \frac{\sin^n x}{\cos^{n+2} x}\, dx = \frac{1}{n+1},\quad n\ne -1,$ \hfill (I 331.11ℓ).

C. Integrand rational gebrochen.

41a) $\displaystyle\int_0^{\pi/2}\frac{dx}{a+b\sin x}=\frac{1}{2}\int_0^{\pi}\sim\ =\frac{1}{\sqrt{a^2-b^2}}\operatorname{Arccos}\frac{b}{a},\quad a>|b|,$ (I 331.16d);

41b) $\displaystyle(\!\oint)_0^{\pi/2}\sim\ =\frac{1}{\sqrt{b^2-a^2}}\log\left|\frac{b+\sqrt{b^2-a^2}}{a}\right|,\quad |b|>|a|>0,$ (I 331.16c);

41c) $\displaystyle\int_0^{\pi/2}\frac{dx}{1+\sin x}=\int_0^{\pi/2}\frac{dx}{1+\cos x}=1,$ (42a);

41d) $\displaystyle\int_0^{\pi/2}\frac{dx}{a+b\cos x}=\int_0^{\pi/2}\frac{dx}{a+b\sin x},$ (1a, 41a-b);

41e) $\displaystyle\int_0^{\pi}\sim\ =\frac{\pi}{\sqrt{a^2-b^2}},\quad a>|b|,$ (2, 41a);

41f) $\displaystyle\oint_0^{\pi}\sim\ =0,\quad |b|>|a|,$ (2, 41b).

42a) $\displaystyle\int_0^{\pi/2}\frac{A+B\sin x}{1+\sin x}dx=\int_0^{\pi/2}\frac{A+B\cos x}{1+\cos x}dx=A+B\left(\frac{\pi}{2}-1\right),$ (I 331.16f);

42b) $\displaystyle\int_0^{\pi/2}\frac{1-\sin x}{1+\sin x}dx=\int_0^{\pi/2}\frac{1-\cos x}{1+\cos x}dx=2-\frac{\pi}{2},$ (42a).

43a) $\displaystyle\int_0^{\pi/2}\frac{dx}{1+a^2+2a\cos x}=\frac{2}{1-a^2}\operatorname{Arctg}\frac{1-a}{1+a}=\frac{1}{|1-a^2|}\operatorname{Arccos}\frac{2a}{1+a^2},\quad a\neq\pm 1,$
(41a oder I 331.17d);

43b) $\displaystyle\int_0^{\pi}\sim\ =\frac{\pi}{|1-a^2|},\quad a\neq\pm 1,$ (41e).

44a) $\displaystyle\int_0^{\pi/2}\frac{dx}{(a+b\cos x)^2}=\frac{1}{a^2-b^2}\left[-\frac{b}{a}+\frac{a}{\sqrt{a^2-b^2}}\operatorname{Arccos}\frac{b}{a}\right],\quad a>|b|,$
(I 331.17a, 41a-d);

44b) $\displaystyle\phantom{\int_0^{\pi/2}\frac{dx}{(a+b\cos x)^2}}=\frac{1}{b^2-a^2}\left[\frac{b}{a}-\frac{a}{\sqrt{b^2-a^2}}\log\left(\frac{b+\sqrt{b^2-a^2}}{a}\right)\right],\quad b>a>0,$
(I 331.17a, 41b-d);

44c) $\displaystyle\int_0^{\pi}\sim\ =\frac{a\pi}{(a^2-b^2)^{3/2}},\quad a>|b|,$ (I 331.17a, 41e).

331

45a) $\displaystyle\int_0^\pi \frac{\cos x\, dx}{1+a^2+2a\cos x} = \frac{-a\pi}{1-a^2}, \quad |a|<1,$ (021.4b, 41e);

45b) $\displaystyle\phantom{\int_0^\pi \frac{\cos x\, dx}{1+a^2+2a\cos x}} = \frac{-\pi}{a(a^2-1)}, \quad |a|>1,$ (021.4b, 41e).

45c) $\displaystyle\int_0^\pi \frac{a+b\cos x}{a^2+b^2+2ab\cos x}\, dx = \frac{\pi}{a}, \quad |a|>|b|,$ (45b);

45d) $\displaystyle\phantom{\int_0^\pi \frac{a+b\cos x}{a^2+b^2+2ab\cos x}\, dx} = 0, \quad |a|<|b|,$ (45a).

46a) $\displaystyle\int_0^{\pi/2} \frac{dx}{a+b\cos x+c\sin x} = \frac{2}{\sqrt{a^2-b^2-c^2}}\left[\operatorname{Arctg}\frac{a-b+c}{\sqrt{a^2-b^2-c^2}} - \operatorname{Arctg}\frac{c}{\sqrt{a^2-b^2-c^2}}\right],$
$\qquad a^2>b^2+c^2,$ (I 331.18e);

46b) $\displaystyle = \frac{1}{\sqrt{b^2+c^2-a^2}}\log\frac{a+b+c+\sqrt{b^2+c^2-a^2}}{a+b+c-\sqrt{b^2+c^2-a^2}},$
$\qquad (a+b+c)^2 > b^2+c^2-a^2 > 0,$ (I 331.18d);

46c) $\displaystyle = \frac{2(a-b)}{c(a-b+c)}, \quad a^2=b^2+c^2,\ c(a-b+c)>0,$ (I 331.18g);

46d) $\displaystyle = \frac{1}{c}\log\frac{a+c}{a}, \quad a=b,\ a(a+c)>0,\ c\ne 0,$ (I 331.18f).

47a) $\displaystyle\int_0^\pi \sim = \frac{2}{\sqrt{a^2-b^2-c^2}}\left[\frac{\pi}{2} - \operatorname{Arctg}\frac{c}{\sqrt{a^2-b^2-c^2}}\right],$
$\qquad a>\sqrt{b^2+c^2},$ (I 331.18e);

47b) $(\oint)\displaystyle\int_0^\pi \sim = \frac{1}{\sqrt{b^2+c^2-a^2}}\log\frac{c+\sqrt{b^2+c^2-a^2}}{c-\sqrt{b^2+c^2-a^2}},$
$\qquad c^2>a^2-b^2>0,$ (I 331.18d).

48a) $\displaystyle\int_0^{2\pi} \sim = \frac{2\pi}{\sqrt{a^2-b^2-c^2}}, \quad a>\sqrt{b^2+c^2},$ (I 331.18e);

48b) $\displaystyle\oint_0^{2\pi} \sim = 0, \quad c^2>a^2-b^2>0,$ (I 331.18d).

49) $(\oint)\displaystyle\int_0^{\pi/4} \frac{A\cos x + B\sin x}{a\cos x + b\sin x}\, dx = \frac{Ab-Ba}{2(a^2+b^2)}\log\frac{(a+b)^2}{2a^2} + \frac{Aa+Bb}{a^2+b^2}\cdot\frac{\pi}{4},$
$\qquad b\ne -a,$ (I 331.18c).

331

50a) $(\oint)\int_0^{\pi/2} \dfrac{a\,\operatorname{tg} x - b}{a\,\operatorname{tg} x + b}\,dx = \dfrac{a^2-b^2}{a^2+b^2}\cdot\dfrac{\pi}{2} - \dfrac{ab}{a^2+b^2}\log\left(\dfrac{a}{b}\right)^2$,   (I 331.20c);

50b) $(\oint)\int_0^{\pi/4} \dfrac{\operatorname{tg} x}{1+p\,\operatorname{tg} x}\,dx = \dfrac{1}{2(p^2+1)}\left[\dfrac{p\pi}{2} - \log\dfrac{(p+1)^2}{2}\right]$, $p\ne -1$,   (49).

50c) $(\oint)\int_0^{\pi/2} \dfrac{dx}{(a\sin x + b\cos x)(c\sin x + d\cos x)} = \dfrac{1}{ad-bc}\log\left|\dfrac{ad}{bc}\right|$,

$ad\ne bc$, $abcd\ne 0$, ($\operatorname{tg} x = y$, 121.7a).

51a) $\int_0^{\pi/2} \dfrac{dx}{a\cos^2 x + 2b\cos x\sin x + c\sin^2 x} = \dfrac{1}{\sqrt{ac-b^2}}\left[\dfrac{\pi}{2} - \operatorname{Arctg}\dfrac{b}{\sqrt{ac-b^2}}\right]$,

$c>0$, $ac>b^2$,   (I 331.22b);

51b) $(\oint)\int_0^{\pi/2} \sim \quad = \dfrac{1}{2\sqrt{b^2-ac}}\log\dfrac{b+\sqrt{b^2-ac}}{b-\sqrt{b^2-ac}}$,

$ac<b^2$,   (I 331.22a);

51c) $\int_0^{\pi/2} \sim \quad = \dfrac{1}{b}$, $ac=b^2$, $ab>0$,   (I 331.22c);

52a) $\int_0^{\pi} \sim \quad = \dfrac{\pi}{\sqrt{ac-b^2}}$, $c>0$, $ac>b^2$,   (2,51a);

52b) $(\oint)\int_0^{\pi} \sim \quad = 0$, $ac<b^2$,   (2,51b).

53) $\int_0^{\pi/2} \dfrac{dx}{a^2\cos^2 x + b^2\sin^2 x} = \dfrac{1}{2}\int_0^{\pi} \sim \quad = \dfrac{\pi}{2ab}$, $ab>0$,   (51a).

54a) $\int_0^{\pi/2} \dfrac{\sin x\,dx}{a^2 + b^2\cos^2 x} = \dfrac{1}{2}\int_0^{\pi} \sim \quad = \dfrac{1}{ab}\operatorname{Arctg}\dfrac{b}{a}$, $ab>0$,   ($\cos x = y$, 131.2a);

54b) $\int_0^{\pi/2} \dfrac{\sin x\,dx}{1+\cos^2 x} = \dfrac{1}{2}\int_0^{\pi} \sim \quad = \dfrac{\pi}{4}$,   (54a).

55a) $\int_0^{\pi/2} \dfrac{dx}{a + b\,\operatorname{tg}^2 x} = \dfrac{1}{2}\int_0^{\pi} \sim \quad = \dfrac{\pi}{2(a+\sqrt{ab})}$, $a>0$, $b>0$,   (I 331.21b);

55b) $\quad = \dfrac{\pi}{4a}$, $a=b$,   (I 331.21c).

331

56) $\int_0^{\pi/2} \dfrac{dx}{a+b\cos^2 x+c\sin^2 x} = \dfrac{1}{2}\int_0^{\pi} \sim = \dfrac{\pi}{2\sqrt{(a+b)(a+c)}}$, $a+b>0, a+c>0$, (53);

56a) $\int_0^{\pi/2} \dfrac{dx}{a^2 \pm b^2\sin^2 x} = \dfrac{1}{2}\int_0^{\pi}\sim = \int_0^{\pi/2} \dfrac{dx}{a^2\pm b^2\cos^2 x} = \dfrac{\pi}{2a\sqrt{a^2\pm b^2}}$, $a>0, a^2\pm b^2>0$, (56);

56b) $\int_0^{\pi/2} \dfrac{\sin^2 x\,dx}{a^2\cos^2 x + b^2\sin^2 x} = \dfrac{1}{2}\int_0^{\pi}\sim = \dfrac{\pi}{2b(a+b)}$, $a>0, b>0$, (56c);

56c) $\int_0^{\pi/2} \dfrac{\cos^2 x\,dx}{a^2\cos^2 x + b^2\sin^2 x} = \dfrac{1}{2}\int_0^{\pi}\sim = \dfrac{\pi}{2a(a+b)}$, $a>0, b>0$, (55a);

56d) $\int_0^{\pi/2} \dfrac{a\cos^2 x + b\sin^2 x}{a^2\cos^2 x + b^2\sin^2 x}dx = \dfrac{1}{2}\int_0^{\pi}\sim = \dfrac{\pi}{a+b}$, $a>0, b>0$, (56b-c);

57a) $\int_0^{\pi/2} \dfrac{dx}{(a^2\cos^2 x + b^2\sin^2 x)^2} = \dfrac{1}{2}\int_0^{\pi}\sim = \dfrac{\pi}{4ab}\left(\dfrac{1}{a^2}+\dfrac{1}{b^2}\right)$, $ab>0$, (53, 021.5);

57b) $\int_0^{\pi/2} \dfrac{dx}{(a^2\cos^2 x + b^2\sin^2 x)^3} = \dfrac{1}{2}\int_0^{\pi}\sim = \dfrac{\pi}{16ab}\left(\dfrac{3}{a^4}+\dfrac{2}{a^2 b^2}+\dfrac{3}{b^4}\right)$, $ab>0$,

(57a, 021.5);

57c) $\int_0^{\pi/2} \dfrac{dx}{(a^2\cos^2 x + b^2\sin^2 x)^4} = \dfrac{1}{2}\int_0^{\pi}\sim = \dfrac{\pi}{32ab}\left(\dfrac{5}{a^6}+\dfrac{3}{a^4 b^2}+\dfrac{3}{a^2 b^4}+\dfrac{5}{b^6}\right)$, $ab>0$,

(57b, 021.5).

58a) $\int_0^{\pi/2} \dfrac{\cos^{2n} x\,dx}{(a^2\cos^2 x + b^2\sin^2 x)^{n+1}} = \dfrac{1}{2}\int_0^{\pi}\sim = \dfrac{(1;2;n)\pi}{2^{n+1}n!\,a^{2n+1}b}$, $ab>0, n=0,1,2,\ldots$

(53, 021.5);

58b) $\int_0^{\pi/2} \dfrac{\sin^{2n} x\,dx}{(a^2\cos^2 x + b^2\sin^2 x)^{n+1}} = \dfrac{1}{2}\int_0^{\pi}\sim = \dfrac{(1;2;n)\pi}{2^{n+1}n!\,a\,b^{2n+1}}$, $ab>0, n=0,1,2,\ldots$

(53, 021.5);

58c) $\int_0^{\pi/2} \dfrac{A\cos^2 x + B\sin^2 x}{(a^2\cos^2 x + b^2\sin^2 x)^2}dx = \dfrac{1}{2}\int_0^{\pi}\sim = \dfrac{\pi}{4ab}\left(\dfrac{A}{a^2}+\dfrac{B}{b^2}\right)$, $ab>0$, (58a-b).

59) $\int_0^{\pi/2} \dfrac{\cos^{2p-1} x\,\sin^{2q-1} x}{(a^2\cos^2 x + b^2\sin^2 x)^{p+q}}dx = \dfrac{\Gamma(p)\Gamma(q)}{2a^{2p}b^{2q}\Gamma(p+q)}$, $ab>0, p>0, q>0$,

($\sin^2 x = y$, 421.4).

59a) $\int_0^{\pi/2} \dfrac{\cos^n x\,\sin^n x}{(a^2\cos^2 x + b^2\sin^2 x)^{n+1}}dx = \dfrac{\left[\Gamma\!\left(\tfrac{n+1}{2}\right)\right]^2}{2(ab)^{n+1}\Gamma(n+1)}$, $ab>0, n\geq 0$, (59);

331

59b) $$\int_0^{\pi/2} \frac{tg^{1-2p}x}{a^2\cos^2x+b^2\sin^2x}dx = \int_0^{\pi/2} \frac{ctg^{1-2p}x}{b^2\cos^2x+a^2\sin^2x}dx = \frac{\pi}{2a^{2p}b^{2-2p}\sin p\pi},$$
$$0<p<1, \quad (59,411.4a).$$

60) $$\int_0^{\pi/2} f(\sin^2x,\cos^2x)dx = \frac{1}{2}\int_0^{\pi} \sim = \frac{1}{2}\int_{-\pi/2}^{\pi/2} \sim = \frac{1}{2}\int_{-\infty}^{\infty} f\left(\frac{y^2}{1+y^2},\frac{1}{1+y^2}\right)\frac{dy}{1+y^2},$$
$$(y=tg\,x,\ 021.12b).$$

61) $$\int_0^{\pi/2} \frac{\cos^{2p-2n-2}x\cdot\sin^{2n}x}{(a^2\cos^2x+b^2\sin^2x)^p}dx = \frac{(1,2;n)(1,2;p-n-1)\pi}{2^p(p-1)!a^{2p-2n-1}b^{2n+1}},$$
$$ab>0,\ n=0,1,2,\ldots,\ p\geq n+1, \quad (60,141.8a).$$

62) $$\int_0^{\pi/2} \frac{\sin^{k-1}x\cdot\cos^{-k}x}{a\cos x+b\sin x}dx = \frac{\pi}{a^{1-k}b^k\sin k\pi},\ ab>0;\ 0<k<1,\ (tg\,x=y,\ 021.12c).$$

63a) $$\int_0^{2\pi} \frac{dx}{(1+a^2-2a\cos x)^n} = 2\int_0^{\pi} \sim = \frac{2\pi}{(1-a^2)^n}\sum_{\nu=0}^{n-1}\frac{(n+\nu-1)!}{\nu!\,\nu!(n-\nu-1)!}\left(\frac{a^2}{1-a^2}\right)^\nu,\ |a|<1,$$

63b) $$= \frac{2\pi}{(a^2-1)^n}\sum_{\nu=0}^{n-1}\frac{(n+\nu-1)!}{\nu!\,\nu!(n-\nu-1)!}\left(\frac{1}{a^2-1}\right)^\nu,\ |a|>1,$$
$$n=1,2,\ldots\quad (021.12a).$$

64) $$\int_0^{\pi/2} \frac{\sin^m x\cdot\cos^n x}{(a-b\cos^2 x)^k}dx = \frac{1}{2a^k}B\left(\frac{n+1}{2},\frac{m+1}{2}\right)\mathscr{F}\left(\frac{n+1}{2},k,\frac{m+n+2}{2};\frac{b}{a}\right),$$
$$m>-1,\ n>-1,\ a>|b|\geq 0,\quad (\cos^2x=y,\ 421.12).$$

D. Allgemeine Integranden.

81a) $$\int_0^{\pi/4}(tg^\lambda x+ctg^\lambda x)dx = \frac{\pi}{2\cos\frac{\pi\lambda}{2}},\ -1<\lambda<1,\quad (tg\,x=y,\ 431.7).$$

81b) $$\int_0^{\pi/4}\frac{tg^k x-tg^\lambda x}{\cos x-\sin x}\cdot\frac{dx}{\cos x} = \Psi(\lambda+1)-\Psi(k+1),\ k,\lambda\neq-1,-2,\ldots$$
$$(tg\,x=u,\ 411.8b).$$

82a) $$\int_0^{\pi}\frac{\sin x\,dx}{\sqrt{1+a^2+2a\cos x}} = 2,\ |a|\leq 1,\quad (021.1);$$

82b) $$= \frac{2}{|a|},\ |a|>1,\quad (021.1).$$

331

83a) $\displaystyle\int_0^{\pi/2} \frac{dx}{\sqrt{1-k^2\sin^2 x}} = K(k), \quad 0<k<1,$ \hfill (221.2a);

83b) $\displaystyle\int_0^{\pi/2} \sqrt{1-k^2\sin^2 x}\, dx = E(k), \quad 0<k<1,$ \hfill (221.5a);

83c) $\displaystyle\int_0^{\pi/2} \frac{dx}{(1+\rho\sin^2 x)\sqrt{1-k^2\sin^2 x}} = \Pi(\rho,k), \quad 0<k<1,$ \hfill (221.8).

84) $\displaystyle\int_0^{\pi} \frac{dx}{\sqrt{a\pm b\cos x}} = \frac{2}{\sqrt{a+b}} K\!\left(\sqrt{\frac{2b}{a+b}}\right), \quad a>b>0, \quad (\cos x = y,\ 222.2\text{a-b}).$

85) $\displaystyle\int_0^{\alpha} \frac{\sin x\, dx}{\sqrt{\sin^2\alpha - \sin^2 x}} = \frac{1}{2}\log\frac{1+\sin\alpha}{1-\sin\alpha}, \quad 0<\alpha<\frac{\pi}{2},$

$$\left(\cos x = \frac{\cos\alpha}{\cos y},\ \text{I } 331.9\text{c}\right).$$

86) $\displaystyle\int_\alpha^\beta \frac{\cos x\, dx}{\sin^{2n+1} x\,\sqrt{(\sin^2 x-\sin^2\alpha)(\sin^2\beta-\sin^2 x)}} =$

$$= \frac{1}{(\sin\alpha\sin\beta)^{2n+1}} \int_0^{\pi/2} (\sin^2\alpha\cos^2 y + \sin^2\beta\sin^2 y)^n dy, \quad 0<\alpha<\beta<\frac{\pi}{2},$$

$$\left(\sin^2 x = \frac{\sin^2\alpha\sin^2\beta}{\sin^2\alpha\cos^2 y + \sin^2\beta\sin^2 y}\right);$$

86a) $\displaystyle\int_\alpha^\beta \frac{\cos x\, dx}{\sin x\,\sqrt{(\sin^2 x-\sin^2\alpha)(\sin^2\beta-\sin^2 x)}} = \frac{\pi}{2\sin\alpha\sin\beta}, \quad 0<\alpha<\beta<\frac{\pi}{2}$ \hfill (86);

86b) $\displaystyle\int_\alpha^\beta \frac{\cos x\, dx}{\sin^3 x\,\sqrt{(\sin^2 x-\sin^2\alpha)(\sin^2\beta-\sin^2 x)}} = \frac{\pi}{4\sin\alpha\sin\beta}\left(\frac{1}{\sin^2\alpha} + \frac{1}{\sin^2\beta}\right),$

$$0<\alpha<\beta<\frac{\pi}{2}, \quad (86).$$

87a) $\displaystyle\int_0^{2\pi} f(a\sin x + b\cos x)\, dx = \int_0^{2\pi} f\!\left(\sqrt{a^2+b^2}\,\sin x\right) dx,$

87b) $\displaystyle\phantom{\int_0^{2\pi} f(a\sin x + b\cos x)\, dx} = 2\int_0^{\pi} f\!\left(\sqrt{a^2+b^2}\,\cos x\right) dx,$

$$\left(a\sin x + b\cos x = \sqrt{a^2+b^2}\,\sin(x+\alpha),\ 021.4\text{a},\ 331.5\text{a},\right.$$

$$\left.\cos\alpha = \frac{a}{\sqrt{a^2+b^2}},\ \sin\alpha = \frac{b}{\sqrt{a^2+b^2}}\right);$$

331

87c) $\int_0^{2\pi} (a\sin x + b\cos x)^{2n} dx = \frac{(1;2;n)(a^2+b^2)^n \pi}{2^{n-1} n!}$, $n = 0, 1, 2, \ldots$ (87a-b, 29);

87d) $\int_0^{2\pi} (a\sin x + b\cos x)^{2n+1} dx = 0$, $n = 0, 1, 2, \ldots$ (87a-b, 30e).

88a) $\int_0^{\pi/2} \frac{\sin^{\kappa-1} x + \sin^{\lambda-1} x}{\cos^{\kappa+\lambda-1} x} dx = \frac{\cos \pi \frac{\lambda-\kappa}{4}}{2\cos \pi \frac{\lambda+\kappa}{4}} B\left(\frac{\kappa}{2}, \frac{\lambda}{2}\right)$, $\kappa > 0, \lambda > 0, \kappa + \lambda < 2$,

($\sin x = y$, 431.9a).

88b) $\int_0^{\pi/2} \frac{\sin^{\kappa-1} x - \sin^{\lambda-1} x}{\cos^{\kappa+\lambda-1} x} dx = \frac{\sin \pi \frac{\lambda-\kappa}{4}}{2\sin \pi \frac{\lambda+\kappa}{4}} B\left(\frac{\kappa}{2}, \frac{\lambda}{2}\right)$, $\kappa > 0, \lambda > 0, \kappa + \lambda < 4$,

($\sin x = y$, 431.9b).

88c) $\int_0^{\pi/2} \frac{\sin^{\kappa-1} x - \sin^{1-\kappa} x}{\cos x} dx = \frac{\pi}{2} \operatorname{ctg} \frac{\pi \kappa}{2}$, $0 < \kappa < 2$ (88b, $\lambda = 2-\kappa$).

89) $\int_0^{\pi} \frac{\sin^{\kappa} x}{(a+b\cos x)^{\kappa+1}} dx = \frac{\sqrt{\pi}\, \Gamma\left(\frac{\kappa+1}{2}\right)}{(a^2-b^2)^{\frac{\kappa+1}{2}} \Gamma\left(\frac{\kappa+2}{2}\right)}$, $\kappa > -1, a^2 > b^2$, ($\cos x = y$, 421.4);

89a) $\int_0^{\pi} \frac{\sin^{2n} x}{(a+b\cos x)^{2n+1}} dx = \frac{(1;2;n) \pi}{2^n n! (a^2-b^2)^{n+\frac{1}{2}}}$, $n = 0, 1, 2, \ldots, a^2 > b^2$, (89);

89b) $\int_0^{\pi} \frac{\sin^{2n-1} x}{(a+b\cos x)^{2n}} dx = \frac{2^n (n-1)!}{(1;2;n)(a^2-b^2)^n}$, $n = 1, 2, \ldots, a^2 > b^2$, (89).

90) $\int_0^{\pi/2} \frac{\sin^{\kappa-1} x \cdot \cos^{\lambda-\kappa-1} x}{(a\cos x + b\sin x)^{\lambda}} dx = \frac{B(\kappa, \lambda-\kappa)}{a^{\lambda-\kappa} b^{\kappa}}$, $\lambda > \kappa > 0, ab > 0$,

($y = \frac{b}{a}\operatorname{tg} x$, 421.13b);

90a) $\int_0^{\pi/2} \frac{\sin^{\kappa-1} x \cdot \cos^{n-\kappa-1} x}{(a\cos x + b\sin x)^n} dx = \binom{n-\kappa-1}{n-1} \frac{\pi}{a^{n-\kappa} b^{\kappa} \sin \pi\kappa}$,

$n > \kappa > 0$ ($\kappa \neq 1, 2, \ldots, n-1$), $n = 1, 2, \ldots, ab > 0$,

(90, 411.9g);

90b) $\int_0^{\pi/2} \frac{\sin^{\kappa-\frac{1}{2}} x \cdot \cos^{-\kappa-\frac{1}{2}} x}{\sin x + \cos x} dx = \frac{\pi}{\cos \pi \kappa}$, $|\kappa| < \frac{1}{2}$, (90a).

91a) $\int_0^{\varphi} \frac{dx}{\sqrt{1-k^2 \sin^2 x}} = F(\varphi, k) = \frac{2\varphi}{\pi} \mathbf{K}(k) + \frac{2}{\pi} \sum_{n=1}^{\infty} \frac{1}{n} K_n(k) \sin 2n\varphi$,

$-\frac{\pi}{2} \leq \varphi \leq \frac{\pi}{2}$, $0 \leq k < 1$, (I 241.1, 332.51a);

331

91b) $\int_0^\varphi \sqrt{1-k^2\sin^2 x}\, dx = E(\varphi,k) = \frac{2\varphi}{\pi}\mathbf{E}(k) + \frac{2}{\pi}\sum_{n=1}^\infty \frac{1}{n} E_n(k)\sin 2n\varphi$,

$-\frac{\pi}{2} \leq \varphi \leq \frac{\pi}{2}$, $0 \leq k < 1$, (I 241.1, 332.51b).

92) $\int_0^{\pi/2} \frac{\sin^\alpha x \cdot \cos^\beta x}{\sqrt{1-k^2\sin^2 x}}\, dx = \frac{1}{2} B\left(\frac{\alpha+1}{2},\frac{\beta+1}{2}\right) \mathcal{F}\left(\frac{\alpha+1}{2},\frac{1}{2},\frac{\alpha+\beta+2}{2}; k^2\right)$,

$\alpha,\beta > -1$, $0 \leq k^2 < 1$, ($\sin^2 x = y$, 421.12).

93) $\int_0^{\pi/2} \sin^\alpha x \cdot \cos^\beta x \sqrt{1-k^2\sin^2 x}\, dx = \frac{1}{2} B\left(\frac{\alpha+1}{2},\frac{\beta+1}{2}\right) \mathcal{F}\left(\frac{\alpha+1}{2},-\frac{1}{2},\frac{\alpha+\beta+2}{2}; k^2\right)$,

$\alpha,\beta > -1$, $0 \leq k^2 < 1$ ($\sin^2 x = y$, 421.12).

332

332. Integrale der Form $\int f(\sin ax, \cos bx, \ldots)\, dx$.

1a) $\int_0^{\pi/2} \sin ax\, dx = \dfrac{1-\cos\frac{a\pi}{2}}{a}$, $a \neq 0$, (I 331.3a);

1b) $\int_0^{\pi/2} \sin mx\, dx = \begin{cases} 0 & \text{für } m = 4k, \\ \dfrac{1}{m} & \text{"} \quad m = 2k+1, \quad k = 0, \pm 1, \pm 2, \ldots \\ \dfrac{2}{m} & \text{"} \quad m = 4k+2, \end{cases}$ (1a);

1c) $\int_0^\pi \sim\ = \begin{cases} 0 & \text{für } m \text{ gerade}, \\ \dfrac{2}{m} & \text{"} \quad m \text{ ungerade}, \end{cases}$ (I 331.3a);

1d) $\int_0^{2\pi} \sim\ = \int_{-\pi}^{\pi} \sim\ = \int_{-\pi/2}^{\pi/2} \sim\ = 0$, $m = 0, \pm 1, \pm 2, \ldots$ (I 331.3a).

2a) $\int_0^{\pi/2} \cos ax\, dx = \dfrac{1}{a}\sin\frac{a\pi}{2}$, $a \neq 0$, (I 331.3b);

2b) $\int_0^{\pi/2} \cos mx\, dx = \dfrac{1}{2}\int_{-\pi/2}^{\pi/2} \sim\ = \begin{cases} 0 & \text{für } m = \pm 2, \pm 4, \ldots \\ \dfrac{\pi}{2} & \text{"} \quad m = 0, \\ \dfrac{1}{m} & \text{"} \quad m = 1,5,9,\ldots,4k+1,\ldots \\ \dfrac{-1}{m} & \text{"} \quad m = 3,7,11,\ldots,4k-1,\ldots \end{cases}$ (2a);

332

2c) $\int_0^\pi \cos mx\, dx = \frac{1}{2}\int_0^{2\pi} \sim\ = \begin{cases} 0 & \text{für } m = \pm 1, \pm 2, \ldots \\ \pi & \text{" } m = 0, \end{cases}$ \hfill (I 331.3b).

3) $\int_0^{\pi/2} \sin ax \sin bx\, dx = \frac{1}{a^2-b^2}\left(b\sin\frac{a\pi}{2}\cos\frac{b\pi}{2} - a\cos\frac{a\pi}{2}\sin\frac{b\pi}{2}\right),\ a^2 \neq b^2,$
\hfill (I 332.2a);

3a) $\int_0^{\pi/2} \sin 2mx \sin 2nx\, dx = \begin{cases} 0 & \text{für } m \neq n, \\ \frac{\pi}{4} & \text{" } m = n, \end{cases} \quad m, n = 1, 2, \ldots$ \hfill (3).

4) $\int_0^{\pi/2} \sin ax \cos bx\, dx = \frac{1}{a^2-b^2}\left(a - a\cos\frac{a\pi}{2}\cos\frac{b\pi}{2} - b\sin\frac{a\pi}{2}\sin\frac{b\pi}{2}\right),\ a^2 \neq b^2,$
\hfill (I 332.2c);

4a) $\int_0^{\pi/2} \sin 2mx \cos 2nx\, dx = \begin{cases} \dfrac{m[1-(-1)^{m+n}]}{2(m^2-n^2)} & \text{für } m \neq n, \\ 0 & \text{" } m = n, \end{cases} \quad m, n = 0, 1, 2, \ldots$ \hfill (4).

5) $\int_0^{\pi/2} \cos ax \cos bx\, dx = \frac{1}{a^2-b^2}\left(a\sin\frac{a\pi}{2}\cos\frac{b\pi}{2} - b\cos\frac{a\pi}{2}\sin\frac{b\pi}{2}\right),\ a^2 \neq b^2,$
\hfill (I 332.2b);

5a) $\int_0^{\pi/2} \cos 2mx \cos 2nx\, dx = \begin{cases} 0 & \text{für } m \neq n, \\ \frac{\pi}{4} & \text{" } m = n \neq 0,\ m, n = 0, 1, 2, \ldots \\ \frac{\pi}{2} & \text{" } m = n = 0, \end{cases}$ \hfill (5).

6a) $\int_0^\pi \sin mx \sin nx\, dx = \begin{cases} 0 & \text{für } m \neq n \\ \frac{\pi}{2} & \text{" } m = n, \end{cases} \quad m, n = 1, 2, \ldots$ \hfill (I 332.2a);

6b) $\int_0^\pi \sin mx \cos nx\, dx = \begin{cases} \dfrac{m[1-(-1)^{m+n}]}{m^2-n^2} & \text{für } m \neq n, \\ 0 & \text{" } m = n, \end{cases} \quad m, n = 0, 1, 2, \ldots$
\hfill (I 332.2c);

6c) $\int_0^\pi \cos mx \cos nx\, dx = \begin{cases} 0 & \text{für } m \neq n, \\ \frac{\pi}{2} & \text{" } m = n \neq 0,\ m, n = 0, 1, 2, \ldots \\ \pi & \text{" } m = n = 0, \end{cases}$ (I 332.2b).

332

7a) $\int_0^{2\pi} \sin mx \sin nx\, dx = \int_\alpha^{\alpha+2\pi} \sim = \begin{cases} 0 & \text{für } m \neq n, \\ \pi & \text{"} \quad m = n, \end{cases} \quad m,n=1,2,\ldots$ (I 332.2a);

7b) $\int_0^{2\pi} \sin mx \cos nx\, dx = \int_\alpha^{\alpha+2\pi} \sim = 0, \quad m,n=0,1,2,\ldots$ (I 332.2c);

7c) $\int_0^{2\pi} \cos mx \cos nx\, dx = \int_\alpha^{\alpha+2\pi} \sim = \begin{cases} 0 & \text{für } m \neq n, \\ \pi & \text{"} \quad m = n \neq 0, \\ 2\pi & \text{"} \quad m = n = 0, \end{cases} \quad m,n=0,1,2,\ldots$

(I 332.2b).

8a) $\int_{-a}^{a} \sin\frac{m\pi x}{a} \sin\frac{n\pi x}{a}\, dx = \int_0^{2a} \sim = 2\int_0^{a} \sim = \begin{cases} 0 & \text{für } m \neq n, \\ a & \text{"} \quad m = n, \end{cases} \quad m,n=1,2,\ldots$

(7a, 021.4a).

8b) $\int_{-a}^{a} \sin\frac{m\pi x}{a} \cos\frac{n\pi x}{a}\, dx = \int_0^{2a} \sim = 0, \quad m,n=0,1,2,\ldots$ (7b, 021.4a);

8c) $\int_{-a}^{a} \cos\frac{m\pi x}{a} \cos\frac{n\pi x}{a}\, dx = \int_0^{2a} \sim = 2\int_0^{a} \sim = \begin{cases} 0 & \text{für } m \neq n, \\ a & \text{"} \quad m = n \neq 0, \\ 2a & \text{"} \quad m = n = 0, \end{cases} \quad m,n=0,1,2,\ldots$

(7c, 021.4a).

9a) $\int_0^{\pi} \sin^{\alpha-1}x \sin\beta x\, dx = \dfrac{\pi \sin\frac{\beta\pi}{2} \Gamma(\alpha)}{2^{\alpha-1} \Gamma\left(\frac{\alpha+\beta+1}{2}\right) \Gamma\left(\frac{\alpha-\beta+1}{2}\right)}, \quad \alpha > 0,$

(335.19a, Imaginärteil);

9b) $\int_0^{\pi} \sin^{\alpha-1}x \cos\beta x\, dx = \dfrac{\pi \cos\frac{\beta\pi}{2} \Gamma(\alpha)}{2^{\alpha-1} \Gamma\left(\frac{\alpha+\beta+1}{2}\right) \Gamma\left(\frac{\alpha-\beta+1}{2}\right)}, \quad \alpha > 0,$

(335.19a, Realteil);

9c) $\int_0^{\pi/2} \cos^{\alpha-1}x \cos\beta x\, dx = \dfrac{\pi \Gamma(\alpha)}{2^{\alpha} \Gamma\left(\frac{\alpha+\beta+1}{2}\right) \Gamma\left(\frac{\alpha-\beta+1}{2}\right)}, \quad \alpha > 0,$ (335.19).

10a) $\int_0^{\pi/2} \cos^{\alpha-1}x \sin^{\beta-1}x \cos(\alpha+\beta)x\, dx = \cos\frac{\beta\pi}{2} B(\alpha,\beta), \quad \alpha > 0, \beta > 0,$

(335.20);

10b) $\displaystyle\int_0^{\pi/2} \cos^{\alpha-1}x \, \sin^{\beta-1}x \, \sin(\alpha+\beta)x \, dx = \sin\frac{\beta\pi}{2} B(\alpha,\beta), \quad \alpha>0, \beta>0,$ (335.20);

10c) $\displaystyle\int_0^{\pi/2} \cos^{\alpha+\beta}x \, \cos\alpha x \, \cos\beta x \, dx = \frac{\pi}{2^{\alpha+\beta+2}}\left[1 + \frac{\Gamma(\alpha+\beta+1)}{\Gamma(\alpha+1)\Gamma(\beta+1)}\right], \quad \alpha+\beta>-1,$

(I 332.1b, 9c).

11a) $\displaystyle\int_0^{\pi} \sin^m x \, \sin 2nx \, dx = 0, \quad m,n=0,1,2,\ldots$ (9a);

11b) $\displaystyle\int_0^{\pi} \sin^{2m}x \, \sin(2n+1)x \, dx = 2\int_0^{\pi/2} \sim \; = \begin{cases} \dfrac{(-1)^n 2^{m+1} m!}{(1;2;m-n)(2m+1;2;n+1)}, & m\geq n, \\[6pt] \dfrac{(-1)^m 2^{m+1} m!(1;2;n-m)}{(2m+1;2;n+1)}, & m\leq n, \end{cases}$

$m,n=0,1,2,\ldots$ (9a).

11c) $\displaystyle\int_0^{\pi} \sin^{2m+1}x \, \sin(2n+1)x \, dx = 2\int_0^{\pi/2} \sim \; = \begin{cases} \dfrac{(-1)^n \pi}{2^{2m+1}}\binom{2m+1}{m-n}, & m\geq n, \\[6pt] 0, & m<n, \end{cases}$

$m,n=0,1,2,\ldots$ (9a).

12a) $\displaystyle\int_0^{\pi} \sin^m x \, \cos(2n+1)x \, dx = 0, \quad m,n=0,1,2,\ldots$ (9b).

12b) $\displaystyle\int_0^{\pi} \sin^{2m}x \, \cos 2nx \, dx = 2\int_0^{\pi/2} \sim \; = \begin{cases} \dfrac{(-1)^n \pi}{2^{2m}}\binom{2m}{m-n}, & m\geq n, \\[6pt] 0, & m<n, \end{cases}$

$m,n=0,1,2,\ldots$ (9b);

12c) $\displaystyle\int_0^{\pi} \sin^{2m+1}x \, \cos 2nx \, dx = 2\int_0^{\pi/2} \sim \; = \begin{cases} \dfrac{(-1)^n 2^{m+1} m!}{(1;2;m-n+1)(2m+3;2;n)}, & m\geq n-1, \\[6pt] \dfrac{(-1)^{m+1} 2^{m+1} m!(1;2;n-m-1)}{(2m+3;2;n)}, & m<n-1, \end{cases}$

$m,n=0,1,2,\ldots$ (9b).

13a) $\displaystyle\int_0^{\pi} \cos^m x \, \sin nx \, dx = [1-(-1)^{m+n}]\int_0^{\pi/2} \sim,$ (021.8, 021.4a);

13b) $\displaystyle\int_0^{\pi/2} \sim \; = \sum_{\nu=0}^{r-1}\frac{(m;-1,\nu)}{(m+n;-2;\nu+1)} + s\frac{m!}{(m+n;-2;m+1)},$

$r = \begin{cases} m & \text{für } m\leq n, \\ n & \text{''} \quad m\geq n, \end{cases} \quad s = \begin{cases} 2 & \text{für } n-m=4k+2>0, \\ 1 & \text{''} \quad n-m=2k+1>0, \\ 0 & \text{''} \quad n-m=4k\geq 0 \text{ od. } m>n, \end{cases}$

$m,n=0,1,2,\ldots$ (I 332.7b).

332

13c) $\displaystyle\int_0^{\pi/2} \cos^{n-2}x \sin nx\, dx = \frac{1}{n-1}$, $\quad n=2,3,\ldots$ \hfill (13b).

14a) $\displaystyle\int_0^{\pi} \cos^m x \cos nx\, dx = [1+(-1)^{m+n}]\int_0^{\pi/2} \sim$, \hfill (021.8, 021.4a);

14b) $\displaystyle\int_0^{\pi/2} \sim \; = \begin{cases} s\dfrac{m!}{(m+n,-2;m+1)}, & \text{für } m<n,\; s=\begin{cases}0 \text{ für } n-m=2k,\\ 1 \text{ \" } n-m=4k+1,\\ -1 \text{ \" } n-m=4k-1,\end{cases}\\[1em] \dfrac{\pi}{2^{m+1}}\binom{m}{k}, & \text{\" } m\geq n,\; m-n=2k,\\[1em] \dfrac{m!}{(3;2;k)(1;2;k+n+1)}, & \text{\" } m>n,\; m-n=2k+1, \end{cases}$
$\hspace{6cm} m,n=0,1,2,\ldots$ \hfill (I 332.8b);

14c) $\displaystyle\int_0^{\pi/2} \cos^n x \cos nx\, dx = \frac{\pi}{2^{n+1}}$, $\quad n=0,1,2,\ldots$ \hfill (14b).

15a) $\displaystyle\int_0^{\pi/2} \cos^{\alpha-2}x \cos\alpha x \operatorname{ctg}^\beta x\, dx = \sin\frac{\beta\pi}{2} B(\alpha+\beta-1, 1-\beta)$, $\quad \alpha+\beta>1>\beta$, \hfill (10a);

15b) $\displaystyle\int_0^{\pi/2} \sin^{\alpha-2}x \cos\alpha x \operatorname{tg}^\beta x\, dx = \sin\frac{(\alpha+\beta)\pi}{2} B(\alpha+\beta-1, 1-\beta)$, $\quad \alpha+\beta>1>\beta$, \hfill (10a);

15c) $\displaystyle\int_0^{\pi/2} \cos^{\alpha-2}x \sin\alpha x \operatorname{ctg}^\beta x\, dx = \cos\frac{\beta\pi}{2} B(\alpha+\beta-1, 1-\beta)$, $\quad \alpha+\beta>1>\beta$, \hfill (10b);

15d) $\displaystyle\int_0^{\pi/2} \sin^{\alpha-2}x \sin\alpha x \operatorname{tg}^\beta x\, dx = -\cos\frac{(\alpha+\beta)\pi}{2} B(\alpha+\beta-1, 1-\beta)$, $\alpha+\beta>1>\beta$, \hfill (10b).

16a) $\displaystyle\int_0^{\pi/2} \cos^{\alpha-2}x \cos\alpha x\, dx = 0$, $\quad \alpha>1$, \hfill (15a, $\beta=0$);

16b) $\displaystyle\int_0^{\pi/2} \sin^{\alpha-2}x \cos\alpha x\, dx = \frac{1}{\alpha-1}\sin\frac{\alpha\pi}{2}$, $\quad \alpha>1$, \hfill (15b, $\beta=0$);

16c) $\displaystyle\int_0^{\pi/2} \cos^{\alpha-2}x \sin\alpha x\, dx = \frac{1}{\alpha-1}$, $\quad \alpha>1$, \hfill (15c, $\beta=0$);

16d) $\displaystyle\int_0^{\pi/2} \sin^{\alpha-2}x \sin\alpha x\, dx = \frac{-1}{\alpha-1}\cos\frac{\alpha\pi}{2}$, $\quad \alpha>1$, \hfill (15d, $\beta=0$).

17) $\displaystyle\int_0^{\pi/2} \frac{\cos^{\alpha-1}x \sin\alpha x}{\sin x}\, dx = \frac{\pi}{2}$, $\quad \alpha>0$, \hfill (15c, $\beta\to 1$).

332

18a) $\displaystyle\int_0^\alpha \frac{\sin x}{\cos 2x}dx = \frac{1}{2\sqrt{2}}\log\frac{(\sqrt{2}-1)(\sqrt{2}\cos\alpha+1)}{(\sqrt{2}+1)(\sqrt{2}\cos\alpha-1)},\quad 0\le\alpha<\frac{\pi}{4},$

$(\cos x = y,\ \cos 2x = 2y^2-1,\ I\,15.20);$

18b) $\displaystyle\int_0^\alpha \frac{\cos x}{\cos 2x}dx = \frac{1}{2\sqrt{2}}\log\frac{1+\sqrt{2}\sin\alpha}{1-\sqrt{2}\sin\alpha},\quad 0\le|\alpha|<\frac{\pi}{4},\qquad (x=\frac{\pi}{2}-y,\ 18a).$

19a) $\displaystyle\int_0^\alpha \frac{\sin x}{\cos 3x}dx = \frac{1}{6}\log\frac{\cos^2\alpha}{4\cos^2\alpha-3},\quad 0\le\alpha<\frac{\pi}{6},$

$(\cos x = y,\ \cos 3x = 4y^3-3y,\ I\,11.13);$

19b) $\displaystyle\int_0^\alpha \frac{\cos x}{\cos 3x}dx = \frac{1}{2\sqrt{3}}\log\frac{\cos\alpha+\sqrt{3}\sin\alpha}{\cos\alpha-\sqrt{3}\sin\alpha},\quad 0\le|\alpha|<\frac{\pi}{6},$

$(\cos 3\alpha = \cos^3\alpha - 3\cos\alpha\sin^2\alpha,\ I\,331.24a).$

20a) $\displaystyle\int_0^\alpha \frac{\sin x}{\cos 4x}dx = \frac{\varrho_2}{8}\log\frac{(2-\varrho_1)(2\cos\alpha+\varrho_1)}{(2+\varrho_1)(2\cos\alpha-\varrho_1)} + \frac{\varrho_1}{8}\log\frac{(2+\varrho_2)(2\cos\alpha-\varrho_2)}{(2-\varrho_2)(2\cos\alpha+\varrho_2)},$

$\varrho_1 = \sqrt{2+\sqrt{2}},\ \varrho_2 = \sqrt{2-\sqrt{2}},\ 0\le\alpha<\frac{\pi}{8},$

$(\cos x = y,\ \cos 4x = 8y^4-8y^2+1,\ I\,11.14);$

20b) $\displaystyle\int_0^\alpha \frac{\cos x}{\cos 4x}dx = \frac{\varrho_1}{8}\log\frac{\varrho_2+2\sin\alpha}{\varrho_2-2\sin\alpha} + \frac{\varrho_2}{8}\log\frac{\varrho_1-2\sin\alpha}{\varrho_1+2\sin\alpha},$

$\varrho_1 = \sqrt{2+\sqrt{2}},\ \varrho_2 = \sqrt{2-\sqrt{2}},\ 0\le|\alpha|<\frac{\pi}{8},$

$(I\,331.17c).$

21a) $\displaystyle\int_0^\pi \frac{\sin nx}{\sin x}dx = [1-(-1)^n]\int_0^{\pi/2}\sim,\qquad (021.8,\ 021.4a);$

21b) $\displaystyle\int_0^{\pi/2} \sim\ = \begin{cases} 2\left[1-\frac{1}{3}+\frac{1}{5}-+\cdots+\frac{(-1)^{r-1}}{n-1}\right], & n=2r,\ r=1,2,\ldots \\ \frac{\pi}{2}, & n=2r+1,\ r=0,1,2,\ldots \end{cases}$

$(I\,332.5e).$

22a) $\displaystyle\int_0^\pi \frac{\sin 2nx}{\cos x}dx = 2\int_0^{\pi/2}\sim\ = (-1)^{n-1}4\left[1-\frac{1}{3}+\frac{1}{5}-+\cdots+\frac{(-1)^{n-1}}{2n-1}\right],\ n=1,2,\ldots$

$(I\,332.7d);$

22b) $\displaystyle\int_0^\pi \frac{\cos(2n+1)x}{\cos x}dx = 2\int_0^{\pi/2}\sim\ = (-1)^n\pi,\ n=0,1,2,\ldots\qquad (I\,332.8d).$

332

23a) $\int_\alpha^\beta \frac{\cos nx}{a+b\cos x}dx = \frac{2}{b}\int_\alpha^\beta \cos(n-1)x\,dx - \frac{2a}{b}\int_\alpha^\beta \frac{\cos(n-1)x}{a+b\cos x}dx - \int_\alpha^\beta \frac{\cos(n-2)x}{a+b\cos x}dx,\ b\neq 0,$ (I 332.1b);

23b) $\int_\alpha^\beta \frac{\sin nx}{a+b\cos x}dx = \frac{2}{b}\int_\alpha^\beta \sin(n-1)x\,dx - \frac{2a}{b}\int_\alpha^\beta \frac{\sin(n-1)x}{a+b\cos x}dx - \int_\alpha^\beta \frac{\sin(n-2)x}{a+b\cos x}dx,\ b\neq 0,$ (I 332.1c);

23c) $\int_\alpha^\beta \frac{\cos nx}{a+b\sin x}dx = -\frac{2}{b}\int_\alpha^\beta \sin(n-1)x\,dx + \frac{2a}{b}\int_\alpha^\beta \frac{\sin(n-1)x}{a+b\sin x}dx + \int_\alpha^\beta \frac{\cos(n-2)x}{a+b\sin x}dx,\ b\neq 0,$ (I 332.1a);

23d) $\int_\alpha^\beta \frac{\sin nx}{a+b\sin x}dx = \frac{2}{b}\int_\alpha^\beta \cos(n-1)x\,dx - \frac{2a}{b}\int_\alpha^\beta \frac{\cos(n-1)x}{a+b\sin x}dx + \int_\alpha^\beta \frac{\sin(n-2)x}{a+b\sin x}dx,\ b\neq 0,$ (I 332.1c).

24) $\int_0^\pi \frac{\cos nx}{a+b\cos x}dx = \frac{1}{2}\int_0^{2\pi}\sim\ = \frac{\pi\left[\sqrt{a^2-b^2}-a\right]^n}{b^n\sqrt{a^2-b^2}},\ a>|b|>0,\ n=0,1,2,\ldots$ (23a, 331.41e).

25a) $\int_0^{2\pi}\frac{\sin nx}{a+b\cos x}dx = 0,\quad |a|>|b|,\ n=0,1,2,\ldots$ (021.8);

25b) $\int_0^\pi \frac{\sin nx}{a+b\cos x}dx = \frac{2[1+(-1)^n]}{(n-1)b} - \frac{2a}{b}\int_0^\pi \frac{\sin(n-1)x}{a+b\cos x}dx - \int_0^\pi \frac{\sin(n-2)x}{a+b\cos x}dx,$ $b\neq 0,\ n=2,3,\ldots$ (23b);

25c) $\int_0^\pi \frac{\sin x}{a+b\cos x}dx = \frac{1}{b}\log\frac{a+b}{a-b},\quad |a|>|b|>0,$ (I 331.18c);

25d) $\int_0^\pi \frac{\sin 2x}{a+b\cos x}dx = \frac{4}{b} - \frac{2a}{b^2}\log\frac{a+b}{a-b},\quad |a|>|b|>0,$ (25b-c).

26) $\int_{-\pi}^\pi \frac{\sin nx}{a+b\sin x}dx = [1+(-1)^{n+1}]\int_{-\pi/2}^{\pi/2}\sim\ = \begin{cases} 0 & \text{für } n=2r,\\ \dfrac{(-1)^{r+1}2\pi[a-\sqrt{a^2-b^2}]^n}{b^n\sqrt{a^2-b^2}} & \text{''}\ n=2r+1, \end{cases}$

$|a|>|b|>0,\ r=0,1,2,\ldots$ (23c-d, I 331.18c).

27) $\int_{-\pi}^\pi \frac{\cos nx}{a+b\sin x}dx = [1+(-1)^n]\int_{-\pi/2}^{\pi/2}\sim\ = \begin{cases} 0 & \text{für } n=2r+1,\\ \dfrac{(-1)^r 2\pi[a-\sqrt{a^2-b^2}]^n}{b^n\sqrt{a^2-b^2}} & \text{''}\ n=2r, \end{cases}$

$|a|>|b|>0,\ r=0,1,2,\ldots$ (23c-d, I 331.18c).

332

28) $\int_0^\pi \dfrac{\cos nx}{\cos x - \cos \alpha}\,dx = \pi\dfrac{\sin n\alpha}{\sin \alpha}$, $n=0,1,2,\ldots$ (23a, I331.17c).

29) $\int_0^{\pi/2} f(\sin^2 x, \cos^2 x)\cos^{\alpha-2}x \cdot \cos\alpha x\,dx = \dfrac{1}{2}\int_{-\pi/2}^{\pi/2}\sim\; = \dfrac{1}{2}\int_{-\infty}^{\infty} f\!\left(\dfrac{y^2}{1+y^2},\dfrac{1}{1+y^2}\right)\dfrac{dy}{(1-iy)^\alpha}$,

   ($y = \operatorname{tg} x$, 021.12b).

30) $\int_0^{\pi/2} \dfrac{\cos^{\alpha+2n-2}x\,\cos\alpha x}{(a^2\cos^2 x + b^2\sin^2 x)^n}\,dx = \pi\displaystyle\sum_{\nu=0}^{n-1}\binom{2n-\nu-2}{n-1}\binom{\alpha+\nu-1}{\nu}\dfrac{b^{\alpha-1}}{(2a)^{2n-\nu-1}(a+b)^{\alpha+\nu}}$,

   $a>0,\; b>0,\; \alpha>1-2n,\; n=1,2,\ldots$ (29);

30a) $\int_0^{\pi/2} \dfrac{\cos^\alpha x\,\cos\alpha x}{a^2\cos^2 x + b^2\sin^2 x}\,dx = \dfrac{\pi\,b^{\alpha-1}}{2a(a+b)^\alpha}$, $a>0,\;b>0,\;\alpha>-1$,   (30);

30b) $\int_0^{\pi/2} \dfrac{\cos(2n-2)x}{(a^2\cos^2 x + b^2\sin^2 x)^n}\,dx = \binom{2n-2}{n-1}\dfrac{(b^2-a^2)^{n-1}}{(2ab)^{2n-1}}\pi$, $a>0,\;b>0,\;n=1,2,\ldots$

   (30, $\alpha=-2n+2$).

31) $\int_0^\pi \dfrac{\cos nx}{[1+a^2-2a\cos x]^m}\,dx = \dfrac{1}{2}\int_0^{2\pi}\sim\; = \begin{cases}\dfrac{a^{2m+n-2}\pi}{(1-a^2)^{2m-1}}\displaystyle\sum_{\nu=0}^{m-1}\binom{m+n-1}{\nu}\binom{2m-\nu-2}{m-1}\!\left(\dfrac{1-a^2}{a^2}\right)^{\!\nu} & \text{für } |a|<1,\\[2mm] \dfrac{\pi}{a^n(a^2-1)^{2m-1}}\displaystyle\sum_{\nu=0}^{m-1}\binom{m+n-1}{\nu}\binom{2m-\nu-2}{m-1}(a^2-1)^\nu & \text{für } |a|>1,\end{cases}$

   $m=1,2,\ldots\,;\; n=0,1,2,\ldots$ (021.12a);

31a) $\int_0^\pi \dfrac{dx}{[1+a^2-2a\cos x]^m} = \dfrac{1}{2}\int_0^{2\pi}\sim\; = \begin{cases}\dfrac{a^{2m-2}\pi}{(1-a^2)^{2m-1}}\displaystyle\sum_{\nu=0}^{m-1}\binom{m-1}{\nu}\binom{2m-\nu-2}{m-1}\!\left(\dfrac{1-a^2}{a^2}\right)^{\!\nu} & \text{für } |a|<1,\\[2mm] \dfrac{\pi}{(a^2-1)^{2m-1}}\displaystyle\sum_{\nu=0}^{m-1}\binom{m-1}{\nu}\binom{2m-\nu-2}{m-1}(a^2-1)^\nu & \text{für } |a|>1,\end{cases}$

   $m=1,2,\ldots$ (31);

31b) $\int_0^\pi \dfrac{\cos nx}{1+a^2-2a\cos x}\,dx = \dfrac{1}{2}\int_0^{2\pi}\sim\; = \begin{cases}\dfrac{a^n\pi}{1-a^2} & \text{für } |a|<1,\\[2mm] \dfrac{\pi}{a^n(a^2-1)} & \text{für } |a|>1,\end{cases}$ $n=0,1,2,\ldots$ (31);

31c) $\int_0^\pi \dfrac{\cos(m-1)x}{[1+a^2-2a\cos x]^m}\,dx = \dfrac{1}{2}\int_0^{2\pi}\sim\; = \binom{2m-2}{m-1}\dfrac{a^{m-1}\pi}{|1-a^2|^{2m-1}}$, $a^2\neq 1,\; m=1,2,\ldots$

   (31).

332

32a) $\displaystyle\int_0^{2\pi} \frac{\sin nx}{[1+a^2-2a\cos x]^m}\,dx = 0, \quad m,n=0,1,2,\ldots \qquad (021.8);$

32b) $\displaystyle\int_0^{\pi} \sim\ =\frac{-1}{a}\int_0^{\pi}\frac{\sin(n-1)x\,dx}{[1+a^2-2a\cos x]^{m-1}} + \frac{1+a^2}{a}\int_0^{\pi}\frac{\sin(n-1)x\,dx}{[1+a^2-2a\cos x]^m} - \int_0^{\pi}\frac{\sin(n-2)x\,dx}{[1+a^2-2a\cos x]^m},$
$\hspace{10cm} a\neq 0, \quad (\mathrm{I}\,332.1c);$

32c) $\displaystyle\int_0^{\pi}\frac{\sin x}{[1+a^2-2a\cos x]^m}\,dx = \frac{1}{2(m-1)a}\left[\frac{1}{(1-a)^{2m-2}} - \frac{1}{(1+a)^{2m-2}}\right],$
$\hspace{6cm} a\neq 0,\pm 1;\ m=2,3,\ldots\ (\cos x=y,\ \mathrm{I}\,12.10b);$

32d) $\displaystyle\int_0^{\pi}\frac{\sin x}{1+a^2-2a\cos x}\,dx = \frac{1}{a}\log\left|\frac{1+a}{1-a}\right|, \quad a\neq 0,\pm 1, \qquad (25c).$

33) $\displaystyle\int_0^{\pi/2}\frac{\sin^{2n}x\,\cos^{\beta}x\,\cos\gamma x}{[1+a^2-2a\cos 2x]^m}\,dx =$
$\hspace{1cm}= \dfrac{(-1)^n \pi (1-a)^{2n-2m+1}}{2^{2m-\gamma-1}(1+a)^{2n+\gamma+1}}\displaystyle\sum_{\gamma=0}^{m-1}\sum_{\mu=0}^{m-\gamma-1}\binom{\gamma}{\gamma}\binom{2n}{\mu}\binom{2m-\gamma-\mu-2}{m-1}(-2)^{\mu}(a-1)^{\gamma},$
$\hspace{1cm}|a|<1,\ \gamma=2m-2n-\beta-2,\ \beta>-1,\ n=0,1,2,\ldots,\ m=1,2,\ldots\ (tg\,x=y, 021.12b);$

33a) $\displaystyle\int_0^{\pi/2}\frac{\sin^{2n}x\,\cos^{-2n-\gamma}x\,\cos\gamma x}{1+a^2-2a\cos 2x}\,dx = \frac{(-1)^n\pi(1-a)^{2n-1}}{2^{1-\gamma}(1+a)^{2n+\gamma+1}},\quad |a|<1,\ \gamma<1-2n,\ n=0,1,2,\ldots$
$\hspace{14cm}(33);$

33b) $\displaystyle\int_0^{\pi/2}\frac{\cos^{2m-\gamma-2}x\,\cos\gamma x}{[1+a^2-2a\cos 2x]^m}\,dx = \frac{\pi(1-a)^{1-2m}}{2^{2m-\gamma-1}(1+a)^{\gamma+1}}\sum_{\gamma=0}^{m-1}\binom{\gamma}{\gamma}\binom{2m-\gamma-2}{m-1}(a-1)^{\gamma},$
$\hspace{6cm}|a|<1,\ \gamma<2m-1,\ m=1,2,\ldots \qquad (33);$

33c) $\displaystyle\int_0^{\pi/2}\frac{\cos^{\gamma}x\,\cos\gamma x}{1+a^2-2a\cos 2x}\,dx = \frac{\pi(1+a)^{\gamma-1}}{2^{\gamma+1}(1-a)},\quad |a|<1,\ \gamma>-1, \qquad (33b).$

34a) $\displaystyle\int_0^{\pi}\frac{\sin nx\,\sin x}{1+a^2-2a\cos x}\,dx = \begin{cases}\dfrac{\pi a^{n-1}}{2} & \text{für } |a|<1,\\[2mm] \dfrac{\pi}{2a^{n+1}} & \text{für } |a|>1,\end{cases}\quad n=1,2,\ldots\ (31b,\mathrm{I}\,332.1a);$

34b) $\displaystyle\int_0^{\pi}\frac{\cos nx\,\cos x}{1+a^2-2a\cos x}\,dx = \begin{cases}\dfrac{\pi a^{n-1}(1+a^2)}{2(1-a^2)} & \text{für } |a|<1,\\[2mm] \dfrac{\pi(a^2+1)}{2a^{n+1}(a^2-1)} & \text{für } |a|>1,\end{cases}\quad n=1,2,\ldots$
$\hspace{12cm}(31b,\mathrm{I}\,332.1b).$

332

35a) $\int_0^{2\pi}[1+a^2-2a\cos x]^m \cos nx\, dx = 2\int_0^{\pi}\sim = \begin{cases} 0 & \text{für } m<n, \\ 2\pi(-a)^n(1+a^2)^{m-n}\sum_{\mu=0}^{r}\binom{m}{\mu}\binom{m-\mu}{n+\mu}\left(\frac{a}{1+a^2}\right)^{2\mu} \\ & \text{für } m \geq n,\ r = \left[\frac{m-n}{2}\right], \end{cases}$ (14b);

35b) $\int_0^{2\pi}[1+a^2-2a\cos x]^m \sin nx\, dx = 0, \quad m, n = 1, 2, \ldots$ (021.8).

36) $\int_0^{\varphi} \frac{f(\sin x, \cos x, \ldots)}{[1+a^2-2a\cos x][1+b^2-2b\cos x]}dx = \frac{a}{(a-b)(1-ab)}\int_0^{\varphi}\frac{f(\sin x, \cos x, \ldots)}{1+a^2-2a\cos x}dx$
$\qquad - \frac{b}{(a-b)(1-ab)}\int_0^{\varphi}\frac{f(\sin x, \cos x, \ldots)}{1+b^2-2b\cos x}dx, \quad a\neq b, ab\neq 1,$ (021.4b).

37a) $\int_0^{\pi}[a+b\cos x]^n dx = \frac{1}{2}\int_0^{2\pi}\sim = \pi(a^2-b^2)^{n/2} P_n\left(\frac{a}{\sqrt{a^2-b^2}}\right),\ a^2>b^2,\ n=0,1,2,\ldots$ (171.2a);

37b) $\qquad = \frac{\pi}{2^n}\sum_{\nu=0}^{[n/2]}\frac{(-1)^{\nu}(2n-2\nu)!}{\nu!(n-\nu)!(n-2\nu)!}a^{n-2\nu}(a^2-b^2)^{\nu},\ n=0,1,2,\ldots$ (37a, 171.1c).

38a) $\int_0^{\pi}\frac{dx}{[a+b\cos x]^{n+1}} = \frac{1}{2}\int_0^{2\pi}\sim = \frac{\pi}{(a^2-b^2)^{\frac{n+1}{2}}}P_n\left(\frac{a}{\sqrt{a^2-b^2}}\right),\ a>|b|,\ n=0,1,2,\ldots$ (171.2b);

38b) $\qquad = \frac{(2n-1)a}{n(a^2-b^2)}\int_0^{\pi}\frac{dx}{[a+b\cos x]^n} - \frac{n-1}{n(a^2-b^2)}\int_0^{\pi}\frac{dx}{[a+b\cos x]^{n-1}},$
$\qquad |a|>|b|, n=1,2,\ldots$ (I 331.17a).

51a) $\int_0^{\pi/2}\frac{\cos 2nx}{\sqrt{1-k^2\sin^2 x}}dx = \frac{1}{2}\int_0^{\pi}\sim = K_n(k) = (-1)^n\frac{\pi}{2}\sum_{\nu=n}^{\infty}\frac{(1;2;\nu)^2}{(\nu-n)!(\nu+n)!}\left(\frac{k^2}{4}\right)^{\nu},$
$\qquad 0\leq k<1,\ n=0,1,2,\ldots$ (021.7, 332.12b).

51b) $\int_0^{\pi/2}\sqrt{1-k^2\sin^2 x}\cos 2nx\, dx = \frac{1}{2}\int_0^{\pi}\sim = E_n(k) = (-1)^{n+1}\frac{\pi}{2}\sum_{\nu=n}^{\infty}\frac{(1;2;\nu-1)(1;2;\nu)}{(\nu-n)!(\nu+n)!}\left(\frac{k^2}{4}\right)^{\nu},$
$\qquad 0\leq k<1,\ n=0,1,2,\ldots$ (021.7, 332.12b).

52) $\int_0^{\varphi}\frac{\cos(n+\frac{1}{2})x}{\sqrt{\cos x - \cos\varphi}}dx = \int_{\varphi}^{\pi}\frac{\sin(n+\frac{1}{2})x}{\sqrt{\cos\varphi - \cos x}}dx = \frac{\pi}{\sqrt{2}}P_n(\cos\varphi),\ 0<\varphi<\pi,\ n=0,1,2,\ldots$ (171.2c).

53a) $\int_0^{\pi}\frac{\cos(n+\frac{1}{2})x}{\sqrt{\cos x + 1}}dx = \frac{(-1)^n\pi}{\sqrt{2}},\quad n=0,1,2,\ldots$ (52, 171.1d);

332

53b) $\int_0^{\pi/2} \frac{\cos(n+\frac{1}{2})x}{\sqrt{\cos x}} dx = \begin{cases} 0 & \text{für } n=2\mu+1, \\ \frac{\pi}{\sqrt{2}}\binom{-1/2}{\mu} & \text{für } n=2\mu, \quad n=0,1,2,\ldots \end{cases}$ $\quad (52,171.1d).$

54) $\int_0^\pi F(\cos x)\cos nx\, dx = \frac{1}{(1,2,n)}\int_0^\pi F^{(n)}(\cos x)\sin^{2n}x\, dx, \quad n=0,1,2,\ldots$

(F(y) in $-1\leq y\leq 1$ n-mal stetig differenzierbar, $\cos x = y$, 174.1a-e, 021.3).

333

333. Integrale der Form $\int f(x,\sin ax,\cos bx)\,dx$.

A. Integrale der Form $\int x^k \sin^m ax \cdot \cos^n bx\, dx$.

1) $\int_0^\varphi x\sin ax\, dx = \frac{1}{a^2}(\sin a\varphi - a\varphi\cos a\varphi),$ $\quad$ (I 333.2c);

1a) $\int_0^\pi x\sin nx\, dx = (-1)^{n+1}\frac{\pi}{n}, \quad n=1,2,\ldots$ $\quad$ (1).

2) $\int_0^\varphi x\cos ax\, dx = \frac{1}{a^2}(\cos a\varphi + a\varphi\sin a\varphi - 1),$ $\quad$ (I 333.3c);

2a) $\int_0^\pi x\cos nx\, dx = \frac{(-1)^n - 1}{n^2}, \quad n=1,2,\ldots$ $\quad$ (2).

3) $\int_0^\varphi x\sin ax\sin bx\, dx = \frac{1}{2(a-b)^2}\left[\cos(a-b)\varphi + (a-b)\varphi\sin(a-b)\varphi - 1\right] -$

$\qquad\qquad - \frac{1}{2(a+b)^2}\left[\cos(a+b)\varphi + (a+b)\varphi\sin(a+b)\varphi - 1\right],$

$\qquad\qquad\qquad a^2 \neq b^2,$ $\quad$ (I 332.1a);

3a) $\int_0^\pi x\sin mx\sin nx\, dx = \frac{[(-1)^{m+n}-1]2mn}{(m^2-n^2)^2}, \quad m,n=0,1,2,\ldots, m\neq n,$ $\quad$ (3).

333

4) $\int_0^\varphi x \sin ax \cos bx \, dx = \dfrac{1}{2(a+b)^2}\left[\sin(a+b)\varphi - (a+b)\varphi\cos(a+b)\varphi\right] +$

$\qquad\qquad + \dfrac{1}{2(a-b)^2}\left[\sin(a-b)\varphi - (a-b)\varphi\cos(a-b)\varphi\right],$

$\qquad\qquad\qquad a^2 \neq b^2, \qquad (\text{I } 332.1c);$

4a) $\int_0^\pi x \sin mx \cos nx \, dx = (-1)^{m+n+1}\dfrac{m\pi}{m^2-n^2}, \quad m,n=0,1,2,\ldots, \; m^2 \neq n^2, \quad (4).$

5) $\int_0^\varphi x \cos ax \cos bx \, dx = \dfrac{1}{2(a+b)^2}\left[\cos(a+b)\varphi + (a+b)\varphi\sin(a+b)\varphi - 1\right] +$

$\qquad\qquad + \dfrac{1}{2(a-b)^2}\left[\cos(a-b)\varphi + (a-b)\varphi\sin(a-b)\varphi - 1\right],$

$\qquad\qquad\qquad a^2 \neq b^2, \qquad (\text{I }332.1b).$

5a) $\int_0^\pi x \cos mx \cos nx \, dx = \left[(-1)^{m+n} - 1\right]\dfrac{m^2+n^2}{(m^2-n^2)^2}, \quad m,n=0,1,2,\ldots, \; m \neq n, (5).$

6) $\int_0^\pi x^p \sin nx \, dx = \dfrac{(-1)^{n+1}}{n^{p+1}} \displaystyle\sum_{\nu=0}^r (-1)^\nu (p;-1;2\nu)(n\pi)^{p-2\nu} - (-1)^r \dfrac{(s-1)p!}{n^{p+1}}$

$\qquad p = 2r+s = 0,1,2,\ldots; \; r = \left[\dfrac{p}{2}\right], s=0,1; \; n=1,2,\ldots \quad (\text{I }333.2b).$

7) $\int_0^\pi x^p \cos nx \, dx = \dfrac{(-1)^n}{n^{p+1}} \displaystyle\sum_{\nu=0}^{r-1} (-1)^\nu (p;-1;2\nu+1)(n\pi)^{p-2\nu-1} + (-1)^r \dfrac{s p!}{n^{p+1}},$

$\qquad p = 2r-s = 1,2,\ldots; \; r = \left[\dfrac{p+1}{2}\right], s=0,1; \; n=1,2,\ldots \quad (\text{I }333.3b).$

8a) $\int_0^\pi x^p \sin^m x \, dx = -\dfrac{p(p-1)}{m^2}\int_0^\pi x^{p-2}\sin^m x \, dx + \dfrac{m-1}{m}\int_0^\pi x^p \sin^{m-2} x \, dx, \; m>1, p>1-m,$

$\qquad\qquad\qquad (\text{I }333.1e);$

8b) $\int_0^\pi x \sin^m x \, dx = \begin{cases} \dfrac{(1;2;r)\pi^2}{(2;2;r)\,2} & \text{für } m=2r, \\[2mm] \dfrac{(2;2;r)\pi}{(3;2;r)} & \text{für } m=2r+1, \end{cases} \quad m=0,1,2,\ldots$

$\qquad\qquad\qquad (021.9, 331.27\text{-}28 \text{ oder } \text{I }333.2a);$

8c) $\int_0^{n\pi} x \sin^m x \, dx = \begin{cases} \dfrac{(1;2;r)n^2\pi^2}{(2;2;r)\,2} & \text{für } m=2r, \\[2mm] (-1)^{n+1}\dfrac{(2;2;r)n\pi}{(3;2;r)} & \text{für } m=2r+1, \end{cases} \quad n,m=0,1,2,\ldots$

$\qquad\qquad\qquad (37a\text{-}b, 331.27\text{-}28).$

333

9a) $\int_0^{\pi/2} x^p \cos^m x \, dx = -\frac{p(p-1)}{m^2} \int_0^{\pi/2} x^{p-2} \cos^m x \, dx + \frac{m-1}{m} \int_0^{\pi/2} x^p \cos^{m-2} x \, dx, \quad m>1, \, p>1,$ (I333.1f);

9b) $\int_0^{\pi/2} x \cos^m x \, dx = -\sum_{\nu=0}^{r-1} \frac{(m-1;-2;\nu)}{(m;-2;\nu+1)} \cdot \frac{1}{m-2\nu} + \begin{cases} \frac{(2;2;r-1)\pi}{(1;2;r)2} & \text{für } m=2r-1, \\ \frac{(1;2;r)\pi^2}{(2;2;r)8} & \text{für } m=2r, \end{cases}$

$\qquad m=1,2,\ldots$ (I333.3a);

9c) $\int_0^{\pi/2} x^p \cos x \, dx = \sum_{\nu=0}^{r} (-1)^\nu (p;-1;2\nu) \left(\frac{\pi}{2}\right)^{p-2\nu} - (-1)^r s!,$

$\qquad p=2r+s=0,1,2,\ldots; \, r=\left[\frac{p}{2}\right], \, s=0,1;$ (I333.3b);

9d) $\int_0^{\pi} x \cos^{2m} x \, dx = \frac{(1;2;m)\pi^2}{(2;2;m)2}, \quad m=0,1,2,\ldots$ (021.9, 331.29).

10a) $\int_0^\infty x^{k-1} \sin \mu x \, dx = \frac{\Gamma(k)}{\mu^k} \sin \frac{k\pi}{2}, \quad 0<|k|<1, \, \mu>0,$

$\qquad$ (313.14 Imaginärteil, 19a, 14a);

10b) $\int_0^\infty x^{k-1} \cos \mu x \, dx = \frac{\Gamma(k)}{\mu^k} \cos \frac{k\pi}{2}, \quad 0<k<1, \, \mu>0,$ (313.14 Realteil).

11a) $\int_0^\infty x^{k-1} \sin(\mu x^\lambda) \, dx = \frac{\Gamma(k/\lambda)}{\lambda \mu^{k/\lambda}} \sin \frac{k\pi}{2\lambda}, \quad 0<|k|<\lambda, \, \mu>0,$ (10a, $x^\lambda = y$);

11b) $\int_0^\infty x^{k-1} \cos(\mu x^\lambda) \, dx = \frac{\Gamma(k/\lambda)}{\lambda \mu^{k/\lambda}} \cos \frac{k\pi}{2\lambda}, \quad 0<k<\lambda, \, \mu>0,$ (10b, $x^\lambda = y$).

12) $\int_0^\infty \frac{\sin \mu x}{\sqrt{x}} \, dx = \int_0^\infty \frac{\cos \mu x}{\sqrt{x}} \, dx = \sqrt{\frac{\pi}{2\mu}}, \quad \mu>0,$ (10a-b).

13a) $\int_0^\infty x^{k-1} \sin \mu x \sin \nu x \, dx = \frac{1}{2} \Gamma(k) \cos \frac{k\pi}{2} \left[\frac{1}{(\mu-\nu)^k} - \frac{1}{(\mu+\nu)^k}\right],$

$\qquad 0<k<1, \, \mu>\nu \geq 0,$ (I332.1a, 10b);

13b) $\int_0^\infty x^{k-1} \sin \mu x \cos \nu x \, dx = \frac{1}{2} \Gamma(k) \sin \frac{k\pi}{2} \left[\frac{1}{(\mu-\nu)^k} + \frac{1}{(\mu+\nu)^k}\right],$

$\qquad 0<|k|<1, \mu>\nu \geq 0,$ (I332.1c, 10a; $k=0$ siehe 23);

333

13c) $\int_0^\infty x^{k-1}\cos\mu x \cos\nu x\, dx = \frac{1}{2}\Gamma(k)\cos\frac{k\pi}{2}\left[\frac{1}{(\mu-\nu)^k}+\frac{1}{(\mu+\nu)^k}\right],$
$\qquad\qquad 0<k<1,\ \mu>\nu\geq 0,\qquad\qquad$ (I 332.1b, 10b).

14) $\int_0^\infty \sin^{2n+1}x\,\frac{dx}{x} = \frac{(1;2;n)\pi}{2^{n+1}n!},\quad n=0,1,2,\ldots\qquad$ (38, 331.27);

14a) $\int_0^\infty \frac{\sin\mu x}{x}dx = \frac{\pi}{2},\quad \mu>0,\qquad$ (14, $\mu x=y$);

14b) $\int_0^\infty \frac{\sin^{2n}\mu x}{x^2}dx = \frac{(1;2;n-1)\mu\pi}{2^n(n-1)!},\quad \mu>0,\ n=1,2,\ldots\qquad$ (17a, 15);

14c) $\int_0^\infty \frac{\sin^3\mu x}{x^2}dx = \frac{3}{4}\mu\log 3,\quad \mu>0,\qquad$ (17a, 20);

14d) $\int_0^\infty \frac{\sin^{2n+1}\mu x}{x^3}dx = \frac{(1;2;n-1)(2n+1)\mu^2\pi}{2^{n+2}n!},\quad \mu>0,\ n=1,2,\ldots\qquad$ (17b, 14).

15) $\int_0^\infty \sin^{2n+1}x \cos x\,\frac{dx}{x} = \frac{(1;2;n)\pi}{2^{n+2}(n+1)!},\quad n=0,1,2,\ldots\qquad$ (39, 331.27);

15a) $\int_0^\infty \sin^{2n}x\cos x\,\frac{dx}{x^2} = \frac{(1;2;n-1)\pi}{2^{n+1}n!},\quad n=1,2,\ldots\qquad$ (18a, 14);

15b) $\int_0^\infty \sin^{2n+1}x\cos x\,\frac{dx}{x^3} = \frac{(1;2;n-1)\pi}{2^{n+1}n!},\quad n=1,2,\ldots\qquad$ (18b, 15).

16) $\int_0^\infty \frac{\sin^{2n+1}x}{x\cos x}dx = \int_0^\infty \sin^{2n}x\,\text{tg}\,x\,\frac{dx}{x} = \frac{(1;2;n)\pi}{2^{n+1}n!},\ n=0,1,2,\ldots$
$\qquad\qquad\qquad\qquad\qquad\qquad\qquad\qquad$ (39a, 331.27);

16a) $\int_0^\infty \text{tg}\,\mu x\,\frac{dx}{x} = \frac{\pi}{2},\quad \mu>0,\qquad$ (16, $\mu x=y$).

17a) $\int_0^\infty \frac{\sin^\lambda x}{x^k}dx = \frac{\lambda}{k-1}\int_0^\infty \frac{\sin^{\lambda-1}x\cos x}{x^{k-1}}dx,\quad \lambda>k-1>0,\qquad$ (021.3);

17b) $\qquad\qquad = \frac{\lambda(\lambda-1)}{(k-1)(k-2)}\int_0^\infty \frac{\sin^{\lambda-2}x}{x^{k-2}}dx - \frac{\lambda^2}{(k-1)(k-2)}\int_0^\infty \frac{\sin^\lambda x}{x^{k-2}}dx,$
$\qquad\qquad\qquad\qquad \lambda>k-1>1,\qquad$ (021.3).

333

18a) $\int_0^\infty \frac{\sin^\lambda x \cos x}{x^k} dx = \frac{\lambda}{k-1} \int_0^\infty \frac{\sin^{\lambda-1} x}{x^{k-1}} dx - \frac{\lambda+1}{k-1} \int_0^\infty \frac{\sin^{\lambda+1} x}{x^{k-1}} dx, \quad \lambda > k-1 > 0,$ (021.3);

18b) $= \frac{\lambda(\lambda-1)}{(k-1)(k-2)} \int_0^\infty \frac{\sin^{\lambda-2} x \cos x}{x^{k-2}} dx - \frac{(\lambda+1)^2}{(k-1)(k-2)} \int_0^\infty \frac{\sin^\lambda x \cos x}{x^{k-2}} dx,$
$\lambda > k-1 > 1,$ (021.3).

19a) $\int_0^\infty \frac{\sin \mu x}{x^k} dx = \mu^{k-1} \Gamma(1-k) \cos \frac{k\pi}{2}, \quad 0 < k < 2, \mu > 0,$
(17a, 10b; k=1 siehe 14a);

19b) $\int_0^\infty \frac{\sin \mu x}{x\sqrt{x}} dx = \sqrt{2\mu\pi}, \quad \mu \geq 0,$ (19a).

19c) $\int_0^\infty \frac{\sin^2 x}{x^k} dx = \frac{-\pi}{2^{3-k} \Gamma(k) \cos \frac{k\pi}{2}}, \quad 1 < k < 3,$ (17a, 10a, 411.4a);

19d) $\int_0^\infty \frac{\sin^2 \mu x}{x\sqrt{x}} dx = \sqrt{\mu\pi}, \quad \mu \geq 0,$ (19c);

19e) $\int_0^\infty \frac{\sin^2 \mu x}{x^2\sqrt{x}} dx = \frac{4}{3}\mu\sqrt{\mu\pi}, \quad \mu \geq 0,$ (19c);

19f) $\int_0^\infty \frac{\sin^3 \mu x}{x^k} dx = \frac{3-3^{k-1}}{4} \mu^{k-1} \Gamma(1-k) \cos \frac{k\pi}{2}, \quad 0 < k < 2, \mu > 0,$
(I 332.1a-c, 19a; k=1 siehe 14);

19g) $\int_0^\infty \frac{\sin^3 \mu x}{x\sqrt{x}} dx = \frac{3-\sqrt{3}}{4} \sqrt{2\mu\pi}, \quad \mu \geq 0,$ (19f).

20) $\int_0^\infty \frac{\cos px - \cos qx}{x} dx = \log \left|\frac{q}{p}\right|, \quad pq \neq 0,$ (313.14b, Realteil);

20a) $\int_0^\infty \frac{\cos px - \cos qx}{x^2} dx = (q-p)\frac{\pi}{2}, \quad p \geq 0, q \geq 0,$ (021.3, 14a);

20b) $\int_0^\infty \frac{\sin^2 px - \sin^2 qx}{x} dx = \frac{1}{2} \log \left|\frac{p}{q}\right|, \quad pq \neq 0,$ (20).

21a) $\int_0^\infty \frac{\sin x - x \cos x}{x^2} dx = 1,$ (021.3);

333

21b) $\int_0^\infty \frac{\sin x - x\cos x}{x^3}dx = \frac{\pi}{4}$, (021.3).

22a) $\int_0^a \frac{\sin px}{x}dx = \mathrm{Si}(pa)$, (I 333.5b, 327.4);

22b) $\int_a^\infty \frac{\cos px}{x}dx = -\mathrm{Ci}(pa)$, $p>0, a>0$, (I 333.5a, 327.3).

23) $\int_0^\infty \sin\mu x \cos\nu x \frac{dx}{x} = \begin{cases} \frac{\pi}{2} & \text{für } \mu>\nu\geq 0, \\ \frac{\pi}{4} & \text{für } \mu=\nu>0, \\ 0 & \text{für } \nu>\mu\geq 0, \end{cases}$ (I 332.1c, 14a).

24) $(\oint)_0^\infty \sin^{2a+1}x \cos^{2b}x \frac{dx}{x} = (\oint)_0^\infty \sin^{2a+1}x \cos^{2b-1}x \frac{dx}{x} = \frac{\Gamma(a+\frac{1}{2})\Gamma(b+\frac{1}{2})}{2\Gamma(a+b+1)}$,

$a = \frac{m_1}{n_1} > -\frac{1}{2}$, $b = \frac{m_2}{n_2} > -\frac{1}{2}$, n_1, n_2 ungerade, (38-39, 331.21);

24a) $\int_0^\infty \sin^{2m+1}x \cos^{2n}x \frac{dx}{x} = (\oint)_0^\infty \sin^{2m+1}x \cos^{2n-1}x \frac{dx}{x} = \frac{(1,2;m)(1,2;n)}{2^{m+n}(m+n)!} \cdot \frac{\pi}{2}$,

$m,n = 0,1,2,\ldots$ (24);

24b) $\oint_0^\infty \sqrt[3]{\mathrm{tg}\,x}\,\frac{dx}{x} = \pi$, (24, 411.4a).

25a) $\int_0^\infty \frac{\sin\mu x \sin\nu x}{x^\kappa}dx = \frac{1}{2}\Gamma(1-\kappa)\sin\frac{\kappa\pi}{2}\left[\frac{1}{(\mu-\nu)^{1-\kappa}} - \frac{1}{(\mu+\nu)^{1-\kappa}}\right]$,

$0<\kappa<3$ ($\kappa\neq 1,2$), $\mu>\nu\geq 0$, (13a, 021.3);

25b) $\qquad = \frac{1}{2}\log\frac{\mu+\nu}{\mu-\nu}$ für $\kappa=1$, $\mu>\nu\geq 0$, (021.3);

25c) $\qquad = \nu\cdot\frac{\pi}{2}$ für $\kappa=2$, $\mu\geq\nu\geq 0$, (021.3).

333

26a) $\displaystyle\int_0^\infty \frac{\sin px \sin qx \sin rx}{x^k}dx = \frac{1}{4}\Gamma(1-k)\cos\frac{k\pi}{2}\left[\frac{-1}{(p+q+r)^{1-k}} + \frac{1}{(p-q+r)^{1-k}} + \frac{1}{(p+q-r)^{1-k}} - \frac{\varepsilon}{|p-q-r|^{1-k}}\right]$,

$\qquad 0 < k < 4 \ (k \neq 1,2,3), \ p \geq q \geq r \geq 0 \ (\text{ausgeschlossen } p=q\geq r=0)$,

$\qquad \varepsilon = \begin{cases} 1 & \text{für } p > q+r \\ 0 & \text{für } p = q+r \\ -1 & \text{für } p < q+r \end{cases}$ (I 332.1a-c, 10a, 021.3);

26b) $\qquad = \dfrac{\pi}{8}(1-\varepsilon)$ für $k=1$, p,q,r,ε wie oben, $\qquad$ (26a, $k \to 1$);

26c) $\qquad = \dfrac{p+q+r}{4}\log(p+q+r) - \dfrac{p-q+r}{4}\log(p-q+r) - \dfrac{p+q-r}{4}\log(p+q-r) + \dfrac{p-q-r}{4}\log|p-q-r|$

$\qquad$ für $k=2$, p,q,r wie oben, $\qquad$ (26a, $k \to 2$);

26d) $\qquad = \dfrac{\pi}{16}\left[(p+q+r)^2 - (p+q-r)^2 - (p-q+r)^2 + \varepsilon(p-q-r)^2\right]$,

$\qquad$ für $k=3$, p,q,r,ε wie oben, $\qquad$ (26a, $k \to 3$).

27) $\displaystyle\int_0^\infty \frac{\sin^{2n}px - \sin^{2n}qx}{x}dx = \frac{1}{2^{2n}}\binom{2n}{n}\log\left|\frac{p}{q}\right|$, $\quad pq \neq 0, \ n=1,2,\ldots$ $\qquad$ (20).

28a) $\displaystyle\int_0^\infty \frac{\cos^{2n}px - \cos^{2n}qx}{x}dx = \left[1 - 2^{-2n}\binom{2n}{n}\right]\log\left|\frac{q}{p}\right|$, $\quad pq \neq 0, \ n=0,1,2,\ldots$ $\qquad$ (20);

28b) $\displaystyle\int_0^\infty \frac{\cos^{2n+1}px - \cos^{2n+1}qx}{x}dx = \log\left|\frac{q}{p}\right|$, $\quad pq \neq 0, \ n=0,1,2,\ldots$ $\qquad$ (20).

29) $\displaystyle\int_0^\infty \frac{\sin^2\mu x \cos^2\nu x}{x^2}dx = \begin{cases} \dfrac{2\mu-\nu}{4}\pi & \text{für } \mu \geq \nu \geq 0, \\ \dfrac{\mu}{4}\pi & \text{für } \nu \geq \mu \geq 0, \end{cases}$ $\qquad$ (I 332.1a-c, 20a).

30a) $\displaystyle\int_0^\infty \frac{\sin(ax+b)}{x^k}dx = a^{k-1}\Gamma(1-k)\cos\left(\frac{k\pi}{2}-b\right)$, $\quad a > 0, \ 0 < k < 1$, $\qquad$ (10a-b);

30b) $\displaystyle\int_0^\infty \frac{\cos(ax+b)}{x^k}dx = a^{k-1}\Gamma(1-k)\sin\left(\frac{k\pi}{2}-b\right)$, $\quad a > 0, \ 0 < k < 1$, $\qquad$ (10a-b);

30c) $\displaystyle\int_0^\infty \frac{\sin(a-x)+\cos(a-x)}{\sqrt{x}}dx = \sqrt{2\pi}\sin a$, $\qquad$ (30a-b).

333

31) $\int_0^a \frac{1-\cos x}{x}dx - \int_a^\infty \frac{\cos x}{x}dx = \mathscr{E} + \log a, \quad a>0,$ \hfill (I 333.5a).

32) $\int_0^{\pi/2} \frac{x\,dx}{\sin x} = \int_0^{\pi/2} \frac{(\pi/2-x)\,dx}{\cos x} = 2\mathscr{G},$ \hfill (322.7a, 021.3);

32a) $\int_0^{\pi/4} \frac{x^2\,dx}{\sin^2 x} = -\frac{\pi^2}{16} + \frac{\pi}{4}\log 2 + \mathscr{G},$ \hfill (34a, 021.3);

32b) $\int_0^{\pi/2} \sim \; = \pi \log 2,$ \hfill (34b, 021.3).

33a) $\int_0^{\pi/4} x\,\mathrm{tg}\,x\,dx = -\frac{\pi}{8}\log 2 + \frac{1}{2}\mathscr{G},$ \hfill (322.6b, 021.3);

33b) $\int_0^{\pi/2}\left(\frac{\pi}{2}-x\right)\mathrm{tg}\,x\,dx = \frac{1}{2}\int_0^\pi \sim \; = \frac{\pi}{2}\log 2,$ \hfill (322.5b, 021.3).

34a) $\int_0^{\pi/4} x\,\mathrm{ctg}\,x\,dx = \frac{\pi}{8}\log 2 + \frac{1}{2}\mathscr{G},$ \hfill (322.6a, 021.3);

34b) $\int_0^{\pi/2} \sim \; = \frac{\pi}{2}\log 2,$ \hfill (322.5a, 021.3).

35a) $\int_0^{\pi/4} \frac{x^2\,dx}{\cos^2 x} = \frac{\pi^2}{16} + \frac{\pi}{4}\log 2 - \mathscr{G},$ \hfill (33a, 021.3);

35b) $\int_0^{\pi/2} \frac{x^2 \cos x}{\sin^2 x}dx = -\frac{\pi^2}{4} + 4\mathscr{G},$ \hfill (32, 021.3).

36) $\int_0^\pi \frac{x\,dx}{p^2\cos^2 x + q^2\sin^2 x} = \frac{1}{4}\int_0^{2\pi} \sim \; = \frac{\pi^2}{2pq}, \quad p,q>0,$ \hfill (021.8-9, 331.53).

37a) $\int_0^{n\pi} f(\sin x)\,x\,dx = n^2\pi \int_0^{\pi/2} f(\sin x)\,dx, \quad n=0,1,2,\ldots \quad \text{wenn } f(-y)=f(y),$
\hfill (021.8);

37b) $\quad = (-1)^{n-1} n\pi \int_0^{\pi/2} f(\sin x)\,dx, \quad n=0,1,2,\ldots \quad \text{wenn } f(-y)=-f(y),$
\hfill (021.8).

38) $\int_0^\infty f(\sin x)\frac{dx}{x} = \int_0^{\pi/2} f(\sin x)\frac{dx}{\sin x},$ wenn $f(-y)=-f(y)$ und das Integral rechts existiert,
\hfill (021.8, B.d.H.).

333

39) $\displaystyle\int_0^\infty f(\sin x)\frac{\cos x}{x}dx = \int_0^{\pi/2} f(\sin x)\frac{\cos^2 x}{\sin x}dx$, wenn $f(-y)=-f(y)$ und das Integral rechts existiert, (021.8, B.d.H.);

39a) $\displaystyle\int_0^\infty f(\sin x)\frac{\mathrm{tg}\,x}{x}dx = \int_0^{\pi/2} f(\sin x)dx$, wenn $f(-y)=f(y)$ und das Integral rechts existiert, (021.8, B.d.H.).

40a) $\displaystyle\int_0^\infty f(\sin x)\frac{dx}{x^2+p^2} = \frac{\sinh p \cosh p}{p}\int_0^{\pi/2}\frac{f(\sin x)}{\cosh^2 p - \cos^2 x}dx$,

wenn $f(-y)=f(y)$ und das Integral rechts existiert,[*] (021.8, B.d.H.);

40b) $\displaystyle\int_0^\infty f(\cos x)\frac{dx}{x^2+p^2} = \frac{\sinh p}{p}\int_0^{\pi/2}\frac{f(\cos x)\cos x}{\cosh^2 p - \cos^2 x}dx$,

wenn $f(-y)=-f(y)$ und das Integral rechts existiert,[*] (021.8, B.d.H.);

41a) $\displaystyle\int_0^\infty f(\sin x)\frac{x\,dx}{x^2+p^2} = \cosh p\int_0^{\pi/2}\frac{f(\sin x)\sin x}{\sinh^2 p + \sin^2 x}dx$,

wenn $f(-y)=-f(y)$ und das Integral rechts existiert,[*] (021.8, B.d.H.);

41b) $\displaystyle\int_0^\infty f(\sin x)\frac{x\cos x}{x^2+p^2}dx = \int_0^{\pi/2} f(\sin x)\frac{\sin x \cos^2 x}{\sinh^2 p + \sin^2 x}dx$,

wenn $f(-y)=-f(y)$ und das Integral rechts existiert,[*] (021.8, B.d.H.).

B. Allgemeine Integranden.

51a) $\displaystyle\int_0^{\pi/4}\frac{\cos x - \sin x}{\cos x + \sin x}x\,dx = \frac{\pi}{4}\log 2 - \frac{1}{2}\mathscr{G}$, (322.9a, 021.3);

51b) $\displaystyle\int_0^{\pi/2}\quad\sim\quad = \frac{\pi}{4}\log 2 - \mathscr{G}$, (322.9a, 021.3);

51c) $\displaystyle\int_0^{\pi/4}\frac{x\,dx}{\cos x(\cos x + \sin x)} = \frac{\pi}{8}\log 2$, (322.9c, 021.3);

---

[*] Man beachte: $\cosh^2 p \sin^2 x + \sinh^2 p \cos^2 x = \cosh^2 p - \cos^2 x = \sinh^2 p + \sin^2 x$.

333

51d) $\int_0^{\pi/2} \dfrac{x\,dx}{\sin x(\cos x+\sin x)} = \dfrac{\pi}{4}\log 2 + \mathscr{G}$, $\qquad$ (322.9d, $x=\tfrac{\pi}{2}-y$, 021.3).

52a) $\int_0^{\pi/2} \dfrac{x\sin 2x}{a^2\cos^2 x + b^2\sin^2 x}\,dx = \dfrac{\pi}{a^2-b^2}\log\dfrac{a+b}{2b}$, $a>0, b>0, a\ne b$, (322.13, 021.3);

52b) $\int_0^{\pi} \sim\ = \dfrac{2\pi}{a^2-b^2}\log\dfrac{a+b}{2a}$, $a>0, b>0, a\ne b$, (322.13, 021.3).

52c) $\int_0^{\pi/2} \dfrac{x\sin 2x}{1+a\sin^2 x}\,dx = \dfrac{\pi}{a}\log\dfrac{2(1+a-\sqrt{1+a})}{a}$, $a>-1, a\ne 0$, (52a);

52d) $\int_0^{\pi/2} \dfrac{x\sin 2x}{1+a\cos^2 x}\,dx = \dfrac{\pi}{a}\log\dfrac{1+\sqrt{1+a}}{2}$, $a>-1, a\ne 0$, (52a).

53a) $\int_0^{\pi} \dfrac{x\sin x}{a+b\cos x}\,dx = \dfrac{\pi}{b}\log\dfrac{a+\sqrt{a^2-b^2}}{2(a-b)}$, $a>|b|>0$, (52a oder 322.15);

53b) $\int_0^{2\pi} \sim\ = \dfrac{2\pi}{b}\log\dfrac{a+\sqrt{a^2-b^2}}{2(a+b)}$, $a>|b|>0$, (52b).

54) $\int_0^{\pi} \dfrac{x\sin x}{1+a^2-2a\cos x}\,dx = \dfrac{\pi}{2a}\left[\log(1+a)^2 - \varepsilon\log a^2\right]$, $\varepsilon=\begin{cases}1 \text{ für } |a|>1,\\ 0 \text{ für } |a|<1,\end{cases}$ (53a).

55a) $\int_0^{\pi/2} \dfrac{x\,dx}{1+\cos x} = \dfrac{\pi}{2} - \int_0^{\pi/2}\dfrac{x\,dx}{1+\sin x} = \dfrac{\pi}{2}-\log 2$ (I 333.15a);

55b) $\int_0^{\pi/2}\dfrac{x\sin x}{1+\cos x}\,dx = \dfrac{\pi}{2}\log 2 - \int_0^{\pi/2}\dfrac{x\cos x}{1+\sin x}\,dx = -\dfrac{\pi}{2}\log 2 + 2\mathscr{G}$, (322.16b, 021.3).

55c) $\int_0^{\pi}\dfrac{x\cos x}{1+\sin x}\,dx = \pi\log 2 - 4\mathscr{G}$, (322.16a, 021.3).

56a) $\int_0^{\pi/2}\dfrac{x\sin x}{1-\cos x}\,dx = \int_0^{\pi/2}\dfrac{(\pi/2-x)\cos x}{1-\sin x}\,dx = \dfrac{\pi}{2}\log 2 + 2\mathscr{G}$, (322.16b, 021.3);

56b) $\int_0^{\pi} \sim\ = 2\pi\log 2$, (322.16c, 021.3);

56c) $\int_0^{\pi}\dfrac{(\pi/2-x)\cos x}{1-\sin x}\,dx = 2\int_0^{\pi/2}\sim\ = \pi\log 2 + 4\mathscr{G}$, (56a).

333

57a) $\displaystyle\int_0^\pi \frac{x-\sin x}{1-\cos x}dx = \frac{\pi}{2} + \int_0^{\pi/2} \sim\; = 2$, (I333.16b);

57b) $\displaystyle\int_0^{\pi/2} \frac{x^2\,dx}{1-\cos x} = -\frac{\pi^2}{4} + \pi\log 2 + 4\mathcal{G}$, (56a, 021.3);

57c) $\displaystyle\int_0^\pi \sim\; = 4\pi\log 2$, (56b, 021.3).

58a) $\displaystyle\int_0^\pi \frac{a\cos x + b}{(a+b\cos x)^2} x^2\,dx = \frac{2\pi}{b}\log\frac{2(a-b)}{a+\sqrt{a^2-b^2}}$, $a > |b| > 0$, (53a, 021.3);

58b) $\displaystyle\int_0^\pi \frac{x\sin x}{(a+b\cos x)^2}dx = \frac{\pi}{b}\left[\frac{1}{a-b} - \frac{1}{\sqrt{a^2-b^2}}\right]$, $a > |b| > 0$, (331.41e, 021.3);

59) $\displaystyle\int_0^{\pi/2} \frac{(\pi/2 - x)\operatorname{tg} x}{a^2\cos^2 x + b^2\sin^2 x}dx = \frac{1}{2}\int_0^\pi \sim\; = \frac{\pi}{2b^2}\log\frac{a+b}{a}$, $a>0, b>0$, (322.17, 021.3).

60a) $\displaystyle\int_0^\pi \frac{x\sin x}{a+b\cos^2 x}dx = \frac{\pi}{\sqrt{ab}}\operatorname{Arc\,tg}\sqrt{\frac{b}{a}}$, $a>0, b>0$, (021.8, 331.54a);

60b) $\qquad\qquad = \dfrac{\pi}{2\sqrt{-ab}}\log\dfrac{\sqrt{a}+\sqrt{-b}}{\sqrt{a}-\sqrt{-b}}$, $a > -b > 0$, (021.8, I15.20).

61) $\displaystyle\int_0^\varphi \left[\frac{1}{x} - \operatorname{ctg} x\right]dx = \log\frac{\varphi}{\sin\varphi}$, (I11.4a, I331.14d);

61a) $\displaystyle\int_0^{\pi/2} \sim\; = \log\frac{\pi}{2}$, (61).

62) $\displaystyle\int_0^\infty \frac{\sin^{2m+1}x \cos^n x}{(1+a^2-2a\cos x)^k}\cdot\frac{dx}{x} =$

$= \dfrac{\pi n!}{2^{n+1}(2m+n+1)!(1+a)^{2k}}\displaystyle\sum_{\nu=0}^n \dfrac{(-1)^\nu (1,2,m+n-\nu+1)(1,2,m+\nu)}{\nu!(n-\nu)!}\mathcal{F}\!\left(m+n-\nu+\frac{3}{2}, k, 2m+n+2; \frac{4a}{(1+a)^2}\right)$,

$\qquad\qquad a \neq \pm 1, \quad m, n = 0, 1, 2, \ldots$ $\quad (x\to 2x, 39, 331.64)$;

62a) $\displaystyle\int_0^\infty \frac{\sin^{2m+1}x}{1+a^2-2a\cos x}\cdot\frac{dx}{x} = \frac{(-1)^m \pi (1+a)^{4m}}{2^{2m+2}a^{2m+1}}\left[\left|\frac{1-a}{1+a}\right|^{2m-1} - \sum_{\nu=0}^{2m}(-1)^\nu \binom{m-1/2}{\nu}\left(\frac{4a}{(1+a)^2}\right)^\nu\right]$,

$\qquad\qquad a \neq \pm 1, m = 0, 1, 2, \ldots$ $\quad$ (62);

333

62b) $\int_0^\infty \frac{\sin x}{1+a^2-2a\cos x}\cdot \frac{dx}{x} = \frac{\pi}{4a}\left[\left|\frac{1+a}{1-a}\right|-1\right] = \begin{cases} \dfrac{\pi}{2(1-a)} & \text{für } |a|<1, \\ \dfrac{\pi}{2a(a-1)} & \text{für } |a|>1, \end{cases}$ (62a).

63) $\int_0^\infty \frac{x^n - \sin^n x}{x^{n+2}} dx = \frac{\pi}{2^n (n+1)!} \sum_{\nu=0}^{r} (-1)^\nu \binom{n}{\nu} (n-2\nu)^{n+1}, \quad r = \left[\frac{n-1}{2}\right], n=1,2,\ldots$ (021.3, 20a).

64a) $\int_0^\infty \frac{\sin\mu x}{a+x} dx = \sin\mu a\, \text{Ci}(\mu a) + \cos\mu a\left[\frac{\pi}{2} - \text{Si}(\mu a)\right], \quad a>0, \mu>0,$

$(a+x=y,\ 22a-b);$

64b) $\oint_0^\infty \frac{\sin\mu x}{a-x} dx = \sin\mu a\cdot \text{Ci}(\mu a) - \cos\mu a\left[\frac{\pi}{2} + \text{Si}(\mu a)\right], \quad a>0, \mu>0,$

$(a-x=y,\ 22a-b).$

65a) $\int_0^\infty \frac{\cos\mu x}{a+x} dx = -\cos\mu a\cdot \text{Ci}(\mu a) + \sin\mu a\left[\frac{\pi}{2} - \text{Si}(\mu a)\right], \quad a>0, \mu>0,$

$(a+x=y,\ 22a-b);$

65b) $\oint_0^\infty \frac{\cos\mu x}{a-x} dx = \cos\mu a\cdot \text{Ci}(\mu a) + \sin\mu a\left[\frac{\pi}{2} + \text{Si}(\mu a)\right], \quad a>0, \mu>0,$

$(a-x=y,\ 22a-b).$

66a) $\int_0^\infty \frac{\sin\mu x}{a^2+x^2} dx = \frac{1}{2a}\left[e^{-\mu a}\text{Ei}^*(\mu a) - e^{\mu a}\text{Ei}(-\mu a)\right], \quad a>0, \mu>0,$

$(021.4b, 021.12, 327.1-1f);$

66b) $\int_0^\infty \frac{x\sin\mu x}{a^2+x^2} dx = \frac{\pi}{2} e^{-\mu a}, \quad \mu>0, a\geq 0,$ (67a, 021.5);

66c) $\int_0^\infty \frac{x\sin\mu x}{(a^2+x^2)^n} dx = \frac{\pi\mu e^{-\mu a}}{2^{2n-2}(n-1)! a^{2n-3}} \sum_{\nu=0}^{n-2} \frac{(2n-\nu-4)!(2\mu a)^\nu}{\nu!(n-\nu-2)!}, \quad a>0, \mu\geq 0, n=2,3,\ldots$ (66b, 021.5);

66d) $\int_0^\infty \frac{\sin\mu x}{a^2+x^2}\cdot\frac{dx}{x} = \frac{\pi}{2a^2}(1-e^{-\mu a}), \quad a>0, \mu\geq 0,$ (67a, 021.6);

66e) $\int_0^\infty \frac{\sin\mu x}{(a^2+x^2)^n}\cdot\frac{dx}{x} = \frac{\pi}{2a^{2n}}\left[1 - \frac{e^{-\mu a}}{2^{n-1}(n-1)!}\mathcal{F}_{n-1}(\mu a)\right], \quad a>0, \mu\geq 0, n=1,2,\ldots$

$\mathcal{F}_0(z)=1,\ \mathcal{F}_1(z)=z+2,\ldots,\ \mathcal{F}_n(z)=(z+2n)\mathcal{F}_{n-1}(z) - z\mathcal{F}'_{n-1}(z),$

(66d, 021.5).

333

67a) $\displaystyle\int_0^\infty \frac{\cos\mu x}{a^2+x^2}dx = \frac{\pi}{2a}e^{-\mu a}$, $a>0, \mu \geq 0$, (313.20a);

67b) $\displaystyle\int_0^\infty \frac{\cos\mu x}{(a^2+x^2)^n}dx = \frac{\pi e^{-\mu a}}{(2a)^{2n-1}(n-1)!}\sum_{\nu=0}^{n-1}\frac{(2n-\nu-2)!(2\mu a)^\nu}{\nu!(n-\nu-1)!}$, $a>0, \mu\geq 0$, (67a, 021.5);

67c) $\displaystyle\int_0^\infty \frac{x\cos\mu x}{a^2+x^2}dx = -\frac{1}{2}\left[e^{-\mu a}\text{Ei}^*(\mu a) + e^{\mu a}\text{Ei}(-\mu a)\right]$, $a>0, \mu>0$, (66a, 021.5).

68a) $\displaystyle\oint_0^\infty \frac{\sin\mu x}{a^2-x^2}dx = \frac{1}{a}\left[\sin\mu a\cdot\text{Ci}(\mu a) - \cos\mu a\cdot\text{Si}(\mu a)\right]$, $a>0, \mu\geq 0$, (021.4b, 64a-b);

68b) $\displaystyle\oint_0^\infty \frac{x\sin\mu x}{a^2-x^2}dx = -\frac{\pi}{2}\cos\mu a$, $\mu>0, a>0$, (69a, 021.5).

69a) $\displaystyle\oint_0^\infty \frac{\cos\mu x}{a^2-x^2}dx = \frac{\pi}{2a}\sin\mu a$, $\mu\geq 0, a>0$, (wie 68a);

69b) $\displaystyle\oint_0^\infty \frac{x\cos\mu x}{a^2-x^2}dx = \cos\mu a\cdot\text{Ci}(\mu a) + \sin\mu a\cdot\text{Si}(\mu a)$, $a>0, \mu>0$, (68a, 021.5).

70a) $\displaystyle\int_0^\infty \frac{\cos\mu x}{(a^2+x^2)(b^2+x^2)}dx = \frac{\pi}{2ab(a^2-b^2)}\left(ae^{-\mu b} - be^{-\mu a}\right)$, $a>0, b>0, \mu\geq 0$, (021.4b, 67a);

70b) $\displaystyle\int_0^\infty \frac{x\sin\mu x}{(a^2+x^2)(b^2+x^2)}dx = \frac{\pi}{2(a^2-b^2)}\left(e^{-\mu b} - e^{-\mu a}\right)$, $a>0, b>0, \mu\geq 0$, (021.4b, 66b).

71a) $\displaystyle\int_0^\infty \frac{\sin\lambda x\sin\mu x}{a^2+x^2}dx = \frac{\pi}{4a}\left(e^{-|\lambda-\mu|a} - e^{-(\lambda+\mu)a}\right)$, $a>0, \lambda\geq 0, \mu\geq 0$, (I 332.1a, 67a);

71b) $\displaystyle\int_0^\infty \frac{\sin^2\mu x}{a^2+x^2}dx = \frac{\pi}{4a}\left(1 - e^{-2\mu a}\right)$, $a>0, \mu\geq 0$, (71a, $\lambda=\mu$);

71c) $\displaystyle\int_0^\infty \frac{\cos\lambda x\cos\mu x}{a^2+x^2}dx = \frac{\pi}{4a}\left(e^{-|\lambda-\mu|a} + e^{-(\lambda+\mu)a}\right)$, $a>0, \lambda\geq 0, \mu\geq 0$, (I 332.1b, 67a);

71d) $\displaystyle\int_0^\infty \frac{\cos^2\mu x}{a^2+x^2}dx = \frac{\pi}{4a}\left(1 + e^{-2\mu a}\right)$, $a>0, \mu\geq 0$, (71c, $\lambda=\mu$).

72a) $\displaystyle\int_0^\infty \left(\cos x - \frac{1}{1+x}\right)\frac{dx}{x} = -\mathscr{E}$, (30b, 421.13d, $\kappa\to 1$, 411.7b);

333

72b) $\int_0^\infty \left(\frac{\sin x}{x} - \frac{1}{1+x}\right)\frac{dx}{x} = 1 - \mathscr{E},$ (10a, 421.13d, κ→1, 411.7d).

73) $\int_0^\infty \frac{\cos\mu x + x\sin\mu x}{1+x^2}dx = \pi e^{-\mu}, \quad \mu \geq 0,$ (67a, 66b).

74a) $\int_0^\infty \frac{\cos\left(\mu x + \frac{\kappa\pi}{2}\right)}{(a^2+x^2)x^\kappa}dx = \frac{\pi e^{-\mu a}}{2a^{\kappa+1}}, \quad a>0, \mu>0, -1\leq\kappa<1,$ (313.20b);

74b) $\int_0^\infty \frac{\sin\left(\mu x - \frac{\lambda\pi}{2}\right)}{a^2+x^2}x^{\lambda-1}dx = \frac{-\pi e^{-\mu a}}{2a^{2-\lambda}}, \quad a>0, \mu>0, 0<\lambda\leq 2,$ (74a, κ=1−λ);

74c) $\int_0^\infty \frac{\cos\mu x + \sin\mu x}{a^2+x^2}\sqrt{x}\,dx = \frac{\pi e^{-\mu a}}{\sqrt{2a}}, \quad a>0, \mu\geq 0,$ (74a, κ=−½);

74d) $\int_0^\infty \frac{\cos\mu x - \sin\mu x}{a^2+x^2}\frac{dx}{\sqrt{x}} = \frac{\pi e^{-\mu a}}{a\sqrt{2a}}, \quad a>0, \mu\geq 0,$ (74a, κ=½).

75) $\int_0^\infty \frac{\cos\mu x - \cos\lambda x}{1+x^2}\frac{dx}{x^2} = \frac{\pi}{2}(\lambda-\mu+e^{-\lambda}-e^{-\mu}), \quad \lambda>0, \mu>0,$

(021.4b, 20a, 67a).

76a) $\int_0^1 (1-x^2)^{\nu-1/2}\sin zx\,dx = 2^{\nu-1}z^{-\nu}\sqrt{\pi}\,\Gamma(\nu+\tfrac{1}{2})\mathcal{J}_\nu(z), \quad \mathcal{R}(\nu)>-\tfrac{1}{2},$

(513.3b);

76b) $\int_0^1 (1-x^2)^{\nu-1/2}\cos zx\,dx = \tfrac{1}{2}\int_{-1}^1 \sim\, = 2^{\nu-1}z^{-\nu}\sqrt{\pi}\,\Gamma(\nu+\tfrac{1}{2})J_\nu(z), \quad \mathcal{R}(\nu)>-\tfrac{1}{2},$

(511.11b);

76c) $\int_0^1 \frac{\cos zx}{\sqrt{1-x^2}}dx = \tfrac{1}{2}\int_{-1}^1 \sim\, = \frac{\pi}{2}J_0(z),$ (76b).

77a) $\int_1^\infty \frac{\sin zx}{(x^2-1)^{\nu+1/2}}dx = \frac{\sqrt{\pi}}{2^{\nu+1}}z^\nu\Gamma(\tfrac{1}{2}-\nu)J_\nu(z), \quad z>0, -\tfrac{1}{2}<\mathcal{R}(\nu)<\tfrac{1}{2},$

(313.22, 511.4a-b);

77b) $\int_1^\infty \frac{\cos zx}{(x^2-1)^{\nu+1/2}}dx = \frac{-\sqrt{\pi}}{2^{\nu+1}}z^\nu\Gamma(\tfrac{1}{2}-\nu)\mathcal{N}_\nu(z), \quad z>0, -\tfrac{1}{2}<\mathcal{R}(\nu)<\tfrac{1}{2},$

(313.22, 511.4a-b);

77c) $\int_1^\infty \frac{\sin zx}{\sqrt{x^2-1}}dx = \frac{\pi}{2}J_0(z), \quad z>0,$ (77a);

77d) $\int_1^\infty \frac{\cos zx}{\sqrt{x^2-1}}dx = -\frac{\pi}{2}\mathcal{N}_0(z), \quad z>0,$ (77b).

333

78) $\int_0^\infty \dfrac{\cos zx}{(x^2+a^2)^{\nu+1/2}}dx = \dfrac{\sqrt{\pi}}{\Gamma(\nu+\tfrac{1}{2})}\left(\dfrac{z}{2a}\right)^\nu \mathcal{K}_\nu(az)$, $a>0, z>0, -\tfrac{1}{2}<\mathcal{R}(\nu)<\tfrac{1}{2}$,

(313.24);

78a) $\int_0^\infty \dfrac{\cos zx}{\sqrt{x^2+a^2}}dx = \mathcal{K}_0(az)$, $\quad a>0,\ z>0$, (78);

79a) $\oint_0^\infty \dfrac{x\,\mathrm{tg}\,\mu x}{x^2+a^2}dx = \dfrac{\pi}{e^{2\mu a}+1}$, $\quad a>0,\ \mu>0$, (41b, 331.56b);

79b) $\oint_0^\infty \dfrac{x\,\mathrm{ctg}\,\mu x}{x^2+a^2}dx = \dfrac{\pi}{e^{2\mu a}-1}$, $\quad a>0,\ \mu>0$, (41b, 331.56c);

79c) $\oint_0^\infty \dfrac{x\,dx}{(x^2+a^2)\sin\mu x} = \dfrac{\pi}{2\,\mathrm{Sin}\,\mu a}$, $a>0,\ \mu>0$, (41a, 331.56a).

80) $\int_0^\infty \dfrac{\sin\mu x\cos\mu x}{a^2\sin^2\mu x + b^2\cos^2\mu x}\cdot\dfrac{x\,dx}{x^2+p^2} = \dfrac{\pi}{4(a^2\mathrm{Sin}^2\mu p - b^2\mathrm{Col}^2\mu p)}\left[\dfrac{a-b}{a+b} - e^{-2\mu p}\right]$,

$a,b,p,\mu>0$, (41b, 331.56c).

81) $\int_0^\infty \dfrac{1}{a^2\sin^2 x + b^2\cos^2 x}\cdot\dfrac{dx}{x^2+p^2} = \dfrac{\pi\,\mathrm{Sin}\,2p}{4p(a^2\mathrm{Sin}^2 p - b^2\mathrm{Col}^2 p)}\left[\dfrac{a}{b} - \dfrac{b}{a} - \dfrac{2}{\mathrm{Sin}\,2p}\right]$,

$a,b,p>0,\ \mathrm{Tg}\,p \ne \dfrac{b}{a}$, (40a, 331.56a).

82) $\oint_0^\infty \dfrac{\cos(\mu x + \tfrac{\pi k}{2})}{x^k(x^2-a^2)}dx = \dfrac{-\pi}{2a^{k+1}}\sin(\mu a + \tfrac{\pi k}{2})$, $a>0,\mu>0,|k|<1$,

(74a, $a\to\pm ia$).

83a) $\int_0^{n\pi} \dfrac{x\,dx}{\sqrt{1-k^2\sin^2 x}} = n^2\pi\,\mathbf{K}(k)$, $0<k<1,\ n=0,1,2,\ldots$ (37a, 221.1a);

83b) $\int_0^{n\pi} \dfrac{x\sin x}{\sqrt{1-k^2\sin^2 x}}dx = \dfrac{(-1)^n n\pi}{2k}\log\dfrac{1-k}{1+k}$, $0<k<1,\ n=0,1,2,\ldots$

(37b, I 241.3a);

84a) $\int_0^\infty \dfrac{\sin x}{\sqrt{1-k^2\sin^2 x}}\cdot\dfrac{dx}{x} = \mathbf{K}(k)$, $0<k<1$, (38, I 241.1);

84b) $\int_0^\infty \dfrac{\sin x}{\sqrt{1-k^2\cos^2 x}}\cdot\dfrac{dx}{x} = \mathbf{K}(k)$, $0<k<1$, (38, 331.1a, I 241.1);

84c) $\int_0^\infty \dfrac{\sin x\cos x}{\sqrt{1-k^2\sin^2 x}}\cdot\dfrac{dx}{x} = -\dfrac{1-k^2}{k^2}\mathbf{K}(k) + \dfrac{1}{k^2}\mathbf{E}(k)$, $0<k<1$,

(39, I 241.12l).

333

85a) $\int_0^\infty \dfrac{dx}{(x^2+a^2)\sqrt{1-k^2\sin^2 x}} = \dfrac{1}{a}\operatorname{\mathcal{L}tg} a \cdot \Pi\!\left(\dfrac{1}{\operatorname{\mathit{Tim}^2}a}, k\right),\ a\ne 0,\ 0<k<1,$

$\hfill (40a, 221.8);$

85b) $\int_0^\infty \dfrac{x \sin x}{(x^2+a^2)\sqrt{1-k^2\sin^2 x}}dx = \operatorname{\mathcal{L}of} a\left[K(k) - \Pi\!\left(\dfrac{1}{\operatorname{\mathit{Tim}^2}a}, k\right)\right],\ a\ne 0,\ 0<k<1,$

$\hfill (41a, 221.8);$

85c) $\int_0^\infty \dfrac{\sqrt{1-k^2\sin^2 x}}{x^2+a^2}dx = \dfrac{1}{a}\operatorname{\mathit{Tim}} a\operatorname{\mathcal{L}of} a\left[-k^2 K(k) + \left(\dfrac{1}{\operatorname{\mathit{Tim}^2}a}+k^2\right)\Pi\!\left(\dfrac{1}{\operatorname{\mathit{Tim}^2}a}, k\right)\right],$

$\hfill a\ne 0,\ 0<k<1,\qquad (40a, 221.8).$

334

334. Integrale der Form $\int F(x, \sin f(x), \cos g(x), \dots)\, dx$.

A. $f(x), g(x)$ rational.

1) $\int_0^\varphi \sin\mu x^2\, dx = \sqrt{\dfrac{\pi}{2\mu}}\,\mathcal{S}\!\left(\sqrt{\dfrac{2\mu}{\pi}}\varphi\right),\ \mu>0,$ $\hfill (\text{I } 336.1b);$

1a) $\int_0^\infty \sim\ = \dfrac{1}{2}\sqrt{\dfrac{\pi}{2\mu}},\ \mu>0,$ $\hfill \left(\mathcal{S}(\infty)=-\mathcal{S}(-\infty)=\dfrac{1}{2},\ 3a\right).$

2) $\int_0^\varphi \cos\mu x^2\, dx = \sqrt{\dfrac{\pi}{2\mu}}\,\mathcal{C}\!\left(\sqrt{\dfrac{2\mu}{\pi}}\varphi\right),\ \mu>0,$ $\hfill (\text{I } 336.1a);$

2a) $\int_0^\infty \sim\ = \dfrac{1}{2}\sqrt{\dfrac{\pi}{2\mu}},\ \mu>0,$ $\hfill \left(\mathcal{C}(\infty)=-\mathcal{C}(-\infty)=\dfrac{1}{2},\ 3b\right).$

3a) $\int_0^\infty x^{k-1}\sin(\mu x^\alpha)\, dx = \dfrac{1}{\alpha}\mu^{-\frac{k}{\alpha}}\Gamma\!\left(\dfrac{k}{\alpha}\right)\sin\dfrac{k\pi}{2\alpha},\ \mu>0,\ 0<|k|<\alpha,$

$\hfill (x^\alpha = y,\ 333.10a;\ k=0\ \text{siehe}\ 6);$

3b) $\int_0^\infty x^{k-1}\cos(\mu x^\alpha)\, dx = \dfrac{1}{\alpha}\mu^{-\frac{k}{\alpha}}\Gamma\!\left(\dfrac{k}{\alpha}\right)\cos\dfrac{k\pi}{2\alpha},\ \mu>0,\ 0<k<\alpha,$

$\hfill (x^\alpha = y,\ 333.10b).$

4a) $\int_0^\infty \sin(ax^2+2bx+c)\, dx = \dfrac{1}{2}\int_{-\infty}^\infty \sim\ = \dfrac{1}{2}\sqrt{\dfrac{\pi}{a}}\sin\!\left(\dfrac{\pi}{4}+\dfrac{ac-b^2}{a}\right),\ a>0,$

$\hfill (\text{I } 336.2a, 1a, 2a);$

334

4b) $\int_0^\infty \cos(ax^2+2bx+c)\,dx = \frac{1}{2}\int_{-\infty}^\infty \sim = \frac{1}{2}\sqrt{\frac{\pi}{a}}\cos\left(\frac{\pi}{4}+\frac{ac-b^2}{a}\right),\ a>0,$ (I 336.3a, 1a, 2a).

5a) $\int_0^\infty \genfrac{}{}{0pt}{}{\sin}{\cos} ax^2 \cdot \cos\beta x\,dx = \frac{1}{2}\int_{-\infty}^\infty \sim = \frac{1}{2}\sqrt{\frac{\pi}{\alpha}}\genfrac{}{}{0pt}{}{\sin}{\cos}\left(\frac{\pi}{4}-\frac{\beta^2}{4\alpha}\right),\ \alpha>0,$ (I 332.1b-c, 4a-b);

5b) $\int_0^\infty \genfrac{}{}{0pt}{}{\sin}{\cos} ax^2 \cdot \sin\beta x\,dx = \int_{-\infty}^\infty \sim = 0,\ \alpha\neq 0,$ (I 332.1a-c, 4a-b).

6) $\int_0^\infty \sin\mu x^\alpha \frac{dx}{x} = \frac{\pi}{2\alpha},\ \mu>0,\ \alpha>0,$ (333.14a).

7a) $\int_0^1 \frac{\cos\mu x - \cos\frac{\mu}{x}}{1-x^2}\,dx = \frac{1}{2}\int_0^\infty \sim = \frac{\pi}{2}\sin\mu,\ \mu>0,$ $(x\to\frac{1}{x},\ 333.69a)$;

7b) $\int_0^1 \frac{\cos\mu x + \cos\frac{\mu}{x}}{1+x^2}\,dx = \frac{1}{2}\int_0^\infty \sim = \frac{\pi}{2}e^{-\mu},\ \mu>0,$ $(x\to\frac{1}{x},\ 333.67a)$.

8a) $\int_0^1 \sin\mu(x+\tfrac{1}{x})\sin\mu(x-\tfrac{1}{x})\frac{dx}{1-x^2} = \frac{1}{2}\int_0^\infty \sim = -\frac{\pi}{4}\sin 2\mu,\ \mu\geq 0,$ (I 332.1a, 7a);

8b) $\int_0^1 \cos\mu(x+\tfrac{1}{x})\cos\mu(x-\tfrac{1}{x})\frac{dx}{1+x^2} = \frac{1}{2}\int_0^\infty \sim = \frac{\pi}{4}e^{-2\mu},\ \mu\geq 0,$ (I 332.1b, 7b).

9a) $\int_0^\infty \genfrac{}{}{0pt}{}{\sin}{\cos}(ax+\tfrac{b}{x})\frac{dx}{\sqrt{x}} = \sqrt{\frac{\pi}{a}}\genfrac{}{}{0pt}{}{\sin}{\cos}\left(\frac{\pi}{4}+2\sqrt{ab}\right),\ a>0,\ b>0,$ (031.13a, 333.30a-b);

9b) $\int_0^\infty \genfrac{}{}{0pt}{}{\sin}{\cos}(ax-\tfrac{b}{x})\frac{dx}{\sqrt{x}} = \sqrt{\frac{\pi}{2a}}\,e^{-2\sqrt{ab}},\ a>0,\ b\geq 0,$ (314.20a).

10a) $\int_0^\infty \genfrac{}{}{0pt}{}{\sin}{\cos}(ax+\tfrac{b}{x})\frac{dx}{x\sqrt{x}} = \frac{\sqrt{\pi}}{b}\genfrac{}{}{0pt}{}{\sin}{\cos}\left(\frac{\pi}{4}+2\sqrt{ab}\right),\ a>0,\ b>0,$ $(9a,\ x\to\tfrac{1}{x})$;

10b) $\int_0^\infty \genfrac{}{}{0pt}{}{\sin}{\cos}(ax-\tfrac{b}{x})\frac{dx}{x\sqrt{x}} = \mp\sqrt{\frac{\pi}{2b}}\,e^{-2\sqrt{ab}},\ a\geq 0,\ b>0,$ $(9b,\ x\to\tfrac{1}{x})$.

11a) $\int_0^\infty \genfrac{}{}{0pt}{}{\sin}{\cos}(ax+\tfrac{b}{x})\frac{dx}{x} = \pm\pi\genfrac{}{}{0pt}{}{J_0}{N_0}(2\sqrt{ab}),\ a>0,\ b>0,$ (031.13f, 333.77a-b);

11b) $\int_0^\infty \genfrac{}{}{0pt}{}{\sin}{\cos}(ax-\tfrac{b}{x})\frac{dx}{x} = \genfrac{}{}{0pt}{}{0}{2\mathcal{K}_0(2\sqrt{ab})},\ a>0,\ b>0,$ (314.20b).

334

12a) $\int_0^\infty {\sin \atop \cos}(ax^2+\tfrac{b}{x^2})dx = \tfrac{\sqrt{\pi}}{2a}{\sin \atop \cos}(\tfrac{\pi}{4}+2\sqrt{ab})$, $a>0, b>0$, (9a);

12b) $\int_0^\infty {\sin \atop \cos}(ax^2-\tfrac{b}{x^2})dx = \tfrac{1}{2}\sqrt{\tfrac{\pi}{2a}}\,e^{-2\sqrt{ab}}$, $a>0, b\geq 0$, (9b).

13a) $\int_0^\infty \cos(x^3-3z^2x)dx = \tfrac{1}{2}\int_{-\infty}^\infty \sim \; = \tfrac{\pi}{3}z\left[J_{-\frac{1}{3}}(2z^3)+J_{\frac{1}{3}}(2z^3)\right]$, $z>0$,

$(x=2z\sin\tfrac{\xi}{3}, 511.12, W)$;

13b) $\int_0^\infty \cos(x^3+3z^2x)dx = \tfrac{1}{2}\int_{-\infty}^\infty \sim \; = \tfrac{\pi}{3}z\left[I_{-\frac{1}{3}}(2z^3)-I_{\frac{1}{3}}(2z^3)\right] = \tfrac{z}{\sqrt{3}}\mathcal{K}_{\frac{1}{3}}(2z^3)$,

$z>0$, $(x=2z\,\mathfrak{Sin}\tfrac{\xi}{3}, 512.9c, W)$.

14a) $\int_0^\infty \cos(x+\tfrac{z^2}{x})\tfrac{dx}{x^k} = \tfrac{\pi z^{1-k}}{2\cos\tfrac{k\pi}{2}}\left[J_{k-1}(2z)-J_{1-k}(2z)\right]$, $z>0$, $0<k<2$,

($k=1$ siehe 11a; 314.19, $\alpha\to 0$; bei $-\nu$ Substitution: $x\to\tfrac{z^2}{x}, \nu=k-1$);

14b) $\int_0^\infty \cos(x-\tfrac{z^2}{x})\tfrac{dx}{x^k} = \tfrac{\pi z^{1-k}}{2\cos\tfrac{k\pi}{2}}\left[I_{k-1}(2z)-I_{1-k}(2z)\right]$, $z>0$, $0<k<2$,

($k=1$ siehe 11b; $x=ze^\xi$, 512.3a-9c).

15a) $\int_0^\infty \sin\mu^2 x\cdot\sin\tfrac{z^2}{x}\cdot\tfrac{dx}{x^k} = \tfrac{\pi}{4\cos\tfrac{k\pi}{2}}\left(\tfrac{z}{\mu}\right)^{1-k}\left[-J_{k-1}(2\mu z)+J_{1-k}(2\mu z)+I_{k-1}(2\mu z)-I_{1-k}(2\mu z)\right]$,

$\mu>0$, $z>0$, $0<k<2$, (I 332.1a, 14a-b);

15b) $\int_0^\infty \cos\mu^2 x\cdot\cos\tfrac{z^2}{x}\cdot\tfrac{dx}{x^k} = \tfrac{\pi}{4\cos\tfrac{k\pi}{2}}\left(\tfrac{z}{\mu}\right)^{1-k}\left[J_{k-1}(2\mu z)-J_{1-k}(2\mu z)+I_{k-1}(2\mu z)-I_{1-k}(2\mu z)\right]$,

$\mu>0$, $z>0$, $0<k<2$, (I 332.1b, 14a-b).

B. Allgemeine Integranden.

51) $\int_0^\pi \cos(z\sin x-\nu x)dx = \tfrac{1}{2}\int_{-\pi}^\pi \sim \; = \pi\mathfrak{A}_\nu(z)$, (513.1a);

51a) $\int_0^\pi \cos(z\sin x-nx)dx = \tfrac{1}{2}\int_{-\pi}^\pi \sim \; = \pi J_n(z)$, $n=0,\pm 1,\pm 2,\ldots$ (511.15a).

334

52) $\int_0^\pi \sin(z\sin x - \nu x)\,dx = \int_0^{-\pi} \sim = \pi \Omega_\nu(z)$, (513.2a).

53a) $\int_0^\pi \sin(z\sin x)\sin nx\,dx = \frac{1}{2}\int_{-\pi}^\pi \sim = [1-(-1)^n]\int_0^{\pi/2} \sim = [1-(-1)^n]\frac{\pi}{2}J_n(z)$,

$\qquad n = 0, \pm 1, \pm 2, \ldots$ (I 332.1a, 51a);

53b) $\int_0^\pi \sin(z\sin x)\cos nx\,dx = [1+(-1)^n]\int_0^{\pi/2} \sim = [1+(-1)^n]\frac{\pi}{2}\Omega_n(z)$,

$\qquad n = 0, \pm 1, \pm 2, \ldots$ (I 332.1c, 52).

54a) $\int_0^\pi \cos(z\sin x)\sin nx\,dx = [1-(-1)^n]\int_0^{\pi/2} \sim = -[1-(-1)^n]\frac{\pi}{2}\Omega_n(z)$,

$\qquad n = 0, \pm 1, \pm 2, \ldots$ (I 332.1c, 52);

54b) $\int_0^\pi \cos(z\sin x)\cos nx\,dx = \frac{1}{2}\int_{-\pi}^\pi \sim = [1+(-1)^n]\int_0^{\pi/2} \sim = [1+(-1)^n]\frac{\pi}{2}J_n(z)$,

$\qquad n = 0, \pm 1, \pm 2, \ldots$ (I 332.1b, 51a).

55a) $\int_0^{\pi/2} \sin(z\cos x)\cos nx\,dx = \frac{\pi}{2}\left[\sin\frac{n\pi}{2}J_n(z) + \cos\frac{n\pi}{2}\Omega_n(z)\right]$,

$\qquad n = 0, \pm 1, \pm 2, \ldots$ $(x = \frac{\pi}{2} - y,\ 53a\text{-}b)$;

55b) $\int_{-\pi}^\pi \sim = 2\int_0^\pi \sim = 2\pi\sin\frac{n\pi}{2}J_n(z)$, $n = 0, \pm 1, \pm 2, \ldots$

$\qquad$ (55a).

56a) $\int_0^{\pi/2} \cos(z\cos x)\cos nx\,dx = \frac{\pi}{2}\left[\cos\frac{n\pi}{2}J_n(z) - \sin\frac{n\pi}{2}\Omega_n(z)\right]$,

$\qquad n = 0, \pm 1, \pm 2, \ldots$ $(x = \frac{\pi}{2} - y,\ 54a\text{-}b)$;

56b) $\int_{-\pi}^\pi \sim = 2\int_0^\pi \sim = 2\pi\cos\frac{n\pi}{2}J_n(z)$, $n = 0, \pm 1, \pm 2, \ldots$

$\qquad$ (56a).

57) $\int_{-\pi}^\pi {\sin \atop \cos}(z\cos x)\sin nx\,dx = 0$, $n = 0, \pm 1, \pm 2, \ldots$ (021.8).

58a) $\int_0^{\pi/2} \cos(z\cos x)\sin^{2\nu}x\,dx = \frac{1}{2}\int_0^\pi \sim = \frac{\sqrt{\pi}}{2}\Gamma(\nu+\frac{1}{2})\left(\frac{z}{2}\right)^{-\nu}J_\nu(z)$, $\mathcal{R}(\nu) > -\frac{1}{2}$,

$\qquad$ (511.11b-c);

58b) $\int_0^{\pi/2} \sin(z\cos x)\sin^{2\nu}x\,dx = \frac{\sqrt{\pi}}{2}\Gamma(\nu+\frac{1}{2})\left(\frac{z}{2}\right)^{-\nu}\Omega_\nu(z)$, $\mathcal{R}(\nu) > -\frac{1}{2}$, (513.3b).

335. Integrale der Form $\int F(e^{ax}, \sin bx, \cos cx)\,dx$.

1) $\int_0^\varphi e^{ax}\sin(bx+c)\,dx = \dfrac{e^{a\varphi}}{a^2+b^2}\left[a\sin(b\varphi+c)-b\cos(b\varphi+c)\right] - \dfrac{a\sin c - b\cos c}{a^2+b^2}$,
$\qquad a^2+b^2 > 0$, (I 334.4);

1a) $\int_0^\infty e^{-ax}\sin(bx+c)\,dx = \dfrac{a\sin c + b\cos c}{a^2+b^2}$, $\quad a>0$, $\qquad\qquad$ (1).

2) $\int_0^\varphi e^{ax}\cos(bx+c)\,dx = \dfrac{e^{a\varphi}}{a^2+b^2}\left[a\cos(b\varphi+c)+b\sin(b\varphi+c)\right] - \dfrac{a\cos c + b\sin c}{a^2+b^2}$,
$\qquad a^2+b^2 > 0$, (I 334.5);

2a) $\int_0^\infty e^{-ax}\cos(bx+c)\,dx = \dfrac{a\cos c - b\sin c}{a^2+b^2}$, $\quad a>0$, $\qquad\qquad$ (2).

3a) $\int_0^\infty e^{-ax}\sin^m bx\,dx = \dfrac{m!\,b^m}{[a^2+m^2 b^2][a^2+(m-2)^2 b^2]\cdots[a^2+4b^2]\,a}$,
$\qquad a>0,\ m=2,4,6,\ldots$ (I 334.2b);

3b) $\qquad\quad = \dfrac{m!\,b^m}{[a^2+m^2 b^2][a^2+(m-2)^2 b^2]\cdots[a^2+b^2]}$,
$\qquad a>0,\ m=1,3,5,\ldots$ (I 334.2b).

4a) $\int_0^\pi e^{ax}\sin^m x\,dx = \dfrac{m!\,(e^{a\pi}-1)}{[a^2+m^2][a^2+(m-2)^2]\cdots[a^2+4]\,a}$, $\quad a\neq 0,\ m=2,4,6,\ldots$
$\qquad\qquad$ (I 334.2b);

4b) $\qquad\quad = \dfrac{m!\,(e^{a\pi}+1)}{[a^2+m^2][a^2+(m-2)^2]\cdots[a^2+1]}$, $\quad m=1,3,5,\ldots$
$\qquad\qquad$ (I 334.2b).

5) $\int_0^\infty e^{-ax}\cos^m bx\,dx = \dfrac{1}{2^{m-1}}\sum_{\nu=0}^{r-1}\binom{m}{\nu}\dfrac{a}{a^2+(m-2\nu)^2 b^2} + (1-s)\binom{m}{r}\dfrac{1}{2^m\,a}$,
$\qquad a>0,\ r=\left[\dfrac{m+1}{2}\right],\ s=0,1;\ m=2r-s=1,2,\ldots$ (311.2a).

6a) $\int_0^\infty e^{-ax}\sin bx\,\sin cx\,dx = \dfrac{2abc}{[a^2+(b-c)^2][a^2+(b+c)^2]}$, $\quad a>0$,
$\qquad\qquad$ (I 332.1a, 2a);

6b) $\int_0^\infty e^{-ax}\sin bx\,\cos cx\,dx = \dfrac{b(a^2+b^2-c^2)}{[a^2+(b-c)^2][a^2+(b+c)^2]}$, $\quad a>0$,
$\qquad\qquad$ (I 332.1c, 1a);

335

6c) $\int_0^\infty e^{-ax}\cos bx \cos cx\, dx = \dfrac{a(a^2+b^2+c^2)}{[a^2+(b-c)^2][a^2+(b+c)^2]}$, $a>0$, (I 332.1b, 2a).

7a) $\int_0^{2\pi} e^{imx}\sin nx\, dx = \int_\alpha^{\alpha+2\pi} \sim\ = \begin{cases} 0 & \text{für } m\neq n, \\ \pi i & \text{für } m=n\neq 0 \end{cases}$ $m,n=0,1,2,\ldots$

(332.7a-b);

7b) $\int_0^{2\pi} e^{imx}\cos nx\, dx = \int_\alpha^{\alpha+2\pi} \sim\ = \begin{cases} 0 & \text{für } m\neq n, \\ \pi & \text{für } m=n\neq 0, \\ 2\pi & \text{für } m=n=0, \end{cases}$ $m,n=0,1,2,\ldots$

(332.7b-c).

8) $\int_0^\infty \dfrac{\sin ax}{e^{bx}-e^{cx}}\, dx = \dfrac{1}{2i(b-c)}\left[\Psi\!\left(\dfrac{b+ia}{b-c}\right) - \Psi\!\left(\dfrac{b-ia}{b-c}\right)\right]$, $b>c$, $b>0$, (311.13-16).

9) $\int_0^\infty \dfrac{\sin ax}{\operatorname{Sin} bx}\, dx = \dfrac{\pi}{2b}\operatorname{Tg}\dfrac{a\pi}{2b}$, $b>0$, (311.17b).

10) $\int_0^\infty \dfrac{\sin ax}{e^{bx}-1}\, dx = \dfrac{\pi}{2b}\operatorname{Ctg}\dfrac{a\pi}{b} - \dfrac{1}{2a}$, $b>0$, $a\neq 0$, (8, 411.7a-8d).

11a) $\int_0^\infty \dfrac{\cos ax}{\operatorname{Cof} bx}\, dx = 2\int_0^\infty \dfrac{\cos ax}{e^{bx}+e^{-bx}}\, dx = \dfrac{\pi}{2b\operatorname{Cof}\frac{a\pi}{2b}}$, $b>0$, (311.11a);

11b) $\int_0^\infty \dfrac{\cos ax}{\operatorname{Cof}^2 bx}\, dx = \dfrac{\pi a}{2b^2 \operatorname{Sin}\frac{a\pi}{2b}}$, $b>0$, (311.11);

11c) $\int_0^\infty \dfrac{\cos ax}{\operatorname{Cof}^n bx}\, dx = \dfrac{\pi(a^2+b^2)(a^2+3^2b^2)\cdots[a^2+(n-2)^2b^2]}{2(n-1)!\, b^n \operatorname{Cof}\frac{a\pi}{2b}}$,

$b>0$, $n=3,5,7,\ldots$ (311.11);

11d) $\qquad = \dfrac{\pi a(a^2+2^2b^2)(a^2+4^2b^2)\cdots[a^2+(n-2)^2b^2]}{2(n-1)!\, b^n \operatorname{Sin}\frac{a\pi}{2b}}$,

$b>0$, $n=4,6,8,\ldots$ (311.11).

12) $\int_0^\infty \dfrac{\sin ax}{\operatorname{Cof} bx}\, dx = 2\int_0^\infty \dfrac{\sin ax}{e^{bx}+e^{-bx}}\, dx = -\dfrac{\pi}{2b}\operatorname{Tg}\dfrac{a\pi}{2b} + \dfrac{1}{2bi}\left[\Psi\!\left(\dfrac{1}{4}+\dfrac{ai}{4b}\right) - \Psi\!\left(\dfrac{1}{4}-\dfrac{ai}{4b}\right)\right]$,

$b>0$, (311.14, 411.8d).

335

13a) $\displaystyle\int_0^\infty \frac{\cos ax}{\operatorname{Cof}\beta x + b}\,dx = \frac{\pi \sin\left(\frac{\alpha}{\beta}\operatorname{Ar Cof}\frac{b}{a}\right)}{\beta\sqrt{b^2-a^2}\,\operatorname{Sin}\frac{\alpha\pi}{\beta}}$, $\quad a>0,\ \beta>0,\ b>a>0$,

$\hfill (441.2a,\ a=c,\ x=e^{\beta y},\ k=1+i\frac{\alpha}{\beta});$

13b) $\qquad\qquad = \dfrac{\pi\operatorname{Sin}\left(\frac{\alpha}{\beta}\operatorname{Arc cos}\frac{b}{a}\right)}{\beta\sqrt{a^2-b^2}\,\operatorname{Sin}\frac{\alpha\pi}{\beta}}$, $\quad \alpha>0,\ \beta>0,\ a>|b|\geq 0$,

$\hfill (441.2d\ \text{wie } 13a).$

14a) $\displaystyle\int_0^\infty \frac{\cos ax}{\operatorname{Cof} x + \operatorname{Cof} p}\,dx = \frac{\pi \sin ap}{\operatorname{Sin} p\,\operatorname{Sin} a\pi}$, $\quad a\neq 0,\ p\neq 0$, $\hfill (13a);$

14b) $\displaystyle\int_0^\infty \frac{\cos ax}{\operatorname{Cof} x + \cos p}\,dx = \frac{\pi\operatorname{Sin} ap}{\sin p\,\operatorname{Sin} a\pi}$, $\quad a\neq 0,\ 0<p<\pi$, $\hfill (13b);$

14c) $\displaystyle\int_0^\infty \frac{\cos ax}{\operatorname{Cof} x + 1}\,dx = \frac{a\pi}{\operatorname{Sin} a\pi}$, $\quad a\neq 0$, $\hfill (14a, p\to 0).$

15) $\displaystyle(\!\!\not\!\!\int)_0^\infty \frac{e^{-ax}\sin bx}{\sin cx}\,dx = \frac{1}{2ic}\left[\Psi\!\left(\frac{b+c}{2c}-i\frac{a}{2c}\right) - \Psi\!\left(\frac{-b+c}{2c}-i\frac{a}{2c}\right)\right]$, $a>0,\ c\neq 0$,

$\hfill (311.16);$

15a) $\displaystyle\int_0^\infty \frac{e^{-ax}\sin(2n+1)x}{\sin x}\,dx = \frac{1}{a}$, $\qquad a>0,\ n=0$, $\hfill (312.3a);$

15b) $\qquad\qquad = \dfrac{1}{a} + 2a\displaystyle\sum_{\nu=1}^n \frac{1}{a^2+(2\nu)^2}$, $a>0,\ n=1,2,\ldots$

$\hfill (15, 411.7a);$

15c) $\displaystyle\int_0^\infty \frac{e^{-ax}\sin 2nx}{\sin x}\,dx = 2a\displaystyle\sum_{\nu=0}^{n-1}\frac{1}{a^2+(2\nu+1)^2}$, $a>0,\ n=1,2,\ldots$ $\hfill(15, 411.7a).$

16) $\displaystyle\int_0^{2\pi} F(e^{ix},\cos x,\sin x)\,dx = 2\pi\sum R$,

wo $\sum R$ die Summe der Residuen von $\dfrac{1}{z}F\!\left(z,\dfrac{z+z^{-1}}{2},\dfrac{z-z^{-1}}{2i}\right)$

im Innern des Einheitskreises bedeutet $\hfill (021.12).$

17) $\displaystyle\int_0^{\pi/2}\frac{f(e^{ix}\cos x)+f(e^{-ix}\cos x)}{a^2\cos^2 x+b^2\sin^2 x}\,dx = \frac{1}{2}\int_0^\pi \sim\ = \frac{1}{2}\int_{-\pi}^\pi \frac{f(e^{ix}\cos x)\,dx}{a^2\cos^2 x+b^2\sin^2 x} = \frac{\pi}{ab}f\!\left(\frac{b}{a+b}\right)$,

$a>0,\ b>0,\ f\!\left(\dfrac{z+1}{2}\right)$ im Kreis $|z|\leq 1$ regulär $(021.12).$

17a) $\displaystyle\int_0^{\pi/2}\frac{(e^{ix}\cos x)^n + (e^{-ix}\cos x)^n}{a^2\cos^2 x + b^2\sin^2 x}\,dx = \frac{\pi}{ab}\left(\frac{b}{a+b}\right)^n$, $a>0,\ b>0,\ n=0,1,2,\ldots (17).$

335

18) $\int_0^{\pi/2}[f(e^{ix}\cos x)+f(\bar{e}^{ix}\cos x)]dx=\frac{1}{2}\int_0^{\pi}\sim=\frac{1}{2}\int_{-\pi}^{\pi}f(e^{ix}\cos x)dx=\pi f\left(\frac{1}{2}\right),$

$f\left(\frac{z+1}{2}\right)$ im Kreis $|z|\leq 1$ regulär (17).

19) $\int_{-\pi/2}^{\pi/2}e^{i\beta x}\cos^{\alpha-1}x\,dx=\dfrac{\pi\,\Gamma(\alpha)}{2^{\alpha-1}\,\Gamma\left(\frac{\alpha+\beta+1}{2}\right)\Gamma\left(\frac{\alpha-\beta+1}{2}\right)},\quad \alpha>0,$

(421.18a, $x=\mathrm{tg}\,y$, $a=b=1$, $\kappa+\lambda=\alpha+1$, $\kappa-\lambda=\beta$, D);

19a) $\int_0^{\pi}e^{i\beta x}\sin^{\alpha-1}x\,dx=\dfrac{\pi\,\Gamma(\alpha)\,e^{i\frac{\beta\pi}{2}}}{2^{\alpha-1}\,\Gamma\left(\frac{\alpha+\beta+1}{2}\right)\Gamma\left(\frac{\alpha-\beta+1}{2}\right)},\quad \alpha>0,\quad (19, x=-\tfrac{\pi}{2}+y).$

20) $\int_0^{\pi/2}e^{i(\alpha+\beta)x}\cos^{\alpha-1}x\,\sin^{\beta-1}x\,dx=e^{i\frac{\beta\pi}{2}}B(\alpha,\beta),\quad \alpha>0,\beta>0,$

(421.15, $x=\mathrm{tg}\,y$, $\varrho=1$, $\Theta=\tfrac{\pi}{2}$, $\kappa=\beta$, $\lambda=\alpha+\beta$).

336

336. Integrale der Form $\int F(x, e^{ax}, \sin bx, \cos cx)\,dx.$

1a) $\int_0^{\pi/2}x^n e^{ax}\sin x\,dx=\dfrac{d^n}{da^n}\left(\dfrac{1+ae^{\frac{a\pi}{2}}}{1+a^2}\right),\quad n=0,1,2,\ldots$ (335.1, 021.5);

1b) $\int_0^{\pi}\sim\quad=\dfrac{d^n}{da^n}\left(\dfrac{1+e^{a\pi}}{1+a^2}\right),\quad n=0,1,2,\ldots$ (335.1, 021.5).

2a) $\int_0^{\pi/2}x^n e^{ax}\cos x\,dx=\dfrac{d^n}{da^n}\left(\dfrac{-a+e^{\frac{a\pi}{2}}}{1+a^2}\right),\quad n=0,1,2,\ldots$ (335.2, 021.5);

2b) $\int_0^{\pi}\sim\quad=\dfrac{d^n}{da^n}\left(\dfrac{-a(1+e^{a\pi})}{1+a^2}\right),\quad n=0,1,2,\ldots$ (335.2, 021.5).

3a) $\int_0^{\infty}x^n \bar{e}^{ax}\sin bx\,dx=(-1)^n\dfrac{\partial^n}{\partial a^n}\left(\dfrac{b}{a^2+b^2}\right),\quad a>0, n=0,1,2,\ldots$

(335.1a, 021.5);

3b) $\quad=n!\left(\dfrac{a}{a^2+b^2}\right)^{n+1}\sum_{\nu=0}^{r}(-1)^{\nu}\binom{n+1}{2\nu+1}\left(\dfrac{b}{a}\right)^{2\nu+1},$

$a>0,\ r=\left[\tfrac{n}{2}\right],\ n=0,1,2,\ldots$ (3a);

336

3c) $\displaystyle\int_0^\infty x e^{-ax}\sin bx\, dx = \frac{2ab}{(a^2+b^2)^2},\quad a>0,$ \hfill (3a).

4a) $\displaystyle\int_0^\infty x^n e^{-ax}\cos bx\, dx = (-1)^n \frac{\partial^n}{\partial a^n}\left(\frac{a}{a^2+b^2}\right),\quad a>0,\ n=0,1,2,\ldots$ \hfill (335.2a, 021.5);

4b) $\displaystyle\qquad\qquad = n!\left(\frac{a}{a^2+b^2}\right)^{n+1}\sum_{\nu=0}^{r}(-1)^\nu\binom{n+1}{2\nu}\left(\frac{b}{a}\right)^{2\nu},$

$\qquad\qquad\qquad\qquad a>0,\ r=\left[\dfrac{n+1}{2}\right],\ n=0,1,2,\ldots$ \hfill (4a);

4c) $\displaystyle\int_0^\infty x e^{-ax}\cos bx\, dx = \frac{a^2-b^2}{(a^2+b^2)^2},\quad a>0,$ \hfill (4a).

5a) $\displaystyle\int_0^\infty x^{\kappa-1} e^{-ax}\sin bx\, dx = \Gamma(\kappa)(a^2+b^2)^{-\kappa/2}\sin\left[\kappa\,\text{Arc tg}\,\frac{b}{a}\right],$

$\qquad\qquad\qquad\qquad a>0,\ \kappa>-1\ (\kappa\neq 0),$ \hfill (313.13 Imaginärteil);

5b) $\displaystyle\int_0^\infty x^{\kappa-1} e^{-ax}\cos bx\, dx = \Gamma(\kappa)(a^2+b^2)^{-\kappa/2}\cos\left[\kappa\,\text{Arc tg}\,\frac{b}{a}\right],$

$\qquad\qquad\qquad\qquad a>0,\ \kappa>0,$ \hfill (313.13 Realteil).

6) $\displaystyle\int_0^\infty e^{-ax}\genfrac{}{}{0pt}{}{\sin}{\cos}(bx)\frac{dx}{\sqrt{x}} = \sqrt{\frac{\pi(\sqrt{a^2+b^2}\mp a)}{2(a^2+b^2)}},\quad a>0,\ b\geq 0,$ \hfill (5a-b).

7a) $\displaystyle\int_0^\infty e^{-ax}\sin bx\,\frac{dx}{x^\kappa} = \frac{\pi\sin\left[(1-\kappa)\,\text{Arc tg}\,\frac{b}{a}\right]}{\Gamma(\kappa)\sin\pi\kappa\,(a^2+b^2)^{\frac{1-\kappa}{2}}},\quad a>0,\ \kappa<2\ (\kappa\neq 0,\pm 1,-2,\ldots)$ \hfill (5a);

7b) $\displaystyle\int_0^\infty e^{-ax}\sin bx\,\frac{dx}{x} = \text{Arc tg}\,\frac{b}{a},\quad a>0,$ \hfill (7a, $\kappa\to 1$).

8a) $\displaystyle\int_0^\infty e^{-ax}\frac{\cos bx-\cos cx}{x^\kappa}\,dx = \Gamma(1-\kappa)\left\{(a^2+b^2)^{\frac{\kappa-1}{2}}\cos\left[(1-\kappa)\,\text{Arc tg}\,\frac{b}{a}\right]-\right.$

$\qquad\qquad\qquad\left. -(a^2+c^2)^{\frac{\kappa-1}{2}}\cos\left[(1-\kappa)\,\text{Arc tg}\,\frac{c}{a}\right]\right\},$

$\qquad\qquad\qquad\qquad a>0,\ \kappa<2\ (\kappa\neq 1),$ \hfill (5b);

8b) $\displaystyle\int_0^\infty e^{-ax}\frac{\cos bx-\cos cx}{x}\,dx = \frac{1}{2}\log\frac{a^2+c^2}{a^2+b^2},\quad a>0,$ \hfill (8a, $\kappa\to 1$);

8c) $\displaystyle\int_0^\infty e^{-ax}(1-\cos bx)\frac{dx}{x} = \frac{1}{2}\log\left(1+\frac{b^2}{a^2}\right),\quad a>0,$ \hfill (8b).

336

9a) $\int_0^\infty e^{-ax}\sin^{2m+1}bx\,\dfrac{dx}{x} = (-1)^m 2^{-2m}\sum_{\nu=0}^{m}(-1)^\nu \binom{2m+1}{\nu}\operatorname{Arc\,tg}\dfrac{(2m-2\nu+1)b}{a},$
$\qquad\qquad a>0,\ m=0,1,2,\ldots \qquad\qquad (7b);$

9b) $\int_0^\infty e^{-ax}\sin^{2m}bx\,\dfrac{dx}{x} = (-1)^{m+1} 2^{-2m}\sum_{\nu=0}^{m-1}(-1)^\nu \binom{2m}{\nu}\log[a^2+(2m-2\nu)^2 b^2] - \binom{2m}{m}2^{-2m}\log a,$
$\qquad\qquad a>0,\ m=1,2,\ldots \qquad\qquad (8b).$

10a) $\int_0^\infty e^{-ax}\sin bx\,\sin cx\,\dfrac{dx}{x} = \dfrac{1}{4}\log\dfrac{a^2+(b+c)^2}{a^2+(b-c)^2},\quad a>0, \qquad (I\,332.1a,8b);$

10b) $\int_0^\infty e^{-ax}\sin bx\,\cos cx\,\dfrac{dx}{x} = \dfrac{1}{2}\operatorname{Arc\,tg}\dfrac{2ab}{a^2-b^2+c^2} + \varepsilon\cdot\dfrac{\pi}{2},$
$\qquad\qquad a>0,\,b\geq 0,\ \varepsilon=\begin{cases}0\ \text{für}\ a^2-b^2+c^2\geq 0\\ 1\ \text{für}\ a^2-b^2+c^2<0\end{cases}\quad (I\,332.1c,7b).$

11) $\int_0^\infty e^{-ax}\sin^m bx\,\cos^n cx\,\dfrac{dx}{x^\kappa},\ a>0,\,\kappa\leq m,$ und ähnliche Integrale können mit Hilfe 021.3, I 332.1a-c, 7a-b, 8a-b berechnet werden.

12a) $\int_0^\infty \dfrac{e^{-ax}-e^{-bx}}{x}\sin cx\,dx = \operatorname{Arc\,tg}\dfrac{c(b-a)}{ab+c^2},\quad a\geq 0,\,b\geq 0,\,c\neq 0, \qquad (7b);$

12b) $\int_0^\infty \dfrac{e^{-ax}-e^{-bx}}{x}\cos cx\,dx = \dfrac{1}{2}\log\dfrac{b^2+c^2}{a^2+c^2},\quad a\geq 0,\,b\geq 0,\,c\neq 0,\ (335.2a,\,021.6);$

12c) $\int_0^\infty \dfrac{e^{-ax}-e^{-bx}}{x^2}\sin cx\,dx = -a\operatorname{Arc\,tg}\dfrac{c}{a} + b\operatorname{Arc\,tg}\dfrac{c}{b} + \dfrac{c}{2}\log\dfrac{b^2+c^2}{a^2+c^2},$
$\qquad\qquad a\geq 0,\,b\geq 0,\,c\neq 0, \qquad (021.3,\,12b,\,7b).$

13a) $\int_0^\infty \dfrac{1-e^{-ax}}{x}\sin bx\,dx = \operatorname{Arc\,tg}\dfrac{a}{b},\quad a\geq 0,\,b\neq 0, \qquad (12a);$

13b) $\int_0^\infty \dfrac{1-e^{-ax}}{x^2}\sin bx\,dx = a\operatorname{Arc\,tg}\dfrac{b}{a} + \dfrac{b}{2}\log\!\left(1+\dfrac{a^2}{b^2}\right),\ a\geq 0,\,b\neq 0,\ (12c).$

13c) $\int_0^\infty \dfrac{1-e^{-ax}}{x}\cos bx\,dx = \dfrac{1}{2}\log\!\left(1+\dfrac{a^2}{b^2}\right),\quad a\geq 0,\,b\neq 0, \qquad (12b).$

336

14a) $\int_0^\infty \dfrac{x^{2m}\sin ax}{e^{(2n+1)\alpha x}-e^{(2n-1)\alpha x}}dx = (-1)^m \dfrac{\partial^{2m}}{\partial a^{2m}}\left[\dfrac{\pi}{4\alpha}\operatorname{\mathfrak{Tg}}\dfrac{a\pi}{2\alpha} - \sum_{\nu=1}^n \dfrac{a}{a^2+(2\nu-1)^2\alpha^2}\right]^{*)}$,

$\alpha>0,\ m,n=0,1,2,\ldots$ (335.8, 021.5, 411.7a-8d);

14b) $\int_0^\infty \dfrac{x^{2m+1}\cos ax}{e^{(2n+1)\alpha x}-e^{(2n-1)\alpha x}}dx = (-1)^m \dfrac{\partial^{2m+1}}{\partial a^{2m+1}}\left[\dfrac{\pi}{4\alpha}\operatorname{\mathfrak{Tg}}\dfrac{a\pi}{2\alpha} - \sum_{\nu=1}^n \dfrac{a}{a^2+(2\nu-1)^2\alpha^2}\right]^{*)}$,

$\alpha>0,\ m,n=0,1,2,\ldots$ (335.8, 021.5, 411.7a-8d);

14c) $\int_0^\infty \dfrac{x^{2m}\sin ax}{e^{2n\alpha x}-e^{(2n-2)\alpha x}}dx = (-1)^m \dfrac{\partial^{2m}}{\partial a^{2m}}\left[\dfrac{\pi}{4\alpha}\operatorname{\mathfrak{Ctg}}\dfrac{a\pi}{2\alpha} - \dfrac{1}{2a} - \sum_{\nu=1}^{n-1} \dfrac{a}{a^2+(2\nu)^2\alpha^2}\right]^{**)}$,

$a>0\ \alpha>0,\ m=0,1,2,\ldots, n=1,2,\ldots$

(335.8, 021.5, 411.7a-8d);

14d) $\int_0^\infty \dfrac{x^{2m+1}\cos ax}{e^{2n\alpha x}-e^{(2n-2)\alpha x}}dx = (-1)^m \dfrac{\partial^{2m+1}}{\partial a^{2m+1}}\left[\dfrac{\pi}{4\alpha}\operatorname{\mathfrak{Ctg}}\dfrac{a\pi}{2\alpha} - \dfrac{1}{2a} - \sum_{\nu=1}^{n-1}\dfrac{a}{a^2+(2\nu)^2\alpha^2}\right]^{**)}$,

$a>0,\ \alpha>0,\ m=0,1,2,\ldots,\ n=1,2,\ldots$

(335.8, 021.5, 411.7a-8d).

15a) $\int_0^\infty \dfrac{x^{2m}\sin ax}{e^x-1}dx = (-1)^m \dfrac{\partial^{2m}}{\partial a^{2m}}\left[\dfrac{\pi}{2}\operatorname{\mathfrak{Ctg}} a\pi - \dfrac{1}{2a}\right],\ a>0,\ m=0,1,2,\ldots$

(14c, $n=1, \alpha=\tfrac{1}{2}$);

15b) $\int_0^\infty \dfrac{x^{2m+1}\cos ax}{e^x-1}dx = (-1)^m \dfrac{\partial^{2m+1}}{\partial a^{2m+1}}\left[\dfrac{\pi}{2}\operatorname{\mathfrak{Ctg}} a\pi - \dfrac{1}{2a}\right],\ a>0,\ m=0,1,2,\ldots$

(14d, $n=1, \alpha=\tfrac{1}{2}$).

16a) $\int_0^\infty \dfrac{\cos ax-\cos bx}{e^{(2n+1)\alpha x}-e^{(2n-1)\alpha x}}\dfrac{dx}{x} = \dfrac{1}{2}\log\dfrac{\operatorname{\mathfrak{Cos}}\frac{b\pi}{2\alpha}}{\operatorname{\mathfrak{Cos}}\frac{a\pi}{2\alpha}} - \dfrac{1}{2}\sum_{\nu=1}^n \log\dfrac{b^2+(2\nu-1)^2\alpha^2}{a^2+(2\nu-1)^2\alpha^2}$ *)

$\alpha>0,\ n=0,1,2,\ldots$ (335.8, 021.6);

16b) $\int_0^\infty \dfrac{\cos ax-\cos bx}{e^{2n\alpha x}-e^{(2n-2)\alpha x}}\dfrac{dx}{x} = \dfrac{1}{2}\log\dfrac{a\operatorname{\mathfrak{Sin}}\frac{b\pi}{2\alpha}}{b\operatorname{\mathfrak{Sin}}\frac{a\pi}{2\alpha}} - \dfrac{1}{2}\sum_{\nu=1}^{n-1}\log\dfrac{b^2+(2\nu)^2\alpha^2}{a^2+(2\nu)^2\alpha^2}$ **)

$\alpha, a, b>0,\ n=1,2,\ldots$ (335.8, 021.6);

16c) $\int_0^\infty \dfrac{1-\cos ax}{e^{2n\alpha x}-e^{(2n-2)\alpha x}}\dfrac{dx}{x} = \dfrac{1}{2}\log\dfrac{2\alpha\operatorname{\mathfrak{Sin}}\frac{a\pi}{2\alpha}}{a\pi} - \dfrac{1}{2}\sum_{\nu=1}^{n-1}\log\left[1+\left(\dfrac{a}{2\nu\alpha}\right)^2\right]$ **),

$\alpha, a>0,\ n=1,2,\ldots$ (16b, $a\to 0$).

---

*) Bei $n=0$ bleibt die Summe weg.

**) Bei $n=1$ bleibt die Summe weg.

336

17a) $\displaystyle\int_0^\infty \frac{x^{2n}\sin ax}{\sinh bx}\,dx = (-1)^n\frac{\pi}{2b}\cdot\frac{\partial^{2n}}{\partial a^{2n}}\left(\tanh\frac{a\pi}{2b}\right),\quad b>0,\ n=0,1,2,\ldots$
$(335.9,\ 021.5);$

17b) $\displaystyle\int_0^\infty \frac{x^{2n+1}\cos ax}{\sinh bx}\,dx = (-1)^n\frac{\pi}{2b}\cdot\frac{\partial^{2n+1}}{\partial a^{2n+1}}\left(\tanh\frac{a\pi}{2b}\right),\quad b>0,\ n=0,1,2,\ldots$
$(335.9,\ 021.5).$

18a) $\displaystyle\int_0^\infty \frac{x^{2n}\cos ax}{\cosh bx}\,dx = (-1)^n\frac{\pi}{2b}\cdot\frac{\partial^{2n}}{\partial a^{2n}}\left(\frac{1}{\cosh\frac{a\pi}{2b}}\right),\quad b>0,\ n=0,1,2,\ldots$
$(335.11a,\ 021.5);$

18b) $\displaystyle\int_0^\infty \frac{x^{2n+1}\sin ax}{\cosh bx}\,dx = (-1)^{n+1}\frac{\pi}{2b}\cdot\frac{\partial^{2n+1}}{\partial a^{2n+1}}\left(\frac{1}{\cosh\frac{a\pi}{2b}}\right),\ b>0,\ n=0,1,2,\ldots$
$(335.11a,\ 021.5).$

19a) $\displaystyle\int_0^\infty \frac{\cos ax-\cos bx}{\sinh cx}\cdot\frac{dx}{x} = \log\frac{\cosh\frac{b\pi}{2c}}{\cosh\frac{a\pi}{2c}},\quad c>0,\qquad (335.9,\ 021.6);$

19b) $\displaystyle\int_0^\infty \frac{\sin ax-\sin bx}{\cosh cx}\cdot\frac{dx}{x} = 2\operatorname{Arc\,tg}\frac{e^{\frac{a\pi}{2c}}-e^{\frac{b\pi}{2c}}}{1+e^{\frac{(a+b)\pi}{2c}}},\ c>0,\quad (335.11a,\ 021.6).$

20) $\displaystyle\int_0^\infty \frac{\sin ax}{x\cosh bx}\,dx = 2\operatorname{Arc\,tg}\left(\tanh\frac{a\pi}{4b}\right),\quad b>0,\qquad (19b).$

21a) $\displaystyle\int_0^\infty \frac{\sin ax}{\sinh\frac{\pi}{2}x}\cdot\frac{dx}{1+x^2} = \frac{1}{2}\int_{-\infty}^\infty\sim\ =\frac{\pi}{2}\sinh a-\cosh a\cdot\operatorname{Arc\,tg}(\sinh a),$
$(021.10,\ 335.9,\ 352.8);$

21b) $\displaystyle\int_0^\infty \frac{\sin ax}{\sinh\pi x}\cdot\frac{dx}{1+x^2} = \frac{1}{2}\int_{-\infty}^\infty\sim\ = -\frac{a}{2}\cosh a+\sinh a\cdot\log\left(2\cosh\frac{a}{2}\right),$
$(021.10,\ 335.9,\ 352.8).$

22a) $\displaystyle\int_0^\infty \coth\frac{\pi x}{2}\cdot\frac{\sin ax}{1+x^2}\,dx = \frac{1}{2}\int_{-\infty}^\infty\sim\ =\sinh a\cdot\log\left(\coth\frac{a}{2}\right),\ a>0,$
$(021.12);^{*)}$

22b) $\displaystyle\int_0^\infty \tanh\frac{\pi x}{2}\cdot\frac{\sin ax}{1+x^2}\,dx = \frac{1}{2}\int_{-\infty}^\infty\sim\ = a\cosh a-\sinh a\cdot\log(2\sinh a),$
$(021.12).^{*)}$

---

*) Durch Residuenrechnung erhält man:

$\displaystyle\int_{-\infty}^\infty \coth\frac{\pi x}{2}\cdot\frac{e^{iax}}{1+x^2}\,dx = 2i\left[1+\sinh a\cdot\log\left(\coth\frac{a}{2}\right)\right];\quad a>0,$

$\displaystyle\int_{-\infty}^\infty \tanh\frac{\pi x}{2}\cdot\frac{e^{iax}}{1+x^2}\,dx = 2i\left[a\cosh a-\sinh a\cdot\log(2\sinh a)\right],\ a>0.$

337. Integrale der Form $\int F(x, e^{f(x)}, \sin g(x), \cosh(x))\,dx$.

1a) $\int_{-\infty}^{\infty} e^{-(ax^2+bx+c)}\cos(\lambda x+\mu)\cdot x^n\,dx =$

$= \left(\dfrac{-1}{2a}\right)^n \sqrt{\dfrac{\pi}{a}}\, e^{\frac{b^2-\lambda^2}{4a}-c} \sum_{\nu=0}^{r} \dfrac{(n;-1;2\nu)}{\nu!} a^{\nu} \sum_{j=0}^{n-2\nu}\binom{n-2\nu}{j} b^{n-2\nu-j}\lambda^{j}\cos\left(\dfrac{\lambda b}{2a}-\mu+\dfrac{j\pi}{2}\right)$,

$a>0,\ r=\left[\dfrac{n}{2}\right],\ n=0,1,2,\ldots$ \hfill (314.6)*)

1b) $\int_{-\infty}^{\infty} e^{-(ax^2+bx+c)}\sin(\lambda x+\mu)\cdot x^n\,dx =$

$= -\left(\dfrac{-1}{2a}\right)^n \sqrt{\dfrac{\pi}{a}}\, e^{\frac{b^2-\lambda^2}{4a}-c} \sum_{\nu=0}^{r} \dfrac{(n;-1;2\nu)}{\nu!} a^{\nu} \sum_{j=0}^{n-2\nu}\binom{n-2\nu}{j} b^{n-2\nu-j}\lambda^{j}\sin\left(\dfrac{\lambda b}{2a}-\mu+\dfrac{j\pi}{2}\right)$,

$a>0,\ r=\left[\dfrac{n}{2}\right],\ n=0,1,2,\ldots$ \hfill (1a, $\mu\to\mu-\dfrac{\pi}{2}$).

2a) $\int_{0}^{\infty} e^{-ax^2}\cos\lambda x\cdot x^{2n}\,dx = \dfrac{1}{2}\int_{-\infty}^{\infty}\sim\ = (-1)^n 2^{-2n-1}\sqrt{\dfrac{\pi}{a}}\, e^{-\frac{\lambda^2}{4a}} H_{2n}\left(\dfrac{\lambda}{2},\dfrac{1}{a}\right),\ a>0,\ n=0,1,2,\ldots$

\hfill (1a, 177.1a-b);

2b) $\int_{0}^{\infty} e^{-ax^2}\sin\lambda x\cdot x^{n}\,dx = \dfrac{\lambda}{2} a^{-\frac{n}{2}-1}\Gamma\left(\dfrac{n}{2}+1\right)\mathcal{F}\left(\dfrac{n}{2}+1,\dfrac{3}{2};\dfrac{-\lambda^2}{4a}\right),\ a>0,\ n>-2$,

\hfill (021.7, 314.2, 011.6).

3) $\int_{-\infty}^{\infty} e^{-(ax^2+2bx+c)}\genfrac{}{}{0pt}{}{\cos}{\sin}(\lambda x^2+2\mu x+\nu)\,dx =$

$= \dfrac{\sqrt{\pi}}{\sqrt[4]{a^2+\lambda^2}}\, e^{\frac{a(b^2-ac)-(a\mu^2-2b\mu\lambda+c\lambda^2)}{a^2+\lambda^2}} \genfrac{}{}{0pt}{}{\cos}{\sin}\left(\varphi - \dfrac{\lambda(\mu^2-\lambda\nu)-(\lambda b^2-2\mu ba+\nu a^2)}{a^2+\lambda^2}\right)$,

$a>0,\ \varphi=\dfrac{1}{2}\operatorname{Arc\,tg}\dfrac{\lambda}{a}$, \hfill (314.6a).

4a) $\int_{0}^{\infty} e^{-ax^2}\cos(\lambda x^2)\,dx = \dfrac{1}{2}\int_{-\infty}^{\infty}\sim\ = \dfrac{\sqrt{\pi}}{2}\sqrt{\dfrac{a+\sqrt{a^2+\lambda^2}}{2(a^2+\lambda^2)}},\ a\geq 0$, \hfill (3);

4b) $\int_{0}^{\infty} e^{-ax^2}\sin(\lambda x^2)\,dx = \dfrac{1}{2}\int_{-\infty}^{\infty}\sim\ = \dfrac{\sqrt{\pi}}{2}\sqrt{\dfrac{-a+\sqrt{a^2+\lambda^2}}{2(a^2+\lambda^2)}},\ a\geq 0,\ \lambda>0$, \hfill (3).

---

*) Mit Benützung der Formel

$e^{i\varphi}(a+ib)^n + e^{-i\varphi}(a-ib)^n = 2\sum_{j=0}^{n}\binom{n}{j} a^{n-j} b^{j}\cos\left(\varphi+\dfrac{j\pi}{2}\right)$.

337

5) $\displaystyle\int_0^\infty e^{-ax^2}{\sin\atop\cos}(\lambda x^2)\cos 2\mu x\,dx = \frac{\sqrt{\pi}}{2\sqrt[4]{a^2+\lambda^2}} e^{\frac{-a\mu^2}{a^2+\lambda^2}}{\sin\atop\cos}\left(\varphi - \frac{\lambda\mu^2}{a^2+\lambda^2}\right),$
$\quad a>0,\ \varphi = \tfrac{1}{2}\operatorname{Arc tg}\tfrac{\lambda}{a},\qquad$ (I332.1b-c,3).

6) $\displaystyle\int_0^\infty e^{-ax^2-\frac{b}{x^2}}{\cos\atop\sin}(\lambda x^2+\tfrac{\mu}{x^2})dx = \tfrac{1}{2}\int_{-\infty}^\infty \sim\ =$

$\quad = \dfrac{\sqrt{\pi}}{2\varrho} e^{-2\varrho\sigma\cos(\varphi+\psi)}{\cos\atop\sin}\bigl(\varphi + 2\varrho\sigma\sin(\varphi+\psi)\bigr),\ a,b\geq 0,\ a^2+\lambda^2>0,$

$\quad \varrho = \sqrt[4]{a^2+\lambda^2},\ \sigma = \sqrt[4]{b^2+\mu^2},\ \varphi = \tfrac{1}{2}\operatorname{Arc tg}\tfrac{\lambda}{a},\ \psi = \tfrac{1}{2}\operatorname{Arc tg}\tfrac{\mu}{b},\ (314.10a).$

7a) $\displaystyle\int_0^\infty e^{-ax^2}{\cos\atop\sin}\bigl(\tfrac{\mu}{x^2}\bigr)dx = \tfrac{1}{2}\int_{-\infty}^\infty \sim\ = \tfrac{1}{2}\sqrt{\tfrac{\pi}{a}}\,e^{-\sqrt{2a\mu}}{\cos\atop\sin}\sqrt{2a\mu},\ a>0,\ \mu\geq 0,\quad$ (6);

7b) $\displaystyle\int_0^\infty e^{-\frac{b}{x^2}}{\cos\atop\sin}(\lambda x^2)dx = \tfrac{1}{2}\int_{-\infty}^\infty \sim\ = \tfrac{1}{2}\sqrt{\tfrac{\pi}{\lambda}}\,e^{-\sqrt{2b\lambda}}{\cos\atop\sin}\bigl(\tfrac{\pi}{4}+\sqrt{2b\lambda}\bigr),\ b\geq 0,\ \lambda>0,\ $ (6);

7c) $\displaystyle\int_0^\infty e^{-\frac{b}{x}}{\cos\atop\sin}(\lambda x)\tfrac{dx}{\sqrt{x}} = \sqrt{\tfrac{\pi}{\lambda}}\,e^{-\sqrt{2b\lambda}}{\cos\atop\sin}\bigl(\tfrac{\pi}{4}+\sqrt{2b\lambda}\bigr),\ b\geq 0,\ \lambda>0,\qquad$ (7b).

8) $\displaystyle\int_0^\infty e^{-ax^2-\frac{b}{x^2}}{\cos\atop\sin}(\lambda x^2+\tfrac{\mu}{x^2})\tfrac{dx}{x^2} = \tfrac{1}{2}\int_{-\infty}^\infty \sim\ =$

$\quad = \dfrac{\sqrt{\pi}}{2\sigma} e^{-2\varrho\sigma\cos(\varphi+\psi)}{\cos\atop\sin}\bigl(\psi + 2\varrho\sigma\sin(\varphi+\psi)\bigr),\ a,b\geq 0,\ b^2+\mu^2>0,$

Bezeichnungen wie bei 6, $\quad(6, x \to \tfrac{1}{x}$ oder 314.10b).

9a) $\displaystyle\int_0^{2\pi} e^{r\cos x + s\sin x}\cos(mx - \lambda\cos x - \mu\sin x)dx =$

$\quad = \pi\bigl[(r-\mu)^2+(s+\lambda)^2\bigr]^{-m/2}\bigl\{(A+iB)^{m/2}I_m(\sqrt{C-iD}) + (A-iB)^{m/2}I_m(\sqrt{C+iD})\bigr\},$

$\quad A = r^2 - s^2 + \lambda^2 - \mu^2,\quad B = 2(rs+\lambda\mu),$
$\quad C = r^2 + s^2 - \lambda^2 - \mu^2,\quad D = 2(r\lambda+s\mu),\qquad (r-\mu)^2+(s+\lambda)^2 > 0,$
$\quad m = 1, 2, \dots\qquad$ (021.12a, 512.2a);

9b) $\displaystyle\int_0^{2\pi} e^{r\cos x + s\sin x}\sin(mx - \lambda\cos x - \mu\sin x)dx =$

$\quad = -i\pi\bigl[(r-\mu)^2+(s+\lambda)^2\bigr]^{-m/2}\bigl\{(A+iB)^{m/2}I_m(\sqrt{C-iD}) - (A-iB)^{m/2}I_m(\sqrt{C+iD})\bigr\},$

Bezeichnungen wie bei 9a.

337

10a) $\int_0^{2\pi} e^{r\cos x + s\sin x} \cos(\lambda\cos x + \mu\sin x)\, dx = \pi\left[I_0(\sqrt{C+iD}) + I_0(\sqrt{C-iD})\right]$,

Bezeichnungen wie bei 9a ($m=0$);

10b) $\int_0^{2\pi} e^{r\cos x + s\sin x} \sin(\lambda\cos x + \mu\sin x)\, dx = -i\pi\left[I_0(\sqrt{C+iD}) - I_0(\sqrt{C-iD})\right]$,

Bezeichnungen wie bei 9a (9b, $m=0$).

11a) $\int_0^\pi e^{r\cos x}\cos(r\sin x)\, dx = \frac{1}{2}\int_0^{2\pi} \sim \; = \pi$, $\qquad$ (10a);

11b) $\int_0^\pi e^{r\cos x}\sin(r\sin x)\, dx = -\int_{-\pi}^0 \sim \; = 2\,\mathcal{E}i(r)$, $\qquad$ (021.7[*], 327.6a);

12) $\int_0^{2\pi} e^{r\cos x + s\sin x}{\cos\atop\sin}(mx + s\cos x - r\sin x)\, dx = \frac{2\pi}{m!}(r^2+s^2)^{\frac{m}{2}}{\cos\atop\sin}\left(m\,\mathrm{Arc\,tg}\,\frac{s}{r}\right)$,

$m = 0, 1, 2, \ldots$ $\qquad$ (021.12a).

13a) $\int_0^{2\pi} e^{r\cos x}\sin(r\sin x)\sin mx\, dx = 2\int_0^\pi \sim \; = \frac{\pi r^m}{m!}$, $\quad m = 1, 2, \ldots$

(I 332.1a, 12, 9a);

13b) $\int_0^{2\pi} e^{r\cos x}\cos(r\sin x)\cos mx\, dx = 2\int_0^\pi \sim \; = \frac{\pi r^m}{m!}$, $\quad m = 1, 2, \ldots$

(I 332.1b, 12, 9a).

14a) $\int_0^{2\pi} e^{r\cos x}\cos(mx - r\sin x)\, dx = 2\int_0^\pi \sim \; = \frac{2\pi r^m}{m!}$, $\quad m = 0, 1, 2, \ldots$ $\qquad$ (12);

14b) $\int_0^{2\pi} e^{r\sin x}{\cos\atop\sin}(mx + r\cos x)\, dx = \frac{2\pi r^m}{m!}{\cos\atop\sin}\left(\frac{m\pi}{2}\right)$, $r > 0$, $m = 0, 1, 2, \ldots$ $\qquad$ (12).

15a) $\int_0^\pi e^{iz\cos x}\sin^{2\nu} x\, dx = \left(\frac{2}{z}\right)^\nu \sqrt{\pi}\,\Gamma\!\left(\nu + \frac{1}{2}\right) J_\nu(z)$, $\mathcal{R}(\nu) > -\frac{1}{2}$, $\qquad$ (511.11c);

15b) $\int_0^\pi e^{\pm z\cos x}\sin^{2\nu} x\, dx = \left(\frac{2}{z}\right)^\nu \sqrt{\pi}\,\Gamma\!\left(\nu + \frac{1}{2}\right) I_\nu(z)$, $\mathcal{R}(\nu) > -\frac{1}{2}$, $\qquad$ (512.4b);

15c) $\int_0^\pi e^{a\cos x}\sin x\, dx = \frac{2}{a}\,\mathfrak{Sin}\,a$, $\qquad$ ($\cos x = y$, I 311.3a).

---

[*]) $e^{r\cos x}\sin(r\sin x) = \mathcal{R}(-i e^{re^{ix}}) = \mathcal{R}\!\left(-i\sum_{\nu=0}^\infty \frac{r^\nu e^{i\nu x}}{\nu!}\right) = \sum_{\nu=0}^\infty \frac{r^\nu \sin\nu x}{\nu!}$.

337

16) $\int_0^{\pi/2} \frac{\cos^k x}{\sin^{2k+2} x} e^{\delta i(z-kx)-2z\operatorname{ctg} x} dx = \frac{\delta i \Gamma(k+1)\sqrt{2\pi z}}{2^{k+2} z^{k+1}} \mathcal{H}_{k+\frac{1}{2}}^{(\varepsilon)}(z)$,

$\varepsilon=1,2;\ \delta=(-1)^{\varepsilon+1},\ \mathcal{R}(k)>-1,\ \mathcal{R}(z)>0,$
($\varepsilon=1$: 511.18a, $\alpha=\frac{\pi}{2}$, $\xi=1+2i\operatorname{ctg}x$,
$\varepsilon=2$: 511.18b, $\alpha=\frac{\pi}{2}$, $\xi=-1+2i\operatorname{ctg}x,\ \nu=k+\frac{1}{2}$).

17a) $\int_0^{\pi/2} \frac{\cos^k x \sin(z-kx)}{\sin^{2k+2} x} e^{-2z\operatorname{ctg} x} dx = \frac{\Gamma(k+1)\sqrt{2\pi z}}{2^{k+2} z^{k+1}} J_{k+\frac{1}{2}}(z)$,

$\mathcal{R}(k)>-1,\ \mathcal{R}(z)>0,\quad$ (16, Imaginärteil);

17b) $\int_0^{\pi/2} \frac{\cos^k x \cos(z-kx)}{\sin^{2k+2} x} e^{-2z\operatorname{ctg} x} dx = \frac{-\Gamma(k+1)\sqrt{2\pi z}}{2^{k+2} z^{k+1}} N_{k+\frac{1}{2}}(z)$,

$\mathcal{R}(k)>-1,\ \mathcal{R}(z)>0,\quad$ (16, Realteil).

338

338. Integrale der Form $\int F(x, \log f(x), \sin g(x), \cos h(x)) dx.$ [*]

1a) $\int_0^{2\pi} \log x \sin nx\, dx = -\frac{1}{n}[\mathscr{E} + \log 2n\pi - \operatorname{Ci}(2n\pi)],\ n=1,2,\ldots$ (021.3, 327.3);

1b) $\int_0^{2\pi} \log x \cos nx\, dx = -\frac{1}{n} \operatorname{Si}(2n\pi),\ n=1,2,\ldots$ (021.3, 327.4).

2a) $\int_0^1 \log x \sin ax\, dx = -\frac{1}{a}[\mathscr{E}+\log a - \operatorname{Ci}(a)],\ a>0,$ (021.3, 327.3);

2b) $\int_0^1 \log x \cos ax\, dx = -\frac{1}{a}\operatorname{Si}(a),$ (021.3, 327.4).

3a) $\int_0^1 \log(\sin \pi x) \sin 2n\pi x\, dx = 0,\ n=0,1,2,\ldots$ (4);

3b) $\int_0^1 \log(\sin \pi x) \sin(2n+1)\pi x\, dx = 2\int_0^{1/2} \sim = \frac{-1}{(2n+1)\pi}\left[2\mathscr{E}+2\log 2 + \Psi\left(\frac{1}{2}+n\right) + \Psi\left(-\frac{1}{2}-n\right)\right] =$

$= \frac{2}{(2n+1)\pi}\left[\log 2 - \frac{2}{1} - \frac{2}{3} - \cdots - \frac{2}{2n-1} - \frac{1}{2n+1}\right],$

$n=0,1,2,\ldots$ (021.7[**], 332.6b, 411.6a, 411.7a-c);

---
[*] Siehe auch 324-325.

[**] $\log(2\sin\varphi) = \mathcal{R}[\log(1-e^{2\varphi i})] = \mathcal{R}\left(-\sum_{\nu=1}^{\infty}\frac{1}{\nu}e^{2\nu\varphi i}\right) = -\sum_{\nu=1}^{\infty}\frac{\cos 2\nu\varphi}{\nu},\ 0<\varphi<\pi.$

338

3c) $\int_0^1 \log(\sin\pi x)\cos 2n\pi x\,dx = 2\int_0^{1/2} \sim = \begin{cases} -\log 2 & \text{für } n=0, \\ -\dfrac{1}{2n} & \text{für } n=1,2,\ldots \end{cases}$ (021.7*), 332.6c);

3d) $\int_0^1 \log(\sin\pi x)\cos(2n+1)\pi x\,dx = 0, \quad n=0,1,2,\ldots$ (4).

4) $\int_0^1 \log(\sin\pi x)f(x)\,dx = (1+\varepsilon)\int_0^{1/2} \sim,\quad \text{wenn } f(1-x)=\varepsilon f(x),$ (031.6).

5a) $\int_0^1 \log(\sin\pi x)\,dx = 2\int_0^{1/2} \sim = -\log 2,$ (322.5a);

5b) $\int_0^{1/4} \sim \quad = -\dfrac{1}{4}\log 2 - \dfrac{1}{2\pi}G,$ (322.6a).

6a) $\int_0^{\pi/2} \log(\sin x)\sin^{k-1}x\,dx = \dfrac{\sqrt{\pi}\,\Gamma(\tfrac{k}{2})}{4\,\Gamma(\tfrac{k+1}{2})}\left[\Psi\!\left(\tfrac{k}{2}\right)-\Psi\!\left(\tfrac{k+1}{2}\right)\right],\ k>0,$
$(\sin x = y,\ 324.51);$

6b) $\int_0^{\pi/2} \log(\sin x)\cos^{k-1}x\,dx = \dfrac{\sqrt{\pi}\,\Gamma(\tfrac{k}{2})}{4\,\Gamma(\tfrac{k+1}{2})}\left[\Psi\!\left(\tfrac{1}{2}\right)-\Psi\!\left(\tfrac{k+1}{2}\right)\right],\ k>0,$
$(\sin x = y,\ 324.51);$

6c) $\int_0^{\pi/2} \log(\sin x)\sin^k x\cos^\lambda x\,dx = \dfrac{1}{4}B\!\left(\tfrac{k+1}{2},\tfrac{\lambda+1}{2}\right)\left[\Psi\!\left(\tfrac{k+1}{2}\right)-\Psi\!\left(\tfrac{k+\lambda+2}{2}\right)\right],$
$k>-1,\ \lambda>-1,\quad (\sin x = y,\ 324.51).$

7a) $\int_0^{\pi/2} \log(\sin x)\sin^m x\,dx = \begin{cases} \dfrac{-(1,2;r)\pi}{2^{r+1}\,r!}\left[\log 2 + \sum_{\nu=1}^m \dfrac{(-1)^\nu}{\nu}\right], & m=2r, \\[1em] \dfrac{2^r r!}{(3,2;r)}\left[\log 2 + \sum_{\nu=1}^m \dfrac{(-1)^\nu}{\nu}\right], & m=2r+1, \end{cases}\quad r=0,1,2,\ldots$
(6a);

7b) $\int_0^{\pi/2} \log(\sin x)\cos^m x\,dx = \begin{cases} \dfrac{-(1,2;r)\pi}{2^{r+2}\,r!}\left[\log 4 + \sum_{\nu=1}^r \dfrac{1}{\nu}\right], & m=2r, \\[1em] \dfrac{-2^r r!}{(3,2;r)}\sum_{\nu=0}^r \dfrac{1}{2\nu+1}, & m=2r+1, \end{cases}\quad r=0,1,2,\ldots$
(6b);

7c) $\int_0^{\pi/2} \log(\sin x)\cos x\,dx = \int_0^{\pi/2} \log(\cos x)\sin x\,dx = -1,$ (7b);

---

*) $\log(2\sin\varphi) = \Re[\log(1-e^{2\varphi i})] = \Re\!\left(-\sum_{\nu=1}^\infty \dfrac{1}{\nu}e^{2\nu\varphi i}\right) = -\sum_{\nu=1}^\infty \dfrac{\cos 2\nu\varphi}{\nu},\ 0<\varphi<\pi.$

338

7d) $\int_0^{\pi/2} \log(\text{tg}\,x)\sin x\,dx = -\int_0^{\pi/2} \log(\text{tg}\,x)\cos x\,dx = \log 2,$ \hfill (7a-c).

8) $\int_0^{\pi/4} \log(\text{tg}\,x)\,\text{tg}^k x\,dx = \frac{1}{16}\left[\Psi'\left(\frac{k+3}{4}\right) - \Psi'\left(\frac{k+1}{4}\right)\right],\ k>-1,$ \hfill ($\text{tg}\,x=y$, 324.10);

8a) $\int_0^{\pi/4} \log(\text{tg}\,x)\,\text{tg}^{2n+1}x\,dx = \frac{(-1)^{n+1}}{4}\left[\frac{\pi^2}{12} + \sum_{\nu=1}^n \frac{(-1)^\nu}{\nu^2}\right],\ n=0,1,2,\ldots$ \hfill (8).

9) $\int_0^{\pi/4} \log(\text{tg}\,x)\sin^{\alpha-1}x\cos^{\beta-1}x\,dx = -\sum_{\nu=0}^\infty \binom{-\frac{\alpha+\beta}{2}}{\nu}\frac{1}{(\alpha+2\nu)^2},\ \alpha>0,\ \alpha+\beta<6,$ \hfill (324.11).

10) $\int_0^{\pi/2} \log\left(\frac{a+b\sin x}{a-b\sin x}\right)\frac{dx}{\sin x} = \int_0^{\pi/2} \log\left(\frac{a+b\cos x}{a-b\cos x}\right)\frac{dx}{\cos x} = \pi\,\text{Arc}\sin\frac{b}{a},\ a\geq|b|,$ \hfill (331.1b, 325.21a).

10a) $\int_0^{\pi/2} \log\left(\frac{1+\cos x}{1-\cos x}\right)\frac{dx}{\cos x} = \frac{\pi^2}{2},$ \hfill (10);

10b) $\int_0^{\pi/2} \log\left(\text{ctg}\,\frac{x}{2}\right)\frac{dx}{\cos x} = \frac{\pi^2}{4},$ \hfill (10a).

11a) $\int_0^{\pi/2} \frac{\log(\cos x)}{a^2\cos^2 x + b^2\sin^2 x}\,dx = \frac{\pi}{2ab}\log\frac{b}{a+b},\ a>0,\ b>0,$ \hfill (335.17, $f(y)=\log y$);

11b) $\int_0^{\pi/2} \frac{\log(\sin x)}{a^2\cos^2 x + b^2\sin^2 x}\,dx = \frac{\pi}{2ab}\log\frac{a}{a+b},\ a>0,\ b>0,$ \hfill (331.1a, 11a);

11c) $\int_0^{\pi/2} \frac{\log(\text{tg}\,x)}{a^2\cos^2 x + b^2\sin^2 x}\,dx = \frac{\pi}{2ab}\log\frac{a}{b},\ a>0,\ b>0,$ \hfill (11a-b).

12) $\int_0^{\pi/2} \frac{\log(\text{tg}\,x)}{(\sin x + \varrho\cos x)^2}\,dx = \frac{\log\varrho}{\varrho},\ \varrho>0,$ \hfill (324.13d).

13a) $\int_0^\pi \log(1+2r\cos x + r^2)\cos nx\,dx = \frac{1}{2}\int_0^{2\pi}\sim = \begin{cases}\frac{(-1)^{n-1}\pi r^n}{n},\ |r|\leq 1,\\ \frac{(-1)^{n-1}\pi}{nr^n},\ |r|\geq 1,\end{cases}\ n=1,2,\ldots$ \hfill (021.7)*;

13b) $\phantom{\int_0^\pi \log(1+2r\cos x + r^2)\cos nx\,dx = \frac{1}{2}\int_0^{2\pi}\sim}\ = \begin{cases}0,\ |r|\leq 1,\\ 2\pi\log r,\ |r|\geq 1,\end{cases}\ n=0;$ \hfill (021.7)*.

---

*) $\log(1+2r\cos\varphi + r^2) = 2\sum_{\nu=1}^\infty \frac{(-1)^{\nu-1}}{\nu}r^\nu\cos\nu\varphi,\ |r|<1,$ (Realteil von $\log(1+re^{\varphi i})^2$).

338

14a) $\int_0^1 x^{s-1} \sin(a\log x)\,dx = \dfrac{-a}{a^2+s^2}$, $s>0$, $\qquad(x=e^{-y}, 312.6c)$;

14b) $\int_0^1 x^{s-1} \cos(a\log x)\,dx = \dfrac{s}{a^2+s^2}$, $s>0$, $\qquad(x=e^{-y}, 312.6d)$.

15) $\int_0^1 \dfrac{x^k \sin(a\log x)}{\log x}\,dx = \operatorname{Arc tg}\dfrac{a}{k+1}$, $k>-1$, $\qquad(x=e^{-y}, 336.7b)$;

15a) $\int_0^1 \dfrac{\sin(\log x)}{\log x}\,dx = \dfrac{\pi}{4}$, $\qquad(15)$.

16) $\int_0^1 [1-\cos(a\log x)]\dfrac{x^{k-1}}{\log x}\,dx = -\dfrac{1}{2}\log\left(1+\dfrac{a^2}{k^2}\right)$, $k>0$, $\qquad(x=e^{-y}, 336.8c)$.

17a) $\int_0^\pi \log(\sin x)\,x\,dx = -\dfrac{\pi^2}{2}\log 2$, $\qquad(021.9, 5a)$;

17b) $\int_0^\pi \log(\sin x)\sin^{k-1}x\cdot x\,dx = \dfrac{\pi\sqrt{\pi}\,\Gamma\!\left(\frac{k}{2}\right)}{4\,\Gamma\!\left(\frac{k+1}{2}\right)}\left[\Psi\!\left(\dfrac{k}{2}\right)-\Psi\!\left(\dfrac{k+1}{2}\right)\right]$, $k>0$, $\qquad(021.9, 6a)$.

18a) $\int_0^\infty x^{k-1}\log x\,\sin\mu x\,dx = \dfrac{\Gamma(k)}{\mu^k}\sin\dfrac{k\pi}{2}\left[\Psi(k)-\log\mu+\dfrac{\pi}{2}\operatorname{ctg}\dfrac{k\pi}{2}\right]$,
$\qquad \mu>0$, $0<|k|<1$, $\qquad(333.10a, 021.5)$;

18b) $\int_0^\infty x^{k-1}\log x\,\cos\mu x\,dx = \dfrac{\Gamma(k)}{\mu^k}\cos\dfrac{k\pi}{2}\left[\Psi(k)-\log\mu-\dfrac{\pi}{2}\operatorname{tg}\dfrac{k\pi}{2}\right]$,
$\qquad \mu>0$, $0<k<1$, $\qquad(333.10b, 021.5)$.

19) $\int_0^\infty \log x\,\dfrac{\sin}{\cos}(\mu x)\dfrac{dx}{\sqrt{x}} = -\sqrt{\dfrac{\pi}{2\mu}}\left[\log 4\mu+\mathscr{E}\mp\dfrac{\pi}{2}\right]$, $\mu>0$, $\qquad(18a\text{-}b)$.

20a) $\int_0^\infty \log x\,\dfrac{\sin\mu x}{x}\,dx = -\dfrac{\pi}{2}(\mathscr{E}+\log\mu)$, $\mu>0$, $\qquad(18a, k\to 0)$;

20b) $\int_0^\infty \log x\,\dfrac{\sin^2\mu x}{x^2}\,dx = -\dfrac{\mu\pi}{2}(\mathscr{E}+\log 2\mu-1)$, $\mu>0$, $\qquad(21b)$.

21a) $\int_0^\infty \log x\,\dfrac{\cos\mu x-\cos\lambda x}{x}\,dx = \log\dfrac{\mu}{\lambda}\left[\mathscr{E}+\dfrac{1}{2}\log\lambda\mu\right]$, $\mu,\lambda>0$, $\qquad(18b, k\to 0)$;

338

21b) $\int_0^\infty \log x \, \dfrac{\cos\mu x - \cos\lambda x}{x^2} dx = \dfrac{\pi}{2}\left[(\mu-\lambda)(\mathscr{C}-1) + \mu\log\mu - \lambda\log\lambda\right]$, $\mu,\lambda > 0$,

(18b, $\kappa \to -1$).

22) $\int_0^\infty \log\left(\dfrac{a^2+x^2}{b^2+x^2}\right)\cos\mu x \, dx = \dfrac{\pi}{\mu}\left(e^{-\mu b} - e^{-\mu a}\right)$, $a,b \geq 0$, $\mu > 0$,

(333.67a, 021.6);

22a) $\int_0^\infty \log\left(1+\dfrac{a^2}{x^2}\right)\cos\mu x \, dx = \dfrac{\pi}{\mu}\left(1 - e^{-\mu a}\right)$, $a \geq 0$, $\mu > 0$, (22).

23) $\int_0^\infty \log\left(\dfrac{a^2+x^2}{b^2+x^2}\right)\sin\mu x \cdot x \, dx = \dfrac{\pi}{\mu^2}\left[(1+\mu b)e^{-\mu b} - (1+\mu a)e^{-\mu a}\right]$, $a,b \geq 0$, $\mu > 0$,

(333.66b, 021.6).

24) $\int_0^\infty \log(1+a^2 x^2)\dfrac{\sin\mu x}{x}dx = -\pi\mathrm{Ei}\left(-\dfrac{\mu}{a}\right)$, $a > 0$, $\mu > 0$, (333.66d, 021.6).

25) $\int_0^\infty \log\left(\dfrac{1+\sin x}{1-\sin x}\right)^2 \dfrac{dx}{x} = \int_0^{\pi/2}\log\left(\dfrac{1+\sin x}{1-\sin x}\right)^2 \dfrac{dx}{\sin x} = \pi^2$,

(333.38, $\sin x = \dfrac{1-y^2}{1+y^2}$, 324.5a).

26) $\int_0^\infty \log\left|\dfrac{1+\mathrm{tg}\,x}{1-\mathrm{tg}\,x}\right|\dfrac{dx}{x} = \int_0^{\pi/2}\log\left|\dfrac{1+\mathrm{tg}\,x}{1-\mathrm{tg}\,x}\right|\mathrm{ctg}\,x \, dx = \dfrac{\pi^2}{4}$,

(333.39, $\mathrm{tg}\,x = \dfrac{1-y}{1+y}$, 324.5a).

27) $\int_0^\infty \log\left(\dfrac{1+2r\cos\lambda x + r^2}{1+2r\cos\mu x + r^2}\right)\dfrac{dx}{x} = \begin{cases} \log(1+r)\log\dfrac{\mu^2}{\lambda^2}, & -1 < r \leq 1, \\ \log\left(1+\dfrac{1}{r}\right)\log\dfrac{\mu^2}{\lambda^2}, & r < -1 \text{ oder } r \geq 1, \end{cases}$

(021.7, 333.20).

28a) $\int_0^\infty \log(\cos^2\mu x)\dfrac{dx}{x^2+a^2} = \dfrac{\pi}{a}\log\dfrac{1+e^{-2\mu a}}{2}$, $a > 0$, $\mu > 0$, (333.79a, 021.6);

28b) $\int_0^\infty \log(\sin^2\mu x)\dfrac{dx}{x^2+a^2} = \dfrac{\pi}{a}\log\dfrac{1-e^{-2\mu a}}{2}$, $a > 0$, $\mu > 0$, (333.79b, 021.6);

28c) $\int_0^\infty \log(\mathrm{tg}^2\mu x)\dfrac{dx}{x^2+a^2} = \dfrac{\pi}{a}\log(\mathrm{Tg}\,\mu a)$, $a > 0$, $\mu > 0$, (28a-b).

29) $\int_0^\infty \log(a^2\sin^2\mu x + b^2\cos^2\mu x)\dfrac{dx}{x^2+p^2} = \dfrac{\pi}{p}\left[\log(a\,\mathrm{Sin}\,\mu p + b\,\mathrm{Co}\,\mu p) - \mu p\right]$,

$a,b,p,\mu > 0$, (333.80, 021.6).

338

30a) $\displaystyle\int_0^\infty \log(1+a^2\,\text{tg}^2 x)\frac{dx}{x^2+p^2} = \frac{\pi}{p}\log(1+a\,\text{tg}\,p)$, $\quad a,p>0$, $\hfill (28a,29);$

30b) $\displaystyle\int_0^\infty \log(1+a^2\,\text{ctg}^2 x)\frac{dx}{x^2+p^2} = \frac{\pi}{p}\log(1+a\,\text{ctg}\,p)$, $a,p>0$, $\hfill (28b,29).$

31a) $\displaystyle\int_0^\infty \log(1+2r\cos\mu x + r^2)\frac{dx}{x^2+p^2} = \frac{\pi}{p}\log(1+re^{-\mu p})$, $\quad \mu,p>0,\ |r|\leq 1$, $\hfill (29);$

31b) $\hspace{4cm} = \frac{\pi}{p}\log\left[\frac{|r|}{r}(r+e^{-\mu p})\right]$, $\mu,p>0$, $|r|\geq 1$, $\hfill (29).$

32a) $\displaystyle\int_0^\infty \log(1+2r\cos\mu x + r^2)\frac{dx}{(x^2+p^2)^2} = \frac{\pi}{2p^3}\log(1+re^{-\mu p}) + \frac{\pi\mu r}{2p^2(r+e^{\mu p})}$,

$\hspace{5cm}\mu,p>0,\quad |r|\leq 1,\qquad (31a, 021.5);$

32b) $\hspace{4cm} = \frac{\pi}{2p^3}\log\left[\frac{|r|}{r}(r+e^{-\mu p})\right] + \frac{\pi\mu}{2p^2(1+re^{\mu p})}$,

$\hspace{5cm}\mu,p>0,\quad |r|\geq 1,\qquad (31b, 021.5).$

33a) $\displaystyle\int_0^\infty \frac{\log x}{x^2+a^2}\cos\mu x\, dx = \frac{\pi}{4a}\left[2e^{-\mu a}\log a + e^{\mu a}\text{Ei}(-\mu a) - e^{-\mu a}\overset{*}{\text{Ei}}(\mu a)\right]$,

$\hspace{5cm} a>0, \mu>0, \qquad (333.74a, 021.5, \kappa\to 0, 333.66a);$

33b) $\displaystyle\int_0^\infty \frac{x\log x}{x^2+a^2}\sin\mu x\, dx = \frac{\pi}{4}\left[2e^{-\mu a}\log a - e^{\mu a}\text{Ei}(-\mu a) - e^{-\mu a}\overset{*}{\text{Ei}}(\mu a)\right]$,

$\hspace{5cm} a>0, \mu>0, \hfill (33a, 021.5).$

34a) $\displaystyle\oint_0^\infty \frac{\log x}{x^2-a^2}\cos\mu x\, dx = \frac{\pi}{2a}\left[\sin\mu a\big(\text{Ci}(\mu a)-\log a\big) - \cos\mu a\big(\text{Si}(\mu a)-\frac{\pi}{2}\big)\right]$,

$\hspace{5cm} a>0, \mu>0, \quad (333.82, 021.5, \kappa\to 0, 333.68a);$

34b) $\displaystyle\oint_0^\infty \frac{x\log x}{x^2-a^2}\sin\mu x\, dx = -\frac{\pi}{2}\left[\cos\mu a\big(\text{Ci}(\mu a)-\log a\big) + \sin\mu a\big(\text{Si}(\mu a)-\frac{\pi}{2}\big)\right]$,

$\hspace{5cm} a>0, \mu>0, \hfill (34a, 021.5).$

341

341. Integrale der Form $\int F(x, \text{Arcsin}\,x, \text{Arccos}\,x)\,dx$.[*]

1a) $\displaystyle\int_\alpha^\beta F(x,\text{Arcsin}\,x,\text{Arccos}\,x)\,dx = \int_{\text{Arcsin}\,\alpha}^{\text{Arcsin}\,\beta} F\!\left(\sin y, y, \tfrac{\pi}{2}-y\right)\cos y\,dy$, $\quad -1 \le \alpha < \beta \le 1$,

(021.4, I 11.9b);

1b) $\displaystyle\phantom{\int_\alpha^\beta F(x,\text{Arcsin}\,x,\text{Arccos}\,x)\,dx} = \int_{\text{Arccos}\,\beta}^{\text{Arccos}\,\alpha} F\!\left(\cos y, \tfrac{\pi}{2}-y, y\right)\sin y\,dy$, $\quad -1 \le \alpha < \beta \le 1$,

(021.4, I 11.9b).

2) $\displaystyle\int_0^1 \text{Arc}{\sin\atop\cos}\,px\,dx = \text{Arc}{\sin\atop\cos}\,p \mp \frac{1-\sqrt{1-p^2}}{p}$, $\quad 0\le p\le 1$, $\quad$ (I 341.3c).

3a) $\displaystyle\int_0^a \text{Arcsin}\,\tfrac{x}{a}\,dx = a\!\left(\tfrac{\pi}{2}-1\right)$, $\quad a\ne 0$, $\quad$ (I 341.3c);

3b) $\displaystyle\int_0^a \text{Arccos}\,\tfrac{x}{a}\,dx = a$, $\quad a\ne 0$, $\quad$ (I 341.3c).

4a) $\displaystyle\int_0^a \!\left(\text{Arcsin}\,\tfrac{x}{a}\right)^n dx = a\!\left[\sum_{\nu=0}^r (-1)^\nu (n;-1;2\nu)\!\left(\tfrac{\pi}{2}\right)^{n-2\nu} + (-1)^{r+1} s\,n!\right]$,

$r=\left[n/2\right]$, $n=2r+s=0,1,2,\ldots$ $\quad$ (I 341.5b);

4b) $\displaystyle\int_0^a \!\left(\text{Arccos}\,\tfrac{x}{a}\right)^n dx = a\!\left[\sum_{\nu=0}^r (-1)^\nu (n;-1;2\nu+1)\!\left(\tfrac{\pi}{2}\right)^{n-2\nu-1} + (-1)^r (1-s)n!\right]$,

$r=\left[n/2\right]$, $n=2r+s=0,1,2,\ldots$ $\quad$ (I 341.5b).

5a) $\displaystyle\int_0^a x^n \text{Arccos}\,\tfrac{x}{a}\,dx = \frac{\pi a^{n+1}}{2(n+1)} - \int_0^a x^n \text{Arcsin}\,\tfrac{x}{a}\,dx =$

$\displaystyle\phantom{\int_0^a x^n \text{Arccos}\,\tfrac{x}{a}\,dx} = \frac{a^{n+1}}{2(n+1)} B\!\left(\tfrac{n+2}{2},\tfrac{1}{2}\right)$, $\quad a>0$, $n>-1$, $\quad$ (I 11.9b, I 341.2a, 431.2);

5b) $\displaystyle\phantom{\int_0^a x^n \text{Arccos}\,\tfrac{x}{a}\,dx} = \frac{a^{n+1}(2-s;2;r)}{(n+1)(3-s;2;r)}\!\left(\tfrac{s\pi}{2}-s+1\right)$, $r=\left[\tfrac{n+1}{2}\right]$, $n=2r-s=0,1,2,\ldots$

(5a);

---

[*] Für die Arcus-Funktionen sind überall ihre Hauptwerte einzusetzen (I 11.9b), für diese gelten die Formeln:

$\text{Arcsin}\,x + \text{Arccos}\,x = \tfrac{\pi}{2}$, $\text{Arcsin}(-x) = -\text{Arcsin}\,x$, $\text{Arccos}(-x) = \pi - \text{Arccos}\,x$,

$(-1 \le x \le 1)$.

341

5c) $\int_{-a}^{a} x^n \operatorname{Arccos} \frac{x}{a}\, dx = \frac{\pi a^{n+1}}{n+1}\left[1-2s+s\frac{(1;2;r)}{(2;2;r)}\right]$, $r=\left[\frac{n+1}{2}\right]$, $n=2r-s=0,1,2,\ldots$ (5b).

6a) $\int_{0}^{1} \operatorname{Arcsin} x \frac{dx}{x} = \int_{0}^{1}\left(\frac{\pi}{2}-\operatorname{Arccos} x\right)\frac{dx}{x} = \frac{\pi}{2}\log 2$, (1a, 333.34b);

6b) $\int_{0}^{\sqrt{1/2}} \sim \quad = \frac{\pi}{8}\log 2 + \frac{1}{2}\mathcal{G}$, (1a, 333.34a);

7a) $\int_{0}^{1}\left(\frac{\operatorname{Arcsin} x}{x}\right)^2 dx = 4\mathcal{G} - \frac{\pi^2}{4}$, (1a, 333.35b);

7b) $\int_{0}^{1}\left(\frac{\operatorname{Arcsin} x}{x}\right)^3 dx = \frac{3\pi}{2}\log 2 - \frac{\pi^3}{16}$, (1a, 021.3, 333.32b).

8) $\int_{0}^{a}\frac{x^n}{\sqrt{a^2-x^2}}\operatorname{Arcsin}\frac{x}{a}\,dx = \frac{\pi a^n}{4}B\left(\frac{1}{2},\frac{n+1}{2}\right) - \int_{0}^{a}\frac{x^n}{\sqrt{a^2-x^2}}\operatorname{Arccos}\frac{x}{a}\,dx =$

$$= a^n\left[\sum_{\nu=0}^{r-1}\frac{(n-1;-2;\nu)}{(n;-2;\nu)(n-2\nu)^2} + (1-s)\frac{(1;2;r)\pi^2}{8(2;2;r)}\right],$$

$r=\left[\frac{n+1}{2}\right]$, $n=2r-s=1,2,\ldots$, $a>0$, (I 341.7a, 431.2);

8a) $\int_{0}^{a}\frac{1}{\sqrt{a^2-x^2}}\operatorname{Arc}\frac{\sin}{\cos}\frac{x}{a}\,dx = \frac{\pi^2}{8}$, $a>0$, (I 341.7b);

8b) $\int_{0}^{a}\frac{x}{\sqrt{a^2-x^2}}\operatorname{Arcsin}\frac{x}{a}\,dx = \frac{\pi a}{2} - \int_{0}^{a}\frac{x}{\sqrt{a^2-x^2}}\operatorname{Arccos}\frac{x}{a}\,dx = a$, $a>0$, (I 341.7c).

9a) $\int_{0}^{1}(1-x^2)^{k-1}x^n\operatorname{Arcsin} x\,dx = \frac{B\left(\frac{n}{2},k+\frac{1}{2}\right)}{2(2k+n-1)} + \frac{n-1}{2k+n-1}\int_{0}^{1}(1-x^2)^{k-1}x^{n-2}\operatorname{Arcsin} x\,dx$

$k>0$, $n>0$, (1a, 021.3, 331.21);

9b) $\int_{0}^{1}(1-x^2)^{k-1}x\operatorname{Arcsin} x\,dx = \frac{\sqrt{\pi}\,\Gamma(k+1/2)}{4k\,\Gamma(k+1)}$, $k>0$, (1a, 021.3);

9c) $\quad = \frac{(2;2;r)}{(2r+1)(1;2;r+1)}$, $k=\frac{2r+1}{2}$, $r=0,1,2,\ldots$ (9b);

9d) $\int_{0}^{1}(1-x^2)^{k-1}\operatorname{Arcsin} x\,dx = \frac{(1;2;r)\pi^2}{8(2;2;r)} - \sum_{\nu=0}^{r-1}\frac{(2r-1;-2;\nu)}{(2r;-2;\nu+1)(2r-2\nu)}$,

$k=\frac{2r+1}{2}$, $r=0,1,2,\ldots$; (1a, 333.9b).

341

10a) $\int_{-1}^{1}(1-x^2)^{k-1}x^n \operatorname{Arccos} x\, dx = \frac{(-1)^n-1}{2(2k+n-1)} B\left(\frac{n}{2}, k+\frac{1}{2}\right) + \frac{n-1}{2k+n-1}\int_{-1}^{1}(1-x^2)^{k-1}x^{n-2}\operatorname{Arccos} x\, dx,$
$\qquad k>0,\ n>0,\qquad\qquad (1b, 021.3, 331.21);$

10b) $\int_{-1}^{1}\frac{x^{2n}}{\sqrt{1-x^2}}\operatorname{Arccos} x\, dx = \frac{(1;2;n)\pi^2}{2(2;2;n)},\quad n=0,1,2,\ldots\qquad (10a,10d);$

10c) $\int_{-1}^{1}(1-x^2)^{k-1}x\operatorname{Arccos} x\, dx = -\frac{\sqrt{\pi}\,\Gamma(k+1/2)}{2k\,\Gamma(k+1)},\quad k>0,\qquad (10a);$

10d) $\int_{-1}^{1}(1-x^2)^{k-1}\operatorname{Arccos} x\, dx = \begin{cases}\dfrac{(2;2;r)\pi}{(3;2;r)} & \text{für } k=r+1,\\[2mm] \dfrac{(1;2;r)\pi^2}{2(2;2;r)} & \text{für } k=r+\frac{1}{2},\ r=0,1,2,\ldots\end{cases}$
$\qquad\qquad (1b, 333.8b).$

11) $\int_{0}^{1}\frac{x\operatorname{Arcsin} x}{1-x^2\sin^2\alpha}\, dx = \frac{\pi}{2\sin^2\alpha}\log\left(\frac{\cos^2\frac{\alpha}{2}}{\cos\alpha}\right),\ -\frac{\pi}{2}<\alpha<\frac{\pi}{2},\ (021.3, 325.21b).$

12) $\int_{0}^{1}\frac{x\operatorname{Arcsin} x}{1+x^2\operatorname{tg}^2\alpha}\, dx = -\pi\operatorname{ctg}^2\alpha\,\log\left(\cos\frac{\alpha}{2}\right),\ -\frac{\pi}{2}<\alpha<\frac{\pi}{2},\ (021.3, 325.21b).$

13) $\int_{0}^{1}\frac{x\operatorname{Arcsin} x}{(1-x^2\sin^2\alpha)(1-x^2\sin^2\beta)}\, dx = \frac{\pi}{2(\sin^2\alpha-\sin^2\beta)}\log\left(\frac{\cos^2\frac{\alpha}{2}\cos\beta}{\cos^2\frac{\beta}{2}\cos\alpha}\right),$
$\qquad -\frac{\pi}{2}<{}^{\alpha}_{\beta}<\frac{\pi}{2}\ (\alpha\neq\pm\beta),\qquad (021.4, 11).$

14a) $\int_{0}^{1}\log x\operatorname{Arcsin} x\, dx = 2-\frac{\pi}{2}-\log 2,\qquad\qquad (021.3, 324.52b);$

14b) $\int_{0}^{1}\log x\operatorname{Arccos} x\, dx = \log 2 - 2,\qquad\qquad (14a).$

15a) $\int_{-1}^{1}e^{\alpha x}\operatorname{Arcsin} x\, dx = \frac{\pi}{\alpha}\left[\mathfrak{L}_0(\alpha) - I_0(\alpha)\right],\quad |\alpha|>0,\qquad (021.3, 313.21b);$

15b) $\int_{-1}^{1}e^{\alpha x}\operatorname{Arccos} x\, dx = \frac{\pi}{\alpha}\left[I_0(\alpha) - e^{-\alpha}\right],\quad |\alpha|>0,\qquad (15a);$

15c) $\int_{-1}^{1}\mathfrak{L}_0(\alpha x)\operatorname{Arccos} x\, dx = \frac{\pi}{\alpha}\mathfrak{Sin}\,\alpha,\quad |\alpha|>0,\qquad (15b).$

341

16) $$\int_0^1 \operatorname{Arc\,sin}(e^{i\varphi}x)\,dx = \varepsilon \operatorname{Arc\,sin}(\sqrt{1-\sin\varphi}) - \cos\varphi + \sqrt{2\sin\varphi}\,\cos\frac{\pi+2\varphi}{4} +$$
$$+ i\left[\log(\sqrt{1+\sin\varphi}+\sqrt{\sin\varphi}) + \sin\varphi - \sqrt{2\sin\varphi}\,\sin\frac{\pi+2\varphi}{4}\right],$$
$$0 \le \varphi \le \pi,\ \varepsilon = \operatorname{sign}(\cos\varphi),\qquad (021.4,2).$$

17a) $$\int_{-1}^{1} \operatorname{Arc\,sin} x\,\sin n\pi x\,dx = 2\int_0^1 \sim = \frac{1}{n}\left[J_0(n\pi)-(-1)^n\right],\ n=1,2,\ldots$$
$$(021.3,\ 333.76c).$$

17b) $$\int_{-1}^{1} \operatorname{Arc\,sin} x\,\cos n\pi x\,dx = 0,\quad n=0,1,2,\ldots \qquad (021.8);$$

18a) $$\int_{-1}^{1} \operatorname{Arc\,cos} x\,\sin n\pi x\,dx = \frac{(-1)^n-1}{n} + 2\int_0^1 \sim = \frac{-1}{n}\left[J_0(n\pi)-(-1)^n\right],\ n=1,2,\ldots$$
$$(17a);$$

18b) $$\int_{-1}^{1} \operatorname{Arc\,cos} x\,\cos n\pi x\,dx = \begin{cases} 0 & \text{für } n=1,2,\ldots \\ \pi & \text{für } n=0, \end{cases} \qquad (17b).$$

342

342. Integrale der Form $\int F(x, \operatorname{Arc\,tg} x, \operatorname{Arc\,ctg} x)\,dx.$ *)

1a) $$\int_\alpha^\beta F(x,\operatorname{Arc\,tg} x,\operatorname{Arc\,ctg} x)\,dx = \int_{\operatorname{Arc\,tg}\alpha}^{\operatorname{Arc\,tg}\beta} F\!\left(\operatorname{tg} y, y, \frac{\pi}{2}-y\right)\frac{dy}{\cos^2 y}, \qquad (x=\operatorname{tg} y);$$

1b) $$\qquad\qquad = \int_{\operatorname{Arc\,ctg}\beta}^{\operatorname{Arc\,ctg}\alpha} F\!\left(\operatorname{ctg} y, \frac{\pi}{2}-y, y\right)\frac{dy}{\sin^2 y}, \qquad (x=\operatorname{ctg} y).$$

2) $$\int_0^1 \operatorname{Arc}{}^{\text{tg}}_{\text{ctg}}(px)\,dx = \operatorname{Arc}{}^{\text{tg}}_{\text{ctg}} p \mp \frac{1}{2p}\log(1+p^2), \qquad (\text{I }342.3c).$$

3) $$\int_0^a \operatorname{Arc}{}^{\text{tg}}_{\text{ctg}}\!\left(\frac{x}{a}\right)dx = \frac{a\pi}{4} \mp \frac{a}{2}\log 2, \qquad (2).$$

---

*) Für die Arcus-Funktionen sind überall ihre Hauptwerte einzusetzen (I 11.9b); für diese gelten die Formeln:

$$\operatorname{Arc\,tg} x + \operatorname{Arc\,ctg} x = \frac{\pi}{2},\quad \operatorname{Arc\,tg}(-x) = -\operatorname{Arc\,tg} x,\quad \operatorname{Arc\,ctg}(-x) = \pi - \operatorname{Arc\,ctg} x.$$

342

4) $\int_0^\infty (\operatorname{Arcctg} x)^n dx = n\left(\frac{\pi}{2}\right)^{n-1}\left[\frac{1}{n-1} + \sum_{\nu=1}^\infty \frac{(-1)^\nu B_{2\nu} \pi^{2\nu}}{(n+2\nu-1)(2\nu)!}\right]$, $n = 2, 3, \ldots$

(1b, I333.8c);

4a) $\int_0^\infty (\operatorname{Arcctg} x)^2 dx = \pi \log 2$, (1b, 333.32b).

5) $\int_0^1 (\operatorname{Arctg} x)^2 dx = \frac{\pi^2}{16} + \frac{\pi}{4}\log 2 - \mathcal{G}$, (1a, 333.35a).

6) $\int_0^1 \operatorname{Arc}{}^{tg}_{ctg}(e^{i\varphi} x)\, dx = \frac{\pi}{4} \mp \frac{1}{2}\cos\varphi \log(2\cos\varphi) \mp \frac{\varphi}{2}\sin\varphi \pm$

$$\pm \frac{i}{2}\left[\frac{1}{2}\log\frac{1+\sin\varphi}{1-\sin\varphi} + \sin\varphi \log(2\cos\varphi) - \varphi\cos\varphi\right],$$

$$-\frac{\pi}{2} < \varphi < \frac{\pi}{2}, \qquad (2).$$

7) $\int_0^a x^n \operatorname{Arc}{}^{tg}_{ctg}\left(\frac{x}{a}\right) dx = \frac{a^{n+1}}{n+1}\left\{\frac{\pi}{4} \mp (-1)^r\left[s\frac{\pi}{4} + \frac{1-s}{2}\log 2\right] \mp \sum_{\nu=0}^{r-1}\frac{(-1)^\nu}{n-2\nu}\right\}$,

$r = \left[\frac{n+1}{2}\right]$, $n = 2r - s = 0, 1, 2, \ldots$ (I 342.3a).

8) $\int_0^1 x^{k-1}\operatorname{Arc}{}^{tg}_{ctg} x\, dx = \frac{1}{4k}\left[\pi \pm \Psi\left(\frac{k+1}{4}\right) \mp \Psi\left(\frac{k+3}{4}\right)\right]$, $k > 0$, (O 21.3, 431.8);

8a) $\int_0^1 \operatorname{Arctg} x \frac{dx}{x} = \mathcal{G}$, (I 342.4b, 323.10b).

9) $\int_1^\infty \operatorname{Arc}{}^{tg}_{ctg}(ax) \frac{dx}{x^2} = \operatorname{Arc}{}^{tg}_{ctg} a \pm \frac{a}{2}\log\frac{a^2+1}{a^2}$, (O 21.3).

10a) $\int_0^\infty \operatorname{Arctg} x \frac{dx}{x^{k+1}} = \frac{\pi}{2k\cos\frac{k\pi}{2}}$, $0 < k < 1$, (O 21.3, 431.15);

10b) $\int_0^\infty \operatorname{Arcctg} x \frac{dx}{x^{1-k}} = \frac{\pi}{2k\cos\frac{k\pi}{2}}$, $0 < k < 1$, (O 21.3, 431.15);

10c) $\int_0^\infty \operatorname{Arctg} x \frac{dx}{x\sqrt{x}} = \int_0^\infty \operatorname{Arcctg} x \frac{dx}{\sqrt{x}} = \sqrt{2}\pi$, (10a-b).

11) $\int_0^\infty [1 - x\operatorname{Arcctg} x]\, dx = \frac{\pi}{4}$, (1b, I331.6d, I333.13c).

12a) $\int_0^\infty \operatorname{Arctg} x \frac{dx}{x^2+1} = 4\int_0^1 \sim = \frac{\pi^2}{8}$, (1a);

342

12b) $\int_0^\infty \text{Arc ctg}\, x\, \frac{dx}{x^2+1} = \frac{4}{3}\int_0^1 \sim = \frac{\pi^2}{8},$ \hfill (1b);

12c) $\int_0^\infty \left(\text{Arc}\, ^{tg}_{ctg}\, x\right)^n \frac{dx}{x^2+1} = \frac{1}{n+1}\left(\frac{\pi}{2}\right)^{n+1}, \quad n \neq -1,$ \hfill (1a-b);

12d) $\int_{-\infty}^\infty \text{Arc ctg}(px)\, \frac{dx}{a^2x^2+b^2} = \frac{\pi^2}{2ab}, \quad a,b>0,\ p \gtreqless 0,$ \hfill (1b, 333.36).

13a) $\int_0^1 \text{Arc}\, ^{tg}_{ctg}\, x\, \frac{x\,dx}{x^2+1} = \left(\frac{\pi}{8} \mp \frac{\pi}{4}\right)\log 2 \pm \frac{1}{2}\mathscr{G},$ \hfill (1a-b, 333.33a);

13b) $\int_0^\infty \text{Arc ctg}(px)\, \frac{x\,dx}{a^2x^2+b^2} = \frac{\pi}{2a^2}\log\left(1+\frac{a}{bp}\right), \quad a,b,p>0,$ \hfill (021.3, 325.18).

14a) $\int_0^1 \text{Arc tg}\, x\, \frac{dx}{x(x^2+1)} = \frac{\pi}{8}\log 2 + \frac{1}{2}\mathscr{G},$ \hfill (1a, 333.34a);

14b) $\int_0^\infty \text{Arc tg}(px)\, \frac{dx}{x(a^2x^2+b^2)} = \frac{\pi}{2b^2}\log\left(1+\frac{bp}{a}\right),\ a,b,p>0,$

\hfill (021.3, 324.14, 325.18).

15) $\int_0^\infty \text{Arc}\, ^{tg}_{ctg}\left(\frac{x}{a}\right) \frac{dx}{(x^2+a^2)^2} = \frac{1}{64a^3}\left[(2\mp 1)\pi^2 + 4\pi \mp 8\right],\ a>0,$ \hfill (I 342.8).

16a) $\int_0^\infty \text{Arc tg}(px)\, \frac{x\,dx}{(a^2x^2+b^2)^2} = \frac{\pi p}{4a^2 b(a+bp)}, \quad a,b,p>0,$ \hfill (16b);

16b) $\int_0^\infty \text{Arc ctg}(px)\, \frac{x\,dx}{(a^2x^2+b^2)^2} = \frac{\pi}{4ab^2(a+bp)}, \quad a,b,p>0,$ \hfill (13b, 021.5).

17) $\int_0^\infty \text{Arc tg}(px)\, \frac{dx}{x(a^2x^2+b^2)^2} = \frac{\pi}{2b^4}\log\left(1+\frac{bp}{a}\right) - \frac{\pi p}{4b^3(a+bp)},\ a,b,p>0,$

\hfill (14b, 021.5).

18a) $\int_1^\infty \frac{dx}{(x^2+1)\text{Arc tg}\, x} = \int_0^1 \frac{dx}{(x^2+1)\text{Arc ctg}\, x} = \log 2,$ \hfill (1a,1b);

18b) $\int_0^\infty \frac{x\,dx}{(x^2+1)^2\text{Arc tg}\, x} = \frac{1}{2}\text{Si}(\pi),$ \hfill (1a, 327.4);

18c) $\int_0^\infty \frac{dx}{(x^2+1)^2\text{Arc ctg}\, x} = \frac{1}{2}\left[\mathscr{E} + \log \pi - \text{Ci}(\pi)\right],$ \hfill (1b, I 333.6c, 327.3).

342

19a) $\int_0^1 (\operatorname{Arc tg} x)^2 \dfrac{dx}{x^2} = \dfrac{\pi}{4}\log 2 - \dfrac{\pi^2}{16} + \mathscr{G},$ (14a, 021.3);

19b) $\int_0^\infty \sim\ = \pi \log 2,$ (14b, 021.3).

20) $\int_0^\infty \operatorname{Arc ctg}(px)\operatorname{Arc ctg}(qx)\,dx = \dfrac{\pi}{2p}\log\left(1+\dfrac{p}{q}\right) + \dfrac{\pi}{2q}\log\left(1+\dfrac{q}{p}\right),$
$\qquad p,q > 0,$ (13b, 021.6, I 323.12c).

21) $\int_{-\infty}^\infty \operatorname{Arc ctg}(px)[\operatorname{Arc tg}(q_1 x) - \operatorname{Arc tg}(q_2 x)]\dfrac{dx}{x} = \dfrac{\pi^2}{2}\log\dfrac{q_1}{q_2},\ q_1\cdot q_2 > 0,$ (12d, 021.6).

22) $\int_0^\infty \operatorname{Arc tg}(px)\operatorname{Arc tg}(qx)\dfrac{dx}{x^2} = \dfrac{\pi}{2}\left[(p+q)\log(p+q) - p\log p - q\log q\right],$
$\qquad p,q > 0,$ (14b, 021.6).

23) $\int_0^1 \operatorname{Arc{tg\atop ctg}}(px)\dfrac{x\,dx}{\sqrt{1-x^2}} = \dfrac{\pi}{4p}\left[p \pm (2\sqrt{p^2+1} - p - 2)\right],\ p > 0,$ (021.3, 216.8a).

24) $\int_0^1 \operatorname{Arc tg}(px)\dfrac{dx}{x\sqrt{1-x^2}} = \dfrac{\pi}{2}\log(\sqrt{p^2+1} + p),\ p \gtreqless 0,$ (216.8a, 021.6).

25) $\int_0^\infty \operatorname{Arc ctg} x\,\dfrac{dx}{\sqrt{x^2+1}} = 2\mathscr{G},$ (1b, 333.32).

26) $\int_0^\infty \operatorname{Arc tg}(px)\dfrac{dx}{(a+x)\sqrt{x}} = \dfrac{\pi}{\sqrt{a}}\left[\operatorname{Arc tg}(\sqrt{2ap}+1) + \operatorname{Arc tg}(\sqrt{2ap}-1) - \operatorname{Arc tg}(ap)\right],$
$\qquad a, p > 0,$ (161.14, 021.6);

26a) $\int_0^\infty \operatorname{Arc tg} x\,\dfrac{dx}{(1+x)\sqrt{x}} = \dfrac{\pi^2}{4},$ (26).

27a) $\int_0^{\pi/2} \dfrac{\operatorname{Arc tg}(p\sqrt{1-k^2\sin^2 x})}{\sqrt{1-k^2\sin^2 x}}\,dx = \dfrac{\pi}{2}F(\operatorname{Arc tg} p, k),\ 0 < k < 1,$
$\qquad$ (331.56a, 021.6, I 244.8c, 221.16);

27b) $\int_0^{\pi/2} \dfrac{\operatorname{Arc ctg}(p\sqrt{1-k^2\sin^2 x})}{\sqrt{1-k^2\sin^2 x}}\,dx = \dfrac{\pi}{2}F(\operatorname{Arc ctg}(pk'), k),\ k' = \sqrt{1-k^2},$
$\qquad 0 < k < 1,$ (27a).

28) $\int_0^1 \operatorname{Arc tg}(px)\dfrac{dx}{x\sqrt{1-x^2}} = \dfrac{\pi}{2}\log(p + \sqrt{1+p^2}),\ p \geq 0,$ (I 236.20, 021.6).

342

29) $\int_0^{\pi/2} \operatorname{Arc tg}(\sin x) \frac{dx}{\sin x} = \frac{\pi}{2} \log(1+\sqrt{2})$, (031.3, 28).

30) $\int_0^\infty e^{-sx} \operatorname{Arc tg} x \, dx = \frac{1}{s}\left[\sin s\, \operatorname{Ci}(s) - \cos s\left(\operatorname{Si}(s) - \frac{\pi}{2}\right)\right]$, $s>0$, (021.3, 312.9b).

31) $\int_0^\infty \operatorname{Arc tg}(px) \sin\mu x \, dx = \frac{\pi}{2\mu}\left(1 - e^{-\frac{\mu}{p}}\right)$, $\mu>0, p\geq 0$, (333.66b, 021.6).

32) $\int_0^\infty \operatorname{Arc tg}(px) \cos\mu x \, \frac{dx}{x} = -\frac{\pi}{2} \operatorname{Ei}\left(-\frac{\mu}{p}\right)$, $\mu>0, p\geq 0$, (333.67a, 021.6, 327.1).

33) $\int_0^\infty \frac{\operatorname{Arc tg} x}{e^{2\pi x} - 1} dx = \frac{1}{2} - \frac{1}{4}\log 2\pi$, (021.7, 30)*)

33a) $\int_0^\infty \frac{\operatorname{Arc tg} \frac{x}{n}}{e^{2\pi x} - 1} dx = \frac{1}{2}\log n! - \frac{n}{2}(\log n - 1) - \frac{1}{4}\log(2n\pi)$, $n=1,2,\ldots$ (wie 33).

34) $\int_0^\infty \frac{\operatorname{Arc tg} ax}{\sin \pi x} dx = \log \frac{\Gamma\left(\frac{1}{2a}\right)}{2\sqrt{a}\,\Gamma\left(\frac{1}{2a} + \frac{1}{2}\right)}$, $a>0$, (021.7, 342.30).

---

51) $\int_0^\infty \frac{\cos a\psi}{(k^2+x^2)^b} dx = \frac{1}{2}\int_{-\infty}^\infty \sim\, = \frac{\pi\,\Gamma(2b-1)}{(2k)^{2b-1}\Gamma\left(b+\frac{a}{2}\right)\Gamma\left(b-\frac{a}{2}\right)}$,

mit $\psi = \operatorname{Arc tg}\frac{x}{k}$, $k>0, b>\frac{1}{2}$, (021.4, 332.9c).

52) $\int_0^\infty \frac{\cos(a\psi - b\psi_1)}{(k^2+x^2)^{a/2}(\ell^2+x^2)^{b/2}} dx = \frac{1}{2}\int_{-\infty}^\infty \sim\, = \frac{\pi\,\Gamma(a+b-1)}{(k+\ell)^{a+b-1}\Gamma(a)\Gamma(b)}$,

mit $\psi = \operatorname{Arc tg}\frac{x}{k}$, $\psi_1 = \operatorname{Arc tg}\frac{x}{\ell}$, $k,\ell>0, a+b>1$, (421.18a, Realteil).

53) $\int_0^\infty \frac{\cos(a\psi + b\psi_1)}{(k^2+x^2)^{a/2}(\ell^2+x^2)^{b/2}} dx = \int_{-\infty}^\infty \sim\, = 0$, Benennungen wie in 52, (421.18b, Realteil).

---

*) Mit Benützung der Stirlingschen Formel:
$$\lim_{n\to\infty}\left[\log n! - \left(n+\frac{1}{2}\right)\log n + n\right] = \log\sqrt{2\pi},$$
und der Formel:
$$\sum_{\nu=1}^\infty \frac{\sin \nu x}{\nu} = \frac{(2k+1)\pi - x}{2} \text{ für } 2k\pi < x < 2(k+1)\pi, k=0,\pm 1,\pm 2,\ldots$$

342

54a) $\int_0^\infty \frac{\cos a\psi \cos b\psi_1}{(k^2+x^2)^{a/2}(\ell^2+x^2)^{b/2}}dx = \frac{1}{2}\int_{-\infty}^\infty \sim = \frac{\pi\,\Gamma(a+b-1)}{2(k+\ell)^{a+b-1}\Gamma(a)\Gamma(b)}$,

Benennungen wie in 52, (52,53);

54b) $\int_0^\infty \frac{\sin a\psi \sin b\psi_1}{(k^2+x^2)^{a/2}(\ell^2+x^2)^{b/2}}dx = \frac{1}{2}\int_{-\infty}^\infty \sim = \frac{\pi\,\Gamma(a+b-1)}{2(k+\ell)^{a+b-1}\Gamma(a)\Gamma(b)}$,

Benennungen wie in 52, (52,53);

55) $\int_0^\infty \frac{\cos a\psi}{(k^2+x^2)^{a/2}(\ell^2+x^2)}dx = \frac{\pi}{2\ell(k+\ell)^a}$, mit $\psi = \operatorname{Arctg}\frac{x}{k}$, $k,\ell>0$, $a>-1$,

(021.4, 332.30a).

56) $\int_0^\infty \frac{x\sin a\psi}{(k^2+x^2)^{a/2}(\ell^2+x^2)}dx = \frac{\pi}{2(k+\ell)^a}$, mit $\psi = \operatorname{Arctg}\frac{x}{k}$, $a,k,\ell>0$,

(54b, b=1).

57) $\int_0^\infty \frac{\cos a\psi}{x^b(k^2+x^2)^{a/2}}dx = \frac{\pi\,\Gamma(a+b-1)}{2k^{a+b-1}\cos\frac{b\pi}{2}\Gamma(a)\Gamma(b)}$,

mit $\psi = \operatorname{Arctg}\frac{x}{k}$, $a+b>1>b$, (021.4, 332.15a).

58) $\int_0^\infty \frac{\sin a\psi}{x^b(k^2+x^2)^{a/2}}dx = \frac{\pi\,\Gamma(a+b-1)}{2k^{a+b-1}\sin\frac{b\pi}{2}\Gamma(a)\Gamma(b)}$,

mit $\psi = \operatorname{Arctg}\frac{x}{k}$, $a+b>1>b$, (021.4, 332.15c).

351

351. Integrale der Form $\int R(e^{\lambda x}, \operatorname{Sin}ax, \operatorname{Cos}bx)dx$.[*]

1) Die hyperbolischen Funktionen stehen in einfachem Zusammenhang mit der Exponentialfunktion und den trigonometrischen Funktionen; daher sind die hierher gehörenden Integrale zum größten Teil bereits in 311–313 enthalten oder aus jenen leicht abzuleiten:

$\operatorname{Sin}x = \frac{e^x-e^{-x}}{2} = -i\sin ix$, $\operatorname{Tg}x = \frac{\operatorname{Sin}x}{\operatorname{Cos}x} = \frac{e^x-e^{-x}}{e^x+e^{-x}} = -i\operatorname{tg}ix$,

$\operatorname{Cos}x = \frac{e^x+e^{-x}}{2} = \cos ix$, $\operatorname{Ctg}x = \frac{\operatorname{Cos}x}{\operatorname{Sin}x} = \frac{e^x+e^{-x}}{e^x-e^{-x}} = i\operatorname{ctg}ix$.

Weitere Formeln in I 351.1a–e.

---

[*] Vgl. auch 311, 312, 313, 327.

351

2a) $\displaystyle\int_0^\infty e^{-sx}\sinh ax\, dx = \dfrac{a}{s^2-a^2}$, $\quad s>|a|$, $\hfill$ (312.6a);

2b) $\displaystyle\int_0^\infty e^{-sx}\cosh ax\, dx = \dfrac{s}{s^2-a^2}$, $\quad s>|a|$, $\hfill$ (312.6b);

2c) $\displaystyle\int_0^\infty e^{-sx}\operatorname{tg} ax\, dx = \dfrac{1}{2a}\left[\Psi\!\left(\dfrac{s}{4a}+\dfrac{1}{2}\right)-\Psi\!\left(\dfrac{s}{4a}\right)\right]-\dfrac{1}{s}$, $\quad a>0,\ s>0$,
$\hfill$ (311.15a, 411.7a);

2d) $\displaystyle\int_0^\infty (e^{-s_1 x}-e^{-s_2 x})\operatorname{tg} ax\, dx = \dfrac{1}{s_2}-\dfrac{1}{s_1}+\dfrac{1}{a}\left[\Psi\!\left(\dfrac{s_2}{2a}\right)-\Psi\!\left(\dfrac{s_1}{2a}\right)\right]$, $a,s_1,s_2>0$,
$\hfill$ (311.16, 411.7a).

3a) $\displaystyle\int_0^\infty \dfrac{\sinh ax}{\sinh bx}\,dx = \dfrac{\pi}{2b}\operatorname{tg}\dfrac{a\pi}{2b}$, $\quad b>|a|$, $\hfill$ (311.17a);

3b) $\displaystyle\int_0^\infty \dfrac{\sinh ax}{\cosh bx}\,dx = \dfrac{\pi}{2b\cos\frac{a\pi}{2b}} + \dfrac{1}{2b}\left[\Psi\!\left(\dfrac{a+b}{4b}\right)-\Psi\!\left(\dfrac{a+3b}{4b}\right)\right]$, $b>|a|$, (311.14);

3c) $\displaystyle\int_0^\infty \dfrac{\cosh ax}{\cosh bx}\,dx = \dfrac{\pi}{2b\cos\frac{a\pi}{2b}}$, $\quad b>|a|$, $\hfill$ (311.15).

4) $\displaystyle\int_0^\infty \dfrac{dx}{\cosh bx} = \dfrac{\pi}{2b}$, $\quad b>0$, $\hfill$ (3c, $a=0$).

5) $\displaystyle\int_0^\infty \dfrac{dx}{\cosh^n ax} = \dfrac{(2,2;r-1)(1-s)}{(1,2;r)a} + \dfrac{(1,2;r)s\pi}{(2,2;r)2a}$, $a>0,\ r=\left[\dfrac{n}{2}\right], n=2r+s=2,3,\ldots$
$\hfill$ (I 351.9b).

6a) $\displaystyle\int_0^\infty \dfrac{dx}{a+b\cosh x + c\sinh x} = \dfrac{2}{\sqrt{b^2-a^2-c^2}}\left[\operatorname{Arctg}\dfrac{\sqrt{b^2-a^2-c^2}}{a+b+c} + \varepsilon\pi\right]$,

$\quad b^2>a^2+c^2,\ \varepsilon=\begin{cases}0 & >0,\\ 1 & \text{für } (b-a)(a+b+c)<0 \text{ und } b-a+c>0,\\ -1 & <0\ \ "\ \ b-a+c<0,\end{cases}$
$\hfill$ (I 351.18e)*);

6b) $(\oint)_0^\infty \sim\ = \dfrac{1}{\sqrt{a^2-b^2+c^2}}\log\left|\dfrac{a+b+c+\sqrt{a^2-b^2+c^2}}{a+b+c-\sqrt{a^2-b^2+c^2}}\right|$,
$\quad b^2<a^2+c^2,\ a^2\ne b^2$, (I 351.18f);

6c) $(\oint)_0^\infty \sim\ = \dfrac{1}{c}\log\left|\dfrac{a+c}{a}\right|$, $\quad a=b\ne 0,\ c\ne 0$, $\hfill$ (I 351.18g);

---

*) Mit Benützung der Formel:

$\operatorname{Arctg} x - \operatorname{Arctg} y = \operatorname{Arctg}\dfrac{x-y}{1+xy} + \varepsilon\pi\quad$ mit $\varepsilon=\begin{cases}0 & \text{für } xy>-1,\\ 1 & "\ \ xy<-1 \text{ und } x>0,\\ -1 & "\ \ xy<-1\ \ "\ \ x<0.\end{cases}$

351

6d) $\displaystyle\int_0^\infty \frac{dx}{a+b\cos x + c\sin x} = \frac{2(a-b)}{c(a-b-c)}$, $b^2=a^2+c^2, c(a-b-c)<0$, (I 351.18h).

7a) $\displaystyle\int_0^\infty \frac{dx}{a+b\cos x} = \frac{2}{\sqrt{b^2-a^2}}\operatorname{Arc tg}\frac{\sqrt{b^2-a^2}}{a+b}$, $b^2>a^2$, (6a);

7b) $\displaystyle(\oint)_0^\infty \sim\ =\frac{1}{\sqrt{a^2-b^2}}\log\left|\frac{a+b+\sqrt{a^2-b^2}}{a+b-\sqrt{a^2-b^2}}\right|$, $b^2<a^2$, (6b);

7c) $\displaystyle\int_0^\infty \frac{dx}{1+\cos x} = 1$, (I 351.17f).

8) $\displaystyle(\oint)_0^\infty \frac{dx}{a+c\sin x} = \frac{1}{\sqrt{a^2+c^2}}\log\left|\frac{a+c+\sqrt{a^2+c^2}}{a+c-\sqrt{a^2+c^2}}\right|$, $ac\neq 0$, (6b).

9a) $\displaystyle\int_0^\infty \frac{dx}{b\cos x + c\sin x} = \frac{2}{\sqrt{b^2-c^2}}\operatorname{Arc tg}\frac{\sqrt{b^2-c^2}}{b+c}$, $b^2>c^2$, (6a);

9b) $\displaystyle(\oint)_0^\infty \sim\ =\frac{1}{\sqrt{c^2-b^2}}\log\left|\frac{b+c+\sqrt{c^2-b^2}}{b+c-\sqrt{c^2-b^2}}\right|$, $0<b^2<c^2$, (6b);

9c) $\displaystyle\int_0^\infty \frac{dx}{\cos x + \sin x} = 1$, (311.2a).

10a) $\displaystyle\int_0^\infty \frac{dx}{a\cos^2 x + b\sin^2 x} = \frac{1}{\sqrt{ab}}\operatorname{Arc tg}\frac{b}{\sqrt{ab}}$, $ab>0$, (I 351.22b);

10b) $\displaystyle(\oint)_0^\infty \sim\ =\frac{1}{2\sqrt{-ab}}\log\left|\frac{b-\sqrt{-ab}}{b+\sqrt{-ab}}\right|$, $ab<0$, (I 351.22a).

11a) $\displaystyle\int_0^\infty e^{-sx}\sin^n x\, dx = \frac{1}{2^n}\sum_{\nu=0}^n \binom{n}{\nu}\frac{(-1)^\nu}{s-n+2\nu}$, $s>n, n=0,1,2,\ldots$ (1, 311.2a);

11b) $\displaystyle\int_0^\infty e^{-sx}\cos^n x\, dx = \frac{1}{2^n}\sum_{\nu=0}^n \binom{n}{\nu}\frac{1}{s-n+2\nu}$, $s>n, n=0,1,2,\ldots$ (1, 311.2a).

12) $\displaystyle\int_0^\infty \frac{\sin^k x}{\cos^\lambda x}dx = \frac{1}{2}B\left(\frac{\lambda-k}{2},\frac{k+1}{2}\right)$, $\lambda>k>-1$, $\left(\cos x=\frac{1}{y},\ 431.1\right)$.

352. Integrale der Form $\int R(x, \mathfrak{Sin}\,ax, \mathfrak{Cof}\,bx)\,dx$.

1) $\displaystyle\int_0^\infty \frac{x^n}{\mathfrak{Cof}\,ax}\,dx = \frac{2\,n!}{a^{n+1}} \sum_{\nu=0}^\infty \frac{(-1)^\nu}{(2\nu+1)^{n+1}}, \quad a>0,\ n>-1,$ \hfill (313.5b);

1a) $\displaystyle\int_0^\infty \frac{x^{2n}}{\mathfrak{Cof}\,ax}\,dx = E_n\cdot\left(\frac{\pi}{2a}\right)^{2n+1}, \quad a>0,\ n=0,1,2,\ldots$ \hfill (313.7a, 0119).

2) $\displaystyle\int_0^\infty \frac{x^n}{\mathfrak{Sin}\,ax}\,dx = \frac{2\,n!}{a^{n+1}} \sum_{\nu=0}^\infty \frac{1}{(2\nu+1)^{n+1}}, \quad a>0,\ n>0,$ \hfill (313.5a);

2a) $\displaystyle\int_0^\infty \frac{x^{2n-1}}{\mathfrak{Sin}\,ax}\,dx = \frac{2^{2n}-1}{2n}|B_{2n}|\left(\frac{\pi}{a}\right)^{2n}, \quad a>0,\ n=1,2,\ldots$ \hfill (313.6a, 0119);

2b) $\displaystyle\int_0^\infty \frac{x}{\mathfrak{Sin}\,ax}\,dx = \frac{\pi^2}{4a^2}, \quad a>0,$ \hfill (2a).

3) $\displaystyle\int_0^\infty \frac{\mathfrak{Cof}\,ax}{\mathfrak{Cof}\,bx}\,x^n\,dx = n!\sum_{\nu=0}^\infty (-1)^\nu \left\{\frac{1}{[b(2\nu+1)-a]^{n+1}} + \frac{1}{[b(2\nu+1)+a]^{n+1}}\right\},$
$\qquad b>a>0,\ n>-1,$ \hfill (313.4).

4) $\displaystyle\int_0^\infty \frac{\mathfrak{Sin}\,ax}{\mathfrak{Sin}\,bx}\,x^n\,dx = n!\sum_{\nu=0}^\infty \left\{\frac{1}{[b(2\nu+1)-a]^{n+1}} - \frac{1}{[b(2\nu+1)+a]^{n+1}}\right\},$
$\qquad b>a>0,\ n>0,$ \hfill (313.4).

5) $\displaystyle\int_0^\infty \frac{x^n\,dx}{a\,\mathfrak{Cof}\,x + b\,\mathfrak{Sin}\,x} = \frac{2\,n!}{a+b}\sum_{\nu=0}^\infty \frac{1}{(2\nu+1)^{n+1}}\left(\frac{b-a}{b+a}\right)^\nu,\ a,b>0,\ n>-1,$ \hfill (313.4).

6a) $\displaystyle\int_0^\infty \frac{\mathfrak{Sin}\,ax}{\mathfrak{Cof}\,bx}\cdot\frac{dx}{x} = \log\left[\operatorname{tg}\frac{(a+b)\pi}{4b}\right],\ b>|a|,$ \hfill (351.3c, 021.6);

6b) $\displaystyle\int_0^\infty \frac{\mathfrak{Cof}\,ax-1}{\mathfrak{Sin}\,bx}\cdot\frac{dx}{x} = -\log\left(\cos\frac{a\pi}{2b}\right),\ b>|a|,$ \hfill (351.3a, 021.6).

7) $\displaystyle\int_0^\infty \frac{1}{\mathfrak{Cof}\,\pi x}\cdot\frac{dx}{a^2+x^2} = \frac{1}{2a}\left[\Psi\!\left(\frac{a}{2}+\frac{3}{4}\right) - \Psi\!\left(\frac{a}{2}+\frac{1}{4}\right)\right],\ a>0,$ \hfill (021.7, 312.9b).

8) $\displaystyle\int_0^\infty \frac{1}{\mathfrak{Sin}\,\pi x}\cdot\frac{x\,dx}{a^2+x^2} = \frac{1}{2a} + \frac{1}{2}\left[\Psi\!\left(\frac{a}{2}+\frac{1}{2}\right) - \Psi\!\left(\frac{a}{2}+1\right)\right],\ a>0,$
\hfill (021.7, 312.9c).

352

9) $\displaystyle\int_0^\infty \frac{\mathrm{Sin}\,ax}{\mathrm{Sin}\,\pi x}\cdot\frac{dx}{1+x^2} = -\frac{a}{2}\cos a + \sin a\,\log\!\left(2\cos\frac{a}{2}\right),\quad |a|<\pi,$

(021.5, 021.10, 351.3a).

10) $\displaystyle\int_0^\infty \frac{\mathrm{Cof}\,ax}{\mathrm{Sin}\,\pi x}\cdot\frac{x\,dx}{1+x^2} = -\frac{1}{2} + \frac{a}{2}\sin a + \cos a\,\log\!\left(2\cos\frac{a}{2}\right),\quad |a|<\pi,$

(9, 021.5).

11) $\displaystyle\int_0^\infty \frac{\mathrm{Cof}\,ax}{\mathrm{Cof}\,\pi x}\cdot\frac{dx}{1+x^2} = 2\cos\frac{a}{2} - \frac{\pi}{2}\cos a - \sin a\,\log\!\left(\mathrm{tg}\,\frac{a+\pi}{4}\right),\quad |a|<\pi,$

(021.5, 021.10, 351.3c).

12) $\displaystyle\int_0^\infty \frac{\mathrm{Sin}\,ax}{\mathrm{Cof}\,\pi x}\cdot\frac{x\,dx}{1+x^2} = -2\sin\frac{a}{2} + \frac{\pi}{2}\sin a - \cos a\,\log\!\left(\mathrm{tg}\,\frac{a+\pi}{4}\right),\quad |a|<\pi,$

(11, 021.5).

353

353. Integrale der Form $\int F\!\left(f(x),\mathrm{Sin}\,ax,\mathrm{Cof}\,bx\right)dx$.

1) $\displaystyle\int_0^\infty \frac{\log x}{\mathrm{Cof}\,ax}\,dx = \frac{\pi}{a}\log\frac{\sqrt{2\pi}\,\Gamma(\tfrac{3}{4})}{\sqrt{a}\,\Gamma(\tfrac{1}{4})},\quad a>0,\qquad\qquad$ (021.7, 312.5b).

2) $\displaystyle\int_0^\infty \frac{\log(x^2+a^2)}{\mathrm{Cof}\,\pi x}\,dx = 2\log\frac{\Gamma(\tfrac{a}{2}+\tfrac{3}{4})}{\Gamma(\tfrac{a}{2}+\tfrac{1}{4})},\quad a>0,\qquad$ (021.7, 312.5d, 352.7).

3) $\displaystyle\int_{-\infty}^\infty e^{-\tfrac{1}{2}\left(\tfrac{x-a}{s}\right)^2}\mathrm{Sin}\,px\,dx = \sqrt{2\pi}\,s\,e^{\tfrac{1}{2}p^2 s^2}\mathrm{Sin}\,ap,\quad s>0,\qquad$ (314.6a).

4) $\displaystyle\int_{-\infty}^\infty e^{-\tfrac{1}{2}\left(\tfrac{x-a}{s}\right)^2}\mathrm{Cof}\,px\,dx = \sqrt{2\pi}\,s\,e^{\tfrac{1}{2}p^2 s^2}\mathrm{Cof}\,ap,\quad s>0,\qquad$ (314.6a).

5) $\displaystyle\int_{-1}^1 (1-x^2)^{\nu-\tfrac{1}{2}}\mathrm{Cof}\,zx\,dx = 2\int_0^1 \sim\; = 2^\nu\sqrt{\pi}\,\Gamma\!\left(\nu+\tfrac{1}{2}\right)z^{-\nu}I_\nu(z),\quad \mathcal{R}(\nu)>-\tfrac{1}{2},$

(512.4a).

6) $\displaystyle\int_0^\infty \sin\!\left[z\,\mathrm{Cof}\,x - \tfrac{\nu\pi}{2}\right]\mathrm{Cof}\,\nu x\,dx = \tfrac{\pi}{2}J_\nu(z),\quad z>0,\;-1<\mathcal{R}(\nu)<1,$

(511.4a–20d).

7) $\displaystyle\int_0^\infty \cos\!\left[z\,\mathrm{Cof}\,x - \tfrac{\nu\pi}{2}\right]\mathrm{Cof}\,\nu x\,dx = -\tfrac{\pi}{2}N_\nu(z),\quad z>0,\;-1<\mathcal{R}(\nu)<1,$

(511.4a–20d).

8) $\displaystyle\int_0^\infty \cos(z\,\mathrm{Sin}\,x)\,\mathrm{Cof}\,\nu x\,dx = \cos\tfrac{\nu\pi}{2}\,\mathcal{K}_\nu(z),\quad z>0,\;-1<\mathcal{R}(\nu)<1,$

(512.9a, $x\to\pm\tfrac{\pi i}{2}+x$).

353

9) $\displaystyle\int_{-\infty}^{\infty} e^{-z\cosh x - \nu x}\,dx = 2\mathcal{K}_\nu(z), \quad \mathcal{R}(z) > 0,$ \hfill (512.9a).

10) $\displaystyle\int_{0}^{\infty} e^{-z\cosh x}\cosh\nu x\,dx = \mathcal{K}_\nu(z), \quad \mathcal{R}(z) > 0,$ \hfill (512.9b).

11) $\displaystyle\int_{0}^{\pi}\cosh(z\cos x)\sin^{2\nu}x\,dx = 2\int_{0}^{\pi/2}\sim\; = 2^\nu\sqrt{\pi}\,\Gamma\!\left(\nu+\tfrac{1}{2}\right)z^{-\nu}I_\nu(z), \quad \mathcal{R}(\nu) > -\tfrac{1}{2},$ \hfill (512.4b).

12) $\displaystyle\int_{0}^{\infty} e^{-z\sinh x - \nu x}\,dx = \dfrac{\pi}{\sin\nu\pi}\bigl[\mathcal{L}_\nu(z) - J_\nu(z)\bigr], \quad \mathcal{R}(z) > 0,$ \hfill (511.13a, 513.1a).

361

361. Integrale von Area-Funktionen.

A.

1a) $\operatorname{Ar\,Sin} x = \displaystyle\int_{0}^{x}\dfrac{dt}{\sqrt{t^2+1}} = \log(x+\sqrt{x^2+1}),$ \hfill (I 11.9c);

1b) $\operatorname{Ar\,Cos} x = \displaystyle\int_{1}^{x}\dfrac{dt}{\sqrt{t^2-1}} = \log(x+\sqrt{x^2-1}),\; x \geq 1,$ \hfill (I 11.9c);

1c) $\operatorname{Ar\,Tg} x = \displaystyle\int_{0}^{x}\dfrac{dt}{1-t^2} = \tfrac{1}{2}\log\dfrac{1+x}{1-x},\; |x|<1,$ \hfill (I 11.9c);

1d) $\operatorname{Ar\,Ctg} x = \displaystyle\int_{x}^{\pm\infty}\dfrac{dt}{t^2-1} = \tfrac{1}{2}\log\dfrac{x+1}{x-1},\; \begin{array}{c}x>1\\x<-1\end{array},$ \hfill (I 11.9c).

2) $\displaystyle\int_{0}^{1}\operatorname{Ar\,Sin} x\,dx = 1-\sqrt{2}+\log(1+\sqrt{2}),$ \hfill (I 361.4b).

3) $\displaystyle\int_{0}^{1}\operatorname{Ar\,Sin} x\,\dfrac{dx}{x} = \sum_{\nu=0}^{\infty}\binom{-1/2}{\nu}\dfrac{1}{(2\nu+1)^2},$ \hfill (I 361.5b).

4a) $\displaystyle\int_{0}^{1}\operatorname{Ar\,Sin} x\,\dfrac{dx}{\sqrt{x^2+1}} = \tfrac{1}{2}\bigl[\log(1+\sqrt{2})\bigr]^2,$ \hfill (I 361.8b);

4b) $\displaystyle\int_{0}^{1}\operatorname{Ar\,Sin} x\,\dfrac{x\,dx}{\sqrt{x^2+1}} = \sqrt{2}\log(1+\sqrt{2}) - 1,$ \hfill (I 361.8c).

361

5) $\int_0^\infty \operatorname{Arsin} x \, \dfrac{dx}{x^{k+1}} = \dfrac{\Gamma\left(\tfrac{k}{2}\right)\Gamma\left(\tfrac{1-k}{2}\right)}{2k\sqrt{\pi}}, \quad 0<k<1,$ \hfill (021.3, 431.15).

6) $\int_0^\infty \operatorname{Arsin} x \, \dfrac{dx}{x^2+1} = 2\mathcal{G},$ \hfill (021.4, 313.7c).

7) $\int_0^\infty e^{-sx} \operatorname{Arsin} x \, dx = \sum_{m=0}^\infty \dfrac{(-1)^m s^{2m}}{(1,2;m+1)^2}, \quad s>0,$ \hfill (021.4, 021.3, 353.12).

<u>B.</u>

11) $\int_1^\infty \operatorname{Arcol} x \, \dfrac{dx}{x^{k+1}} = \dfrac{\sqrt{\pi}\,\Gamma\left(\tfrac{k}{2}\right)}{2k\,\Gamma\left(\tfrac{k+1}{2}\right)}, \quad k>0,$ \hfill (021.3, 431.25).

12a) $\int_1^\infty \operatorname{Arcol} x \, \dfrac{dx}{x^{2n}} = \dfrac{(1,2;n-1)\pi}{2^n(2n-1)(n-1)!}, \quad n=1,2,\ldots$ \hfill (11);

12b) $\int_1^\infty \operatorname{Arcol} x \, \dfrac{dx}{x^{2n+1}} = \dfrac{2^{n-2}(n-1)!}{n(1,2;n)}, \quad n=1,2,\ldots$ \hfill (11).

13) $\int_1^\infty (\operatorname{Arcol} x)^k \, \dfrac{dx}{(x^2-1)^\lambda} = 2^{2\lambda-1}\Gamma(k+1)\sum_{\nu=0}^\infty \binom{1-2\lambda}{\nu}\dfrac{(-1)^\nu}{(2\nu+2\lambda-1)^{k+1}},$
$\hspace{6em} k>2\lambda-2>-1,$ \hfill (021.4, 021.7, 312.2);

13a) $\int_1^\infty \operatorname{Arcol} x \, \dfrac{dx}{x^2-1} = \dfrac{\pi^2}{4},$ \hfill (13).

14) $\int_1^\infty e^{-sx} \operatorname{Arcol} x \, dx = \dfrac{1}{s}\mathcal{H}_0(s), \quad s>0,$ \hfill (021.4, 021.3, 353.10).

<u>C.</u>

21) $\int_0^a x^n \operatorname{Artg}\dfrac{x}{a}\,dx = \dfrac{a^{n+1}}{n+1}\left[\sum_{\nu=0}^{r-1}\dfrac{1}{n-2\nu}+s\log 2\right],$
$\hspace{6em} r=\left[\tfrac{n+1}{2}\right], s=n+1-2r, n=0,1,2,\ldots$ \hfill (I 362.4a);

21a) $\int_0^a \operatorname{Artg}\dfrac{x}{a}\,dx = a\log 2,$ \hfill (21);

21b) $\int_0^a x\operatorname{Artg}\dfrac{x}{a}\,dx = \dfrac{a^2}{2},$ \hfill (21).

361

22) $\int_0^a \operatorname{artg}\frac{x}{a}\frac{dx}{x} = \frac{\pi^2}{8}$, (I 362.5c).

23) $\int_0^a \left(\operatorname{artg}\frac{x}{a}\right)^k \frac{dx}{(a^2-x^2)^\lambda} = 2(2a)^{1-2\lambda}\Gamma(k+1)\sum_{\nu=0}^\infty \binom{2\lambda-2}{\nu}\frac{1}{(2\nu-2\lambda+2)^{k+1}}$,

$1 > \lambda > -\frac{k}{2} < \frac{1}{2}$, (021.4, 021.7, 312.2);

23a) $\int_0^a \operatorname{artg}\frac{x}{a}\frac{dx}{\sqrt{a^2-x^2}} = 2G$, (23).

24) $\int_0^a \left(\operatorname{artg}\frac{x}{a}\right)^k dx = 2^{1-k}a\,\Gamma(k+1)\sum_{\nu=1}^\infty \frac{(-1)^{\nu-1}}{\nu^k}$, $k > 0$, (23).

D.

31) $\int_a^\infty \operatorname{arctg}\frac{x}{a}\frac{dx}{x^{k+1}} = \frac{1}{2ka^k}\left[\Psi\left(\frac{k+1}{2}\right)-\Psi\left(\frac{1}{2}\right)\right]$, $k > -1, \neq 0$, $a > 0$,

(021.3, 021.4, 431.4b);

31a) $\int_a^\infty \operatorname{arctg}\frac{x}{a}\frac{dx}{x} = \frac{\pi^2}{8}$, $a > 0$, (31, k→0);

31b) $\int_a^\infty \operatorname{arctg}\frac{x}{a}\frac{dx}{x^{n+1}} = \frac{1}{2na^n}\left\{s\left[\log 4 + \sum_{\nu=1}^r \frac{1}{\nu}\right] + 2(1-s)\sum_{\nu=1}^r \frac{1}{2\nu-1}\right\}$,

$a > 0$, $r = \left[\frac{n}{2}\right]$, $s = n-2r$, $n = 1, 2, \ldots$ (31, 411.7a-d);

31c) $\int_a^\infty \operatorname{arctg}\frac{x}{a}\frac{dx}{x^2} = \frac{1}{a}\log 2$, $a > 0$, (31b).

32) $\int_a^\infty \left(\operatorname{arctg}\frac{x}{a}\right)^k \frac{dx}{(x^2-a^2)^\lambda} = 2(2a)^{1-2\lambda}\Gamma(k+1)\sum_{\nu=0}^\infty \binom{2\lambda-2}{\nu}\frac{(-1)^\nu}{(2\nu-2\lambda+2)^{k+1}}$,

$a > 0$, $1 > \lambda > \frac{1-k}{2}$, (021.4, 021.7, 312.2).

33) $\int_a^\infty \left(\operatorname{arctg}\frac{x}{a}\right)^k dx = 2^{1-k}a\,\Gamma(k+1)\sum_{\nu=1}^\infty \frac{1}{\nu^k} = 2^{1-k}a\,\Gamma(k+1)\zeta(k)$,

$a > 0$, $k > 1$, (32).

34) $\int_a^\infty \operatorname{arctg}\frac{x}{a}\frac{dx}{\sqrt{x^2-a^2}} = \frac{\pi^2}{4}$, $a > 0$, (32).

371. Grenzwerte: $\lim\limits_{k\to\infty}\int f(k,x)\,dx$.

1a) $\lim\limits_{k\to\infty}\int\limits_0^\delta \dfrac{\sin kx}{x} f(x)\,dx = \dfrac{\pi}{2} f_0$, $\delta > 0$, $f_0 = \lim\limits_{x\to 0+} f(x)$;

Hinreichende (aber nicht notwendige) Bedingungen dafür sind:[*]

1) Regel von Dirichlet: $f(x)$ in $0 < x < \delta$ monoton oder von beschränkter Variation;

2) Regel von Dini: $\int\limits_0^\delta \dfrac{|f(x)-f_0|}{x}\,dx$ existiert;

3) Regel von Lipschitz: $f(x) = f_0 + O(x^\alpha)$ für $x \to 0$, $\alpha > 0$;

4) $f'(0)$ existiert.

1b) $\lim\limits_{k\to\infty}\int\limits_\alpha^\beta \dfrac{\sin kx}{x} f(x)\,dx = 0$, $0 < \alpha < \beta$.

2a) $\lim\limits_{k\to\infty}\int\limits_\alpha^\beta {\sin\atop\cos} kx \cdot f(x)\,dx = O\!\left(\dfrac{1}{k}\right)$, wenn $f(x)$ in $\alpha \le x \le \beta$ von beschränkter Variation ist, (031.19);

2b) $\lim\limits_{k\to\infty}\int\limits_{-\pi}^{\pi} {\sin\atop\cos} kx \cdot f(x)\,dx = O\!\left(\dfrac{1}{k^{n+1}}\right)$, wenn $f(x)$ n-mal differenzierbar, samt seinen Ableitungen periodisch (2π) und $f^{(n)}(x)$ von beschränkter Variation in $-\pi \le x \le \pi$ ist, (021.3,2a).

3) $\int\limits_0^a e^{-sx} f(x)\,dx = O\!\left(\dfrac{1}{|s|}\right)$ für $s \to \infty$ in $\mathcal{R}(s) \ge 0$, falls $f(x)$ in $0 \le x \le a$ von beschränkter Variation ist.[**]

4) $\int\limits_0^\infty e^{-sx} f(x)\,dx = O\!\left(\dfrac{1}{|s|^n}\right)$ für $s \to \infty$ gleichmäßig in $\mathcal{R}(s) > \sigma$, wenn

1) $f(x)$ in $0 \le x$ (n-1)-mal, in $0 < x$ n-mal differenzierbar und $f(0) = f'(0) = \cdots = f^{(n-2)}(0) = 0$, $\lim\limits_{x\to 0} f^{(n-1)}(x) = f^{(n-1)}(0)$ ist,

2) $\int\limits_0^\infty e^{-sx} f^{(n)}(x)\,dx$ für $s = \sigma > 0$ konvergiert und für $\mathcal{R}(s) > \sigma$ beschränkt ist.[***]

5) $\int\limits_0^\infty e^{-sx} f(x)\,dx \sim A\dfrac{\Gamma(\alpha+1)}{s^{\alpha+1}}$ für $s \to \infty$ im Winkelraum $|\arg s| \le \vartheta < \dfrac{\pi}{2}$, wenn $f(x) \sim Ax^\alpha$ für $x \to 0$, $\alpha > -1$ ist.[****]

---

[*] K. Knopp, Theorie u. Anwendung d. unendl. Reihen, 3. Aufl. (1931), S. 376 ff.
[**] G. Doetsch, Theorie u. Anw. d. Laplace-Transformation, (1937), S. 198.
[***] l.c. S. 197.
[****] l.c. S. 200.

4. Abschnitt: Eulersche Integrale.

411. Gammafunktion.

1a) $\Gamma(z) = \int_0^\infty e^{-t} t^{z-1} dt = \int_0^1 \left(\log \frac{1}{u}\right)^{z-1} du, \quad \Re(z) > 0,$ $\qquad (u = e^{-t}),$

Eulersches Integral 2. Gattung;

1b) $\Gamma(z) = \frac{1}{z} \prod_{n=1}^\infty \left\{ \left(1 + \frac{1}{n}\right)^z \left(1 + \frac{z}{n}\right)^{-1} \right\}, \quad z \neq 0, -1, -2, \ldots$ $\qquad$ (Euler).

2) $\dfrac{1}{\Gamma(z)} = z e^{\mathscr{E} z} \prod_{n=1}^\infty \left\{ \left(1 + \frac{z}{n}\right) e^{-\frac{z}{n}} \right\},$

(Weierstraß; $\mathscr{E}$ = Eulersche Konstante, 011.9).

3a) $\Gamma(z+1) = z\,\Gamma(z),$ $\qquad$ (1a, 021.3);

3b) $\Gamma(z+n) = (z; 1; n)\,\Gamma(z),$ $\qquad$ (3a);

3c) $\Gamma(1) = 1, \quad \Gamma(n+1) = n!, \quad n = 1, 2, \ldots$ $\qquad$ (1a).

4a) $\Gamma(z)\Gamma(1-z) = \dfrac{\pi}{\sin \pi z},$ $\qquad \left(2,\ \sin \pi z = \pi z \prod_{n=1}^\infty \left(1 - \frac{z^2}{n^2}\right)\right).$

4b) $\Gamma\left(\frac{1}{2}+z\right)\Gamma\left(\frac{1}{2}-z\right) = \dfrac{\pi}{\cos \pi z},$ $\qquad (4a,\ z \to z + \frac{1}{2});$

4c) $\Gamma\left(\frac{1}{2}\right) = \sqrt{\pi},$ $\qquad (4a,\ z = \frac{1}{2});$

4d) $\Gamma\left(n + \frac{1}{2}\right) = \dfrac{(1; 2; n)}{2^n} \sqrt{\pi}, \quad n = 0, \pm 1, \pm 2, \ldots$ $\qquad$ (3b).

5) $\Gamma(z)\Gamma\left(z + \frac{1}{m}\right)\Gamma\left(z + \frac{2}{m}\right) \cdots \Gamma\left(z + \frac{m-1}{m}\right) = (2\pi)^{\frac{m-1}{2}} m^{\frac{1}{2} - mz} \Gamma(mz),$

$m = 2, 3, \ldots$ $\qquad$ (Gauß)*);

5a) $\Gamma\left(z + \frac{1}{2m}\right)\Gamma\left(z + \frac{3}{2m}\right) \cdots \Gamma\left(z + \frac{2m-1}{2m}\right) = \sqrt{2}\,(2\pi)^{\frac{m}{2}} (4m)^{-mz} \dfrac{\Gamma(2mz)}{\Gamma(mz)},$

$m = 1, 2, \ldots$ $\qquad$ (5).

---

*) Vgl. die Formel:

$\sin z \sin\left(z + \frac{\pi}{m}\right) \sin\left(z + \frac{2\pi}{m}\right) \cdots \sin\left(z + \frac{(m-1)\pi}{m}\right) = 2^{1-m} \sin(mz), \quad m = 2, 3, \ldots$

411

6a) $\quad \Psi(z) = \dfrac{d}{dz}\log\Gamma(z) = \dfrac{\Gamma'(z)}{\Gamma(z)} = -\mathscr{E} - \dfrac{1}{z} + \sum_{n=1}^{\infty}\dfrac{z}{n(z+n)}, \quad z \neq 0, -1, -2, \ldots$

Psifunktion;

6b) $\quad = \displaystyle\int_0^{\infty}\left[\dfrac{e^{-t}}{t} - \dfrac{e^{-zt}}{1-e^{-t}}\right]dt = \int_0^1\left[\dfrac{-1}{\log u} - \dfrac{u^{z-1}}{1-u}\right]du, \quad \mathscr{R}(z) > 0, \ (\text{Gauß}, u = e^{-t});$

6c) $\quad = -\mathscr{E} + \displaystyle\int_0^1 \dfrac{1 - u^{z-1}}{1-u}du, \quad \mathscr{R}(z) > 0, \qquad (021.7, 6a);$

6d) $\quad = \displaystyle\int_0^{\infty}\left[e^{-t} - (t+1)^{-z}\right]\dfrac{dt}{t}, \quad \mathscr{R}(z) > 0, \qquad (6b, e^{-t} \to \dfrac{1}{t+1});$

6e) $\quad = \displaystyle\int_0^1\left[e^{1-\frac{1}{u}} - u^z\right]\dfrac{du}{u(1-u)}, \quad \mathscr{R}(z) > 0, \qquad (6d, t = \dfrac{1}{u} - 1).$

7a) $\quad \Psi(z+1) = \Psi(z) + \dfrac{1}{z}, \qquad (6a, 3a);$

7b) $\quad \Psi(1) = \Gamma'(1) = -\mathscr{E}, \qquad (6a);$

7c) $\quad \Psi\left(\dfrac{1}{2}\right) = -\mathscr{E} - \log 4, \qquad (6a);$

7d) $\quad \Psi(n+1) = -\mathscr{E} + 1 + \dfrac{1}{2} + \cdots + \dfrac{1}{n}, \quad n = 1, 2, \ldots \qquad (7a\text{-}b).$

8a) $\quad \Psi(y) - \Psi(z) = \displaystyle\sum_{n=0}^{\infty}\dfrac{y-z}{(y+n)(z+n)} = \sum_{n=0}^{\infty}\left[\dfrac{1}{z+n} - \dfrac{1}{y+n}\right], \quad y, z \neq 0, -1, -2, \ldots$

$(6a);$

8b) $\quad = \displaystyle\int_0^1 \dfrac{u^{z-1} - u^{y-1}}{1-u}du, \quad \mathscr{R}(y) > 0, \mathscr{R}(z) > 0, \qquad (6b);$

8c) $\quad = \displaystyle\int_0^{\infty}\left[\dfrac{t^{z-1}}{(t+1)^z} - \dfrac{t^{y-1}}{(t+1)^y}\right]dt, \quad \mathscr{R}(y) > 0, \mathscr{R}(z) > 0, \ (8b, u = \dfrac{t}{t+1});$

8d) $\quad \Psi(1-z) - \Psi(z) = \pi\operatorname{ctg}\pi z, \qquad (4a);$

8e) $\quad \Psi(z) + \Psi\left(z + \dfrac{1}{m}\right) + \Psi\left(z + \dfrac{2}{m}\right) + \cdots + \Psi\left(z + \dfrac{m-1}{m}\right) = -m\log m + m\Psi(mz),$

$m = 2, 3, \ldots \qquad (5).$

411

9a) $\quad B(k,\lambda) = \int_0^1 x^{k-1}(1-x)^{\lambda-1}dx = \int_0^\infty \frac{y^{k-1}}{(y+1)^{k+\lambda}}dy, \quad \mathcal{R}(k)>0, \mathcal{R}(\lambda)>0, \left(x=\frac{y}{1+y}\right);$

$\hfill$ Eulersches Integral 1.Gattung oder Betafunktion;

9b) $\quad = 2\int_0^{\pi/2} \sin^{2k-1}\varphi \cos^{2\lambda-1}\varphi \, d\varphi,$ $\hfill (9a, x=\sin^2\varphi);$

9c) $\quad = B(\lambda,k) = \frac{\Gamma(k)\,\Gamma(\lambda)}{\Gamma(k+\lambda)},$ $\hfill (031.15);$

9d) $\quad = \int_0^1 \frac{x^{k-1}+x^{\lambda-1}}{(x+1)^{k+\lambda}}dx = \int_1^\infty \sim \;=\; \frac{1}{2}\int_0^\infty \sim,$ $\hfill (9a,9c);$

9e) $\quad = \frac{k+\lambda}{k\lambda}\prod_{n=1}^\infty \frac{n(n+k+\lambda)}{(n+k)(n+\lambda)}, \quad k,\lambda \neq 0,-1,-2,\ldots$ $\hfill (2,9c);$

9f) $\quad B(k,1-k) = \frac{\pi}{\sin\pi k}, \quad k \neq 0,\pm1,\pm2,\ldots$ $\hfill (9c,4a);$

9g) $\quad B(k,n-k) = \binom{n-k-1}{n-1}\frac{\pi}{\sin\pi k}, \quad k \neq 0,\pm1,\pm2,\ldots$ $\hfill (3b,4a).$

10a) $\quad \mathscr{E} = \lim_{m\to\infty}\left[1+\frac{1}{2}+\cdots+\frac{1}{m}-\log m\right] = 0{.}577\,2157\ldots$ Eulersche Konstante;

10b) $\quad = \int_0^1\left[\frac{1}{1-u}+\frac{1}{\log u}\right]du,$ $\hfill (6b,7b);$

10c) $\quad = \int_0^1 \frac{1-e^{-t}-e^{-1/t}}{t}dt,$ $\hfill (10b)^*);$

10d) $\quad = \int_0^\infty\left[\frac{1}{t+1}-e^{-t}\right]\frac{dt}{t},$ $\hfill (6d,7b);$

10e) $\quad = \int_0^\infty\left[\frac{1}{e^t-1}-\frac{1}{te^t}\right]dt,$ $\hfill (6b,7b).$

---

*) Im ersten Summanden verwende man die Substitution $1-u=t$, im zweiten $u=e^{-1/t}$ für $0\leq u\leq e^{-1}$ und $u=e^{-t}$ für $e^{-1}\leq u\leq 1$.

411

11a) $$\log\Gamma(z) = \int_0^\infty \left[(z-1)e^{-t} + \frac{(1+t)^{-z}-(1+t)^{-1}}{\log(1+t)}\right]\frac{dt}{t}, \quad \mathcal{R}(z)>0, \qquad \text{(Féaux, 6a)};$$

11b) $$= \int_0^\infty \left[(z-1)e^{-t} + \frac{e^{-tz}-e^{-t}}{1-e^{-t}}\right]\frac{dt}{t}, \quad \mathcal{R}(z)>0, \qquad \text{(6b, Plana)};$$

11c) $$= (\tfrac{1}{2}-z)(\mathscr{C}+\log 2) + (1-z)\log\pi - \tfrac{1}{2}\log(\sin\pi z) + \sum_{n=1}^\infty \frac{\log n}{n\pi}\sin 2n\pi z,$$
$$0<z<1, \qquad \text{(16a-b; Kummer)};$$

11d) $$= (z-\tfrac{1}{2})\log z - z + \tfrac{1}{2}\log 2\pi + \int_0^\infty e^{-zt}\left(\frac{1}{2}-\frac{1}{t}+\frac{1}{e^t-1}\right)\frac{dt}{t}, \quad \mathcal{R}(z)>0,$$
$$\text{(Binet)};$$

11e) $$= (z-\tfrac{1}{2})\log z - z + \tfrac{1}{2}\log 2\pi + 2\int_0^\infty \frac{\operatorname{arc\,tg}\frac{t}{z}}{e^{2\pi t}-1}dt, \quad \mathcal{R}(z)>0, \text{ (Binet)}.$$

12) $$\int_\alpha^{\alpha+1}\log\Gamma(x)\cdot f(x)dx = \int_0^1\log\Gamma(x)\cdot f(x)dx + \int_0^\alpha\log x\cdot f(x)dx,$$
$$\alpha \geq 0, \text{ wenn } f(x+1)=f(x) \text{ ist.}^{*)}$$

13) $$\int_0^1 \log\Gamma(x)\cdot f(x)dx = \tfrac{1}{2}\log\pi\int_0^1 f(x)dx - \tfrac{1}{2}\int_0^1\log(\sin\pi x)\cdot f(x)dx,$$
$$\text{wenn } f(1-x)=f(x) \text{ ist}, \qquad (031.5, 4a).$$

14) $$\int_0^1 \log\Gamma(x)\cdot f(mx)dx =$$
$$= (\tfrac{1}{2}\log 2\pi + \tfrac{1}{2m}\log\tfrac{m}{2\pi})\int_0^1 f(x)dx - \frac{\log m}{m}\int_0^1 xf(x)dx + \frac{1}{m}\int_0^1 \log\Gamma(x)\cdot f(x)dx,$$
$$\text{wenn } f(x+1)=f(x), \ m=1,2,\ldots \qquad (021.8, 5).$$

---

*) Wegen 3a gilt: $\int_\alpha^{\alpha+1}\log\Gamma(x)\cdot f(x)dx = \int_\alpha^{\alpha+1}\log(x-1)\cdot f(x)dx + \int_\alpha^{\alpha+1}\log\Gamma(x-1)\cdot f(x)dx =$
$= \sum_{\nu=1}^n \int_\alpha^{\alpha+1}\log(x-\nu)\cdot f(x-\nu)dx + \int_\alpha^{\alpha+1}\log\Gamma(x-n)\cdot f(x-n)dx = \int_{\alpha-n}^\alpha \log x\cdot f(x)dx +$
$+ \int_{\alpha-n}^{\alpha-n+1}\log\Gamma(x)\cdot f(x)dx$; man setze $n=[\alpha]$, spalte das letzte Integral auf:
$\int_{\alpha-n}^1 + \int_1^{\alpha-n+1}$, und reduziere den zweiten Teil auf $\int_0^{\alpha-n}$

411

15) $\int_{\alpha}^{\alpha+1} \log \Gamma(x)\, dx = \alpha \log \alpha - \alpha + \log\sqrt{2\pi}$, $\alpha \geq 0$,   (12, 13, 322.5a, Raabe).

16a) $\int_0^1 \log \Gamma(x) \sin 2n\pi x\, dx = \dfrac{\mathscr{E} + \log 2n\pi}{2n\pi}$, $n = 1, 2, \ldots$ (11b oder 11c);

16b) $\int_0^1 \log \Gamma(x) \sin(2n+1)\pi x\, dx = \dfrac{1}{(2n+1)\pi}\left[\log \dfrac{\pi}{2} + \dfrac{2}{1} + \dfrac{2}{3} + \cdots + \dfrac{2}{2n-1} + \dfrac{1}{2n+1}\right]$,

$\quad n = 0, 1, 2, \ldots$ (11c oder 13, 338.3b);

16c) $\int_0^1 \log \Gamma(x) \cos 2n\pi x\, dx = \dfrac{-1}{2n\pi} \int_0^1 \Psi(x) \sin 2n\pi x\, dx = \dfrac{1}{4n}$, $n = 1, 2, \ldots$

$\quad$ ($n = 0$ siehe 15; 11b, 11c oder 13, 338.3c);

16d) $\int_0^1 \log \Gamma(x) \cos(2n+1)\pi x\, dx = \dfrac{-1}{(2n+1)\pi} \int_0^1 \Psi(x) \sin(2n+1)\pi x\, dx =$

$\qquad = \dfrac{2(\mathscr{E} + \log 2\pi)}{(2n+1)^2 \pi^2} + \dfrac{1}{\pi^2} \sum_{\nu=2}^{\infty} \dfrac{\log \nu}{\nu^2 - (n+1/2)^2}$,

$\qquad n = 0, 1, 2, \ldots$ (11c).

17) $\dfrac{1}{2\pi i} \int_{-i\infty}^{i\infty} \dfrac{\Gamma(-z)}{\Gamma(\nu+z+1)} \left(\dfrac{x}{2}\right)^{\nu+2z} dz = J_\nu(x)$, $x > 0, \nu > 0$.   *)

18) $\int_{-\infty}^{\infty} \dfrac{e^{itx}\, dx}{\Gamma(\mu+x)\,\Gamma(\nu-x)} = \begin{cases} \dfrac{(2\cos\frac{t}{2})^{\mu+\nu-2}}{\Gamma(\mu+\nu-1)} e^{\frac{1}{2}it(\nu-\mu)} & \text{für } -\pi < t < \pi, \\ 0 & \text{für } |t| > \pi, \end{cases}$

$\qquad \mathcal{R}(\mu+\nu) > 1$,   (332.9c, 031.17a).

---

*) Der Integrationsweg kann so abgeändert werden, daß das Integral gleich der Summe der negativen Residuen des Integranden in dessen Polen $z = 0, 1, 2, \ldots$ wird. Wegen $\lim_{z \to n}(z-n)\Gamma(-z) = \dfrac{(-1)^{n+1}}{n!}$ ist das Residuum des Integranden im Punkte $z = n$:
$\dfrac{(-1)^{n+1}}{n!(\nu+n)!}\left(\dfrac{x}{2}\right)^{\nu+2n}$

421

421. Potenzprodukte von linearen Ausdrücken mit allgemeinen Exponenten.[*]

1) $$\int_0^1 x^{\kappa-1}(1-x)^{\lambda-1}dx = \int_0^1 x^{\lambda-1}(1-x)^{\kappa-1}dx = B(\kappa,\lambda) = \frac{\Gamma(\kappa)\Gamma(\lambda)}{\Gamma(\kappa+\lambda)}, \kappa>0, \lambda>0,$$
(411.9a-c);

1a) $$= \binom{\lambda-1}{n-1}\frac{\pi}{\sin\pi\kappa}, \quad \kappa+\lambda = n = 1,2,\ldots, \kappa>0, \lambda>0\,^{**)},$$
(411.3b, 411.4a).

2a) $$\int_a^b (x-a)^{\kappa-1}(b-x)^{\lambda-1}dx = \int_a^b (x-a)^{\lambda-1}(b-x)^{\kappa-1}dx = (b-a)^{\kappa+\lambda-1}B(\kappa,\lambda), \kappa>0, \lambda>0,$$
$(x=(b-a)y+a, 1);$

2b) $$= (b-a)^{n-1}\binom{\lambda-1}{n-1}\frac{\pi}{\sin\pi\kappa}, \quad \kappa+\lambda = n = 1,2,\ldots, \kappa>0, \lambda>0\,^{**)}$$
(1a);

2c) $$= (b-a)^{m+n}\frac{(\kappa-m;1;m)(\lambda-n;1;n)}{(\kappa+\lambda-m-n;1;m+n)}\int_a^b (x-a)^{\kappa-m-1}(b-x)^{\lambda-n-1}dx,$$
$m = 0, \pm1, \pm2,\ldots < \kappa,\ n = 0, \pm1, \pm2,\ldots < \lambda,$ (2a, 021.3).

3) $$\int_{-a}^b (x+a)^{\kappa-1}(b-x)^{\lambda-1}dx = (a+b)^{\kappa+\lambda-1}B(\kappa,\lambda), \kappa>0, \lambda>0,$$
(2a);

3a) $$\int_{-a}^a (a^2-x^2)^{\kappa}dx = 2\int_0^a \sim = (2a)^{2\kappa+1}B(\kappa+1,\kappa+1), \kappa>-1,$$
(3);

3b) $$\int_{-1}^1 \left(\frac{1-x}{1+x}\right)^{\kappa}dx = \frac{2\pi\kappa}{\sin\pi\kappa}, \quad |\kappa|<1,$$
(2b).

---

[*] Die als Exponenten verwendeten griechischen Buchstaben $\kappa,\lambda,\ldots$ bedeuten reelle Zahlen, welche in den jeweils angegebenen Schranken liegen. Ein großer Teil der Formeln dieses und der folgenden Abschnitte bleibt auch noch gültig, wenn $\kappa,\lambda,\ldots$ komplexe Zahlen sind, doch müssen dann die Bedingungen sinngemäß abgeändert werden, z.B. statt $\kappa>0$ muß $\mathcal{R}(\kappa)>0$ gesetzt werden. Die Exponentialfunktionen, die in den Integranden und im Resultat auftreten, sind in der Regel so zu bestimmen, daß sie die Hauptwerte auf der positiven reellen Achse annehmen. Die Formeln gelten auch, wenn nicht ausdrücklich anders angegeben, für rational ganzzahlige Exponenten und enthalten infolgedessen viele Formeln des 1. Abschnittes (111-161) als Spezialfälle.

[**] κ und λ nicht ganzzahlig.

421

4) $\int_a^b \dfrac{(x-a)^{\kappa-1}(b-x)^{\lambda-1}}{(cx+d)^{\kappa+\lambda}}dx = \dfrac{(b-a)^{\kappa+\lambda-1} B(\kappa,\lambda)}{(bc+d)^{\kappa}(ac+d)^{\lambda}}$, $(ac+d)(bc+d)>0$, $\kappa>0$, $\lambda>0$,

$$\left(x=\dfrac{d(b-a)y+a(bc+d)}{-c(b-a)y+(bc+d)},\ 1\right);$$

4a) $\int_a^b \dfrac{(x-a)^{\kappa-1}}{(cx+d)^{\kappa+1}}dx = \dfrac{(b-a)^{\kappa}}{\kappa(ac+d)(bc+d)^{\kappa}}$, $\kappa>0$, $(ac+d)(bc+d)>0$, $(4,\lambda=1)$;

4b) $\int_a^b \dfrac{(b-x)^{\lambda-1}}{(cx+d)^{\lambda+1}}dx = \dfrac{(b-a)^{\lambda}}{\lambda(bc+d)(ac+d)^{\lambda}}$, $\lambda>0$, $(ac+d)(bc+d)>0$, $(4,\kappa=1)$.

5) $\int_a^b \dfrac{(x-a)^{\kappa-1}(b-x)^{\lambda-1}}{(cx+d)^{\kappa+\lambda+n}}dx = \dfrac{(b-a)^{\kappa+\lambda-1}}{(bc+d)^{\kappa}(ac+d)^{\lambda}} \sum_{\nu=0}^{n}\binom{n}{\nu}\dfrac{B(\kappa+\nu,\lambda+n-\nu)}{(bc+d)^{\nu}(ac+d)^{n-\nu}}$,

$(ac+d)(bc+d)>0$, $\kappa>0$, $\lambda>0$, $n=0,1,2,\ldots$ $(4, 021.5)$;

5a) $\int_a^b \dfrac{(x-a)^{\kappa-1}}{(cx+d)^{\kappa+n+1}}dx = \dfrac{(b-a)^{\kappa}}{(ac+d)(bc+d)^{\kappa}} \sum_{\nu=0}^{n}\binom{n}{\nu}\dfrac{B(\kappa+\nu, n-\nu+1)}{(bc+d)^{\nu}(ac+d)^{n-\nu}}$,

$(ac+d)(bc+d)>0$, $\kappa>0$, $n=0,1,2,\ldots$ $(5,\lambda=1)$;

5b) $\int_a^b \dfrac{(b-x)^{\lambda-1}}{(cx+d)^{\lambda+n+1}}dx = \dfrac{(b-a)^{\lambda}}{(bc+d)(ac+d)^{\lambda}} \sum_{\nu=0}^{n}\binom{n}{\nu}\dfrac{B(\nu+1,\lambda+n-\nu)}{(bc+d)^{\nu}(ac+d)^{n-\nu}}$,

$(ac+d)(bc+d)>0$, $\lambda>0$, $n=0,1,2,\ldots$ $(5,\kappa=1)$.

6) $\int_a^b \dfrac{(x-a)^{\kappa-1}(b-x)^{\lambda-1}(x+\gamma)^m}{(cx+d)^{\kappa+\lambda+n}}dx =$

$= \dfrac{(b-a)^{\kappa+\lambda-1}}{(bc+d)^{\kappa}(ac+d)^{\lambda}} \sum_{\nu=0}^{n}\dfrac{B(\kappa+\nu,\lambda+n-\nu)}{(bc+d)^{\nu}(ac+d)^{n-\nu}} \sum_{\mu=0}^{\nu}\binom{m}{\mu}\binom{n-m}{\nu-\mu}(b+\gamma)^{\mu}(a+\gamma)^{m-\mu}$,

$(ac+d)(bc+d)>0$, $\kappa>0$, $\lambda>0$, $m\leq n$, $m,n=0,1,2,\ldots$ $(4)^{*)}$;

6a) $\int_a^b \dfrac{x^m(x-a)^{\kappa-1}}{(cx+d)^{\kappa+m+1}}dx = \dfrac{(b-a)^{\kappa}}{(ac+d)(bc+d)^{\kappa}} \sum_{\mu=0}^{m}\binom{m}{\mu} b^{\mu} a^{m-\mu} \dfrac{B(\kappa+\mu, m-\mu+1)}{(bc+d)^{\mu}(ac+d)^{m-\mu}}$,

$(ac+d)(bc+d)>0$, $\kappa>0$, $m=0,1,2,\ldots$ $(6, m=n, \lambda=1, \gamma=0)$;

6b) $\int_a^b \dfrac{x^m(b-x)^{\lambda-1}}{(cx+d)^{\lambda+m+1}}dx = \dfrac{(b-a)^{\lambda}}{(bc+d)(ac+d)^{\lambda}} \sum_{\mu=0}^{m}\binom{m}{\mu} b^{\mu} a^{m-\mu} \dfrac{B(\mu+1, \lambda+m-\mu)}{(bc+d)^{\mu}(ac+d)^{m-\mu}}$,

$(ac+d)(bc+d)>0$, $\lambda>0$, $m=0,1,2,\ldots$ $(6, m=n, \kappa=1, \gamma=0)$.

---

*) Man setze in 4: $x=y-\gamma$, $d=c\gamma+d'$, differenziere m-mal nach c, (n-m)-mal nach d', und gehe wieder auf x und d zurück.

421

7) $\int_a^b \left(\frac{x-a}{b-x}\right)^k (x-a)^n dx = \int_a^b \left(\frac{b-x}{x-a}\right)^k (b-x)^n dx = (b-a)^{n+1} \binom{k+n}{n+1} \frac{\pi}{\sin \pi k}$,

$\qquad -n-1 < k < 1,\ k \neq 0, -1, -2, \ldots,\ n = 0, 1, 2, \ldots$ (2b).

8) $\int_0^1 \left[\frac{x^{k-1}}{(cx+d)^\lambda} + \frac{x^{\lambda-k-1}}{(dx+c)^\lambda}\right] dx = \int_1^\infty \sim = \frac{1}{2}\int_0^\infty \sim = \frac{B(k, \lambda-k)}{c^k d^{\lambda-k}},\ \lambda > k > 0,\ cd > 0,$

$\hfill$ (13a);

8a) $\int_0^1 \frac{x^{k-1}}{(x+1)^{2k}} dx = \int_1^\infty \sim = \frac{1}{2}\int_0^\infty \sim = \frac{1}{2} B(k, k),\ k > 0,$ $\qquad (8, \lambda = 2k, c = d = 1).$

9) $\int_a^b \frac{(x-a)^{k-1}}{(b-x)^k (c_1 x + d_1)(c_2 x + d_2)} dx = \frac{\pi}{(c_1 d_2 - c_2 d_1) \sin \pi k} \left[\frac{c_1 (ac_1 + d_1)^{k-1}}{(bc_1 + d_1)^k} - \frac{c_2 (ac_2 + d_2)^{k-1}}{(bc_2 + d_2)^k}\right]$,

$\qquad 0 < k < 1,\ c_1 d_2 - c_2 d_1 \neq 0,\ (ac_i + d_i)(bc_i + d_i) > 0$ für $i = 1, 2$,

$\hfill (4, \lambda = 1-k, 021.4b, 411.9f).$

10a) $\int_0^a \frac{x^{k-1}}{x+a} dx = \frac{a^{k-1}}{2} \left[\Psi\left(\frac{k+1}{2}\right) - \Psi\left(\frac{k}{2}\right)\right],\ k > 0,$ $\qquad (021.7, 411.8a);$

10b) $\int_0^a \frac{x^{k-1}}{(x+a)^2} dx = \frac{a^{k-2}}{2} - \frac{k-1}{2} a^{k-2} \left[\Psi\left(\frac{k+1}{2}\right) - \Psi\left(\frac{k}{2}\right)\right],\ k > 0,$ $\qquad (10a, 021.5).$

11) $\int_0^1 \{u^k x^{k-1}(u+v-ux)^{\lambda-1} + v^\lambda x^{\lambda-1}(u+v-vx)^{k-1}\} dx = (u+v)^{k+\lambda-1} B(k, \lambda),$

$\qquad k, \lambda, u, v > 0,\quad (1)^*$

11a) $\int_0^1 x^{k-1}(a-x)^{\lambda-1} dx = a^{k+\lambda-1} B(k, \lambda) - (a-1)^{k+\lambda-1} \int_0^1 x^{\lambda-1}\left(\frac{a}{a-1} - x\right)^{k-1} dx,$

$\qquad k > 0,\ \lambda > 0,\ a > 1,\quad (11, a = \frac{u+v}{u});$

11b) $\int_0^1 x^{k-1}(2-x)^{k-1} dx = 2^{2k-2} B(k, k),\ k > 0,$ $\qquad (11, k = \lambda, u = v).$

12) $\int_0^1 \frac{x^{\alpha-1}(1-x)^{\gamma-\alpha-1}}{(1-tx)^\beta} dx = B(\alpha, \gamma-\alpha) \cdot \mathcal{F}(\alpha, \beta, \gamma; t),\ \gamma > \alpha > 0,\ |t| < 1,$

$\hfill (021.7; \text{Legendre});$

12a) $\int_0^1 \frac{x^{k-1} dx}{(1-x)^{k+1/2}(1-tx)^{k+1/2}} = \frac{\Gamma(k)\Gamma(1/2 - k)}{2\sqrt{\pi}}\left[(1+\sqrt{t})^{-2k} + (1-\sqrt{t})^{-2k}\right],$

$\qquad 0 < k < \frac{1}{2},\ |t| < 1,\quad (12)^{**}$

---

*) Man substituiere $x = \frac{u+v}{u} y$ im ersten Summanden, $x = \frac{u+v}{v}(1-y)$ im zweiten.

**) $\mathcal{F}\left(\frac{\alpha}{2}, \frac{\alpha+1}{2}, \frac{1}{2}; z^2\right) = \sum_{\nu=0}^\infty \binom{-\alpha}{2\nu} z^{2\nu} = \frac{1}{2}\left[(1+z)^{-\alpha} + (1-z)^{-\alpha}\right],$ $\qquad (011.6).$

421

12b) $$\int_0^1 \frac{x^{k-1}dx}{(1-x)^{k-1/2}(1-tx)^{k+1/2}} = \frac{\Gamma(k)\Gamma(1/2-k)}{2\sqrt{\pi t}}\left[(1+\sqrt{t})^{1-2k}-(1-\sqrt{t})^{1-2k}\right],$$
$$0<k<\tfrac{3}{2},\ k\neq\tfrac{1}{2},\ |t|<1, \qquad (12)^{*)};$$

12c) $$\int_0^1 \frac{x^{k-1/2}dx}{(1-x)^k(1-tx)^k} = \frac{\Gamma(k-1/2)\Gamma(1-k)}{2\sqrt{\pi t}}\left[(1-\sqrt{t})^{1-2k}-(1+\sqrt{t})^{1-2k}\right],$$
$$-\tfrac{1}{2}<k<1,\ k\neq\tfrac{1}{2},\ |t|<1, \qquad (12)^{*)};$$

12d) $$\int_0^1 \frac{x^{k-1/2}dx}{(1-x)^k(1+tx)^k} = \frac{\Gamma(k-1/2)\Gamma(1-k)}{\sqrt{\pi t}\,(1+t)^{k-1/2}}\sin(2k-1)\varphi,$$
$$-\tfrac{1}{2}<k<1,\ k\neq\tfrac{1}{2},\ t>0,\ \varphi=\operatorname{Arctg}\sqrt{t}, \qquad (12c).$$

13) $$\int_a^\infty \frac{(x-a)^{k-1}}{(cx+d)^\lambda}dx = \frac{B(k,\lambda-k)}{c^k(ac+d)^{\lambda-k}},\quad c(ac+d)>0,\ \lambda>k>0, \qquad \left(x=\frac{dy+ac}{-cy+c},1\right);$$

13a) $$\int_0^\infty \frac{x^{k-1}}{(cx+d)^\lambda}dx = \frac{B(k,\lambda-k)}{c^k d^{\lambda-k}},\quad cd>0,\ \lambda>k>0, \qquad (13);$$

13b) $$\int_0^\infty \frac{x^{k-1}}{(x+1)^\lambda}dx = B(k,\lambda-k),\quad \lambda>k>0, \qquad (13a);$$

13c) $$\int_0^\infty \frac{x^{k-1}}{(x+1)^n}dx = \binom{n-k-1}{n-1}\frac{\pi}{\sin\pi k},\ 0<k<n,\ k\neq 1,2,\ldots,n-1;\ n=1,2,\ldots\quad (13b, 411.9g);$$

13d) $$\int_0^\infty \frac{dx}{x^k(x+1)} = \int_0^\infty \frac{x^{k-1}}{x+1}dx = \frac{\pi}{\sin\pi k},\ 0<k<1, \qquad (13c);$$

13e) $$\int_0^\infty \frac{x^{k-1}}{cx+d}dx = \frac{\pi}{c^k d^{1-k}\sin\pi k},\ 0<k<1,\ cd>0, \qquad (13a);$$

13f) $$\int_0^\infty \frac{dx}{x^k(cx+d)} = \frac{\pi}{c^{1-k}d^k\sin\pi k},\ 0<k<1,\ cd>0, \qquad (13a).$$

14) $$\int_{-\infty}^a \frac{(a-x)^{k-1}}{(cx+d)^\lambda}dx = \frac{B(k,\lambda-k)}{(-c)^k(ac+d)^{\lambda-k}},\ \lambda>k>0,\ c(ac+d)<0,$$
$$\left(x=\frac{-dy+ac+d}{cy},1\right).$$

15) $$\int_0^\infty \frac{x^{k-1}}{(x+\varrho e^{i\vartheta})^\lambda}dx = e^{i\vartheta(k-\lambda)}\frac{B(k,\lambda-k)}{\varrho^{\lambda-k}},\ \varrho>0,\ -\pi<\vartheta<\pi,\ \lambda>k>0,$$
$$(021.12,13);$$

$$^{*)}\ \mathcal{F}\left(\frac{\alpha}{2},\frac{\alpha+1}{2},\frac{3}{2};z^2\right) = \frac{1}{(1-\alpha)z}\sum_{\nu=0}^\infty \binom{1-\alpha}{2\nu+1}z^{2\nu+1} = \frac{1}{2(1-\alpha)z}\left[(1+z)^{1-\alpha}-(1-z)^{1-\alpha}\right],$$
$$(011.6).$$

421

15a) $\int_0^\infty \dfrac{x^{k-1}}{x+e^{i\vartheta}}dx = \dfrac{\pi e^{i\vartheta(k-1)}}{\sin\pi k}$, $\quad -\pi<\vartheta<\pi,\ 0<k<1,$ \hfill (15).

16) $\int_{-\infty}^\infty \dfrac{x^{k-1}}{(x+\varrho e^{i\vartheta})^\lambda}dx = 0$, $\quad \varrho>0,\ \lambda>k>0,\ 0<|\vartheta|<\pi,$ \hfill (021.12).

17a) $\int_{-\infty}^\infty \dfrac{(x-\varrho_1 e^{i\vartheta_1})^{k-1}}{(x+\varrho_2 e^{i\vartheta_2})^\lambda}dx = 0$, $\ \varrho_1>0,\varrho_2>0,\ 0<|\vartheta_1|<\pi,\ 0<|\vartheta_2|<\pi,\ \vartheta_1\vartheta_2<0,\ \lambda>k,$ \hfill (021.12);

17b) $\quad = \varepsilon\, e^{\varepsilon i\pi k - i(\vartheta_1+\vartheta_3)(\lambda-k)} \dfrac{2\pi i}{k\, B(\lambda,-k)\varrho_3^{\lambda-k}}$, $\ \varrho_1>0,\varrho_2>0,\lambda>k,$

$\varepsilon=\begin{cases}-1 & \text{für } 0<\vartheta_1<\pi,\ 0<\vartheta_2<\pi;\\ +1 & \text{für } 0>\vartheta_1>-\pi,\ 0>\vartheta_2>-\pi;\end{cases}$ $\varrho_3=\sqrt{\varrho_1^2+\varrho_2^2+2\varrho_1\varrho_2\cos(\vartheta_2-\vartheta_1)},$

$\sin\vartheta_3=\dfrac{\varrho_2}{\varrho_3}\sin(\vartheta_2-\vartheta_1),\ \cos\vartheta_3=\dfrac{1}{\varrho_3}[\varrho_1+\varrho_2\cos(\vartheta_2-\vartheta_1)],\ |\vartheta_3|<\pi,$ \hfill (021.12)*)

18a) $\int_{-\infty}^\infty \dfrac{dx}{(a+ix)^k(b-ix)^\lambda} = \dfrac{2\pi\,\Gamma(k+\lambda-1)}{\Gamma(k)\Gamma(\lambda)(a+b)^{k+\lambda-1}}$, $a>0,b>0,k+\lambda>1,$ (17b, 021.3);

18b) $\quad = 0,\quad ab<0,\ k+\lambda>1,$ \hfill (17a).

19) $\int_0^\infty \dfrac{\alpha x^{k-1}(x+\alpha)^{\lambda-1}+\beta x^{\lambda-1}(x+\beta)^{k-1}}{[(\alpha+\beta)x+\alpha\beta]^{k+\lambda}}dx = \dfrac{B(k,\lambda)}{\alpha^k\beta^\lambda}$, $k>0,\lambda>0,\alpha>0,\beta>0,$ (13)**)

19a) $\int_0^\infty \dfrac{x^{k-1}(x+\alpha)^{k-1}}{(2x+\alpha)^{2k}}dx = \dfrac{B(k,k)}{2\alpha}$, $\quad k>0,\alpha>0,$ \hfill $(19, \lambda=k, \alpha=\beta)$.

20) $\oint_0^\infty \dfrac{x^{k-1}}{cx-d}dx = \dfrac{-\pi\operatorname{ctg}\pi k}{c^k d^{1-k}}$, $0<k<1,cd>0,$ $(15,\vartheta\to\pm\pi,\text{ wegen } 2\oint = \int_{\curvearrowleft}+\int_{\curvearrowright})$.

---

*) Der Integrationsweg kann auf eine Schleife um die Punkte $\varrho_1 e^{i\vartheta_1}$ und ∞ zusammengezogen werden. Die Exponentialfunktionen müssen ihre Hauptwerte auf der positiven reellen Achse annehmen. Der Fall $k<0$ kann durch partielle Integration auf $k>0$ zurückgeführt werden.

**) Substitution $x=\dfrac{\alpha\beta y}{\alpha-\beta y}$ im ersten Summanden, $x=\dfrac{\alpha\beta}{\beta y-\alpha}$ im zweiten.

431. Potenzprodukte von zweigliedrigen Ausdrücken mit allgemeinen Exponenten.[*]

1) $\displaystyle\int_0^1 x^{\kappa-1}(1-x^\alpha)^{\lambda-1}dx = \frac{1}{\alpha}B\left(\frac{\kappa}{\alpha},\lambda\right)$, $\alpha>0, \kappa>0, \lambda>0$, $\quad(x^\alpha=y, 421.1)$;

1a) $\displaystyle\int_0^1 (1-x^\alpha)^{\lambda-1}dx = \frac{1}{\alpha}B\left(\frac{1}{\alpha},\lambda\right)$, $\alpha>0, \lambda>0$, $\quad(1,\kappa=1)$.

2) $\displaystyle\int_0^a x^{\kappa-1}(a^\alpha-x^\alpha)^{\lambda-1}dx = \frac{1}{\alpha}a^{\kappa+\alpha\lambda-\alpha}B\left(\frac{\kappa}{\alpha},\lambda\right)$, $\alpha>0,\kappa>0,\lambda>0$, $\quad(1, x=ay)$;

2a) $\displaystyle\int_0^a \frac{x^{\kappa-1}}{\sqrt[n]{a^n-x^n}}dx = \frac{1}{n}a^{\kappa-1}B\left(\frac{\kappa}{n},\frac{n-1}{n}\right)$, $\kappa>0$, $n=2,3,\ldots$ $\quad(2,\alpha=n,\lambda=\frac{n-1}{n})$;

2b) $\displaystyle\int_0^a x^{\kappa-1}\sqrt[n]{a^n-x^n}\,dx = \frac{1}{n}a^{\kappa+1}B\left(\frac{\kappa}{n},\frac{n+1}{n}\right)$, $\kappa>0$, $n=1,2,\ldots$ $\quad(2,\alpha=n,\lambda=\frac{n+1}{n})$;

2c) $\displaystyle\int_0^1 \frac{dx}{\sqrt[n]{1-x^n}} = \frac{\pi}{n\sin\frac{\pi}{n}}$, $n=2,3,\ldots$ $\quad(2a, 411.9f)$.

3a) $\displaystyle\int_0^1 \frac{1-x^{\kappa-1}}{1-x}dx = \mathscr{C}+\Psi(\kappa)$, $\kappa>0$, $\quad(411.8b, z=1, y=\kappa, 411.7b)$;

3b) $\displaystyle\int_0^a \frac{a^{\kappa-1}-x^{\kappa-1}}{a-x}dx = a^{\kappa-1}[\mathscr{C}+\Psi(\kappa)]$, $\kappa>0, a>0$, $\quad(3a)$.

4) $\displaystyle\int_0^1 \frac{x^{\kappa-1}-x^{\lambda-1}}{1-x^\alpha}dx = \frac{1}{\alpha}\left[\Psi\left(\frac{\lambda}{\alpha}\right)-\Psi\left(\frac{\kappa}{\alpha}\right)\right]$, $\alpha>0,\kappa>0,\lambda>0$, $\quad(411.8b, u=x^\alpha)$;

4a) $\displaystyle\int_0^1 \frac{x^{\kappa-1}-x^{\alpha-\kappa-1}}{1-x^\alpha}dx = \int_1^\infty \sim = \frac{1}{2}\int_0^\infty \sim = \frac{\pi}{\alpha}\mathrm{ctg}\frac{\pi\kappa}{\alpha}$, $\alpha>\kappa>0$, $\quad(4,\lambda=\alpha-\kappa, 411.8d)$;

4b) $\displaystyle\int_0^1 \frac{1-x^\kappa}{1-x^\lambda}dx = \frac{1}{\lambda}\left[\Psi\left(\frac{\kappa+1}{\lambda}\right)-\Psi\left(\frac{1}{\lambda}\right)\right]$, $\kappa>-1,\lambda>0$, $\quad(4)$;

4c) $\displaystyle\int_0^a \frac{a^\kappa-x^\kappa}{a^\lambda-x^\lambda}dx = \frac{1}{\lambda}a^{\kappa-\lambda+1}\left[\Psi\left(\frac{\kappa+1}{\lambda}\right)-\Psi\left(\frac{1}{\lambda}\right)\right]$, $\kappa>-1,\lambda>0,a>0$, $\quad(4b)$.

---
[*] Vgl. Anmerkung zu 421.

431

5) $\int_0^a \dfrac{a^k - x^k}{a^\lambda - x^\lambda} x^\mu dx = \dfrac{1}{\lambda} a^{\mu+k-\lambda+1}\left[\Psi\!\left(\dfrac{k+\mu+1}{\lambda}\right) - \Psi\!\left(\dfrac{\mu+1}{\lambda}\right)\right],$
$\qquad k>0,\ \lambda>0,\ \mu>-1,\ a>0,\qquad (411.8b,\ x=au^{1/\lambda});$

5a) $\int_0^a \dfrac{a^{2k} - x^{2k}}{a^{2\lambda} - x^{2\lambda}} x^{\lambda-k-1} dx = \dfrac{\pi}{2\lambda} a^{k-\lambda}\,\mathrm{tg}\,\dfrac{\pi k}{2\lambda},\quad \lambda>k>0,\ a>0,\qquad (5,\,411.8d).$

6) $\int_0^a \dfrac{a^{\lambda-1}x^{k-1} + a^{k-1}x^{\lambda-1}}{(x+a)^{k+\lambda}} dx = \int_a^\infty \sim\ = \dfrac{1}{2}\int_0^\infty \sim\ = \dfrac{1}{a} B(k,\lambda),\ k>0,\ \lambda>0,\ a>0,$
$\qquad\qquad\qquad\qquad\qquad\qquad\qquad\qquad\qquad\qquad (421.8);$

6a) $\int_0^a \dfrac{x^{k-1} + a^{2k-1}x^{-k}}{x+a} dx = \int_a^\infty \sim\ = \dfrac{1}{2}\int_0^\infty \sim\ = \dfrac{\pi a^{k-1}}{\sin \pi k},\ 0<k<1,\ a>0,\qquad (6);$

6b) $\int_0^1 \dfrac{x^{k-1} + x^{n-k-1}}{(x+1)^n} dx = \int_1^\infty \sim\ = \dfrac{1}{2}\int_0^\infty \sim\ = \binom{n-k-1}{n-1}\dfrac{\pi}{\sin \pi k},$
$\qquad 0<k<n\ (k\ne 1,2,\ldots,n-1),\ n=1,2,\ldots\quad (6).$

7) $\int_0^1 \dfrac{x^{k-1} + x^{\lambda-1}}{(x^\alpha+1)^{\frac{k+\lambda}{\alpha}}} dx = \int_1^\infty \sim\ = \dfrac{1}{2}\int_0^\infty \sim\ = \dfrac{1}{\alpha} B\!\left(\dfrac{k}{\alpha},\dfrac{\lambda}{\alpha}\right),\ k>0,\ \lambda>0,\ \alpha>0,$
$\qquad\qquad\qquad\qquad\qquad\qquad\qquad\qquad\qquad\qquad (6,\ x^\alpha=y);$

7a) $\int_0^1 \dfrac{x^{k-1}}{(x^\alpha+1)^{2k/\alpha}} dx = \int_1^\infty \sim\ = \dfrac{1}{2}\int_0^\infty \sim\ = \dfrac{1}{2\alpha} B\!\left(\dfrac{k}{\alpha},\dfrac{k}{\alpha}\right),\ \alpha>0,\ k>0,\qquad (7);$

7b) $\int_0^1 \dfrac{x^{k-1} + x^{\lambda-1}}{x^{k+\lambda}+1} dx = \int_1^\infty \sim\ = \dfrac{1}{2}\int_0^\infty \sim\ = \dfrac{\pi}{(k+\lambda)\sin\dfrac{\pi k}{k+\lambda}},\ k>0,\ \lambda>0,$
$\qquad\qquad\qquad\qquad\qquad\qquad\qquad\qquad\qquad (7,\ \alpha=k+\lambda,\ 411.4a).$

8) $\int_0^1 \dfrac{x^{k-1}}{x^\alpha+1} dx = \dfrac{1}{2\alpha}\left[\Psi\!\left(\dfrac{k+\alpha}{2\alpha}\right) - \Psi\!\left(\dfrac{k}{2\alpha}\right)\right],\ \alpha>0,\ k>0,\qquad (421.10a,\ x^\alpha=y);$

8a) $\int_0^1 \dfrac{x^{k-1}}{x^{2k}+1} dx = \int_1^\infty \sim\ = \dfrac{1}{2}\int_0^\infty \sim\ = \dfrac{\pi}{4k},\ k>0,\qquad (8,\,411.8d;\,7b);$

8b) $\int_0^1 \dfrac{x^{k-1}}{(x^\alpha+1)^2} dx = \dfrac{1}{2\alpha} - \dfrac{k-\alpha}{2\alpha^2}\left[\Psi\!\left(\dfrac{k+\alpha}{2\alpha}\right) - \Psi\!\left(\dfrac{k}{2\alpha}\right)\right],\ \alpha>0,\ k>0,$
$\qquad\qquad\qquad\qquad\qquad\qquad\qquad\qquad\qquad\qquad (x^\alpha=y,\,421.10b);$

9a) $\int_0^1 \dfrac{x^{k-1} + x^{\lambda-1}}{(1-x^\alpha)^{\frac{k+\lambda}{\alpha}}} dx = \dfrac{\cos\pi\dfrac{\lambda-k}{2\alpha}}{\alpha\cos\pi\dfrac{\lambda+k}{2\alpha}} B\!\left(\dfrac{k}{\alpha},\dfrac{\lambda}{\alpha}\right),\ k>0,\ \lambda>0,\ \alpha>k+\lambda,\quad (1,\,411.4a);$

9b) $\int_0^1 \dfrac{x^{k-1} - x^{\lambda-1}}{(1-x^\alpha)^{\frac{k+\lambda}{\alpha}}} dx = \dfrac{\sin\pi\dfrac{\lambda-k}{2\alpha}}{\alpha\sin\pi\dfrac{\lambda+k}{2\alpha}} B\!\left(\dfrac{k}{\alpha},\dfrac{\lambda}{\alpha}\right),\ k>0,\ \lambda>0,\ 2\alpha>k+\lambda,\quad (1,\,411.4a).$

431

10) $\int_0^a \dfrac{dx}{cx+dx^{1-k}} = \dfrac{1}{kc}\log\dfrac{ca^k+d}{d}$, $k>0, c\neq 0, d(ca^k+d)>0, a>0$,

$\quad(x^k=y, \mathrm{I}\,11.4a)$.

11) $\int_0^a \dfrac{dx}{c^2 x^{1+k}+d^2 x^{1-k}} = \dfrac{1}{kcd}\,\mathrm{Arctg}\,\dfrac{ca^k}{d}$, $k>0, cd>0, a>0$, $(x^k=y, \mathrm{I}\,15.12)$;

11a) $\int_0^\infty \sim\ = \dfrac{\pi}{2kcd}$, $k>0, cd>0$, $\hfill (11)$;

11b) $\int_0^1 \dfrac{dx}{x^{1+k}+x^{1-k}} = \dfrac{1}{2}\int_0^\infty \sim\ = \dfrac{\pi}{4k}$, $k>0$, $\hfill (11a)$.

12) $\int_0^1 \dfrac{x^k+x^{-k}}{x^2+1}dx = \dfrac{1}{2}\int_0^\infty \sim\ = \dfrac{\pi}{2\cos\frac{\pi k}{2}}$, $|k|<1$, $\hfill (8, 411.8d)$.

13a) $\int_0^1 \dfrac{x^k-x^{-k}}{x^2+1}dx = -\int_1^\infty \sim\ = \dfrac{1}{2}\left[\Psi\left(\dfrac{k+3}{4}\right)-\Psi\left(\dfrac{k+1}{4}\right)\right]-\dfrac{\pi}{2\cos\frac{\pi k}{2}}$, $|k|<1$,

$\hfill (8, 411.8d)$;

13b) $\int_0^\infty \sim\ = 0$, $|k|<1$, $\hfill (13a)$.

14a) $\int_0^1 \dfrac{x^{1+k}-x^{1-k}}{x^2+1}dx = \dfrac{1}{k} - \dfrac{\pi}{2\sin\frac{\pi k}{2}}$, $0<|k|<2$, $\hfill (8, 411.7a, 411.8d)$;

14b) $\int_0^1 \dfrac{x^{1+k}+x^{1-k}}{x^2+1}dx = \dfrac{1}{k} + \dfrac{\pi}{2\sin\frac{\pi k}{2}} + \dfrac{1}{2}\left[\Psi\left(\dfrac{k}{4}\right)-\Psi\left(\dfrac{k+2}{4}\right)\right]$, $0<|k|<2$, $\hfill (8)$.

15) $\int_0^\infty \dfrac{x^{k-1}}{(x^\alpha+1)^\lambda}dx = \dfrac{1}{\alpha}B\left(\dfrac{k}{\alpha}, \lambda-\dfrac{k}{\alpha}\right)$, $\alpha>0, \lambda>\dfrac{k}{\alpha}>0$, $\hfill (x^\alpha=y, 421.13b)$;

15a) $\int_0^\infty \dfrac{x^{k-1}}{(x^\alpha+1)^n}dx = \binom{n-\frac{k}{\alpha}-1}{n-1}\dfrac{\pi}{\alpha\sin\frac{\pi k}{\alpha}}$,

$n=1,2,\ldots;\ \alpha>0,\ 0<\dfrac{k}{\alpha}<n\ (\dfrac{k}{\alpha}\neq 1,2,\ldots,n-1)$, $\hfill (421.13c)$.

16) $\int_0^\infty \dfrac{x^{k-1}}{(cx^\alpha+d)^\lambda}dx = \dfrac{B\left(\frac{k}{\alpha}, \lambda-\frac{k}{\alpha}\right)}{\alpha c^{k/\alpha} d^{\lambda-k/\alpha}}$, $\alpha>0, \lambda>\dfrac{k}{\alpha}>0, cd>0$, $\hfill (421.13a)$;

16a) $\int_0^\infty \dfrac{x^{k-1}}{(cx^\alpha+d)^n}dx = \binom{n-\frac{k}{\alpha}-1}{n-1}\dfrac{\pi}{\alpha c^{k/\alpha} d^{n-k/\alpha}\sin\frac{\pi k}{\alpha}}$,

$n=1,2,\ldots;\ \alpha>0,\ 0<\dfrac{k}{\alpha}<n\ (\dfrac{k}{\alpha}\neq 1,2,\ldots,n-1), cd>0$, $\hfill (16, 411.9g)$;

431

16b) $\displaystyle\int_0^\infty \frac{x^{\frac{\alpha}{2}-1}}{cx^\alpha+d}dx = \frac{\pi}{\alpha\sqrt{cd}}$, $\quad \alpha>0,\ cd>0$, (16a);

16c) $\displaystyle\int_0^\infty \frac{dx}{cx^\kappa+dx^\lambda} = \frac{\pi}{(\kappa-\lambda)c^{\frac{1-\lambda}{\kappa-\lambda}}d^{\frac{\kappa-1}{\kappa-\lambda}}\sin\pi\frac{1-\lambda}{\kappa-\lambda}}$, $\quad \kappa>1>\lambda,\ cd>0$, (16a).

17) $\displaystyle\int_0^\infty \frac{x^{\kappa-1}}{(cx^\alpha+dx^{-\alpha})^\lambda}dx = \frac{B\left(\frac{\lambda}{2}+\frac{\kappa}{2\alpha},\frac{\lambda}{2}-\frac{\kappa}{2\alpha}\right)}{2\alpha c^{\frac{\lambda}{2}+\frac{\kappa}{2\alpha}}d^{\frac{\lambda}{2}-\frac{\kappa}{2\alpha}}}$, $\quad \alpha>0,\ |\kappa|<\alpha\lambda,\ cd>0$, (16);

17a) $\displaystyle\int_0^\infty \frac{x^{\kappa-1}}{(cx^\alpha+dx^{-\alpha})^{2n}}dx = \frac{\left(\frac{\kappa}{2\alpha};1;n\right)\left(1-\frac{\kappa}{2\alpha};1;n-1\right)\pi}{2\alpha(2n-1)!\,c^{n+\frac{\kappa}{2\alpha}}d^{n-\frac{\kappa}{2\alpha}}\sin\frac{\pi\kappa}{2\alpha}}$,

$\alpha>0,\ |\kappa|<2\alpha n,\ \left(\frac{\kappa}{2\alpha}\neq 0,\pm 1,\pm 2,\ldots\right),\ cd>0,\ n=1,2,\ldots$ (17, 411.3b, 411.4a);

17b) $\displaystyle\int_0^\infty \frac{x^{\kappa-1}}{(cx^\alpha+dx^{-\alpha})^{2n+1}}dx = \frac{\left(\frac{1}{2}+\frac{\kappa}{2\alpha};1;n\right)\left(\frac{1}{2}-\frac{\kappa}{2\alpha};1;n\right)\pi}{2\alpha(2n)!\,c^{n+\frac{1}{2}+\frac{\kappa}{2\alpha}}d^{n+\frac{1}{2}-\frac{\kappa}{2\alpha}}\cos\frac{\pi\kappa}{2\alpha}}$,

$\alpha>0,\ |\kappa|<\alpha(2n+1),\ \left(\frac{\kappa}{\alpha}\neq 0,\pm 1,\pm 2,\ldots\right),\ cd>0,\ n=0,1,2,\ldots$ (17, 411.3b, 411.4b).

18) $\displaystyle\int_0^\infty \frac{x^{\kappa-1}+x^{-\kappa-1}}{(x^\alpha+x^{-\alpha})^\lambda}dx = 2\int_0^1 \sim = \frac{1}{\alpha}B\left(\frac{\lambda}{2}+\frac{\kappa}{2\alpha},\frac{\lambda}{2}-\frac{\kappa}{2\alpha}\right)$, $\alpha>0,\ 0<\kappa<\alpha\lambda$, (17);

18a) $\displaystyle\int_0^\infty \frac{x^{\kappa-1}+x^{-\kappa-1}}{x^\alpha+x^{-\alpha}}dx = \frac{\pi}{\alpha\cos\frac{\pi\kappa}{2\alpha}}$, $0<\kappa<\alpha$, (18, 411.4b).

19) $\displaystyle\int_0^\infty \frac{dx}{(cx^2+d)^\lambda} = \frac{1}{2}\int_{-\infty}^\infty \sim = \sqrt{\frac{\pi d}{c}}\,\frac{\Gamma(\lambda-\frac{1}{2})}{2d^\lambda\Gamma(\lambda)}$, $\lambda>\frac{1}{2},\ cd>0$, (16).

20) $\displaystyle\int_0^\infty \frac{(1+x)^\kappa-1}{(1+x)^{\kappa+\lambda}}\cdot\frac{dx}{x} = \psi(\kappa+\lambda)-\psi(\lambda)$, $\kappa>0,\ \lambda>0$, $\left(4,\ x=\frac{1-y}{y}\right)$.

21) $\displaystyle\int_0^\infty \frac{x^{\kappa-1}-x^{\lambda-1}}{x^\alpha-1}dx = \frac{\pi}{\alpha}\left(\operatorname{ctg}\frac{\pi\lambda}{\alpha}-\operatorname{ctg}\frac{\pi\kappa}{\alpha}\right)$, $\alpha>\kappa>0,\ \alpha>\lambda>0$, (021.8, 4a);

21a) $\displaystyle\int_0^\infty \frac{x^{\kappa-1}-1}{x^\alpha-1}dx = \frac{\pi}{\alpha}\left(\operatorname{ctg}\frac{\pi}{\alpha}-\operatorname{ctg}\frac{\pi\kappa}{\alpha}\right)$, $\alpha>\kappa>0,\ \alpha>1$, (21);

21b) $\displaystyle\int_0^\infty \frac{x^{\kappa-1}-x^{\lambda-1}}{x^{2\kappa}-1}dx = \frac{\pi}{2\kappa}\operatorname{ctg}\frac{\pi\lambda}{2\kappa}$, $2\kappa>\lambda>0$, (21);

431

21c) $\quad \int_0^\infty \dfrac{x^{2k-1}-x^{k-1}}{x^{4k}-1}\,dx = \dfrac{\pi}{4k}, \quad k>0,$ \hfill (21b).

22a) $\quad \int_0^\infty \dfrac{x^k-x^{-k}}{x^\lambda-x^{-\lambda}}\, x^{\mu-1}\,dx = \dfrac{\pi \sin\frac{\pi k}{\lambda}}{\lambda(\cos\frac{\pi k}{\lambda}+\cos\frac{\pi\mu}{\lambda})}, \quad \lambda>\mu+k>\mu>k-\lambda,$ \hfill (21);

22b) $\quad \int_0^\infty \dfrac{x^k-x^{-k}}{x^\lambda-x^{-\lambda}} \cdot \dfrac{dx}{x} = \dfrac{\pi}{\lambda}\,\mathrm{tg}\,\dfrac{\pi k}{2\lambda}, \quad \lambda>k>0,$ \hfill (22a, $\mu=0$).

23a) $\quad \int_0^\infty \left(\dfrac{x^k-x^{-k}}{x^\lambda-x^{-\lambda}}\right)^2 \dfrac{dx}{x} = \dfrac{1}{\lambda} - \dfrac{\pi k}{\lambda^2}\,\mathrm{ctg}\,\dfrac{\pi k}{\lambda}, \quad 0<k<\lambda,$ \hfill ($x^{2\lambda}=y$, 421.15, $\vartheta\to\pi$);

23b) $\quad \int_0^\infty \left(\dfrac{x^k-x^{-k}}{x^\lambda-x^{-\lambda}}\right)^3 \dfrac{dx}{x} = \dfrac{\pi}{8\lambda^3}\left[3(\lambda^2-k^2)\,\mathrm{tg}\,\dfrac{\pi k}{2\lambda} - (\lambda^2-9k^2)\,\mathrm{tg}\,\dfrac{3\pi k}{2\lambda}\right], \quad 0<k<\lambda,$ \hfill (wie 23a).

24) $\quad \displaystyle\oint_0^\infty \dfrac{x^{k-1}}{c^2 x^2 - d^2}\,dx = \dfrac{-\pi}{2c^k d^{2-k}}\,\mathrm{ctg}\,\dfrac{\pi k}{2}, \quad 0<k<2, c>0, d>0,$ \hfill (021.4b, 421.13e, 421.20).

25) $\quad \int_a^\infty \dfrac{dx}{x^k(x^\alpha-a^\alpha)^\lambda} = \dfrac{a^{1-k-\alpha\lambda}}{\alpha}\,B\!\left(\lambda+\dfrac{k-1}{\alpha},1-\lambda\right), \quad a>0, \alpha>0, \dfrac{1-k}{\alpha}<\lambda<1,$ \hfill $\left(x=\dfrac{a^2}{y},2\right)$;

25a) $\quad \int_a^\infty \dfrac{dx}{x(x^\alpha-a^\alpha)^\lambda} = \dfrac{\pi}{\alpha a^{\alpha\lambda}\sin\pi\lambda}, \quad a>0, \alpha>0, 0<\lambda<1,$ \hfill (25).

441

441. Potenzprodukte von mehrgliedrigen Ausdrücken mit allgemeinen Exponenten.[*]

1) $\quad \int_0^1 \dfrac{a_0 x^{k_0-1} - a_1 x^{k_1-1} - \ldots - a_n x^{k_n-1}}{1-x^\lambda}\,dx = \dfrac{1}{\lambda}\left\{a_1\Psi\!\left(\dfrac{k_1}{\lambda}\right) + \cdots + a_n\Psi\!\left(\dfrac{k_n}{\lambda}\right) - a_0\Psi\!\left(\dfrac{k_0}{\lambda}\right)\right\},$

wenn $a_0 = a_1+a_2+\cdots+a_n, k_i>0\ (i=0,1,\ldots,n), \lambda>0,$ \hfill (431.4).

1a) $\quad \int_0^1 \dfrac{x^{k-1}+x^{k-\frac{1}{n}}+\cdots+x^{k-\frac{n-1}{n}}-n x^{nk-1}}{1-x}\,dx = n\log n, \quad k>0, n=1,2,\ldots$ \hfill (1, 411.8e).

---

[*] Vgl. Anmerkung zu 421.

441

2a) $\displaystyle\int_0^\infty \frac{x^{k-1}}{ax^2+2bx+c}dx = \frac{(\beta^{k-1}-\alpha^{k-1})\pi}{a(\alpha-\beta)\sin\pi k} = \frac{\pi \mathfrak{Sin}(1-k)\varphi}{a\varrho^{2-k}\sin\pi k \, \mathfrak{Sin}\,\varphi}$,

$\quad 0<k<1,\ b^2>ac>0,\ ab>0$,

$\quad \genfrac{}{}{0pt}{}{\alpha}{\beta} = \frac{1}{a}(b \pm \sqrt{b^2-ac}),\ \varrho=\sqrt{\frac{c}{a}},\ \varphi=\mathfrak{Ar}\,\mathfrak{Cof}\frac{|b|}{\sqrt{ac}}$,

$\hfill$ (021.4b, 421.13a, 421.15);

2b) $\displaystyle\oint_0^\infty \sim\ = \frac{-\pi(\alpha^{k-1}+\beta^{k-1}\cos\pi k)}{a(\alpha+\beta)\sin\pi k}$, $\ 0<k<1,\ ac<0,\ \genfrac{}{}{0pt}{}{\alpha}{\beta}=\frac{1}{a}(\pm b+\sqrt{b^2-ac})$,

$\hfill$ (021.4b, 421.20);

2c) $\displaystyle\oint_0^\infty \sim\ = \frac{\pi(\beta^{k-1}-\alpha^{k-1})}{a(\alpha-\beta)}\operatorname{ctg}\pi k = \frac{\pi \mathfrak{Sin}(1-k)\varphi}{a\varrho^{2-k}\mathfrak{Sin}\,\varphi}\operatorname{ctg}\pi k$,

$\quad 0<k<1,\ b^2>ac>0,\ ab<0$,

$\quad \genfrac{}{}{0pt}{}{\alpha}{\beta}=\frac{1}{a}(-b\pm\sqrt{b^2-ac}),\ \varrho=\sqrt{\frac{c}{a}},\ \varphi=\mathfrak{Ar}\,\mathfrak{Cof}\frac{|b|}{\sqrt{ac}}$,

$\hfill$ (021.4b, 421.20, 421.15);

2d) $\displaystyle\int_0^\infty \sim\ = \frac{\pi\sin(1-k)\vartheta}{a\varrho^{2-k}\sin\vartheta\sin\pi k}$, $\ ac>b^2,\ 0<k<1,\ \varrho=\sqrt{\frac{c}{a}},\ \vartheta=\operatorname{Arc}\cos\frac{b}{\sqrt{ac}}$,

$\hfill$ (021.4b, 421.15).

3a) $\displaystyle\int_0^\infty \frac{x^{k-1}\cos\left[\lambda\operatorname{arc tg}\frac{\varrho\sin\vartheta}{x+\varrho\cos\vartheta}\right]}{(x^2+2x\varrho\cos\vartheta+\varrho^2)^{\lambda/2}}dx = \frac{B(k,\lambda-k)}{\varrho^{\lambda-k}}\cos(\lambda-k)\vartheta$,

$\quad 0<k<\lambda,\ \varrho>0,\ 0\le\vartheta<\pi$, $\hfill$ (421.15)*);

3b) $\displaystyle\int_0^\infty \frac{x^{k-1}\sin\left[\lambda\operatorname{arc tg}\frac{\varrho\sin\vartheta}{x+\varrho\cos\vartheta}\right]}{(x^2+2x\varrho\cos\vartheta+\varrho^2)^{\lambda/2}}dx = \frac{B(k,\lambda-k)}{\varrho^{\lambda-k}}\sin(\lambda-k)\vartheta$,

$\quad 0<k<\lambda,\ \varrho>0,\ 0\le\vartheta<\pi$, $\hfill$ (421.15)*).

4) $\displaystyle\int_0^\infty \frac{x^{k-1}}{(x^2+2x\varrho\cos\vartheta+\varrho^2)^\lambda}dx = \frac{1}{2\varrho^{2\lambda-k}}\Big\{B\left(\frac{k}{2},\lambda-\frac{k}{2}\right)\mathcal{F}\left(\frac{k}{2},\lambda-\frac{k}{2},\frac{1}{2};\cos^2\vartheta\right)$

$\qquad -(k-1)\cos\vartheta\, B\left(\frac{k-1}{2},\lambda-\frac{k-1}{2}\right)\mathcal{F}\left(\frac{k+1}{2},\lambda-\frac{k-1}{2},\frac{3}{2};\cos^2\vartheta\right)\Big\}$,

$\quad \varrho>0,\ 0<\vartheta<\pi,\ 2\lambda>k>0$, $\hfill$ (021.7, 431.16).

---

*) Die Funktion $\operatorname{arc tg}$ ist hier im Intervall $[0,\pi]$ zu bestimmen. Diese Formeln können zur Berechnung der nachfolgenden Integrale mit ganzzahligem λ dienen; es gilt für $\lambda=1,2,\ldots$

$\cos\left[\lambda\operatorname{arc tg}\frac{\varrho\sin\vartheta}{x+\varrho\cos\vartheta}\right] = (x^2+2x\varrho\cos\vartheta+\varrho^2)^{-\lambda/2}\left[x^\lambda+\binom{\lambda}{1}x^{\lambda-1}\varrho\cos\vartheta+\binom{\lambda}{2}x^{\lambda-2}\varrho^2\cos 2\vartheta+\cdots+\varrho^\lambda\cos\lambda\vartheta\right]$,

$\sin\left[\lambda\operatorname{arc tg}\frac{\varrho\sin\vartheta}{x+\varrho\cos\vartheta}\right] = (x^2+2x\varrho\cos\vartheta+\varrho^2)^{-\lambda/2}\left[\binom{\lambda}{1}x^{\lambda-1}\varrho\sin\vartheta+\binom{\lambda}{2}x^{\lambda-2}\varrho^2\sin 2\vartheta+\cdots+\varrho^\lambda\sin\lambda\vartheta\right]$.

441

5a) $\int_0^\infty \dfrac{x^{\kappa-1}}{x^2+2x\varrho\cos\vartheta+\varrho^2}\,dx = \dfrac{\pi\sin(1-\kappa)\vartheta}{\varrho^{2-\kappa}\sin\vartheta\sin\pi\kappa}$, $\varrho>0, 0<\vartheta<\pi, 0<\kappa<2$,[*]   (2d);

5b) $\int_0^\infty \dfrac{x^{\kappa-1}}{(x^2+2x\varrho\cos\vartheta+\varrho^2)^2}\,dx = \dfrac{\pi[\sin(1-\kappa)\vartheta-(1-\kappa)\sin\vartheta\cos(2-\kappa)\vartheta]}{2\varrho^{4-\kappa}\sin^3\vartheta\sin\pi\kappa}$,

$\varrho>0, 0<\vartheta<\pi, 0<\kappa<4$,[**] $(3a\text{-}b, \lambda=2)$;

5c) $\int_0^\infty \dfrac{x^{\kappa-1}}{(x^2+2x\varrho\cos\vartheta+\varrho^2)^3}\,dx =$

$= \dfrac{\pi[3\sin(1-\kappa)\vartheta-3(1-\kappa)\sin\vartheta\cos(2-\kappa)\vartheta-(1-\kappa)(2-\kappa)\sin^2\vartheta\sin(3-\kappa)\vartheta]}{8\varrho^{6-\kappa}\sin^5\vartheta\sin\pi\kappa}$

$\varrho>0, 0<\vartheta<\pi, 0<\kappa<6$,[***] $(3a\text{-}b, \lambda=3)$.

6a) $\int_0^\infty \dfrac{x^\kappa\,dx}{(ax^2+2bx+c)^{\kappa+1/2}} = \dfrac{\sqrt{\pi}\,\Gamma(\kappa)}{\sqrt{a}\,[2\sqrt{ac}+2b]^\kappa\,\Gamma(\kappa+1/2)}$, $\kappa>0, a>0, c>0, b>-\sqrt{ac}$,

(031.13a, 421.13a);

6b) $\int_0^\infty \dfrac{x^\kappa\,dx}{(ax^2+2bx+c)^{\kappa+3/2}} = \dfrac{\sqrt{\pi}\,\Gamma(\kappa+1)}{\sqrt{c}\,[2\sqrt{ac}+2b]^{\kappa+1}\,\Gamma(\kappa+3/2)}$, $\kappa>-1, a>0, c>0, b>-\sqrt{ac}$,

(031.13c, 421.13a);

6c) $\int_0^\infty \dfrac{x^\kappa\,dx}{(ax^2+2bx+c)^{\kappa-1/2}} = \dfrac{[(\kappa-1)\sqrt{ac}+b]\sqrt{\pi}\,\Gamma(\kappa-2)}{a^{3/2}\,[2\sqrt{ac}+2b]^{\kappa-1}\,\Gamma(\kappa-1/2)}$, $\kappa>2, a>0, c>0, b>-\sqrt{ac}$,

(031.13b, 421.13a);

6d) $\int_0^\infty \dfrac{x^\kappa\,dx}{(ax^2+2bx+c)^{\kappa-3/2}} = \dfrac{[(\kappa-1)(\kappa-3)ac+3(\kappa-2)b\sqrt{ac}+3b^2]\sqrt{\pi}\,\Gamma(\kappa-4)}{a^{5/2}\,[2\sqrt{ac}+2b]^{\kappa-2}\,\Gamma(\kappa-3/2)}$,

$\kappa>4, a>0, c>0, b>-\sqrt{ac}$,   (031.13d, 421.13a).

---

[*] Für $\kappa=1$ hat das Integral den Wert (Grenzwert $\kappa\to 1$): $\dfrac{\vartheta}{\varrho\sin\vartheta}$, in Übereinstimmung mit 131.11a.

[**] Für $\kappa=1,2,3$ gelten die Grenzwerte:

$\dfrac{2\vartheta-\sin 2\vartheta}{4\varrho^3\sin^3\vartheta}$ für $\kappa=1$; $\dfrac{\sin\vartheta-\vartheta\cos\vartheta}{2\varrho^2\sin^3\vartheta}$ für $\kappa=2$, $\dfrac{2\vartheta-\sin 2\vartheta}{4\varrho\sin^3\vartheta}$ für $\kappa=3$.

[***] Für $\kappa=1,2,..,5$ gelten folgende Grenzwerte:

$\dfrac{12\vartheta-8\sin 2\vartheta+\sin 4\vartheta}{32\varrho^5\sin^5\vartheta}$ für $\kappa=1$; $\dfrac{9\sin\vartheta+\sin 3\vartheta-12\vartheta\cos\vartheta}{32\varrho^4\sin^5\vartheta}$ für $\kappa=2$;

$\dfrac{2\vartheta(2+\cos 2\vartheta)-3\sin 2\vartheta}{16\varrho^3\sin^5\vartheta}$ für $\kappa=3$; $\dfrac{9\sin\vartheta+\sin 3\vartheta-12\vartheta\cos\vartheta}{32\varrho^2\sin^5\vartheta}$ für $\kappa=4$;

$\dfrac{12\vartheta-8\sin 2\vartheta+\sin 4\vartheta}{32\varrho\sin^5\vartheta}$ für $\kappa=5$.

441

7a) $\displaystyle\int_0^\infty \frac{x^{k-1/2}dx}{[(x+a)(x+b)]^k} = \frac{\sqrt{\pi}\,\Gamma(k-1/2)}{(\sqrt{a}+\sqrt{b})^{2k-1}\,\Gamma(k)}$, $a>0, b>0, k>\frac{1}{2}$, (6a);

7b) $\displaystyle\int_0^\infty \frac{x^{k+1/2}dx}{[(x+a)(x+b)]^k} = \frac{[a+b+(2k-1)\sqrt{ab}]\sqrt{\pi}\,\Gamma(k-3/2)}{2(\sqrt{a}+\sqrt{b})^{2k-1}\,\Gamma(k)}$, $a>0, b>0, k>\frac{3}{2}$, (6c).

8) $\displaystyle\int_0^\infty \frac{x^{k-1}dx}{(x^{2\alpha}+1)(x^{3\alpha}+1)} = \frac{\pi}{6\alpha \sin\frac{\pi k}{\alpha}}\left[1+3\sqrt{2}\sin\left(\frac{\pi k}{2\alpha}+\frac{\pi}{4}\right)-4\sin\left(\frac{2\pi k}{3\alpha}-\frac{\pi}{6}\right)\right]$, $0<k<\alpha$,

(021.4b, 431.15a).

9) $\displaystyle\int_0^\infty \frac{x^{k-1}dx}{x^\lambda + 2\varrho\cos\vartheta + \varrho^2 x^{-\lambda}} = \frac{\pi \sin\frac{\vartheta k}{\lambda}}{\lambda \varrho^{1-k/\lambda}\sin\vartheta \sin\frac{\pi k}{\lambda}}$, $\varrho>0, 0<\vartheta<\pi, |k|<\lambda$,

($x^\lambda = y$, 5a).

10) $\displaystyle\int_0^1 \frac{x^k + x^{-k}}{x^2 + 2x\cos\vartheta + 1}dx = \int_1^\infty \sim = \frac{1}{2}\int_0^\infty \sim = \frac{\pi \sin\vartheta k}{\sin\vartheta \sin\pi k}$, $0<\vartheta<\pi, 0<k<1$, (5a);

10a) $\displaystyle\int_0^1 \frac{x^k + x^{-k}}{x^\lambda + 2\cos\vartheta + x^{-\lambda}}\cdot\frac{dx}{x} = \int_1^\infty \sim = \frac{1}{2}\int_0^\infty \sim = \frac{\pi \sin\frac{\vartheta k}{\lambda}}{\lambda \sin\vartheta \sin\frac{\pi k}{\lambda}}$, $0<\vartheta<\pi, 0<k<\lambda$,

($x^\lambda = y$, 10).

11a) $\displaystyle\int_0^\infty \frac{|x^2-1|^{2k} x^{2\lambda-2k}}{(x^4+2bx^2+1)^\lambda}dx = \int_0^\infty \frac{|x^2-1|^{2k} x^{2\lambda-2k-2}}{(x^4+2bx^2+1)^\lambda}dx = \frac{B(k+1/2, \lambda-k-1/2)}{2(2+2b)^{\lambda-k-1/2}}$,

$2\lambda > 2k+1 > 0$, $b>-1$, (031.12a-b, 431.16);

11b) $\displaystyle\int_0^\infty \frac{|x^2-1|^{2k} x^{2\lambda-2k+2}}{(x^4+2bx^2+1)^\lambda}dx = \int_0^\infty \frac{|x^2-1|^{2k} x^{2\lambda-2k-4}}{(x^4+2bx^2+1)^\lambda}dx = \frac{[\lambda+k-1/2+(2k+1)b]B(k+1/2, \lambda-k-3/2)}{2(\lambda-1)(2+2b)^{\lambda-k-1/2}}$,

$2\lambda > 2k+3 > 2$, $b>-1$, (031.12c-d, 431.16).

12a) $\displaystyle\int_0^1 \frac{x^{k+1/2}(1-x)^{k-1/2}}{(ax^2+2bx+c)^{k+1}}dx = \frac{\sqrt{\pi}\,\Gamma(k+1/2)}{\sqrt{a+2b+c}\,[2b+2c+2\sqrt{c}\sqrt{a+2b+c}]^{k+1/2}\Gamma(k+1)}$,

$a+2b+c>0, c>0, a<(\sqrt{c}+\sqrt{a+2b+c})^2, k>-\frac{1}{2}$,

$\left(x=\frac{y}{y+1}, 6a\right)$;

12b) $\displaystyle\int_0^1 \frac{x^{k+3/2}(1-x)^{k-3/2}}{(ax^2+2bx+c)^{k+1}}dx = \frac{[b+c+(k+1/2)\sqrt{c}\sqrt{a+2b+c}]\sqrt{\pi}\,\Gamma(k-1/2)}{(a+2b+c)^{3/2}[2b+2c+2\sqrt{c}\sqrt{a+2b+c}]^{k+1/2}\Gamma(k+1)}$,

$a+2b+c>0, c>0, a<(\sqrt{c}+\sqrt{a+2b+c})^2, k>\frac{1}{2}$,

$\left(x=\frac{y}{y+1}, 6c\right)$;

12c) $\displaystyle\int_0^1 \frac{x^{k-1/2}(1-x)^{k+1/2}}{(ax^2+2bx+c)^{k+1}}dx = \frac{\sqrt{\pi}\,\Gamma(k+1/2)}{\sqrt{c}\,[2b+2c+2\sqrt{c}\sqrt{a+2b+c}]^{k+1/2}\Gamma(k+1)}$,

$a+2b+c>0, c>0, a<(\sqrt{c}+\sqrt{a+2b+c})^2, k>-\frac{1}{2}$,

$\left(x=\frac{y}{y+1}, 6b\right)$.

5. Abschnitt: Integrale von Zylinderfunktionen.

511. Zylinderfunktionen (Besselsche Funktionen).

Zylinderfunktionen $\mathcal{Z}_\nu(z)$ sind Lösungen der Besselschen Differentialgleichung:

1) $$z^2 \frac{d^2 y}{dz^2} + z \frac{dy}{dz} + (z^2 - \nu^2) y = 0.$$

Besselsche Funktionen 1. Art:

2) $$J_\nu(z) = \sum_{m=0}^{\infty} \frac{(-1)^m}{m!\, \Gamma(\nu+m+1)} \left(\frac{z}{2}\right)^{\nu+2m}.$$

Besselsche Funktionen 2. Art oder Neumannsche Funktionen:

3) $$\mathcal{N}_\nu(z) = \frac{1}{\sin\nu\pi}\left[\cos\nu\pi \cdot J_\nu(z) - J_{-\nu}(z)\right], \quad \nu \neq 0, \pm 1, \pm 2, \ldots \;;^{*)}$$

3a) $$\mathcal{N}_n(z) = \frac{1}{\pi}\left[\frac{\partial J_\nu}{\partial \nu} - (-1)^\nu \frac{\partial J_{-\nu}}{\partial \nu}\right]_{\nu=n}, \quad n = 0, 1, 2, \ldots \;;$$

3b) $$= \frac{2}{\pi} J_n(z) \log \frac{z}{2} - \frac{1}{\pi} \sum_{\mu=0}^{n-1} \frac{(n-\mu-1)!}{\mu!} \left(\frac{z}{2}\right)^{2\mu-n} -$$
$$- \frac{1}{\pi} \sum_{\mu=0}^{\infty} \frac{(-1)^\mu \left[\Psi(n+\mu+1) + \Psi(\mu+1)\right]}{\mu!\,(n+\mu)!} \left(\frac{z}{2}\right)^{2\mu+n}.$$

Besselsche Funktionen 3. Art oder Hankelsche Funktionen:

4a) $$\mathcal{H}_\nu^{(1)}(z) = J_\nu(z) + i\mathcal{N}_\nu(z),$$

4b) $$\mathcal{H}_\nu^{(2)}(z) = J_\nu(z) - i\mathcal{N}_\nu(z).$$

5) $$\mathcal{H}_\nu^{(1)}(z) = \frac{J_{-\nu}(z) - e^{-i\nu\pi} J_\nu(z)}{i\sin\nu\pi}, \qquad \mathcal{H}_\nu^{(2)}(z) = \frac{J_{-\nu}(z) - e^{i\nu\pi} J_\nu(z)}{-i\sin\nu\pi}.$$

---

*) Vielfach mit $Y_\nu(z)$ bezeichnet; für ganzzahliges ν gilt der Grenzwert 3a).

511

6a) $\quad J_\nu(z) = \frac{1}{2}\left[\mathcal{H}^{(1)}_\nu(z) + \mathcal{H}^{(2)}_\nu(z)\right],$

6b) $\quad \mathcal{N}_\nu(z) = \frac{1}{2i}\left[\mathcal{H}^{(1)}_\nu(z) - \mathcal{H}^{(2)}_\nu(z)\right],$

7a) $\quad e^{\frac{z}{2}(t-\frac{1}{t})} = \sum_{n=-\infty}^{\infty} J_n(z)\, t^n,$ „Erzeugende Funktion";

7b) $\quad e^{iz\sin\varphi} = \sum_{n=-\infty}^{\infty} J_n(z)\, e^{in\varphi},$ $\quad (7a, t = e^{i\varphi})$;

7c) $\quad \cos(z\sin\varphi) = J_0(z) + 2\sum_{n=1}^{\infty} J_{2n}(z)\cos 2n\varphi,$ $\quad (7b)$;

7d) $\quad \sin(z\sin\varphi) = 2\sum_{n=0}^{\infty} J_{2n+1}(z)\sin(2n+1)\varphi,$ $\quad (7b)$.

8a) $\quad J_{-n}(z) = (-1)^n J_n(z),\qquad \mathcal{N}_{-n}(z) = (-1)^n \mathcal{N}_n(z),\quad n=0,1,2,\ldots$ $\quad (7a)$;

8b) $\quad J_{\nu-1}(z) + J_{\nu+1}(z) = \frac{2\nu}{z} J_\nu(z),\qquad \mathcal{N}_{\nu-1}(z) + \mathcal{N}_{\nu+1}(z) = \frac{2\nu}{z}\mathcal{N}_\nu(z),$ $\quad (2,3)$;

8c) $\quad J_{\nu-1}(z) - J_{\nu+1}(z) = 2\frac{dJ_\nu}{dz},\qquad \mathcal{N}_{\nu-1}(z) - \mathcal{N}_{\nu+1}(z) = 2\frac{d\mathcal{N}_\nu}{dz},$ $\quad (2,3)$;

8d) $\quad J_{\nu+n}(z) = (-1)^n z^{\nu+n}\left(\frac{d}{z\,dz}\right)^n\!\left(z^{-\nu} J_\nu(z)\right),\quad n=0,1,2,\ldots$ $\quad (2)$;

8e) $\quad J_{\nu-n}(z) = z^{n-\nu}\left(\frac{d}{z\,dz}\right)^n\!\left(z^\nu J_\nu(z)\right),\quad n=0,1,2,\ldots$ $\quad (2)$.

9a) $\quad J_{\frac{1}{2}}(z) = \sqrt{\frac{2}{\pi z}}\sin z,\qquad J_{-\frac{1}{2}}(z) = \sqrt{\frac{2}{\pi z}}\cos z,$ $\quad (2)$;

9b) $\quad J_{n+\frac{1}{2}}(z) = (-1)^n \sqrt{\frac{2z}{\pi}}\, z^n \left(\frac{d}{z\,dz}\right)^n\!\left(\frac{\sin z}{z}\right),\quad n=0,1,2,\ldots$ $\quad (9a, 8d)$;

9c) $\quad J_{-n+\frac{1}{2}}(z) = \sqrt{\frac{2}{\pi z}}\, z^n \left(\frac{d}{z\,dz}\right)^n (\sin z),\quad n=0,1,2,\ldots$ $\quad (9a, 8e)$.

10) $\quad \mathcal{H}^{(1)}_{-\nu}(z) = e^{i\nu\pi}\mathcal{H}^{(1)}_{\nu}(z), \qquad \mathcal{H}^{(2)}_{-\nu}(z) = e^{-i\nu\pi}\mathcal{H}^{(2)}_{\nu}(z),$ (5).

Integraldarstellungen der Zylinderfunktionen:

11a) $\quad J_\nu(z) = C_\nu \int_{-1}^{1} e^{izx}(1-x^2)^{\nu-1/2} dx, \qquad \mathcal{R}(\nu) > -\frac{1}{2}$ [*], (Poisson, 021.7);

11b) $\quad = 2C_\nu \int_{0}^{1} \cos(zx)\cdot(1-x^2)^{\nu-1/2} dx, \quad \mathcal{R}(\nu) > -\frac{1}{2}$ [*], (11a);

11c) $\quad = 2C_\nu \int_{0}^{\pi/2} \cos(z\cos\varphi)\sin^{2\nu}\varphi\, d\varphi, \quad \mathcal{R}(\nu) > -\frac{1}{2}$ [*], (11b, $x=\cos\varphi$);

11d) $\quad = 2C_\nu \int_{0}^{\pi/2} \cos(z\sin\varphi)\cos^{2\nu}\varphi\, d\varphi, \quad \mathcal{R}(\nu) > -\frac{1}{2}$ [*], (11b, $x=\sin\varphi$).

12) $\quad J_\nu(z) = \frac{1}{2\pi}\int_{\mathcal{L}} e^{-iz\sin(\xi-\alpha)+i\nu(\xi-\alpha)} d\xi, \qquad -\frac{\pi}{2}-\alpha < \arg z < \frac{\pi}{2}-\alpha$ [**],

(Sommerfeld);

12a) $\quad = \frac{1}{2\pi}\int_{\mathcal{L}} e^{-iz\sin\xi + i\nu\xi} d\xi, \qquad \mathcal{R}(z) > 0$ [**], (12, $\alpha=0$);

12b) $\quad = \frac{1}{2\pi}e^{-\frac{i\nu\pi}{2}}\int_{\mathcal{L}} e^{iz\cos\xi + i\nu\xi} d\xi, \qquad \mathcal{R}(iz) > 0$ [**], (12, $\alpha=\frac{\pi}{2}$);

12c) $\quad = \frac{1}{2\pi}e^{\frac{i\nu\pi}{2}}\int_{\mathcal{L}} e^{-iz\cos\xi + i\nu\xi} d\xi \qquad \mathcal{R}(iz) < 0$ [**], (12, $\alpha=-\frac{\pi}{2}$);

12d) $\quad = \frac{1}{2\pi}e^{-i\nu\pi}\int_{\mathcal{L}} e^{iz\sin\xi + i\nu\xi} d\xi, \qquad \mathcal{R}(z) < 0$ [**], (12, $\alpha=\pi$).

13a) $\quad J_\nu(z) = \frac{1}{\pi}\int_{0}^{\pi}\cos(z\sin x - \nu x)dx - \frac{\sin\nu\pi}{\pi}\int_{0}^{\infty} e^{-z\sinh x - \nu x} dx, \quad \mathcal{R}(z) > 0,$
(12a);

13b) $\quad = \frac{1}{\pi}e^{-\frac{i\nu\pi}{2}}\left\{\int_{0}^{\pi} e^{iz\cos x}\cos\nu x\, dx - \sin\nu\pi \int_{0}^{\infty} e^{-iz\cosh x - \nu x} dx\right\}, \mathcal{R}(iz) > 0,$
(12b).

---

[*] $C_\nu = \dfrac{1}{\Gamma(\frac{1}{2})\Gamma(\nu+\frac{1}{2})}\left(\dfrac{z}{2}\right)^\nu$.

[**] Der Integrationsweg $\mathcal{L}$ führt in der komplexen ξ-Ebene von $-\pi+i\infty$ über $-\pi, \pi$ nach $\pi+i\infty$:

511

14a) $\quad J_\nu(z) = \dfrac{1}{2\pi i}\displaystyle\int_{\mathcal{L}} e^{\frac{z}{2}(\xi-\frac{1}{\xi})}\xi^{-\nu-1}d\xi, \quad \mathcal{R}(z)>0,{}^{*)}$ $\hfill (12a, \xi=e^{i\xi});$

14b) $\quad = \dfrac{1}{2\pi i}\left(\dfrac{z}{2}\right)^\nu \displaystyle\int_{\mathcal{L}} e^{\tau-\frac{z^2}{4\tau}}\dfrac{d\tau}{\tau^{\nu+1}}, \quad z \text{ und } \nu \text{ beliebig komplex},{}^{*)}$ $\hfill (14a, \xi=\tfrac{2\tau}{z});$

14c) $\quad = \dfrac{1}{\pi}\left(\dfrac{z}{2}\right)^\nu \left\{\displaystyle\int_0^\pi e^{(1-\frac{z^2}{4})\cos x}\cos\left[(1+\tfrac{z^2}{4})\sin x - \nu x\right]dx - \sin\nu\pi \displaystyle\int_1^\infty e^{-x+\frac{z^2}{4x}}\dfrac{dx}{x^{\nu+1}}\right\},$ $\hfill (14b).$

15a) $\quad J_n(z) = \dfrac{1}{\pi}\displaystyle\int_0^\pi \cos(z\sin x - nx)dx = \dfrac{1}{2\pi}\displaystyle\int_0^{2\pi}\sim, \quad n=0,\pm 1,\pm 2,\ldots$ $\hfill (13a, \text{Bessel});$

15b) $\quad = \dfrac{1}{\pi}e^{-\frac{in\pi}{2}}\displaystyle\int_0^\pi e^{iz\cos x}\cos nx\, dx, \quad n=0,\pm 1,\pm 2,\ldots$ $\hfill (13b, \text{Hansen}).$

16a) $\quad J_{2n}(z) = \dfrac{2}{\pi}\displaystyle\int_0^{\pi/2}\cos(z\sin x)\cdot\cos 2nx\, dx, \quad n=0,\pm 1,\pm 2,\ldots$ $\hfill (15a);$

16b) $\quad = (-1)^n \dfrac{2}{\pi}\displaystyle\int_0^{\pi/2}\cos(z\cos x)\cdot\cos 2nx\, dx, \quad n=0,\pm 1,\pm 2,\ldots$ $\hfill (15b).$

17a) $\quad J_{2n+1}(z) = \dfrac{2}{\pi}\displaystyle\int_0^{\pi/2}\sin(z\sin x)\cdot\sin(2n+1)x\, dx, \quad n=0,\pm 1,\pm 2,\ldots$ $\hfill (15a);$

17b) $\quad = (-1)^n \dfrac{2}{\pi}\displaystyle\int_0^{\pi/2}\sin(z\cos x)\cdot\cos(2n+1)x\, dx, \quad n=0,\pm 1,\pm 2,\ldots$ $\hfill (15b).$

18a) $\quad \mathcal{H}^{(1)}_\nu(z) = \dfrac{\Gamma(\frac{1}{2}-\nu)}{i\pi\,\Gamma(\frac{1}{2})}\left(\dfrac{z}{2}\right)^\nu \displaystyle\int_{\mathcal{L}_1} e^{iz\xi}(\xi^2-1)^{\nu-1/2}d\xi,{}^{**)}$ $\hfill (W);$

18b) $\quad \mathcal{H}^{(2)}_\nu(z) = \dfrac{-\Gamma(\frac{1}{2}-\nu)}{i\pi\,\Gamma(\frac{1}{2})}\left(\dfrac{z}{2}\right)^\nu \displaystyle\int_{\mathcal{L}_2} e^{iz\xi}(\xi^2-1)^{\nu-1/2}d\xi,{}^{**)}$ $\hfill (W).$

---

*) Der Integrationsweg $\mathcal{L}$ besteht aus einer Schleife um die negative reelle Achse:

**) $\mathcal{L}_1$ und $\mathcal{L}_2$ bedeuten Schleifenwege, welche den Punkt $+1$, bzw. -1, einschließen:

Die Integrale konvergieren für $-\alpha < \arg z < \pi - \alpha$.

511

19a) $$\mathcal{H}_\nu^{(\varepsilon)}(z) = \frac{\delta i e^{\delta i\nu\pi} z^\nu}{2^{\nu-1}\Gamma(1/2)\Gamma(1/2+\nu)} \int_1^{1-\delta i\infty} e^{-\delta i z\xi}(\xi^2-1)^{\nu-1/2}d\xi,$$

$$\delta\mathcal{R}(z)>0,\ \mathcal{R}(\nu)>-\tfrac{1}{2};\ \varepsilon=1,2;\ \delta=(-1)^\varepsilon,\quad (18a,b\ \text{mit}\ \alpha=\tfrac{\pi}{2});$$

19b) $$\mathcal{H}_\nu^{(\varepsilon)}(z) = \frac{\delta i\, 2^{\nu+1}}{\Gamma(1/2)\Gamma(1/2-\nu) z^\nu} \int_1^\infty \frac{e^{-\delta i z x}}{(x^2-1)^{\nu+1/2}}dx,$$

$$\delta\mathcal{R}(iz)>0,\ \mathcal{R}(\nu)<\tfrac{1}{2},\ \text{und}\ \mathcal{R}(iz)=0,\ |\mathcal{R}(\nu)|<\tfrac{1}{2};\ \varepsilon=1,2;\ \delta=(-1)^\varepsilon,$$
$$(18a,b\ \text{mit}\ \alpha=0,\pi);$$

19c) $$\mathcal{H}_\nu^{(1)}(iz) = \frac{2^\nu \Gamma(\nu+1/2)}{i\pi\, \Gamma(1/2)(iz)^\nu} \int_{-\infty}^\infty \frac{e^{\pm izx}}{(x^2+1)^{\nu+1/2}}dx,\quad z>0,\ |\mathcal{R}(\nu)|<\tfrac{1}{2},\quad (10,18a);$$

19d) $$= \frac{(2z)^\nu \Gamma(\nu+1/2)}{i^{\nu+1}\pi\, \Gamma(1/2)} \int_{-\infty}^\infty \frac{e^{\pm ix}}{(x^2+z^2)^{\nu+1/2}}dx,\quad z>0,\ |\mathcal{R}(\nu)|<\tfrac{1}{2},\quad (19c).$$

20a) $$\mathcal{H}_\nu^{(\varepsilon)}(z) = \frac{1}{\pi} \int_{\mathcal{L}_\varepsilon} e^{-iz\sin\xi + i\nu\xi} d\xi,\quad \varepsilon=1,2;$$

$\mathcal{L}_1$: from $-\xi-\pi+i\infty$ down to $-\xi-\pi$, across to ξ, down to $\xi-i\infty$;
$$\left\{\begin{array}{l}\xi\geq -\tfrac{\pi}{2}\\ -\tfrac{\pi}{2}-\xi<\arg z<\tfrac{\pi}{2}-\xi;\end{array}\right.$$

$\mathcal{L}_2$: from $-\xi-i\infty$ up to $-\xi$, across to $\xi+\pi$, up to $\xi+\pi+i\infty$;
$$\left\{\begin{array}{l}\xi\geq -\tfrac{\pi}{2}\\ \xi-\tfrac{\pi}{2}<\arg z<\xi+\tfrac{\pi}{2};\end{array}\right.$$

(Sommerfeld);

20b) $$\mathcal{H}_\nu^{(\varepsilon)}(z) = \frac{1}{\pi} \int_{\mathcal{L}_\varepsilon} e^{iz\cos\xi + i\nu(\xi-\pi/2)} d\xi,\quad \varepsilon=1,2;$$

$\mathcal{L}_1$: from $-\eta+i\infty$ down to $-\eta$, across to η, down to $\eta-i\infty$;
$$\left\{\begin{array}{l}\eta\geq 0\\ -\eta<\arg z<\pi-\eta;\end{array}\right.$$

$\mathcal{L}_2$: from $\eta-i\infty$ up to η, across to $2\pi-\eta$, up to $2\pi-\eta+i\infty$;
$$\left\{\begin{array}{l}\eta\leq\pi\\ -\eta<\arg z<\pi-\eta;\end{array}\right.$$

$(20a,\ \xi=\xi-\tfrac{\pi}{2});$

20c) $$\mathcal{H}_\nu^{(1)}(z) = \frac{e^{-\frac{i\nu\pi}{2}}}{i\pi} \int_{-\infty}^\infty e^{iz\operatorname{Cof} x - \nu x} dx,\quad \mathcal{R}(iz)<0,\quad (20b,\varepsilon=1,\eta=0);$$

20d) $$\mathcal{H}_\nu^{(2)}(z) = \frac{e^{\frac{i\nu\pi}{2}}}{-i\pi} \int_{-\infty}^\infty e^{-iz\operatorname{Cof} x - \nu x} dx,\quad \mathcal{R}(iz)>0,\quad (20a,\varepsilon=2,\xi=-\tfrac{\pi}{2}).$$

511

21) $\quad N_\nu(z) = \dfrac{1}{\pi}\displaystyle\int_0^\pi \sin(z\sin x - \nu x)\,dx - \dfrac{1}{\pi}\int_0^\infty e^{-z\sinh x}\left[e^{\nu x} + e^{-\nu x}\cos\nu\pi\right]dx,\quad \mathcal{R}(z)>0,$

$$\text{(Schläfli, 20b, } \eta=\tfrac{\pi}{2}, 6b);$$

21a) $\quad N_{2n}(z) = \dfrac{1}{\pi}\displaystyle\int_0^\pi \sin(z\sin x - 2nx)\,dx - \dfrac{2}{\pi}\int_0^\infty e^{-z\sinh x}\cosh 2nx\,dx,\quad \mathcal{R}(z)>0,\ (21);$

21b) $\quad N_{2n+1}(z) = \dfrac{1}{\pi}\displaystyle\int_0^\pi \sin(z\sin x - (2n+1)x)\,dx - \dfrac{2}{\pi}\int_0^\infty e^{-z\sinh x}\sinh(2n+1)x\,dx,\ \mathcal{R}(z)>0,$

$$(21).$$

22a) $\quad N_\nu(z) = \dfrac{-2^{\nu+1}}{\Gamma(1/2)\Gamma(1/2-\nu)\,z^\nu}\displaystyle\int_1^\infty \dfrac{\cos zx}{(x^2-1)^{\nu+1/2}}\,dx,\quad \mathcal{R}(iz)=0,\ |\mathcal{R}(\nu)|<\tfrac{1}{2},$

$$(6b, 19b);$$

22b) $\quad = \dfrac{-2^{\nu+1}}{\Gamma(1/2)\Gamma(1/2-\nu)\,z^\nu}\displaystyle\int_0^\infty \cos(z\cosh x)\sinh^{-2\nu}x\,dx,\quad \mathcal{R}(iz)=0,\ |\mathcal{R}(\nu)|<\tfrac{1}{2},$

$$(22a);$$

22c) $\quad N_0(z) = -\dfrac{2}{\pi}\displaystyle\int_0^\infty \cos(z\cosh x)\,dx,\quad \mathcal{R}(iz)=0,$

$$(22b).$$

512

512. Modifizierte Zylinderfunktionen (Besselsche Funktionen mit rein imaginärem Argument).

Diese Funktionen sind Lösungen der Differentialgleichung:

1) $\quad z^2 \dfrac{d^2y}{dz^2} + z\dfrac{dy}{dz} - (z^2+\nu^2)y = 0.$

Modifizierte Besselsche Funktionen 1. Art:

2a) $\quad I_\nu(z) = \displaystyle\sum_{m=0}^\infty \dfrac{\left(\tfrac{z}{2}\right)^{\nu+2m}}{m!\,\Gamma(\nu+m+1)},$

2b) $\quad = e^{-\tfrac{\nu\pi i}{2}} J_\nu(iz).$

Modifizierte Besselsche Funktionen 2. Art:

3a) $\quad \mathcal{K}_\nu(z) = \dfrac{\pi}{2\sin\nu\pi}\left[I_{-\nu}(z) - I_\nu(z)\right],\qquad \nu \neq 0, \pm 1, \pm 2,\ldots$

512

3b) $\quad \mathcal{K}_\nu(z) = \dfrac{i\pi}{2} e^{\frac{\nu\pi i}{2}} \mathcal{H}^{(1)}_\nu(iz)$, $\hspace{4em}$ (511.6a, 511.10);

3c) $\quad \mathcal{K}_n(z) = \dfrac{(-1)^n}{2}\left[\dfrac{\partial I_{-\nu}}{\partial \nu} - \dfrac{\partial I_\nu}{\partial \nu}\right]_{\nu=n}$, $\quad n=0,1,2,\ldots$

3d) $\quad = (-1)^{n-1} I_n(z)\log\dfrac{z}{2} + \dfrac{1}{2}\sum_{\mu=0}^{n-1} \dfrac{(-1)^\mu (n-\mu-1)!}{\mu!}\left(\dfrac{z}{2}\right)^{2\mu-n} +$

$\hspace{6em} + \dfrac{(-1)^n}{2}\sum_{\mu=0}^{\infty}\dfrac{\Psi(n+\mu+1)+\Psi(\mu+1)}{\mu!(n+\mu)!}\left(\dfrac{z}{2}\right)^{n+2\mu}, \quad n=0,1,2,\ldots$

4a) $\quad I_\nu(z) = \dfrac{z^\nu}{2^\nu\sqrt{\pi}\,\Gamma(\nu+1/2)}\displaystyle\int_{-1}^{1} e^{-zx}(1-x^2)^{\nu-1/2}\,dx, \quad \mathcal{R}(\nu) > -\dfrac{1}{2},$ (511.11a);

4b) $\quad = \dfrac{z^\nu}{2^\nu\sqrt{\pi}\,\Gamma(\nu+1/2)}\displaystyle\int_{0}^{\pi} \mathfrak{Col}(z\cos x)\sin^{2\nu}x\,dx, \quad \mathcal{R}(\nu) > -\dfrac{1}{2},$ (511.11c);

4c) $\quad = \dfrac{z^\nu}{2^\nu\sqrt{\pi}\,\Gamma(\nu+1/2)}\displaystyle\int_{-\pi/2}^{\pi/2} \mathfrak{Col}(z\sin x)\cos^{2\nu}x\,dx, \quad \mathcal{R}(\nu) > -\dfrac{1}{2},$ (511.11d).

5) $\quad I_\nu(z) = \dfrac{1}{2\pi}\displaystyle\int_{\mathcal{L}} e^{z\cos\xi + i\nu\xi}\,d\xi, \quad \mathcal{R}(z) > 0,$ $\hspace{3em}$ (511.12c);

5a) $\quad = \dfrac{1}{\pi}\displaystyle\int_{0}^{\pi} e^{z\cos x}\cos\nu x\,dx - \dfrac{\sin\nu\pi}{\pi}\displaystyle\int_{0}^{\infty} e^{-z\mathfrak{Col}x - \nu x}\,dx, \quad \mathcal{R}(z) > 0,$ (5);

5b) $\quad I_n(z) = \dfrac{1}{\pi}\displaystyle\int_{0}^{\pi} e^{z\cos x}\cos nx\,dx, \quad n=0,\pm 1,\pm 2,\ldots$ $\hspace{3em}$ (5a);

5c) $\quad = \dfrac{1}{\pi}\displaystyle\int_{-\pi/2}^{\pi/2} e^{-z\sin x}\cos n(x+\tfrac{\pi}{2})\,dx, \quad n=0,\pm 1,\pm 2,\ldots$ $\hspace{1em}$ (5b, $x \to x+\tfrac{\pi}{2}$).

6a) $\quad I_{2n}(z) = (-1)^n \dfrac{2}{\pi}\displaystyle\int_{0}^{\pi/2} \mathfrak{Col}(z\sin x)\cos 2nx\,dx, \quad n=0,\pm 1,\pm 2,\ldots$ (5c);

6b) $\quad I_{2n+1}(z) = (-1)^n \dfrac{2}{\pi}\displaystyle\int_{0}^{\pi/2} \mathfrak{Sin}(z\sin x)\sin(2n+1)x\,dx, \quad n=0,\pm 1,\pm 2,\ldots$ (5c).

7a) $\quad I_{2n}(z) = \dfrac{2}{\pi}\displaystyle\int_{0}^{\pi/2} \mathfrak{Col}(z\cos x)\cos 2nx\,dx, \quad n=0,\pm 1,\pm 2,\ldots$ $\hspace{2em}$ (5b);

512

7b) $\quad I_{2n+1}(z) = \dfrac{2}{\pi} \displaystyle\int_0^{\pi/2} \operatorname{Sin}(z\cos x)\cos(2n+1)x\, dx, \quad n=0,\pm 1,\pm 2,\ldots \hfill (5b).$

8) $\quad \mathfrak{K}_{-\nu}(z) = \mathfrak{K}_{\nu}(z), \hfill (3a\text{-}b,\ 511.10).$

9a) $\quad \mathfrak{K}_{\nu}(z) = \dfrac{1}{2}\displaystyle\int_{-\infty}^{\infty} e^{-z\operatorname{Cof} x - \nu x}\, dx, \qquad \mathfrak{R}(z) > 0, \hfill (3b,\ 511.20c);$

9b) $\quad = \displaystyle\int_0^{\infty} e^{-z\operatorname{Cof} x}\operatorname{Cof} \nu x\, dx = \dfrac{1}{2}\displaystyle\int_{-\infty}^{\infty} \sim,\qquad \mathfrak{R}(z) > 0, \hfill (9a);$

9c) $\quad = \dfrac{1}{2}\, e^{\frac{\nu\pi i}{2}}\displaystyle\int_{-\infty}^{\infty} e^{iz\operatorname{Sin} x - \nu x}\, dx, \quad z>0,\ -1 < \mathfrak{R}(\nu) < 1, \hfill (9a,\ 021.12).$

10a) $\quad \mathfrak{K}_{\nu}(z) = \dfrac{2^{\nu}\sqrt{\pi}}{z^{\nu}\,\Gamma(1/2-\nu)} \displaystyle\int_1^{\infty} \dfrac{e^{-zx}}{(x^2-1)^{\nu+1/2}}\, dx, \quad \begin{cases}\mathfrak{R}(z)>0,\ \mathfrak{R}(\nu) < \tfrac{1}{2},\\ \mathfrak{R}(z)=0\ (z\neq 0),\ |\mathfrak{R}(\nu)| < \tfrac{1}{2},\end{cases} \hfill (3b,\ 511.19b);$

10b) $\quad = \dfrac{2^{\nu}\sqrt{\pi}}{z^{\nu}\,\Gamma(1/2-\nu)} \displaystyle\int_0^{\infty} e^{-z\operatorname{Cof} x}\operatorname{Sin}^{-2\nu} x\, dx, \hfill (\text{wie }10a);$

10c) $\quad = \dfrac{z^{\nu}\sqrt{\pi}}{2^{\nu}\,\Gamma(1/2+\nu)} \displaystyle\int_0^{\infty} e^{-z\operatorname{Cof} x}\operatorname{Sin}^{2\nu} x\, dx, \hfill (\text{wie }10a, 8);$

10d) $\quad \mathfrak{K}_0(z) = \displaystyle\int_0^{\infty} e^{-z\operatorname{Cof} x}\, dx = \displaystyle\int_1^{\infty} \dfrac{e^{-zx}}{\sqrt{x^2-1}}\, dx, \hfill (10c).$

11a) $\quad \mathfrak{K}_{\nu}(z) = \dfrac{2^{\nu}\,\Gamma(\nu+1/2)}{z^{\nu}\sqrt{\pi}} \displaystyle\int_0^{\infty} \dfrac{\cos zx}{(x^2+1)^{\nu+1/2}}\, dx, \quad z>0,\ |\mathfrak{R}(\nu)| < \tfrac{1}{2}, \hfill (511.19c);$

11b) $\quad = \dfrac{(2z)^{\nu}\,\Gamma(\nu+1/2)}{\sqrt{\pi}} \displaystyle\int_0^{\infty} \dfrac{\cos x}{(x^2+z^2)^{\nu+1/2}}\, dx, \quad z>0,\ |\mathfrak{R}(\nu)| < \tfrac{1}{2}, \hfill (511.19d).$

513. Verwandte Funktionen.

1a) $\quad \mathcal{A}_\nu(z) = \dfrac{1}{\pi} \displaystyle\int_0^\pi \cos(z\sin x - \nu x)\,dx,$ \hfill (Anger);

1b) $\quad = \dfrac{\sin\nu\pi}{\nu\pi} \displaystyle\sum_{m=0}^\infty \dfrac{(-1)^m z^{2m}}{(2+\nu,2;m)(2-\nu,2;m)} + \dfrac{\sin\nu\pi}{\pi} \sum_{m=0}^\infty \dfrac{(-1)^m z^{2m+1}}{(1+\nu,2;m+1)(1-\nu,2;m+1)},$
$\qquad\qquad\qquad \nu \neq 0, \pm 1, \pm 2, \ldots$ \hfill (021.7);

1c) $\quad \mathcal{A}_n(z) = J_n(z), \qquad n = 0, \pm 1, \pm 2, \ldots$ \hfill (511.15a).

2a) $\quad \Omega_\nu(z) = \dfrac{1}{\pi} \displaystyle\int_0^\pi \sin(z\sin x - \nu x)\,dx,$ \hfill (H.F. Weber und Lommel);

2b) $\quad = \dfrac{\cos\nu\pi - 1}{\nu\pi} \displaystyle\sum_{m=0}^\infty \dfrac{(-1)^m z^{2m}}{(2+\nu,2;m)(2-\nu,2;m)} + \dfrac{\cos\nu\pi + 1}{\pi} \sum_{m=0}^\infty \dfrac{(-1)^m z^{2m+1}}{(1+\nu,2;m+1)(1-\nu,2;m+1)},$
$\qquad\qquad\qquad \nu \neq 0, \pm 1, \pm 2, \ldots$ \hfill (021.7, 332.9a-b);

2c) $\quad \Omega_{2n}(z) = \dfrac{2}{\pi} \displaystyle\sum_{m=0}^\infty \dfrac{(-1)^m z^{2m+1}}{(1+2n,2;m+1)(1-2n,2;m+1)}, \quad n = 0, \pm 1, \pm 2, \ldots$ \hfill (2b);

2d) $\quad \Omega_{2n+1}(z) = \dfrac{-2}{(2n+1)\pi} \displaystyle\sum_{m=0}^\infty \dfrac{(-1)^m z^{2m}}{(3+2n,2;m)(1-2n,2;m)}, \quad n = 0, \pm 1, \pm 2, \ldots$ \hfill (2b).

3a) $\quad \mathcal{T}_\nu(z) = \dfrac{z^\nu}{2^{\nu-1}\sqrt{\pi}\,\Gamma(\nu+\tfrac{1}{2})} \displaystyle\int_0^{\pi/2} \sin(z\cos x)\sin^{2\nu}x\,dx, \quad \mathcal{R}(\nu) > -\tfrac{1}{2},$
\hfill (Struwe);

3b) $\quad = \dfrac{z^\nu}{2^{\nu-1}\sqrt{\pi}\,\Gamma(\nu+\tfrac{1}{2})} \displaystyle\int_0^1 \sin(zx)(1-x^2)^{\nu-\tfrac{1}{2}}\,dx, \quad \mathcal{R}(\nu) > -\tfrac{1}{2},$ \hfill (3a);

3c) $\quad = \displaystyle\sum_{m=0}^\infty \dfrac{(-1)^m}{\Gamma(m+\tfrac{3}{2})\,\Gamma(m+\nu+\tfrac{3}{2})}\left(\dfrac{z}{2}\right)^{2m+\nu+1},$ \hfill (3a, 021.7, 331.21).

4) $\quad \mathcal{A}_\nu(z) + i\Omega_\nu(z) = \dfrac{1}{\pi} \displaystyle\int_0^\pi e^{iz\sin x - i\nu x}\,dx,$ \hfill (1a, 2a).

5) $\quad J_\nu(z) + i\mathcal{T}_\nu(z) = \dfrac{z^\nu}{2^{\nu-1}\sqrt{\pi}\,\Gamma(\nu+\tfrac{1}{2})} \displaystyle\int_0^{\pi/2} e^{iz\cos x}\sin^{2\nu}x\,dx,$ \hfill (3a, 511.11c).

6a) $\quad \mathcal{L}_\nu(z) = \dfrac{z^\nu}{2^{\nu-1}\sqrt{\pi}\,\Gamma(\nu+\tfrac{1}{2})} \displaystyle\int_0^{\pi/2} \sin(z\cos x)\sin^{2\nu}x\,dx, \quad \mathcal{R}(\nu) > -\tfrac{1}{2},$
\hfill (Nicholson);

513

6b) $\mathscr{L}_\nu(z) = \sum_{m=0}^{\infty} \frac{1}{\Gamma(m+3/2)\,\Gamma(m+\nu+3/2)} \left(\frac{z}{2}\right)^{2m+\nu+1}$, (6a, 021.7, 331.21).

7) $\mathscr{T}_\nu(z) - \mathscr{N}_\nu(z) = \frac{2z^\nu}{2^\nu \sqrt{\pi}\,\Gamma(\nu+1/2)} \int_0^\infty e^{-zx}(x^2+1)^{\nu-1/2}\,dx$, $\mathscr{R}(z)>0$, (W).

521

521. Integrale der Form $\int F(x, \mathcal{Z}_\nu(x))\,dx$.

1) $\int_0^\infty J_\nu(x)\frac{dx}{x^k} = \frac{\Gamma\!\left(\frac{\nu-k+1}{2}\right)}{2^k\,\Gamma\!\left(\frac{\nu+k+1}{2}\right)}$, $-\frac{1}{2} < \mathscr{R}(k) < \mathscr{R}(\nu)+1$, (511.11c, 333.10b, 331.21);

1a) $\int_0^\infty J_0(x)\,dx = 1$, (1);

1b) $\int_0^\infty J_1(ax)\frac{dx}{x} = 1$, $a>0$, (1).

2) $\int_0^\infty \mathscr{N}_\nu(x)\frac{dx}{x^k} = \frac{-1}{2^k\pi}\,\Gamma\!\left(\frac{1+\nu-k}{2}\right)\Gamma\!\left(\frac{1-\nu-k}{2}\right)\sin\frac{(\nu+k)\pi}{2}$,
$|\mathscr{R}(\nu)| < 1 - \mathscr{R}(k) < \frac{3}{2}$, (511.22b, 333.10b, 351.12);

2a) $\int_0^\infty \mathscr{N}_\nu(x)\,dx = -\operatorname{tg}\frac{\nu\pi}{2}$, $|\mathscr{R}(\nu)|<1$, (2);

2b) $\int_0^\infty \mathscr{N}_0(x)\,dx = 0$, (2a).

3) $\int_0^\infty \mathscr{T}_\nu(x)\frac{dx}{x^k} = \frac{\pi}{2^k\,\Gamma\!\left(\frac{1+\nu+k}{2}\right)\Gamma\!\left(\frac{1-\nu+k}{2}\right)\sin\frac{(k-\nu)\pi}{2}}$,
$\mathscr{R}(k) > -\frac{1}{2}$, $0 < \mathscr{R}(k) - \mathscr{R}(\nu) < 2$, (513.3b, 333.10a, 431.1);

3a) $\int_0^\infty \mathscr{T}_1(x)\frac{dx}{x^2} = \frac{\pi}{4}$, (3);

3b) $\int_0^\infty \mathscr{T}_0(ax)\frac{dx}{x} = \frac{\pi}{2}$, $a>0$, (3).

4) $\int_0^\infty \mathcal{K}_\nu(x) x^{k-1} dx = 2^{k-2} \Gamma\left(\frac{k+\nu}{2}\right) \Gamma\left(\frac{k-\nu}{2}\right)$, $\mathcal{R}(k) > |\mathcal{R}(\nu)|$,

(512.10a, 312.2, 431.1);

4a) $\int_0^\infty \mathcal{K}_0(x) dx = \frac{\pi}{2}$, (4);

4b) $\int_0^\infty \mathcal{K}_0(x) x\, dx = 1$, (4);

4c) $\int_0^\infty \mathcal{K}_1(x) x\, dx = \frac{\pi}{2}$, (4).

5) $\int_0^\infty \frac{x^{\varrho-1} J_\nu(ax)}{(x^2+k^2)^{\mu+1}} dx = \frac{a^\nu k^{\varrho+\nu-2\mu-2} \Gamma\left(\frac{\varrho+\nu}{2}\right)\Gamma\left(\mu+1-\frac{\varrho+\nu}{2}\right)}{2^{\nu+1} \Gamma(\mu+1)\Gamma(\nu+1)} {}_1F_2\left(\frac{\varrho+\nu}{2}; \frac{\varrho+\nu}{2}-\mu, \nu+1; \frac{a^2 k^2}{4}\right) +$

$+ \frac{a^{2\mu+2-\varrho} \Gamma\left(\frac{\varrho+\nu}{2}-\mu-1\right)}{2^{2\mu+3-\varrho} \Gamma\left(\mu+2+\frac{\nu-\varrho}{2}\right)} {}_1F_2\left(\mu+1; \mu+2+\frac{\nu-\varrho}{2}, \mu+2-\frac{\varrho+\nu}{2}; \frac{a^2 k^2}{4}\right)$, *)

$a > 0, k > 0, -\mathcal{R}(\nu) < \mathcal{R}(\varrho) < 2\mathcal{R}(\mu) + \frac{7}{2}$,

(411.17, 431.16, 021.12; W).

6) $\int_0^\infty \frac{x^{\nu+1}}{(x^2+k^2)^{\mu+1}} J_\nu(ax) dx = \frac{a^\mu k^{\nu-\mu}}{2^\mu \Gamma(\mu+1)} \mathcal{K}_{\mu-\nu}(ak)$,

$a > 0, k > 0, -1 < \mathcal{R}(\nu) < 2\mathcal{R}(\mu) + \frac{3}{2}$, (5, 512.2a-3a);

6a) $\int_0^\infty \frac{x J_0(ax)}{x^2+k^2} dx = \mathcal{K}_0(ak)$, $a > 0, k > 0$, (6).

7) $\int_0^\infty \frac{J_\nu(ax)}{x^\nu(x^2+k^2)} dx = \frac{\pi}{2k^{\nu+1}}[I_\nu(ak) - \mathcal{L}_\nu(ak)]$, $a > 0, k > 0, \mathcal{R}(\nu) > -\frac{5}{2}$,

(5, 512.2a, 513.6b).

8) $\int_0^\infty \frac{J_\nu(ax)}{\sqrt{x^2+k^2}} dx = I_{\nu/2}\left(\frac{ak}{2}\right) \mathcal{K}_{\nu/2}\left(\frac{ak}{2}\right)$, $a > 0, k > 0, \mathcal{R}(\nu) > -1$, (5, 512.3a, W)**)

9a) $\int_0^\infty \frac{x^\nu}{x^2+k^2} \mathcal{K}_\nu(ax) dx = \frac{\pi^2 k^{\nu-1}}{4\cos\nu\pi}[\mathcal{I}_{-\nu}(ak) - \mathcal{N}_{-\nu}(ak)]$, $a > 0, k > 0, \mathcal{R}(\nu) > -\frac{1}{2}$,

(512.11a, 333.67a, 513.7);

9b) $\int_0^\infty \frac{\mathcal{K}_\nu(ax)}{x^\nu(x^2+k^2)} dx = \frac{\pi^2}{4k^{\nu+1}\cos\nu\pi}[\mathcal{I}_\nu(ak) - \mathcal{N}_\nu(ak)]$, $a > 0, k > 0, \mathcal{R}(\nu) < \frac{1}{2}$,

(9a, $\nu \to -\nu$).

---

*) ${}_1F_2(\alpha; \beta, \gamma; z) = \sum_{n=0}^\infty \frac{(\alpha; 1; n) z^n}{(\beta; 1; n)(\gamma; 1; n) n!}$.

**) Mit Benützung der Formel: $I_\nu(z) I_\mu(z) = \sum_{n=0}^\infty \frac{(\mu+\nu+n+1; 1; n)}{\Gamma(\mu+n+1)\Gamma(\nu+n+1) n!} \left(\frac{z}{2}\right)^{\mu+\nu+2n}$.

531

531. Integrale der Form $\int F(x, e^x, \log x, \mathcal{J}_\nu(x))\,dx.$ [*]

1a) $\displaystyle\int_0^\infty e^{-ax} x^{\mu-1} J_\nu(bx)\,dx = \frac{b^\nu \Gamma(\mu+\nu)}{2^\nu a^{\mu+\nu}\Gamma(\nu+1)} \mathcal{F}\!\left(\frac{\mu+\nu}{2},\frac{\mu+\nu+1}{2},\nu+1;-\frac{b^2}{a^2}\right),$

$\mathcal{R}(\mu+\nu)>0,\ \mathcal{R}(a)>|\mathcal{R}(ib)|,\ |a|>|b|,$ \hfill (312.17);

1b) $\displaystyle\phantom{\int_0^\infty e^{-ax} x^{\mu-1} J_\nu(bx)\,dx} = \frac{b^\nu \Gamma(\mu+\nu)}{2^\nu (a^2+b^2)^{\frac{\mu+\nu}{2}}\Gamma(\nu+1)}\mathcal{F}\!\left(\frac{\mu+\nu}{2},\frac{1-\mu+\nu}{2},\nu+1;\frac{b^2}{a^2+b^2}\right),$

$\mathcal{R}(\mu+\nu)>0,\ \mathcal{R}(a)>|\mathcal{R}(ib)|,\ |a^2+b^2|>|b^2|,$ \hfill (1a; W).

2a) $\displaystyle\int_0^\infty e^{-ax} J_1(bx)\,dx = \frac{1}{b}\left(1-\frac{a}{\sqrt{a^2+b^2}}\right),\quad \mathcal{R}(a)>|\mathcal{R}(ib)|,$ \hfill (312.17a);

2b) $\displaystyle\int_0^\infty e^{-ax} J_1(bx)\,x\,dx = \frac{b}{(a^2+b^2)^{3/2}},\quad \mathcal{R}(a)>|\mathcal{R}(ib)|,$ \hfill (312.17c);

2c) $\displaystyle\int_0^\infty e^{-ax} J_1(bx)\,x^2\,dx = \frac{3ab}{(a^2+b^2)^{5/2}},\quad \mathcal{R}(a)>|\mathcal{R}(ib)|,$ \hfill (312.17d);

2d) $\displaystyle\int_0^\infty e^{-ax} J_1(bx)\,\frac{dx}{x} = \frac{\sqrt{a^2+b^2}-a}{b},\quad \mathcal{R}(a)>|\mathcal{R}(ib)|,$ \hfill (312.17b).

3) $\displaystyle\int_0^\infty \frac{1-e^{-ax}}{x} J_0(bx)\,dx = \log\frac{a+\sqrt{a^2+b^2}}{b},\quad \mathcal{R}(a)>|\mathcal{R}(ib)|,$

\hfill (312.18a, 021.6).

4a) $\displaystyle\int_0^\infty e^{-a^2 x^2} x^{\mu-1} J_\nu(bx)\,dx = \frac{b^\nu \Gamma\!\left(\frac{\mu+\nu}{2}\right)}{2^{\nu+1} a^{\mu+\nu}\Gamma(\nu+1)}\mathcal{F}\!\left(\frac{\mu+\nu}{2};\nu+1;-\frac{b^2}{4a^2}\right),$

$\mathcal{R}(\mu+\nu)>0,\ \mathcal{R}(a^2)>0,$ \hfill (021.7, 511.2, 314.2);

4b) $\displaystyle\phantom{\int_0^\infty e^{-a^2 x^2} x^{\mu-1} J_\nu(bx)\,dx} = \frac{b^\nu \Gamma\!\left(\frac{\mu+\nu}{2}\right)}{2^{\nu+1} a^{\mu+\nu}\Gamma(\nu+1)} e^{-\frac{b^2}{4a^2}} \mathcal{F}\!\left(\frac{\nu-\mu}{2}+1;\nu+1;\frac{b^2}{4a^2}\right),$

$\mathcal{R}(\mu+\nu)>0,\ \mathcal{R}(a^2)>0,$ \hfill (4a)[**].

5) $\displaystyle\int_0^\infty e^{-a^2 x^2} x^{\nu+1} J_\nu(bx)\,dx = b^\nu (2a^2)^{-\nu-1} e^{-\frac{b^2}{4a^2}},\quad \mathcal{R}(\nu+1)>0,\ \mathcal{R}(a^2)>0,$

\hfill (4b; 312.19).

---

[*] Vergleiche auch die Formeln 312.17–19.

[**] $\mathcal{F}(a;b;z) = e^z \mathcal{F}(b-a;b;-z),$ \hfill (011.6).

531

6a) $$\int_0^\infty e^{-ax} x^{\mu-1} I_\nu(bx)\,dx = \frac{b^\nu \Gamma(\mu+\nu)}{2^\nu a^{\mu+\nu}\Gamma(\nu+1)} \mathcal{F}\left(\frac{\mu+\nu}{2},\frac{\mu+\nu+1}{2},\nu+1;\frac{b^2}{a^2}\right),$$
$$\mathcal{R}(\mu+\nu)>0,\ \mathcal{R}(a)>|\mathcal{R}(b)|,\ |a|>|b|,\quad (1a, 512.2b);$$

6b) $$= \frac{b^\nu \Gamma(\mu+\nu)}{2^\nu (a^2-b^2)^{\frac{\mu+\nu}{2}}\Gamma(\nu+1)} \mathcal{F}\left(\frac{\mu+\nu}{2},\frac{1-\mu+\nu}{2},\nu+1;\frac{b^2}{b^2-a^2}\right),$$
$$\mathcal{R}(\mu+\nu)>0,\ \mathcal{R}(a)>|\mathcal{R}(b)|,\ |b^2-a^2|>|b^2|,\quad (1b, 512.2b).$$

7) $$\int_0^\infty e^{-ax} N_0(bx)\,dx = \frac{2}{\pi\sqrt{a^2+b^2}}\log\frac{\sqrt{a^2+b^2}-a}{b},\ a\geq 0,\ b>0,$$
$$(511.22c, 312.6d, 351.10b).$$

8) $$\int_0^\infty e^{-x\operatorname{\mathscr{C}tg}\alpha} \mathcal{K}_\nu(x)\,dx = \frac{\pi \sin\nu\alpha}{\sin\nu\pi \sin\alpha},\quad \mathcal{R}(\operatorname{\mathscr{C}tg}\alpha)>-1,\ |\mathcal{R}(\nu)|<1,$$
$$(512.9a, 311.2a, 021.4b, 311.9).$$

8a) $$\int_0^\infty e^{-ax} \mathcal{K}_0(bx)\,dx = \begin{cases} \dfrac{1}{\sqrt{b^2-a^2}}\operatorname{Arc\,cos}\dfrac{a}{b}, & b>a\geq 0, \\[6pt] \dfrac{1}{\sqrt{a^2-b^2}}\log\dfrac{a+\sqrt{a^2-b^2}}{b}, & a>b>0, \end{cases} \quad (8).$$

9) $$\int_0^\infty J_\nu(x)\log x\,dx = \log 2 + \Psi\left(\frac{\nu+1}{2}\right),\quad \mathcal{R}(\nu)>-1,\qquad (10);$$

9a) $$\int_0^\infty J_0(x)\log x\,dx = -\mathscr{E}-\log 2,\qquad (9, 411.7c).$$

10) $$\int_0^\infty J_\nu(x)\log x\,\frac{dx}{x^k} = \frac{\Gamma\left(\frac{\nu-k+1}{2}\right)}{2^{k+1}\Gamma\left(\frac{\nu+k+1}{2}\right)}\left[\Psi\left(\frac{\nu-k+1}{2}\right)+\Psi\left(\frac{\nu+k+1}{2}\right)+2\log 2\right],$$
$$-\tfrac{1}{2}<\mathcal{R}(k)<\mathcal{R}(\nu)+1,\quad (021.5, 521.1).$$

11) $$\int_0^\infty e^{i\frac{\omega}{2}x^2} J_{\nu-1}(ax) x^\nu\,dx = \frac{a^{\nu-1}}{\omega^\nu} e^{i\left(\frac{\nu\pi}{2}-\frac{a^2}{2\omega}\right)},\ 0<\nu<\frac{3}{2},\ \omega>0,\ a\text{ reell},$$
$$(021.12, 511.2, 314.2, W).$$

541. Integrale der Form $\int F(x, \sin x, \cos x, J_\nu(x)) dx$.

1a) $\displaystyle\int_0^\infty J_\nu(ax)\sin bx\, dx = \begin{cases} \dfrac{\sin(\nu \operatorname{Arc\,sin}\frac{b}{a})}{\sqrt{a^2-b^2}}, & 0<b<a, \\ \dfrac{a^\nu \cos\frac{\nu\pi}{2}}{\sqrt{b^2-a^2}(b+\sqrt{b^2-a^2})^\nu}, & 0<a<b, \end{cases}$ $\mathcal{R}(\nu)>-2$,

(551.2a, 511.9a);

1b) $\displaystyle\int_0^\infty J_\nu(ax)\cos bx\, dx = \begin{cases} \dfrac{\cos(\nu \operatorname{Arc\,sin}\frac{b}{a})}{\sqrt{a^2-b^2}}, & 0<b<a, \\ \dfrac{-a^\nu \sin\frac{\nu\pi}{2}}{\sqrt{b^2-a^2}(b+\sqrt{b^2-a^2})^\nu}, & 0<a<b, \end{cases}$ $\mathcal{R}(\nu)>-1$,

(551.2a, 511.9a).

2a) $\displaystyle\int_0^\infty J_0(ax)\sin bx\, dx = \begin{cases} 0, & 0<b<a, \\ \dfrac{1}{\sqrt{b^2-a^2}}, & 0<a<b, \end{cases}$ (1a);

2b) $\displaystyle\int_0^\infty J_0(ax)\cos bx\, dx = \begin{cases} \dfrac{1}{\sqrt{a^2-b^2}}, & 0<b<a, \\ 0, & 0<a<b, \end{cases}$ (1b).

3a) $\displaystyle\int_0^\infty J_1(ax)\sin bx\, dx = \begin{cases} \dfrac{b}{a\sqrt{a^2-b^2}}, & 0<b<a, \\ 0, & 0<a<b, \end{cases}$ (1a);

3b) $\displaystyle\int_0^\infty J_1(ax)\cos bx\, dx = \begin{cases} \dfrac{1}{a}, & 0<b<a, \\ \dfrac{1}{a}\left[1-\dfrac{b}{\sqrt{b^2-a^2}}\right], & 0<a<b, \end{cases}$ (1b).

4a) $\displaystyle\int_0^\infty J_\nu(ax)\sin bx\, \dfrac{dx}{x} = \begin{cases} \dfrac{1}{\nu}\sin(\nu \operatorname{Arc\,sin}\frac{b}{a}), & 0<b\le a, \\ \dfrac{a^\nu \sin\frac{\nu\pi}{2}}{\nu(b+\sqrt{b^2-a^2})^\nu}, & 0<a\le b, \end{cases}$ $\mathcal{R}(\nu)>-1$,

(551.2a, 511.9a);

541

4b) $\displaystyle\int_0^\infty J_\nu(ax)\cos bx\,\frac{dx}{x} = \begin{cases} \dfrac{1}{\nu}\cos(\nu\,\text{Arc}\sin\tfrac{b}{a}), & 0<b\le a, \\[2mm] \dfrac{a^\nu \cos\tfrac{\nu\pi}{2}}{\nu(b+\sqrt{b^2-a^2})^\nu}, & 0<a\le b, \end{cases}\quad \mathcal{R}(\nu)>0,$

(551.2a, 511.9a).

5) $\displaystyle\int_0^{\pi/2} J_\nu(z\sin x)\sin^{\nu+1}x\,\cos^{2\mu+1}x\,dx = \frac{2^\mu \Gamma(\mu+1)}{z^{\mu+1}} J_{\mu+\nu+1}(z),$

$\mathcal{R}(\mu)>-1, \mathcal{R}(\nu)>-1,$ (021.7, 331.21).

6a) $\displaystyle\int_0^a J_0(x)\sin(a-x)\,dx = a J_1(a),$ (021.10);

6b) $\displaystyle\int_0^a J_0(x)\cos(a-x)\,dx = a J_0(a),$ (6a, 021.5).

7) $\displaystyle\int_{-\infty}^\infty J_\nu(bx)\,\frac{\sin a(c+x)}{x^\nu(c+x)}\,dx = \frac{\pi}{c^\nu} J_\nu(bc),\ a\ge b>0,\ c\text{ reell},\ \mathcal{R}(\nu)>-\tfrac{1}{2},$

(511.11c, 333.23);

7a) $\displaystyle\int_{-\infty}^\infty J_0(bx)\,\frac{\sin a(c+x)}{c+x}\,dx = \pi J_0(bc),\ a\ge b>0,\ c\text{ reell},$ (7).

8a) $\displaystyle\int_0^\infty \mathcal{K}_\nu(ax)\cos bx\,dx = \frac{\pi}{4\sqrt{a^2+b^2}\cos\tfrac{\nu\pi}{2}}\left[\left(\tfrac{b+\sqrt{a^2+b^2}}{a}\right)^\nu + \left(\tfrac{b+\sqrt{a^2+b^2}}{a}\right)^{-\nu}\right],$

$a>0, b>0, |\mathcal{R}(\nu)|<1,$ (531.8, $\mathcal{L}\alpha=ib$);

8b) $\displaystyle\int_0^\infty \mathcal{K}_\nu(ax)\sin bx\,dx = \frac{\pi}{4\sqrt{a^2+b^2}\sin\tfrac{\nu\pi}{2}}\left[\left(\tfrac{b+\sqrt{a^2+b^2}}{a}\right)^\nu - \left(\tfrac{b+\sqrt{a^2+b^2}}{a}\right)^{-\nu}\right],$

$a>0, b>0, |\mathcal{R}(\nu)|<1,$ (531.8, $\mathcal{L}\alpha=ib$);

8c) $\displaystyle\int_0^\infty \mathcal{K}_0(ax)\sin bx\,dx = \frac{1}{\sqrt{a^2+b^2}}\log\left(\tfrac{b+\sqrt{a^2+b^2}}{a}\right), a>0, b>0,$ (8b, $\nu\to 0$).

9a) $\displaystyle\int_0^\infty J_\nu(ax)\cos\tfrac{\omega x^2}{2} x^{\nu+1}dx = \frac{a^\nu}{\omega^{\nu+1}}\sin\left(\tfrac{a^2}{2\omega}-\tfrac{\nu\pi}{2}\right), -1<\nu<\tfrac{1}{2}, \omega>0, a\text{ reell},$

(531.11);

9b) $\displaystyle\int_0^\infty J_\nu(ax)\sin\tfrac{\omega x^2}{2} x^{\nu+1}dx = \frac{a^\nu}{\omega^{\nu+1}}\cos\left(\tfrac{a^2}{2\omega}-\tfrac{\nu\pi}{2}\right), -2<\nu<\tfrac{1}{2}, \omega>0, a\text{ reell},$

(531.11).

10) $\displaystyle\int_0^{\pi/2} J_\nu(2z\cos x)\cos\mu x\,dx = \frac{\pi}{2} J_{\frac{\nu+\mu}{2}}(z) J_{\frac{\nu-\mu}{2}}(z),\quad \mathcal{R}(\nu)>-1,$

(021.7, 332.9c).

551. Integrale der Form $\int F(x, \mathcal{J}_\nu(x), \mathcal{J}_\mu(x))dx$.

1) $\displaystyle\int_0^1 J_\nu(j_m x) J_\nu(j_n x) x\, dx = \begin{cases} 0, & \text{für } j_m \neq j_n, \\ \dfrac{1}{2}\left[J'_\nu(j_n)\right]^2, & \text{für } j_m = j_n, b = 0, \\ \dfrac{1}{2j_n^2}\left[\dfrac{a^2}{b^2}+j_n^2-\nu^2\right][J_\nu(j_n)]^2, & \text{für } j_m = j_n, b \neq 0, \nu \geq 0, \end{cases}$

(511.1);

$j_1, j_2, \ldots$ bedeuten die positiven Nullstellen von $aJ_\nu(x) + bx J'_\nu(x) = 0$, wo a, b reelle Konstante sind, die nicht beide zugleich verschwinden.

2a) $\displaystyle\int_0^\infty J_\mu(ax) J_\nu(bx) \dfrac{dx}{x^k} = \dfrac{b^\nu \Gamma\!\left(\dfrac{\mu+\nu-k+1}{2}\right)}{2^k a^{\nu-k+1}\Gamma(\nu+1)\Gamma\!\left(\dfrac{k+\mu-\nu+1}{2}\right)}\mathcal{F}\!\left(\dfrac{\mu+\nu-k+1}{2}, \dfrac{\nu-\mu-k+1}{2}, \nu+1; \dfrac{b^2}{a^2}\right)$,

$0 < b < a$, $\mathcal{R}(\mu+\nu-k) > -1$, $\mathcal{R}(k) > -1$, (W);

2b) $\displaystyle\int_0^\infty J_\mu(ax) J_\nu(ax) \dfrac{dx}{x^k} = \dfrac{a^{k-1}\Gamma(k)\Gamma\!\left(\dfrac{\mu+\nu-k+1}{2}\right)}{2^k \Gamma\!\left(\dfrac{k-\mu+\nu+1}{2}\right)\Gamma\!\left(\dfrac{k+\mu-\nu+1}{2}\right)\Gamma\!\left(\dfrac{k+\mu+\nu+1}{2}\right)}$,

$\mathcal{R}(\mu+\nu+1) > \mathcal{R}(k) > 0$, $a > 0$, (W).

3) $\displaystyle\int_0^\infty J_\mu(x) J_\nu(x) \dfrac{dx}{x^{\mu+\nu}} = \dfrac{\sqrt{\pi}\,\Gamma(\mu+\nu)}{2^{\mu+\nu}\Gamma\!\left(\mu+\tfrac{1}{2}\right)\Gamma\!\left(\nu+\tfrac{1}{2}\right)\Gamma\!\left(\mu+\nu+\tfrac{1}{2}\right)}$, $\mathcal{R}(\mu+\nu) > 0$, (2b).

4) $\displaystyle\int_0^\infty J_\mu(ax) J_\nu(ax) \dfrac{dx}{x} = \dfrac{2\sin\dfrac{(\mu-\nu)\pi}{2}}{\pi(\mu^2-\nu^2)}$, $\mathcal{R}(\mu+\nu) > 0$, $a > 0$, (2b).

5) $\displaystyle\int_0^\infty J_\nu(ax) J_\nu(bx) \dfrac{dx}{x} = \begin{cases} \dfrac{1}{2\nu}\left(\dfrac{b}{a}\right)^\nu, & 0 < b \leq a, \\ \dfrac{1}{2\nu}\left(\dfrac{a}{b}\right)^\nu, & 0 < a \leq b, \end{cases}$ $\mathcal{R}(\nu) > 0$, (2a).

6) $\displaystyle\int_0^\infty J_\nu(ax) J_{\nu-1}(bx) dx = \begin{cases} \dfrac{b^{\nu-1}}{a^\nu}, & 0 < b < a, \\ \dfrac{1}{2a}, & 0 < b = a, \\ 0, & 0 < a < b, \end{cases}$ $\mathcal{R}(\nu) > 0$, (2a, 2b);

551

6a) $\displaystyle\int_0^\infty J_1(ax) J_0(bx)\, dx = \begin{cases} \dfrac{1}{a}, & 0<b<a, \\[4pt] \dfrac{1}{2a}, & 0<b=a, \\[4pt] 0, & 0<a<b, \end{cases}$ \hfill (6).

7) $\displaystyle\int_0^\infty K_\mu(ax) J_\nu(bx) \dfrac{dx}{x^\kappa} = \dfrac{b^\nu\, \Gamma\!\left(\tfrac{\nu+\mu-\kappa+1}{2}\right) \Gamma\!\left(\tfrac{\nu-\mu-\kappa+1}{2}\right)}{2^{\kappa+1} a^{\nu-\kappa+1}\, \Gamma(\nu+1)}\, F\!\left(\tfrac{\nu+\mu-\kappa+1}{2},\tfrac{\nu-\mu-\kappa+1}{2},\nu+1;-\tfrac{b^2}{a^2}\right),$

$\mathcal{R}(a) > |\mathcal{R}(ib)|,\ |a^2|>|b^2|,\ \mathcal{R}(\nu-\kappa+1) > |\mathcal{R}(\mu)|,$
(021.7, 511.2, 521.4).

7a) $\displaystyle\int_0^\infty K_\mu(ax) J_\nu(bx) x^{\mu+\nu+1}\, dx = \dfrac{(2a)^\mu (2b)^\nu\, \Gamma(\mu+\nu+1)}{(a^2+b^2)^{\mu+\nu+1}},$

$\mathcal{R}(a) > |\mathcal{R}(ib)|,\ \mathcal{R}(\mu+2\nu+2) > |\mathcal{R}(\mu)|,$ \hfill (7).

8) $\displaystyle\int_0^\infty \mathcal{T}_\mu(x) \mathcal{T}_\nu(x) \dfrac{dx}{x^{\mu+\nu}} = \dfrac{\sqrt{\pi}\, \Gamma(\mu+\nu)}{2^{\mu+\nu}\, \Gamma(\mu+\tfrac{1}{2}) \Gamma(\nu+\tfrac{1}{2}) \Gamma(\mu+\nu+\tfrac{1}{2})},\quad \mathcal{R}(\mu+\nu)>0,$

(513.3a*), 333.14b, 333.29, 331.21; W).

9) $\displaystyle\int_{-\infty}^\infty \dfrac{J_{\mu+x}(\xi) J_{\nu-x}(\eta)}{\xi^{\mu+x}\, \eta^{\nu-x}} e^{itx}\, dx = \left(\dfrac{2\cos\tfrac{t}{2}}{\xi^2 e^{-\frac{1}{2}it} + \eta^2 e^{\frac{1}{2}it}}\right)^{\!\tfrac{\mu+\nu}{2}} e^{\tfrac{1}{2}it(\nu-\mu)} J_{\mu+\nu}\!\left[\sqrt{2\cos\tfrac{t}{2}\left(\xi^2 e^{-\frac{1}{2}it} + \eta^2 e^{\frac{1}{2}it}\right)}\right],$

für $-\pi < t < \pi,\ \mathcal{R}(\mu+\nu) > 1,$

$= 0,\quad$ für $|t| > \pi,\ \mathcal{R}(\mu+\nu) > 1,$

(021.7, 411.18).

9a) $\displaystyle\int_{-\infty}^\infty J_{\mu+x}(\xi) J_{\nu-x}(\xi)\, dx = J_{\mu+\nu}(2\xi),\quad \xi \geq 0,\ \mathcal{R}(\mu+\nu) > 1,$ \hfill (9).

10) $\displaystyle\int_0^\infty e^{-ax} J_\nu(bx) J_\nu(cx)\, dx = \dfrac{1}{\pi\sqrt{bc}}\, Q_{\nu-\frac{1}{2}}\!\left(\dfrac{a^2+b^2+c^2}{2bc}\right),$

$\mathcal{R}(a) > |\mathcal{R}(ib)| + |\mathcal{R}(ic)|,\ \mathcal{R}(\nu) > -\tfrac{1}{2},$ (W),

mit $Q_{\nu-\frac{1}{2}}(z) = \dfrac{\sqrt{2\pi}\, \Gamma(\nu+\tfrac{1}{2})}{2^{\nu+1}\, \Gamma(\nu+1)}\, z^{-\nu-\frac{1}{2}}\, F\!\left(\tfrac{2\nu+1}{4}, \tfrac{2\nu+3}{4}, \nu+1; \tfrac{1}{z^2}\right)$

(Legendresche Funktion 2. Art).

---

*) Durch partielle Integration von 513.3a erhält man:

$\mathcal{T}_\nu(z) = \dfrac{(2\nu-1)\, z^{\nu-1}}{2^{\nu-1}\, \sqrt{\pi}\, \Gamma(\nu+\tfrac{1}{2})} \displaystyle\int_0^{\pi/2} [1 - \cos(z\cos x)]\, \sin^{2\nu-2} x\, \cos x\, dx,$

$\mathcal{R}(\nu) > \tfrac{1}{2}.$

551

11) $\int_0^\infty e^{-2ax} J_\mu(bx) J_\nu(bx) x^{\mu+\nu} dx = \pi^{-3/2} b^{\mu+\nu} \Gamma\left(\mu+\nu+\tfrac{1}{2}\right) \int_0^{\pi/2} \frac{\cos^{\mu+\nu}\varphi \, \cos(\mu-\nu)\varphi}{(a^2+b^2\cos^2\varphi)^{\mu+\nu+1/2}} d\varphi$,

$\mathcal{R}(\mu+\nu) > -\tfrac{1}{2}, \mathcal{R}(a) > |\mathcal{R}(ib)|$, (541.10, 531.1b);

11a) $\int_0^\infty e^{-2ax} J_0^2(bx) dx = \dfrac{1}{\pi\sqrt{a^2+b^2}} \mathbf{K}\left(\dfrac{b}{\sqrt{a^2+b^2}}\right)$, $a>0$, b reell, (11);

11b) $\int_0^\infty e^{-2ax} J_0(bx) J_1(bx) x \, dx = \dfrac{1}{2\pi b\sqrt{a^2+b^2}}\left[\mathbf{K}\left(\dfrac{b}{\sqrt{a^2+b^2}}\right) - \mathbf{E}\left(\dfrac{b}{\sqrt{a^2+b^2}}\right)\right]$,

$a>0$, b reell, (11).

12) $\int_0^\infty e^{-a^2 x^2} J_\nu(bx) J_\nu(cx) x \, dx = \dfrac{1}{2a^2} e^{-\frac{b^2+c^2}{4a^2}} I_\nu\left(\dfrac{bc}{4a^2}\right)$,

$\mathcal{R}(\nu) > -1$, $|\arg a| < \tfrac{\pi}{4}$, (W).

13) $\int_0^\infty J_\mu(ax) J_\nu(bx) J_\nu(cx) x^{1-\mu} dx =$

$= \dfrac{(bc)^\nu}{2^{\mu-1} a^\mu \sqrt{\pi}\,\Gamma(\nu+\tfrac{1}{2})\Gamma(\mu-\nu)} \int_0^A [a^2-b^2-c^2+2bc\cos\varphi]^{\mu-\nu-1} \sin^{2\nu}\varphi \, d\varphi$,

$\mathcal{R}(\mu) > -\tfrac{1}{2}, \mathcal{R}(\nu) > -\tfrac{1}{2}, a>0, b>0, c>0, A = \begin{cases} 0 & \text{für } a<|b-c|, \\ \operatorname{Arccos}\dfrac{b^2+c^2-a^2}{2bc} & \text{,, } |b-c|<a<b+c, \\ \pi & \text{,, } a>b+c, \end{cases}$

(W);

13a) $\int_0^\infty J_{\nu+1}(ax) J_\nu(bx) J_\nu(cx) \dfrac{dx}{x^\nu} = \dfrac{(bc)^\nu}{2^\nu a^{\nu+1} \sqrt{\pi}\,\Gamma(\nu+\tfrac{1}{2})} \int_0^A \sin^{2\nu}\varphi \, d\varphi$,

$\mathcal{R}(\nu) > -\tfrac{1}{2}$, $a,b,c > 0$, A wie in 13, (13);

13b) $\int_0^\infty J_\nu(ax) J_\nu(bx) J_\nu(cx) \dfrac{dx}{x^{\nu-1}} = \dfrac{2^{\nu-1} \Delta^{2\nu-1}}{(abc)^\nu \sqrt{\pi}\,\Gamma(\nu+\tfrac{1}{2})}$, $\mathcal{R}(\nu) > -\tfrac{1}{2}$, $a,b,c>0$,

Δ = Inhalt des Dreieckes mit den Seiten a,b,c;
$\Delta = 0$, falls kein Dreieck mit diesen Seiten existiert.

(13, W).

If you have any concerns about our products,
you can contact us on
ProductSafety@springernature.com

In case Publisher is established outside the EU,
the EU authorized representative is:
Springer Nature Customer Service Center GmbH
Europaplatz 3, 69115 Heidelberg, Germany

Printed by Libri Plureos GmbH
in Hamburg, Germany